3rd Edition

Computer:
A History
of the
Information
Machine

ー人間は情報をいかに取り扱ってきたかー

コンピューティング史

［原著第3版］

Martin Campbell-Kelly, William Aspray,
Nathan Ensmenger, Jeffrey R. Yost 著

杉本 舞 監訳
喜多千草・宇田 理 訳

共立出版

Computer: A History of the Information Machine 3rd edition
by Martin Campbell-Kelly, William Aspray, Nathan Ensmenger, Jeffrey R. Yost

Copyright © 2014 by Martin Campbell-Kelly and William Aspray

Japanese language edition published by KYORITSU SHUPPAN CO., LTD.

目　次

謝　辞

　本書の起源は、過去 1 世紀のあいだに西欧社会を大きく作り替えたテクノロジーなるものを大衆が理解することは重要だ、というアルフレッド・P・スローン財団のビジョンにある。1991 年の秋、スローン財団のアーサー・シンガーは、我々（アスプレイとキャンベル = ケリー）に一般向けのコンピュータ史を書かないかと勧めてきた。困難だが、抗いがたいチャンスだった。スローン財団からの誘いと激励、惜しみない経済的支援、そして敬意に満ちた待遇がなければ、この本が書かれることは決してなかっただろう。

　『コンピューティング史』の過去 3 版にわたって、草稿をチェックし助言を与えてくれた学界のたくさんの仲間たち、なかでもジョン・エイガー、ケネス・ボウシャン、ジョナサン・ボウエン、I・バーナード・コーエン、ジョン・フォーヴェル、ジャック・ハウレット、トーマス・ミサ、アーサー・ノーバーグ、ジュディ・オニール、エマーソン・ピュー、スティーブ・ラスには感謝したい。また、ぴったりの図版やほかの歴史的資料を探すのを助けてくれたアーキビストたち、ブルース・ブラマー、ケヴィン・コルベット（元チャールズ・バベッジ研究所）、アーヴィッド・ネルセン（チャールズ・バベッジ研究所）、デビー・ダグラス（MIT 博物館）、ポール・ラスウィッツ（IBM コーポレートアーカイブ）、ヘンリー・ローウッド（スタンフォード大学）、エリック・ラウ（ハグリー図書館）、ダグ・スパイサー（コンピュータ・ヒストリー博物館）、エリカ・モズナー（高等研究所、プリンストン）にも感謝したい。本書の初版では、ベーシック・ブックスのスーザン・ラビナーが一般読者のためにどうやって執筆すればいいかを手を取って教えてくれた。ウェストビュー・プレスで引き継いだ編集者たち、ホリー・ホダー、リサ・ティマン、プリシラ・マギオン、キャロル・ソブザック、クリスティン・アーデンは知恵を与え、激励してくれた。このように多数の貢献は頂いたが、内容に対する責任はすべて我々が負うものである。

マーティン・キャンベル = ケリー
ウィリアム・アスプレイ
ネイサン・エンスメンガー
ジェフリー・R・ヨースト

第3版へのまえがき

2004年に第2版を出版してからも、コンピューティングは急速に発展しつづけている。最も明らかなのは、インターネットが成熟し、先進国の多くの人々の生活にとって今や不可欠なものになったということである。20世紀末にコンピューティングが広く普及したとはいえ、これが真にユビキタスになったのは今世紀のことだ——この変化が、インターネットコマース、スマートフォンやタブレットコンピュータという形態のコンシューマーコンピューティング、そしてソーシャルネットワーキングをもたらした。

コンピューティング史研究もまた、学術的事業として成熟してきた。本書の初版が1996年に出版されたとき、コンピューティング史は学界の注目をひきはじめたばかりで、このトピックについての研究は技術指向になる傾向が非常に強かった。それ以来、さまざまな視点をもつ新しい研究者たちが数多くこの分野に参入し、コンピューティング技術の発展やインパクトを論じない科学史、技術史、あるいは経営史の学会を見つけるほうが珍しいほどになった。つまり、コンピューティングのユーザー体験とビジネスへの応用が、歴史的言説の多くで中心に据えられるようになったのである。我々の物語にこういった新しい視点を取り入れるために、ネイサン・エンスメンガーとジェフリー・ヨーストという2名の著者が加わった。どちらも若い世代の研究者である。

新版ではいつもそうするように、テキストをわずかに改訂して視点の変化を反映させ、書誌を更新して増えつづけているコンピューティング史の文献を盛り込んだ。また、分量のある新しい素材をいくつか取り入れた。第3章では、コンピュータのない時代に焦点をあてているが、アラン・チューリングに関するセクションを追加した。2012年はチューリング生誕100周年であった。チューリングについては、彼はゲイ・アイコンでコンピュータの真の発明者でもある、と多くの人が考えている。実際、チューリングはコンピュータ科学の理論的発展に重要な影響を与えたが、コンピュータの発明に対する彼の影響力は誇張されていると我々は考えており、慎重な評価を与えることを試みた。第6章はメインフレームコンピュータの成熟についての章だが、政府とビジネス組織におけるコンピューティングの普及とコンピュータ専門職の発展に紙幅を取るため、コンピュータ産業についての記述を簡約化した。第7章ではリアルタイムコンピューティングを取り扱うが、オンライン・コンシューマー・バンキングの発展を論じ

た新しい文献を利用した。第8章、第9章、第10章、そして第11章では大幅な
加筆を行い、ソフトウェア関連専門職、半導体産業、インターネット誕生前の
ネットワーキング、そしてコンピュータ製造に関する文献を活用した。

　当然のことながら、インターネットの発展に関する第12章には、最もたくさん
変更が加えられた。この章はふくらませて2部に分けた。インターネットの創
造、ワールド・ワイド・ウェブとその成り行きである。後者には、eコマース、モ
バイルコンピューティングとコンシューマーコンピューティング、ソーシャル
ネットワーキング、インターネットの政治に関する新たな記述が含まれている。
我々が1990年代初頭に本書の初版を執筆したとき、ウェブは誕生したばかりで、
このように遍在することになろうとは思いもよらなかった。

　こういった変更によって、続く数年間、『コンピューティング史』の第3版が信
頼できる準一般向けコンピューティング史として役立ちつづけることを願ってい
る。

序

　1983年1月、雑誌『タイム』はパーソナルコンピュータをその年の「マン・オブ・ザ・イヤー」に選んだ。それ以来、人々がコンピュータに感じている魅力はいや増すばかりである。しかし、この年がコンピュータ時代の始まりだったというわけではない。『タイム』が表紙でコンピュータを取り上げたのも、これが最初だったわけではなかった。33年前の1950年1月、『タイム』は特集記事への読者の注意をひくために、海軍の船長帽をかぶった擬人化されたコンピュータを表紙に掲載している。その記事は米国海軍のためにハーバード大学が製作した計算機に関するものだった。その60年前の1890年8月には、米国で発行されている別の人気雑誌『サイエンティフィック・アメリカン』が、米国国勢調査をデータ処理するための新しいパンチカード作表システムの装置の絵を組み合わせたものを表紙に用いた。こういった雑誌の表紙は、コンピュータが長く豊かな歴史を有していることを示しており、それを物語ることが本書の狙いである。

　1970年代、研究者たちがコンピューティング史を研究しはじめたときに注目されたのは、四半世紀前に製作された、現在では「恐竜」と呼ばれることもある巨大で独特なコンピュータ群だった。これらは、いま我々がコンピュータだと認識しているものに何らかの形で似ている最初の機械類だった。簡単にプログラムできる最初の計算システムであり、電子を用いて稲妻のような速さで動作する最初の機械だったのである。これらの多くは科学的・軍事的応用に用いられ、要は純粋に数値演算処理のためだけに作り出されたのであった。このような機械の前史を紐解いて、歴史家たちは卓上計算機の系譜をまとめあげた。17世紀のブレーズ・パスカル（Blaise Pascal）やゴットフリート・ライプニッツ（Gottfried Leibniz）といった哲学者によって製作されたモデルに端を発し、19世紀後半の卓上計算機産業の形成で頂点に達するというものである。こういった歴史によると、卓上計算機の後には、特殊な科学的・工学的応用のために戦間期に開発されたアナログ計算機や電気機械式計算機が続く。そして、計算機の演算速度を改善したいという第二次世界大戦中の要請によって、現代のコンピュータが直接導かれたというのである。

　大筋では正しいものの、この説明は不完全である。今日、科学者や核兵器の設計者はたしかにいまだ広範囲にわたってコンピュータを用いているが、組織で利用されているコンピュータの圧倒的多数は文書作成や業務記録の保持などほかの

目的のために使われている。どうしてこうなったのか？　この問いに答えるためには、もっと視野を広げ、コンピュータの歴史を情報機器の歴史として捉えねばならない。

この歴史は 19 世紀初頭に始まる。産業革命の結果、西欧では人口が増加し都市化が進行したため、事業と政府の規模が拡張し、それに伴って情報の収集、情報の処理、通信のニーズの規模が拡大した。政府は人口の算出に苦労するようになり、電信会社は通信文のトラフィック増加についていけなくなり、保険会社は大量の労働者の保険証書を処理しきれなくなった。

このように増大した情報を取り扱うために、効率的なシステムが新しく開発された。たとえば、英国プルデンシャル保険会社は、専用の建物や処理の合理化や分業を利用して工業的に保険証書を処理する、高度に効率的なシステムを開発した。しかし、19 世紀最後の 25 年間になると、大きな組織は情報処理ニーズの解決法としてますますテクノロジーに目を向けるようになった。米国で最初に大企業が登場すると、それに引き続いてビジネス機器産業が勃興し、タイプライターやファイリングシステム、複製や会計のための装置を供給するようになった。

卓上計算機産業は、このビジネス機器の活況の一部であった。その前の 200 年間、卓上計算機は単に富裕層のために手作りされた蒐集品にすぎなかった。しかし、19 世紀末にはこういった機械が大量生産されるようになり、標準的なオフィス設備として、最初は大企業で、次いで中小企業や小売業でも徐々に取り入れられるようになった。同様に、米国政府が 1890 年国勢調査のデータに取り組めるよう開発されたパンチカード作表システムも、20 世紀前半には広く商用で用いられるようになり、実際のところそれが IBM の起源となった。

また、アナログ計算という別の伝統も 19 世紀に始まり、1920 年代から 1930 年代にかけて成熟した。技術者たちは、取り組んでいる問題の単純化した物理的モデルを製作し、計算したい値を計測した。アナログ計算機は、電力ネットワークやダム、飛行機の設計で、広範囲かつ効果的に利用された。

1930 年代に利用可能だった計算技術はビジネスや科学分野のユーザーには役立ったが、第二次世界大戦中に暗号解読や新型火器の射撃表作成や原子爆弾の設計を行いたい軍の需要は満たせなかった。旧式のテクノロジーには三つの欠点があった。そういった計算をするには速度が遅すぎること、計算の途中で人間が介入しなければならないこと、そして最も高度な計算システムが汎用装置というよりむしろ専用装置だったということである。

戦争という火急の事態だったせいで、必要な計算機を開発するためにかかるお

金であれば軍はなんでも喜んで拠出した。数百万ドルが費やされ、初の電子プログラム内蔵コンピュータが製造された——皮肉なことに、戦争中に完成したものは一つもなかったのだが。それでも、こういったコンピュータの軍事上および科学研究上の価値は高く評価され、朝鮮戦争のころまでには数台が製造されて、軍事施設、原子力研究所、航空宇宙製造企業、研究大学に設置されて稼働した。

　コンピュータは大量の演算を行うために開発されたものではあったが、データ処理および会計機としての潜在能力に気づいたグループもいくつかあった。戦中に最も重要なコンピュータだったENIACの開発者たちは、大学を去って、科学やビジネス向けのコンピュータを製造する事業を始めた。IBMを含む、ほかの電気機器製造企業やビジネス機器会社もこの事業に目を向けた。こういったコンピュータメーカーは、政府機関や保険会社、大規模製造業で市場が整っていることを発見した。

　コンピュータの基本的な機能仕様は、1945年にジョン・フォン・ノイマンが書いた報告書で述べられており、それは今日でもおおむね踏襲されている。しかし、もともとの着想の後に、数十年にわたる連続したイノベーションが続いた。このイノベーションは二つのタイプに分かれる。一つは部品の改良で、これによって処理速度がより速くなり、情報記憶容量が増大し、価格性能比が改善し、メンテナンスの必要性が減少するなどした。現在のコンピュータはこの種の基準のほとんどについて、最初のコンピュータと比較すれば文字通り数百万倍も改善している。こういったイノベーションは主にコンピュータ製造企業によって達成された。

　二つ目のタイプのイノベーションは、操作モードに関するものだが、こちらで変化をもたらした主体は、政府資金を受けた大学セクターがほとんどであった。多くの場合、イノベーションはコンピュータ製造企業によって洗練され標準製品に組み入れられることによってのみ、コンピューティングの標準となった。この種のイノベーションには、注目に値する例が五つある。高級プログラミング言語、リアルタイムコンピューティング、タイムシェアリング、ネットワーキング、グラフィック指向のヒューマンコンピュータインターフェースである。

　コンピュータの基本構造が変わっていない一方、こういった新しい部品と操作モードは人間のコンピュータ体験に革命をもたらした。今日我々が当たり前だと考えている要素——自分のデスクにコンピュータがあり、マウスやモニターやディスクドライブが備え付けられている——は、1970年代までは想像すらできないことだった。当時、コンピュータの多くは数十万ドル、あるいは数百万ドルと

いう価格で、大きな部屋をいっぱいにするほどの大きさだった。ユーザーがコンピュータそのものを触ることや、見ることすら稀であった。その代わりに、自分のプログラムが入力されたパンチカードの束を権限のあるコンピュータオペレーターに渡し、数時間あるいは数日後に戻って結果が印刷された紙を受け取るのである。メインフレームが洗練されるにしたがって、パンチカードは遠隔端末に置き換えられ、コンピュータの応答時間もほとんど瞬時となった。しかし、それでもコンピュータにアクセスできるのは特権を与えられたごく少数の人たちだった。これらすべてが、パーソナルコンピュータの開発とインターネットの成長によって変化した。メインフレームが死に絶えるという多くの人の予言は外れたが、コンピューティングは今や大衆が利用できるものになった。

　コンピュータ技術がますます安くなり携帯できるようになるにつれて、以前には予期していなかった新しいコンピュータの使用法が発見された——あるいは発明された。たとえば、今日我々がブリーフケースやバックパック、財布やポケットの中に入れているデジタル機器は、ポータブルコンピュータ、コミュニケーションツール、エンターテインメントプラットフォーム、デジタルカメラ、モニタリング機器、ますます遍在化していくソーシャルネットワークへの導管としての役割を同時に果たしている。コンピュータの歴史は、通信とマスメディアの歴史と密接に絡み合いはじめた。それを示しているのが、パーソナルコンピュータとインターネットに関する議論である。しかし、データを保存・分析する巨大なメインフレームとサーバーファームから、アプリケーションのためのソフトウェア開発にプログラマが使用するパーソナルコンピュータや、ユーザーがコンテンツを製作したり消費したりするのに用いるモバイル機器に至る、コンピュータの多様な形態と目的が、フェイスブックや Google のような最先端企業においてすら共存しつづけているということを心に留めておくことは重要だ。コンピュータそれ自体が発展して新たな目的を獲得しつづけるのにつれて、それに関連する歴史に対する我々の理解も広がっていく。しかし、こういった新しい理解は、コンピュータの初期の歴史に異議を唱えたり、それに取って代わったりするものではない。むしろそれらを拡張し、深め、より関連性の高いものにしてゆくものなのである。

　本書は 4 部に分かれている。第 1 部は電子コンピュータの登場前にコンピューティングがどのように取り扱われていたかを取り上げる。続く第 2 部と第 3 部ではメインフレームコンピュータの時代、大まかに 1945 年から 1980 年までを描

き、第2部ではコンピュータの創造、第3部ではその進化を扱う。第4部では
パーソナルコンピューティングとインターネットの起源について論じる。

　第1部はコンピューティングの初期の歴史を取り扱うが、3章に分かれてい
る。第1章では手作業による情報処理と初期の技術について論じる。情報処理は
20世紀の現象だと考えている人がしばしば見受けられるが、そうではない。第1
章は、洗練された情報処理は機械があってもなくても可能だということを示す。
後者の場合はスピードが遅いが、しかし同じようにできるのである。第2章で
は、オフィス機器産業とビジネス機器産業の起源について述べる。第二次世界大
戦後のコンピュータ産業を理解するためには、IBMを含むトップ企業が19世紀
の最後の10年間にビジネス機器製造企業として設立されたこと、そして戦間期
には主要なイノベーターであったということを認識する必要がある。第3章は
1830年代にチャールズ・バベッジが計算機関の製作に失敗したこと、またそれが
1世紀後にハーバード大学とIBMによって実現されたことについて述べる。ア
ラン・チューリングに関連した理論的発展についても簡単に論じる。

　第2部は電子コンピュータの開発について、第二次世界大戦中の発明から、
1960年代半ばにIBMがメインフレームコンピュータ製造業の支配者となるまで
を描写する。第4章は、戦争中にペンシルヴァニア大学で行われたENIACと、
その後継機EDVACの開発を取り上げる。EDVACは、現在まで続くその後のほ
とんどすべてのコンピュータの青写真となった。第5章はコンピュータ産業の初
期の発展について述べる。コンピュータは、数学的計算のための科学的道具か
ら、ビジネス用データ処理のための機械へと変貌した。第6章では、メインフ
レームコンピュータ産業の発展について吟味し、IBM System/360コンピュータ
に焦点をあてる。これは安定した産業標準を作り出した初めての製品であり、
IBMの支配力を確立させた。

　第3部では、戦後のコンピュータの発明から最初のパーソナルコンピュータの
開発までの四半世紀に起こった、重要なコンピュータイノベーションのいくつか
を精選して、その歴史を示す。第7章はコンピューティングにおける重要技術の
一つである、リアルタイムについての研究である。この主題を航空券予約、銀行
業務とATM、スーパーマーケットのバーコードといった、よく利用されている
アプリケーションの文脈で吟味する。第8章では、ソフトウェア技術の開発、プ
ログラミングの職業化、そしてソフトウェア産業の出現について述べる。第9章
では1960年代末のコンピューティング環境における重要な特徴、すなわち、タイ
ムシェアリング、ミニコンピュータ、マイクロエレクトロニクスの発展を取り上

げる。この章の目的は部分的には、コンピュータはメインフレームからパーソナルコンピュータへ一足飛びに飛躍した、というよくある考えを正すことにある。

　第4部は、コンピュータを多くの人々の机の上へ、そして個人生活の中へもたらした、最近40年間の発展の歴史を取り扱う。第10章ではマイクロコンピュータの発展について、1970年代半ばの最初のホビー・コンピュータが、1970年代末におなじみのパーソナルコンピュータへと変貌するまでについて述べる。第11章では1980年代のパーソナルコンピュータ環境に焦点をあてる。当時重要だったイノベーションは、ユーザーフレンドリーになったこと、そしてCD-ROMや消費者ネットワークといった手段を用いて「コンテンツ」をやりとりできるようになったことであった。1980年代の特徴は、マイクロソフトやほかのパーソナルコンピュータソフトウェア会社の驚異的な興隆である。そして本書は、インターネットに関する議論で締めくくられる。ワールド・ワイド・ウェブと、情報科学におけるその前進、そして発展を続ける商用アプリケーションとソーシャルアプリケーションに焦点があてられる。

　本書の最後に注をつけた。引用の正確な出典と、関心のある読者のためにコンピューティング史の主要文献を示した。

第 I 部

コンピュータ前史

人間がコンピュータだったころ

コンピュータという言葉は、私たちのデスクに鎮座している慣れ親しんだ機械を指すには紛らわしい名前だ。ヴィクトリア期や第二次世界大戦にさかのぼってみれば、この言葉はある職業のことを意味していた。オックスフォード英語辞典では、「計算をする人；カルキュレイタ、レコナー；**特に**天文台や測量などで計算をするために雇われた人」と定義されている。

実際のところ、現代のコンピュータは数を扱えるとはいえ、主な用途は情報を保存したり操作したりすること、すなわち事務員がするたぐいの仕事を行うことである。オックスフォード英語辞典では、事務員は「官公庁あるいは民間のオフィス、店舗、倉庫などにおいて補佐的な地位で雇用され、文書に記入したり、会計帳簿をつけたり、書類を複製したり、機械的に手紙の発受をしたり、同様の『事務的な』仕事をしたりする人」と定義されている。

電子コンピュータは、人間の計算係と事務員の役割を合わせたものだといえるだろう。

対数と数表

人間の計算係を使った大規模情報処理の初めての試みは、対数表や三角法の表をはじめとした数表を作るためのものだった。対数表は、乗算や除算や開法といった時間のかかる算術演算を、加算と減算というシンプルな演算だけを使って行えるようにし、16世紀と17世紀の数学的計算に革命をもたらした。三角法の表は、測量や天文学に関連する角度や面積の計算を、同様に高速化させた。しかし、対数表と三角法の表というのは、単に最もよく知られていた汎用数表にすぎない。18世紀後半には、特殊な表がさまざまな異なる職業のために作られるようになった。水夫のための航海表、天文学者のための星表、アクチュアリーのための生命保険表、建築家のための土木表などである。こういった表はすべて、人間

の計算係が機械の助けをまったく借りずに作った。

　大英帝国や、のちの米国のような海洋国家にとって、誤りのない信頼できる航海表が遅れずに発行されることは経済的に重要だった。1766年に英国政府は、王室天文学者ネヴィル・マスケリン（Nevil Maskelyne）が『航海年鑑』（*Nautical Almanac*）として知られるようになる航海表を毎年発行することを認めた。これは世界で初めての永続的な作表プロジェクトとなった。しばしば船乗りのバイブルとして知られるこの『航海年鑑』によって、航海の精度は劇的に改善した。この本は1766年以来、一度も途切れることなく毎年発行されている。

　『航海年鑑』は、王立天文台が直に計算していたわけではなく、大英帝国のあちこちに住むフリーランスの計算係たちが計算していた。計算は二人の計算係によって独立に二度行われ、三人目の「比較係」がそれを点検した。こういった計算係の多くは退職した事務員や牧師で、数字を扱う才能をもち、そして信頼がおけるという評判があり、自宅で働いていた。こつこつ働いていたこのような無名の人たちについて、わかっていることはほとんどない。忘却をまぬがれたおそらく唯一の人物が、18世紀のコーンウォールの牧師、マラキー・ヒチンズ師（Malachy Hitchins）であり、彼は40年にわたり『航海年鑑』の計算係および比較係として働いた。生涯にわたって計算に従事したことで、彼は『英国人名事典』に掲載された。マスケリンが1811年に死去したとき、ヒチンズはその2年前にすでに他界していたが、『航海年鑑』は「その後、約20年に及ぶ不運に遭い、しかもその誤りで悪名をとどろかせた」。

チャールズ・バベッジと作表

　このころ、チャールズ・バベッジ（Charles Babbage）は、作表という問題と、表の誤りの根絶に関心をもちはじめた。1791年にロンドンの裕福な銀行家の息子として生まれたバベッジは、イングランド西部の田舎町であるデボン州トットネスで幼少期をすごした。彼は平凡な学校教育を受けたが、数学は相当なレベルまで独学することに成功した。1810年にバベッジはケンブリッジ大学トリニティカレッジに進学し、そこで数学を学んだ。数学については、ケンブリッジ大学は英国でも一流の大学だったが、バベッジはチューターよりも自分のほうがすでに知識が多いことに気づいてがっかりした。大陸ヨーロッパに比べてケンブリッジ（およびイングランド）が数学的に沈滞しはじめていることを実感したバベッジは、二人の学友とともに解析協会（Analytical Society）を組織し、ケンブ

リッジと、ついにはイングランド全体の数学を大改革することに成功した。若者ではあっても、バベッジは才能のあるエバンジェリスト（伝道者）だったのである。

　バベッジは 1814 年にケンブリッジを去り、結婚して、摂政時代のロンドンに居をかまえ、紳士哲学者（gentleman philosopher）としての人生を歩みはじめた。彼の研究は主に数学的なもので、1816 年にその業績が認められ、英国一流の科学機関である王立協会会員に選ばれた。当時彼は 25 歳で、科学的評判を高めつつあるアンファン・テリブルであった。

　1819 年にバベッジは初めてパリを訪れ、そこで数学者ピエール・シモン・ラプラース（Pierre-Simon Laplace）やジョゼフ・フーリエ（Joseph Fourier）といったフランス科学アカデミーの主要なメンバーたちに出会い、長く続く友情を育むこととなった。ガスパール・ド・プロニー男爵（Baron Gaspard de Prony）が組織したフランスの大規模作表プロジェクトのことをバベッジが知ったのは、おそらくこの訪問の際のことだっただろう。このプロジェクトによって、バベッジは自分の人生の将来を決める見通しを得ることになったのだと思われる。

　ド・プロニーがプロジェクトを開始したのは 1790 年、フランス革命直後のことだった。新政府は、フランスの古くからの制度の多くを改め、特に公正な財産税システムを確立しようと計画した。これを達成するには、フランスの最新地図が必要だった。ド・プロニーはこの任務を任され、フランスの陸地測量局である地籍局（Bureau du Cadastre）の局長となった。政府が度量衡について古い帝国単位を改め、新しく合理的なメートル法を導入すると同時に決定したことで、彼の任務はより複雑なものとなった。局内ではこのために、地籍表（tables du ca-dastre）として知られることになるまったく新しい十進法数表を作らねばならなくなった。これはそれまで世界が経験したなかでもずば抜けて大規模な作表プロジェクトであり、ド・プロニーは工場を編成する方法と同じような方法でこのプロジェクトを組織することに決めた。

　ド・プロニーは、当時最も有名な経済学のテクストであった 1776 年出版のアダム・スミス『国富論』を出発点にした。分業の原理を初めて提唱し、ピン製造工場を例に出して説明したのがスミスだった。この有名な例で、スミスはピン製造をいくつかの異なる作業に分割できると説明した。ピンを作るワイヤーを短い長さに切る、ピンの頭を作る、先を鋭くする、ピンを研磨する、包装するなどといった具合だ。労働者がそれぞれ一つの作業に専門化すれば、ある一人の労働者がピン作りのすべての工程を担うよりも、生産高ははるかに大きくなるだろう。ド・

プロニーは「自分に課せられたこの途方もない仕事に同じ方法を適用して、ピンを製造するように対数を作る、というアイディアを突如思いついた」。

　ド・プロニーは、自分の作表「工場」を三つのセクションに分けた。第一のセクションは、アドリアン＝マリー・ルジャンドル（Adrien-Marie Legendre）とラザール・カルノー（Lazare Carnot）を含む 6 人の著名な数学者たちで、彼らは計算で用いる数式を決定した。その下についたのが第二の小さいセクションで、これは一種の中間管理職だったが、数式が与えられると、計算の手順を整理したり、計算結果を印刷できるようにまとめたりした。最後に、第三の最も大きなセクションは 60 人から 80 人の計算係で構成され、実際の計算を行った。計算係たちは「差分法」を用いたが、これには加算と減算という 2 種類の基本的な演算のみが必要で、乗算や除算のような骨の折れる演算は不要だった。それゆえ、計算係たちは基本的な計算と読み書き以上の教育は受けていなかったし、それでよかった。実際、彼らの多くは「アンシャン・レジームの最も憎むべきシンボルの一つが貴族階級のヘアスタイルであった」ために職を失った、髪結いたちであった。

　地籍局は数表を製作していたとはいえ、作業そのものは数学的ではなかった。これは基本的に情報の生産に対する組織技術の適用であって、製造業や軍の文脈外ではおそらく初めての例であった。同様のものは、その後 40 年にわたり再び現れることはなかったようだ。

　プロジェクト全体は約 10 年続き、1801 年までに表の草稿はすべて印刷できる状態になった。不運なことに、その後の数十年にわたり、フランスが相次いで経済面や政治面での危機に見舞われた結果、表を印刷するのに必要な多額の資金はついに工面されなかった。それゆえ、バベッジが 1819 年にプロジェクトのことを知ったとき、彼が見ることができたのはフランス科学アカデミーの図書館にあった表の草稿だけだった。

　1820 年にイングランドに戻ったバベッジは、志を同じくするアマチュア科学者のグループと一緒に科学団体である天文協会（Astronomical Society）を同年に作り、その協会のために星表を作成することで、身をもって作表を体験した。バベッジと友人のジョン・ハーシェル（John Herschel）は星表作成を監督したが、それはフリーランスの計算係が『航海年鑑』を計算したのと同じ方法であった。バベッジとハーシェルの役割は、計算の正確さをチェックし、計算結果を整理して印刷するのを監督するという仕事だった。バベッジは、表作りには誤りが多く、かつ長々と退屈でうんざりするものだということを知って、その困難さに不平をもらした。作表を監督するだけでこれほどうんざりするのであれば、実際に

計算する人たちにとってはどれほどだろうか。

　19 世紀の情報処理におけるバベッジの役割が特異なのは、彼が数学者であったと同等に経済学者でもあったという事実があるためだ。数学者としての彼は信頼できる表の必要性を認識し、どうやってそれを作るかを知っていた。しかし、ド・プロニーの組織技術の重要性を見抜き、そのアイディアをさらに広げていく能力をもっていたのは、経済学者としての彼だった。

　ド・プロニーは、工場組織でとても単純な道具を使った手作業が行われていた時代の大量生産の原理を用いて、作表の作業を考え出した。しかし、ド・プロニーのプロジェクトから 30 年のあいだに、工場における最も効率のよい方法そのものが発展し、大量生産用機械の新時代が幕を開けようとしていた。アダム・スミスのピン製造工場にいた労働者たちは、ピン製造用機械に取って代わられようとしていた。バベッジは、ド・プロニーの労働集約的で経費のかかる手作業の作表組織をまねるのではなく、新しく出現した大量生産技術の波に乗り、作表のための機械を発明しようと決めた。

　バベッジは、自分の機械を階差機関（Difference Engine）と呼んだが、それはド・プロニーたちが作表に使ったのと同じ差分法を用いるからだった。しかしバベッジは、表の中に現れる誤りの多くが、表を計算しているときではなく表を印刷しているときに発生するということを知っていたので、階差機関が印刷のための活字も組めるような設計にした。概念上、階差機関はきわめてシンプルだった。計算を行う加算機構と、印刷用の部品で構成されていた。

　バベッジは階差機関というアイディアを売り込むのに、自分の伝道者としての豊かな才能を利用した。彼は王立協会会長のサー・ハンフリー・デイヴィー（Sir Humphrey Davy）に宛てて 1822 年に公開書簡を送り、階差機関を作る資金を政府が出すように提案することからキャンペーンを開始した。海洋・産業国家には高品質の数表が不可欠であり、ド・プロニーの作表プロジェクトに参画した 100 人近い監督と計算係よりも、自分の階差機関のほうがずっと安価となるだろう、とバベッジは主張した。彼は私費で書簡を印刷し、影響力のある人々の手に渡るようにした。結果として、1823 年に彼は階差機関を作るための資金 1,500 ポンドを政府から獲得し、必要な場合には追加の資金を得られる了解まで取り付けた。

　バベッジは科学コミュニティの多くをなんとか集めて、自分のプロジェクトを支援させた。彼の後援者たちはいつも、階差機関の利点は「機構の狂いのない確実さによって」表の中の誤りの可能性が排除されることだと主張した。『航海年鑑』やその他の表の誤りが「船員を、危険ではなくとも、困難に陥りやすい状態

にする」かもしれないと暗にほのめかすこともした。バベッジの友人であるハー
シェルは、さらに一歩踏み込んで、次のように書いた。「対数表の中で見つからず
に残っている誤りは、いまだ見つかっていない海中の暗礁のようなものである。
そこでどれほどめちゃくちゃなことが起こった可能性があるか、言いあらわすこ
ともできない」。表の中の誤りの危険性は、次第に「航海表は船舶が頻繁に難破す
るほど誤りだらけだ」という恐ろしい物語へと発展した。歴史家はこの主張を支
持する証拠を見つけていないが、信頼できる表は英国の海洋活動が円滑に行われ
るのを確かに助けた。

　不運なことに、技術的な作業は概念化よりも複雑だった。バベッジは、階差機
関を作るのに必要な財源と技術的資源を完全に過小評価していた。彼は生産技術
の最前線にいたのだ。というのも、蒸気機関や力織機といった比較的大まかな機
械は広く用いられていたが、ピン製造機のような洗練された装置はまだ珍しかっ
たからである。1850 年代までにはそのような機械はありふれたものになってい
ただろうし、またそれらを比較的簡単に作れるような機械工学的インフラストラ
クチャーも存在していただろう。1820 年代に階差機関を作るのは決して不可能
ではなかったが、バベッジは先行者であることの対価を払っていた。それは、
1940 年代半ばに初めてのコンピュータを作ったときに似ていた。困難で、きわめ
て多額の経費がかかったのである。

　バベッジは今や二正面作戦を戦っていた。一つ目は階差機関を設計すること、
二つ目はそれを作るための技術を開発することだった。階差機関は概念的にはシ
ンプルだったが、その設計は機械的に複雑だった。今日、ロンドン科学博物館で、
バベッジによる数百枚に及ぶ階差機関の機械製図と数千ページのノートブックを
見れば、その複雑さがはっきりとわかる。1820 年代、バベッジは階差機関に使え
る装置や技術を求めて、欧州の工場を探し回った。階差機関に役立つ発見はあま
りなかったが、彼は当時の製造業について最も知識のある経済学者になることが
できた。1832 年に彼は最も重要な書籍である経済学の古典、『機械と製造業の経
済』(*Economy of Machinery and Manufactures*) を出版した。経済学史におけ
るバベッジは、アダム・スミスの『国富論』を、米国のフレデリック・ウィンス
ロー・テイラー (Frederick Winslow Taylor) が 1880 年代に創始した科学的管理
法運動へと接続した、影響力のある人物である。

　政府は 1820 年代から 1830 年代初めにかけてバベッジに資金を融通しつづけ、
総額は 17,000 ポンドに及んだ。そしてバベッジはそれと同額を私費から支出し
たと主張している。現在のお金に換算してもかなりの高額となるだろう。1833

年までにバベッジは、申し分なく巧みに製作された階差機関のプロトタイプを作り出した。実際の作表を行うには小さすぎるし、印刷用のユニットもついていないものだったが、彼のコンセプトが実現可能であることに疑問の余地はないということを示した（これは今もロンドン科学博物館で常設展示されており、当時と変わらず完全に動作する）。

　本格的な機械を開発するためにはより多くの資金が必要だったので、バベッジは 1834 年に当時の首相であったウェリントン公爵（Duke of Wellington）に宛てて依頼の手紙を書いた。不運なことに、そのときバベッジはあまりにも素晴らしい独創性のあるアイディアを思いついたところで、それについて黙っていることができなかった。それは、階差機関にできることがすべて行えるだけでなく、もっと多くのことができる新種の機械だった。人間がはっきりと手順を指示できる計算なら**なんでも**実行できるような機械だったのである。バベッジはこの機械を解析機関（Analytical Engine）と呼んだ。重要な点のほとんどで、その機械は現代の電子コンピュータと同じ論理構造をもっていた。ウェリントン公爵への手紙の中でバベッジは、階差機関を完成させる代わりに解析機関を製作することを許可してもらえないかとほのめかした。解析機関という幽霊を持ち出したことは、バベッジのキャリアの中でも最大の政治的判断ミスであった。バベッジのプロジェクトに対する政府の信用は致命的に傷つけられ、彼は一銭も資金援助をもらえなくなった。実際のところ、そのころまでにバベッジは自分の計算機関プロジェクトにすっかり没頭していて、作表するというもともとの目的を完全に見失っていた。階差機関と解析機関はそれ自体が目的となっていたのだ。それについては第 3 章でみることにしよう。

手形交換所と電信

　バベッジが階差機関をめぐって奮闘していたころ、大規模情報処理というアイディアは、それが人の手で行われようと機械が用いられようと、きわめて珍しいものだった。1820 年代における通常のオフィスの仕事量は、多数の事務員を必要とするほどではなかった。事務機器も存在しなかった。加算機すら当時は珍しい科学用品以上のものではなかったし、タイプライターはまだ発明もされていなかった。たとえば、エクィタブル・ソサエティ・オブ・ロンドン（Equitable Society of London）は当時世界最大の生命保険会社だったが、羽ペンと紙しか持たない 8 人の事務員ですべての運営が行われていた。

イングランド全体でたった一つ、ド・プロニーの作表プロジェクトに比肩しうる組織技術をもつ大規模情報処理組織が存在した。それがロンドンの手形交換所で、バベッジは手形交換所について、同時代に活字になった唯一の記事を書いた。

手形交換所とは、急速に増加しつつあった商用の小切手を処理するための組織であった。小切手を使うことが一般的になった18世紀、銀行の事務員は客が預けた小切手を、それが発行された銀行へ物理的に持っていき、現金に交換する必要があった。18世紀半ばに小切手の使用が普及すると、ロンドンの各銀行は「使送事務員」(walk clerk) を雇い、ロンドンの金融街であるシティの全銀行を歩いて回って小切手を現金と交換するという仕事を担わせた。1770年代になると、ロンバート通りのファイブ・ベルズ・パブリック・ハウスに全事務員が同時に集まるように取り決めが簡略化された。あらゆる小切手と現金の交換は、一つの「事務室」で行われることになった。明らかにこのおかげで、長い移動時間は節約され、強盗の危険も減った。また、振り出された小切手を二つの銀行が互いに持っているときには、清算に必要な現金は二つの未払金の差額にすぎず、通常それは全小切手の総量よりはるかに少ない、ということも明らかになった。取引高が拡大していくにつれ、小切手交換室は手狭になり、幾度か引っ越しが行われた。結局1830年代の初めには、ロンドンの金融センターの中心であるロンバート通り10番地に、ロンドンの銀行が共同で手形交換所を設立した。

手形交換所は外部からの訪問者を排した非公開の秘密組織だった。これは、1820年代に新しく作られた多くの銀行を、老舗の銀行が排除したかったからだった（手形交換所がそれに成功したのは1850年代までだった）。しかし、バベッジは手形交換所のコンセプトに魅了され、入場するために裏から手を回した。手形交換所の幹事はジョン・ラボック（John Lubbock）という著名な人物で、彼はシティの中心人物だっただけでなく、影響力のあるアマチュア科学者であり、かつ王立協会の副会長だった。バベッジは1832年10月にラボックに手紙を書き、「部外者が見学を許される可能性」があるかどうかを尋ねた。ラボックの返事は「**あなた**は手形交換所に入場できます……が、大衆が自分たちも銀行の聖域に入れると思ってしまうかもしれませんので、口外はしないでください。また、もちろん匿名としてください」というものだった。バベッジは、ラボックの科学的に組織されたシステムに心を奪われてしまい、ラボックが禁止したにもかかわらず、『製造業の経済』の中で熱烈に書き綴った。

ロンバート通りの大きな部屋の中では、壁に沿って机がぐるりと並べら

れ、ロンドンのさまざまな銀行から来た約30人の銀行員たちがアルファベット順で席についている。それぞれが脇に蓋のない小さな箱を置いていて、頭上の壁には彼が所属する銀行の名前が大きな字で書いてある。ときどき、各銀行からやってきたほかの銀行員たちが入室し、自分の銀行へ支払われるべき小切手を手渡したり、箱に入れたりしてゆく。

　一日の大半は、銀行員が小切手を交換したり元帳に記入したりして過ぎていった。午後4時になると、銀行間の精算が始まった。各銀行の銀行員は、ほかの銀行から支払いを受けるための小切手と、ほかの銀行に支払うための小切手を総計した。この二つの金額の差が、支払われるか、あるいは徴収されることになる。

　5時になると、手形交換所の監査人が部屋の中央にある演壇の席につく。それから、その日に支払いのある全銀行の銀行員が、支払うべき金額を監査人に現金で支払う。次に、支払いを受ける全銀行の銀行員が、監査人から現金を受け取る。間違いがなければ（前もって印刷された様式を使った入念な会計システムによって、そういったことがあまり起こらないように保証されていた）、監査人の現金残高はちょうどゼロになる。

　手形交換所を通って流れる金額は、信じられないほど莫大だった。1839年に清算されたのは、9億5,400万ポンドだった。これは現在のお金では数千億ドルに相当する。最も忙しい日には、600万ポンドが清算され、50万ポンドの紙幣がそのために用いられた。やがて、各銀行と手形交換所がイングランド銀行（Bank of England）に口座を開設したことで、現金は必要なくなった。清算は、ある銀行の口座から手形交換所の口座に送金するか、あるいはその逆を行えばよいということになった。

　バベッジは明らかに、手形交換所の意義を、ド・プロニーの作表プロジェクトや彼自身の階差機関に匹敵する「頭脳労働の分業」の一例だと考えていた。彼は生涯にわたって、大規模情報処理に深い関心を抱きつづけた。たとえば、1837年に彼は戸籍本庁長官と英国国勢調査の長官になろうとして失敗している。しかし、巨大な貯蓄銀行や産業保険会社といった大規模な情報処理組織が1850年代と1860年代に登場したころには、バベッジは影響力を失った老人となっていた。

　手形交換所は現在我々が金融インフラストラクチャーと呼ぶものの初期の一例である。ヴィクトリア期には、物理的インフラストラクチャーおよび金融インフラストラクチャーに莫大な投資がなされた。1840年から1870年のあいだに、英国で投資対象となった鉄道は1,500マイルから13,000マイルに成長した。この物

理的で非常に目立つ交通インフラストラクチャーと並行して、鉄道清算所として知られる見えない情報インフラストラクチャーも発展したが、これは手形交換所を忠実にまねたものだった。1842 年に設立された鉄道清算所は、あっという間にデータ処理を担う世界最大の官僚組織の一つとなった。1870 年には、1 年に約500 万件の取引を 1,300 人の事務員で処理するまでになった。

　ヴィクトリア期の情報インフラストラクチャーとしてもう一つ重要だったのが電信で、これは 1860 年代に通常の郵便システムと競合しはじめた。1 通の手紙には書きたいことを好きなだけ書いて 1 ペニーで送れるのに比べ、電報は高価で20 語のメッセージを送るのに 1 シリングもかかったが、とても速かった。電報は国中をたちまちのうちに走り抜け、早ければ 1 時間で目的地に到着し、テレグラフ・ボーイによって手渡しで配達された。

　現代のインターネットと同様に、電信ももともとは通信システムとして計画されたものではなかった。そうではなく、電信は初期の鉄道システムの通信問題の解決策の一つとして始まった。旅客列車が鉄道のある区間に進入するのと同時に、逆方向から別の列車がやってくるのではないかと大衆の多くが恐れていたのである（実際にはそのような事故はほとんどなかったが、だからといって社会的関心が減じるわけではなかった）。この問題を解決するために、発明の才のある技術者たちが鉄道に沿って電気通信システムを張り巡らせた結果、区間の両端にいる信号係が通信できるようになった。それからは、二人の操作員が安全だと合意するまで、列車は単線区間に進入できなくなった。この新しい電気信号法が商用利用されるようになるまでに、もちろんさほどの時間はかからなかった。新聞や営利団体は、自分たちの競争相手に先んじてニュースや市場の情報を得るために喜んでお金を支払った。突如として、鉄道軌道沿いに電信柱が立ちはじめた。鉄道会社が所有しているものもあれば、新しくできた電信会社が所有しているものもあった。メッセージは電気によって送信されたが、電信にはメッセージを送信する機械を操作する事務労働力が依然として大量に必要だった。その労働の多くは女性が担った。規模にかかわらず、英国で女性が事務労働に従事したのはこれが初めてだった。電信機器がやや繊細であったこと、そして女性、特にミシンに慣れたお針子は、男性よりも手先が器用だと信じられていたことがその理由だった。

　1860 年代半ばまでに英国では 75,000 マイルに及ぶ電信線が引かれ、それを六つの主要企業が運用していた。しかし、各システムは独立に運用されていたので、あるネットワーク内を送信元とする電報を別のネットワークを用いて送るの

は難しかった。1870 年に英国政府が介入し、各システムを国有電信ネットワークへと統合した。いったん統合がなされると、電信の利用はただ爆発的に増加した。電信線がさらに引かれ、古いものは更新された。大きな町にはことごとく電信局が設置された。電信学校がロンドンとその他の地方に設立され、若い男性や女性がモールス電信の訓練を受けた。電報にかかる費用は 12 語で 6 ペンスに下がった。

　電報の送信は、興味深い技術的問題をいくつか提起した。なかでも重要だったのが、電信線で直接結ばれていない場所のあいだで電報を送りたいという要求だった。スコットランドのエディンバラにあるタバコ製造業者が、350 マイル南のイングランドのブリストルにあるタバコ輸入業者と交渉しているという問題について考えてみよう。この二つの大都市を結ぶ電信線はない。代わりに電報はリレー競争のバトンのように、中間にある都市の電信局を通過していかなければならない。エディンバラからニューカッスルへ、ニューカッスルからヨークへ、ヨークからマンチェスターへ、マンチェスターからバーミンガムへ、最後にバーミンガムからブリストルへといった具合である。あいだにある各電信局では、電信技手がモールス音響機でメッセージを受け取り、速記でない普通の手書きでそれを書き留めた。次にそのメッセージは、別の電信技手によって次の電信局に宛てて再送信された。労働集約的ではあったが、このシステムは非常にレジリエントだった。もしヨークからマンチェスターへの電信線が、たとえば嵐で損傷していたり、あるいは単に混んでいたりした場合には、電信技手はそれほど回り道でもないシェフィールド経由でメッセージを送ってもよかった。シェフィールドからは、南回りのルートでメッセージを送ることになる。電信技手は国内の地理に通じている必要があった。

　政府が電信システムを引き取ったあと、ロンドンは英国の政治と商業の中心だったので、主要都市すべてから首都ロンドンへ直接つながる電信線が引かれているというのが合理的だということになった。1874 年、「連合王国のあらゆる重要な町」に直接接続した中央のハブ、中央電信局が開設された。一方は議会に、もう一方はフリート通りの金融街と新聞社に挟まれた、セントマーティンズ・ル・グランド（St. Martin's Le Grand）の専用の建物の中に中央電信局はあった。電信局は科学的近代性の典型で、挿絵のある本や雑誌で特集された。運用が始まった日から、全国の電信の大半が中央電信局を経るようになった。今や、エディンバラのタバコ製造業者は、ブリストルのタバコ輸入業者まで単一ホップで通信できるようになったのである。より速く、より安くなり、メッセージの転記

誤りも起こりにくくなった。

　1874 年、『イラストレイテッド・ロンドン・ニュース』は、ページ全面に及ぶ版画で中央電信局の一室を描いた。その絵は、その時点で時間が止まったままの情報工場の様子を示している。何列にも並んだ若い男性と女性が電信機を操作し、監督たち（一般に部下より少しだけ年長であった）が部屋の前にある大きな選別台で仕事の指示をしている。そして、メッセンジャー・ボーイ（多くは小学校を出たばかりだった）が電信機の列を走り回り、書き起こされたメッセージを集めたり、これから伝送されるメッセージを配ったりしている。記事の著者は電信のことだけではなく、彼が生きている時代のことについても説明した。

　　　それは規律正しく勤労している気持ちのよい光景であり、そしてもちろん楽しいものでもある。そのわけは、ここにいる人々の多くが若い女性で、素敵だとは言わないまでも、きびきびとして幸せそうで、確かに慣れている様子だからである。それぞれが、自分の前にある机の上に自分の機械を持っている。彼女は、今まさに仕事を片付けたりメッセージを読んだりするのに忙しい状態であるか、そうでなければ、離れた局からメッセージが届いたことを知らせる信号が来るのを待っているかだ。少年たちは電報の用紙を持って室内をあちこち動き回っている。その電報は、電信機室内のとある場所で受信されたもので、別の場所から信号として送られねばならないが、まずは記録のために最寄りの点検台と中央にある選別台に運ばれねばならない。

　このジャーナリストは、明らかに統計の経験のある男性で、1,200 人の電信技手がおり、そのうち 740 人が女性で、加えて 270 人のメッセンジャー・ボーイがいたと記している。毎日 17,000 通から 18,000 通のメッセージが地方の電信局のあいだで送信されていた。しかし、これは始まりにすぎなかった。世紀の変わり目までに、中央電信局は 4,500 人もの事務員を雇い、一日に 12 万通から 165,000 通の電報を送信するようになった。世界で最大のオフィスだった。

ハーマン・ホレリスと 1890 年の国勢調査

　欧州に比べて、米国は大規模データ処理では新参者だった。それは、経済成長が欧州より 20 年から 30 年遅れていたためだ。英国とドイツとフランスの産業化

が進んでいた1830年代、米国はいまだ主として農業国だった。米国のビジネスが大きなオフィスを構え出したのは南北戦争が終わってからのことだったが、そうやって遅れたおかげで、新しく出現したオフィステクノロジーを最大限に生かすことができたのである。

　南北戦争前に重要だった米国唯一のデータ処理官僚組織は、ワシントンDCにある国勢調査局だった。国勢調査は下院の「議員割り当て数」を決定するため、1790年に議会制定法で定められた。1790年に行われた第1回国勢調査では米国の人口は390万人と推計され、その結果として33,000人ごとに1名の議員、すなわち105名の下院議員が割り当てられるべきだということが確認された。初期の国勢調査データ処理はきわめて小規模で、それがどのように行われたかについての記録は存在しない。1840年になり、人口が1,710万人に達しても、国勢調査局には28人の事務員しかいなかった。しかし、20年後の1860年の国勢調査までに大きな官僚組織が設置され、184人の事務員が雇われて3,140万人の人口を数えることとなった。1870年の国勢調査には438人の事務員が携わり、国勢調査報告書は3,473ページにのぼった。

　その後、国勢調査はただただ爆発的に拡大した。1880年の国勢調査はおそらく米国で行われた手作業によるデータ処理の最高点で、1,495人もの事務員が国勢調査データ処理のために雇用された。当時用いられたデータ処理手法は「タリー・システム」として知られていたものだった。これは例をあげると理解しやすい。国勢調査で作られる報告書の一つは、州ごと、そして主要都市ごとの人口の年齢構成表である（すなわち、年齢ごと、民族集団ごとの男女数である）。集計係には、多数の縦線と横線でマス目に区切られた大きな集計用紙が渡される。縦は2列ごとに、各民族集団の男女が割り当てられている。行は個人の年齢に対応している。1歳未満、1歳、2歳、と続き、100歳とそれ以上、という行までである。集計係は、ある「調査区」（約100家族に相当する）の国勢調査記入書式を一束取り、各書式に記載されている各人物の年齢・性別・民族起源を調べ、集計用紙の適切なマスにチェックマークを記入する。こうやって書式の山を処理し終わると、集計係は各マスのチェックマークの数を数え、その結果を赤いインクでその横に書き込む。この作業が、その市の調査区ごとに繰り返される。最後に、別の集計係が市の全集計用紙に書かれた赤インクの数字を総計して、その結果を整理シートに書き入れ、このシートが最終的には国勢調査報告書内の表の一つということになる。

　国勢調査事務員の仕事は信じられないほど退屈で、当時のジャーナリストが次

のように書いたほどだった。「ただ一つ不思議なのは……1880 年国勢調査のイラ
イラする集計用紙に苦労して取り組んでいる事務員の多くが、盲目にもならず発
狂してもいないということだ」。1880 年の国勢調査では、21,000 ページ以上に及
ぶ報告書が製作され、約 7 年がかかった。このように途方もなく長い時間がか
かったせいで、機械化あるいはその他の工夫できる方法で国勢調査の迅速化をは
かろうという強い動機が生まれた。

　国勢調査の問題を鋭く意識した人物が、ハーマン・ホレリス（Herman
Hollerith；1859-1929）という名の若い優れたエンジニアである。彼はのちに国
勢調査データを処理する機械システムを開発し、タービュレイティング・マシン
社（Tabulating Machine Company）を 1896 年に設立して自分の発明を商用化
し、IBM の基礎を作った。バベッジとともに、ホレリスは情報処理開発における
19 世紀の重要人物の一人とみなされている。ホレリスは、博識家バベッジのよう
な物事について深く考える人物というわけではなかったが、彼はバベッジがそう
ではなかった場面で実務的であった。ホレリスは起業家としてのセンスにも優れ
ていたので、自分の発明を活用して、一大産業を打ち立てることができたのであ
る。

　ホレリスはニューヨークで育ち、コロンビア大学に入学したが、教授の一人が
ワシントンの国勢調査局の顧問だった。彼は卒業したばかりのホレリスを招い
て、自分の助手にした。国勢調査局にいるあいだに、ホレリスはとんでもない規
模の事務作業を自分の目で確かめることとなった。当時、これに比肩しうるもの
は国内のどこにもなかった。こうして国勢調査の作業に詳しくなったことで、彼
は退屈で骨の折れる事務仕事の多くを機械化する電気作表システムを開発するこ
とができたのである。

　ホレリスの基本的なアイディアとは、当時の移動遊園地で使われていたオルガ
ニートで音楽がパンチカードの連なったものの上に記録されていたのと同じ方法
を用いて、紙のパンチテープあるいはパンチカードにあいた孔のパターンで各個
人の国勢調査回答を記録するというものだった。そうすれば、自動で孔を数える
機械を使って、表を作ることができる。のちに、ホレリスはこのアイディアの起
源について次のように回想している。「西部を旅行していたとき、孔あき写真と
呼ばれていたと思うが、そういった切符を持っていたことがある。車掌が、明る
い髪色、暗い色の目、大きな鼻といった個人の特徴を、孔であけていくのだ。そ
ういうわけで、私は各個人の孔あき写真を作ったにすぎないのだ」。

　1890 年の国勢調査の準備は、新しく任命された国勢調査局長官であるロバー

ト・P・ポーター（Robert P. Porter）の指揮下で、1888 年に始まった。ポーターは英国生まれの帰化米国人で、カリスマ性のある人物だった。外交官であり、経済学者であり、ジャーナリストであり、『ニューヨーク・プレス』誌の創立者かつ編集者だった。工業の専門家で、統計学の解説者としてもよく知られていた。長官に任命されるや否や、彼は 1880 年以前の国勢調査で用いられてきたタリー・システムに代わる方法をコンペティションで選ぶための委員会を立ち上げた。彼はすでにホレリスのシステムの熱狂的な支持者だった。ジャーナリストとしてすでに記事を書いていたし、のちにはブリティッシュ・タービュレイティング・マシン社（インターナショナル・コンピュータ社の前身で、欧州最大のコンピュータ会社となった）の会長となった。しかし、コンテストが公正であることを保証するため、自分自身はコンペティションの審査員にはならなかった。

　ホレリスを含む三人の発明家がコンペティションに参加し、全員が古い集計用紙の代わりにカードや紙片を用いることを提案した。ホレリスのライバルが提案したのは、各個人の国勢調査回答を質問ごとに異なる色のインクを用いて紙片に書き写すことで、データが見やすくなり手作業で数えたり分類したりしやすくなる、というものだった。二人目のライバルも同じようなアイディアだったが、こちらは普通のインクとさまざまな色のカードを使って、見分けたり手作業で整理したりしやすくするというものだった。この 2 種類のシステムは完全に手作業によるもので、特にこのころ大規模な商用オフィスで登場しはじめた、カードによる記録システムに似たものだった。これらに対して、ホレリスのシステムの大きな長所は、いったんカードを穿孔してしまえば分類も集計もすべて機械的に行われるということだった。

　1889 年の秋に三人の競争者たちは、セントルイス地区の 1880 年国勢調査の回答 10,491 通を処理して、自分たちのシステムを実際に動かしてみるように求められた。この試験では、カードや紙片上に回答を記録することと、それらを集計して求められている統計表を作ることの両方を行わねばならなかった。カード上にデータを記録することに関しては、ホレリスのシステムでは手動システムとほとんど速さが変わらないことが示された。しかし、集計の段階になると本領を発揮し、ライバルのシステムの 10 倍速いことを証明した。さらには、ホレリスのシステムではいったんカードを穿孔してしまえば、作表が必要になればなるほど費用対効果が高くなるということも示された。委員会は全会一致で、1890 年国勢調査にホレリスの電気作表システムを採用するよう推薦した。

　第 11 回米国国勢調査の準備が本格的に動き出すと、ポーター長官は「ワシント

ンのダウンタウンにある空き事務所や屋根裏空間のようにみえるものを、すべて
かき集めた」。同時に、ホレリスは発明家から製造管理者に変貌を遂げ、自分の国
勢調査用機械の組み立てをウェスタン・エレクトリック社（Western Electric）に
下請けに出した。彼はまた、国勢調査に必要となるだろう 6,000 万枚を超えるマ
ニラ紙のカードを供給するよう、製紙業者と交渉した。

　1890 年 6 月 1 日、45,000 人に及ぶ大勢の国勢調査員が全国に散って、1,300 万
の家庭についての調査表を整え、それをワシントンに向けて発送した。国勢調査
局には 2,000 人の事務員が準備を整えて集合し、これまでの世界で最も大規模で
完全な国勢調査の処理が 7 月 1 日に始まった。米国の人々が「自国の力を感じ
る」瞬間だった。

　1890 年 8 月 16 日、6 週間に及ぶ国勢調査処理を経て、総人口は 62,622,250 人
であると発表された。しかし、それは世界で最も成長が速いと主張している国民
たちが聞きたいと思っていたことではなかった。

　　　この偉大な共和国の人口がたった 62,622,250 人だというポーター氏の声明
　　　を聞いて、総人口 7,500 万人でやっとこの国の尊厳が保たれると決め込ん
　　　でいた大勢の人々は、憤慨の発作を起こした。それゆえに、「大喝采」では
　　　なく、落胆で半狂乱の叫び声がこだましている。その後のニューヨークの
　　　数字の発表！ 子を失って嘆き、慰めを拒絶するラケル[訳注1] は、迷子に
　　　なって攫われてしまったマンハッタン島の市民をめぐるニューヨークの政
　　　治家のそれに比べれば、単なる人形劇だ。

新聞はこの物語を好んだ。「役に立たない機械」という見出しの記事では、ボス
トン・ヘラルド紙がポーターとホレリスをこきおろした。ニューヨーク・ヘラルド
紙は「いい加減な仕事で国勢調査が台無しになった」と指弾したし、ほかの新聞
もすぐにその筋書きを取り上げた。しかし、ホレリスとポーターがシステムに本
当に疑いを抱いたことは一度もなかった。

　大まかな集計が終わり、最初に沸き起こった国民の関心が静まってから、国勢
調査局は定型の作業に入った。データすべてをカード上に記録するという作業で
は、700 台のカード穿孔機がほとんど常時稼働することになった。穿孔係は「大
いに興味深い」と楽観的に描写された仕事に携わり、一日に 6 時間半働いて平均

［訳注1］　旧約聖書エレミヤ書31章15節。

700 枚のカードに孔をあけた。国勢調査で女性労働力が重用されたのはこれが初めてで、ある男性ジャーナリストは「女性は責任に対する道徳心を平均以上にもっている」ので「誠実な結果が期待できる」と記している。一人の市民につき 1 枚、合計 6,200 万枚以上のカードが穿孔された。

　それからカードは国勢調査機で処理された。機械 1 台で以前の集計係 20 人分の仕事をすることができた。それでも、もともと 56 台だった国勢調査機は最終的に 100 台まで増やさねばならなかった（そして、この追加のレンタルはホレリスの収入をかなり増加させた）。国勢調査機は二つの部分から成り立っていた。一束分のカードの孔を数えていくことができる作表機と、作業員が次の作表作業に向けてカードを入れていく分類箱である。国勢調査機の作業員は、押すと引っ込むバネ付きのピンが 288 本取り付けられたプレートでできた「プレス」を使って情報を読み取りながら、1 枚 1 枚カードを処理していった。セットしたカードの上にプレスをおろしていくと、硬いカードに当たったピンはプレスの中に押し戻され、何も起こらない。しかし、孔の位置にピンがあった場合には、ピンはカードの孔を通り抜け、その下のくぼみに溜めてある水銀に触れ、電気回路が閉じる。すると、電気が流れて、国勢調査機の前面にある 40 個の計数器の一つに 1 が足される。また、分類箱の 24 個の区画のうち一つのふたがパカッと開く。作業員がそこにカードを入れると、作表の次段階への準備が整う。

　したがって、作表機の計数器の一つと分類箱の区画の一つが男性に、別の計数器と区画が女性に対応するよう配線されている場合には、国勢調査機はカードの束を読み込んで男性と女性の数を確定し、その分類に従ってカードを分けることができた。実際の集計は、カードから可能な限りたくさんの情報を読み取るため、これよりもずっと複雑なものであった。集計は、国勢調査機の 40 個の計数器すべてと、分類箱の 24 個の区画を最大限に用いるように設計された。

　いつでも 80 人を超える作業員が機械を操作していた。各作業員は 1 時間に少なくとも 1,000 枚のカードを処理した。典型的な日では、作業を全部合わせると一日で約 50 万枚のカードが処理された。「言い換えれば、部隊は、積み上げればワシントン記念塔とほとんど同じくらいの高さになる大量のカードを取り扱い、一日に 500 フィートの割合で突き進んでいたのである」。カードを読み取るごとに、国勢調査機はそれが正しく読み取られたことを示すベルを鳴らした。ベルを鳴らす機械でいっぱいのフロアは「まるでそりの鈴のような」音を立てていたと、あるジャーナリストは述べている。その光景と音は荘厳なもので、そのジャーナリストは「その装置は神のひき臼のように寸分の狂いもなく動作するが、速さで

は完全に勝っている[訳注2]」と記した。ホレリスは全作業を自ら監督し、自然な故障と不自然な故障の両方と戦った。ある国勢調査経験者は次のように回想している。

> ハーマン・ホレリスは建物を頻繁に訪れたものだった。とても背が高く浅黒い肌の人物だったことを覚えている。機械工たちも頻繁にやってきて、調子の悪い機械を動く状態に直し、だらだらしている従業員たちを仕事に戻らせていた。お決まりのトラブルは、必要のない休憩を取るために、誰かがスポイトでくぼみから水銀を吸い出し、たんつぼの中に捨てていた、というものだった。

　1890年の国勢調査の処理は、その前の調査では7年かかったのに対し、2年半で終わった。全部あわせると、国勢調査報告書は26,408ページにのぼった。総費用は1,150万ドルで、ホレリスのシステムを使わなければ、500万ドル余計に費用がかかっただろうと推定された。見るべき目をもっているものにとって、ホレリスの機械は、機械による情報処理というまったく新しい展望を開いたのだった。

オフィス機器に恋したアメリカ

　米国において機械による情報処理が最もおもてだって利用されたのはホレリスのシステムだったが、それは南北戦争後の20年間で開発された、我々が現在「情報技術」と呼ぶものの数ある例の一つにすぎない。ホレリスのシステムは、いかなる意味でも情報技術の典型例ではなかった。オフィス機器の多くはもっと月並みなもの、タイプライターや記録保存システム、加算機であった。さらに月並みなものには、米国のビジネスで利用できるようになったさまざまなオフィス用品があった。数百種類にも及ぶ鉛筆、数十種類の万年筆、考えうる限り豊富な種類のクリップ、ファスナー、ステープラー、特許も取得されていた不正使用防止のための小切手刻印機[訳注3]、会計用の硬貨トレーと現金を整理するための道具、カーボン紙とタイプライター関連の雑貨、ルーズリーフと書類整理棚、分類棚付

[訳注2]　神の臼はゆっくりひくがきわめて細かい、という格言から。天網恢々疎にして漏らさずの意味。
[訳注3]　小切手の額面が書き換えられないように、小切手の支払額を物理的に「切り出す」ための機械。

きの木製机などである。このリストにはキリがない。

　19世紀の最後の10年間における、非常に先進的なものとあまり洗練されていないものの両方を含むオフィス用品は、ほとんど完全に米国の現象だった。20世紀になるまで欧州で似たようなものはみられなかったし、多くの企業でそういったものがみられるようになったのは第一次世界大戦が終わってからのことだった。

　米国がオフィス機器と相性がよかった理由は、主に二つある。一つ目は、米国のオフィスは欧州に比べてスタートが遅かったため、旧来のオフィスやすでに確立した旧式の働き方といった重荷を背負っていなかったことである。たとえば英国では、英国プルデンシャル保険会社（British Prudential Assurance Company）が1850年代に設立され、ヴィクトリア期のデータ処理法を採用していたが、それを脱却することができなかった。なぜなら、タイプライターや加算機、現代的なカードインデックスシステムなどを利用できるようにオフィスシステムを再設計するのは、採算が合わなかったからである。実際、世紀が変わるまでプルデンシャルには1台もタイプライターがなかったし、先進的なオフィス機器が導入されたのはようやく1915年になってからのことだった。対照的に、ニューヨークの米国プルデンシャル社は英国から20年遅れて設立されたが、市場に出ているオフィス用品はなんでもすぐに利用し、オフィステクノロジーを利用することにかけてはリーダーだと世間に認められるようになった。1950年代に米国でコンピュータを導入した最初期のオフィスの一つとなったときにも、その評判はずっと続いていた。同様に、英国の手形交換所が新世紀になっても機械化されなかった一方で、米国の手形交換所では1890年代にコンプトメター（Comptometer）とバロース（Burroughs）の加算機を大規模に用いるようになっていた。

　しかし、米国がオフィス機器に夢中になったことは、単なる経済的な解釈では完全に説明しきれない。実は、米国はちょっとした機械装置が大好きで、機械化されたオフィスの魅力に取りつかれてしまったのである。米国の企業はしばしば、それが現代的に見えるからという単にそれだけの理由でオフィス機器を購入した。米国の企業が1950年代に初めてのコンピュータを購入したのも同じことだった。オフィスシステム運動の美辞麗句が、こういった態度をさらに強化した。

　1880年代、米国の産業界においてフレデリック・W・テイラーが工場の現場に焦点をおきつつ科学的管理法を開拓したのと同じように、新種の科学的管理者、

すなわち「システマタイザー」が米国のオフィスを革命しはじめていた。初期の
システマタイザーの一人は1886年に、聴衆に対してこのようにふかしている。

　　　今や、記録をつけていない経営は、音符のない、耳で聞き覚えた音楽のよ
　　　うなものだ。うまくいくあいだはいいが、不十分だ。将来には何も残らな
　　　い……理性的な経営のもとでは、経験を蓄積し、そしてそれをシステマ
　　　ティックに利用し、応用していくことが最前線となる。

システマタイザーは、オフィスを再構築し、タイプライターや加算機を導入し、
複数枚綴りの帳票やルーズリーフ・ファイリングシステムを考案し、機械を用い
た勘定システムで旧式の会計台帳を置き換えるなどといったことに取り組んだ。
オフィスシステマタイザーは、今日の情報技術コンサルタントの祖先であった。
　オフィス合理化に対する熱狂を動力源として、米国は大規模にオフィス機器を
採用した世界で初めての国となった。このように早いスタートをきったことで、
米国は情報技術商品の生産では、今日に至るまで指導的な立場に立つことができ
たのである。米国は、タイプライター、記録保存、加算機の各産業を、その歴史
の大部分を通じて次々に支配した。戦間期には会計機産業を支配し、第二次世界
大戦後にはコンピュータ産業を打ち立て、それは今日まで続いている。このよう
に、1890年代の巨大なオフィス機器企業から今日のコンピュータメーカーに至る
まで、途切れない血脈が存在するのだ。

オフィスに事務機がやってくる

　1928年における世界のオフィス機器サプライヤーの上位4社は、年商6,000万ドルのレミントンランド（Remington Rand）、年商5,000万ドルのナショナル・キャッシュ・レジスター（National Cash Register, NCR）、年商3,200万ドルのバロース加算機会社、そしてこの3社に大きく水をあけられて、年商2,000万ドルのIBMだった。その40年後にもこれらの企業はコンピュータ製造業のトップ10社に入っていたが、4社のうちIBMは、ほかの3社の合計を超えるほどの売上高を誇り、年間の収益は210億ドル、従業員は30万人に及ぶ、世界で3番目に大きな会社となっていた。

　コンピュータ産業の発展、そしてこの一見新しい産業を過去がどのように形作ってきたかを理解するためには、20世紀への世紀の変わり目のころ、オフィス機器を扱う巨大企業がどのように興隆したのかを理解せねばならない。そのためには、とりわけIBMの経営スタイル、セールスの気風、技術がどのように結びついて、コンピュータ産業を形成し支配するべくIBMを完全に変えていったかを認識する必要がある。

　今日、我々はオフィスにあるコンピュータを主に三つの用途で用いている。まず、文書作成がある。たとえば手紙や報告書を書くのにワープロソフトを使う。次に、情報保存である。たとえば、データベースプログラムを用いて店名や住所、棚卸表を保存する。そして、財務分析と会計である。たとえば、財務の予測をするのにスプレッドシートプログラムを用いたり、賃金台帳を作成するのにコンピュータを使ったりする。

　これらはまさしく、19世紀末にビジネス機器企業が設立された目的そのものであった、三つの基本的なオフィス活動に一致する。レミントンランドは、文書作成のためのタイプライターと、情報保存のためのファイリングシステムの代表的サプライヤーだった。バロースは単純な計算のために用いられる加算機の市場を支配していた。IBMはパンチカード会計機の市場を支配していた。そしてNCR

は 1880 年代にキャッシュレジスターを製造しはじめ、同じく会計機の主要サプライヤーとなった。

タイプライター

　現在は過去によって形作られる。タイプライターの歴史ほど、それが明らかなものはない。100 年ほど前、女性事務員は珍しかった。事務仕事はほとんどもっぱら男性が担っていた。今日、事務仕事の多くは女性が担っているので、たいていこの事実は気づかれないままになっている。なにより、女性労働者がオフィスに進出するチャンスは、タイプライターによって作られた。

　過去が現在を作ったという小さな一例は、現在のコンピュータのキーボードの一番上の文字列、QWERTYUIOP にみることができる。このびっくりするほど不便な配列は、レミントンが 1874 年に製造した、商業的に成功した最初のタイプライターで用いられたものだ。タイピストの訓練に対して行われてきた投資と、QWERTY 配列に慣れた人々が変更を嫌がったことが原因で、これをもっと便利なキーボード配列へと切り替えるチャンスはついに来なかった。おそらくこの先も来ないだろう。

　安くて信頼できるタイプライターが開発される以前の、最もありふれたオフィス職は「書記」あるいは「筆耕人」だった。これは、書類を手書きで清書する事務員である。19 世紀の中ごろ、タイプライターを発明しようとする試みは数多く行われたが、どれも商業的に成功することはなかった。というのも、文書作成における二つの重要な問題、すなわち手書きの文書を読むのが難しいという問題、そしてそれを事務員が清書するのに時間がかかるという問題を解決できなかったからである。19 世紀には、ほとんどの書類が手書きで、忙しい経営者はそれを読み解くのに果てしないほどの時間を費やしていた。それゆえ、タイプライターの主な魅力とは、タイプされた文書は手書きに比べて何倍もの速さで楽に読めるということだった。しかし残念ながら、初期のタイプライターを使うのには、のろのろと時間がかかった。1870 年代になるまで、普通の筆耕人の手書きスピードである 1 分間に 25 語という速さに匹敵するタイプライターは現れなかった。タイプライターが流行り出したのは、タイプライターの速度が手書きに張り合えるようになってからのことだった。

　最新式のタイプライターは珍しい科学用品で、それを取り扱った記事が技術雑誌に掲載されることがあった。元新聞編集者のクリストファー・レイサム・

ショールズ（Christpher Latham Sholes）は、1867 年の『サイエンティフィック・アメリカン』に載ったそのような記事を読んで触発され、新しいスタイルのタイプライターを発明して特許を取った。これがレミントンの最初のタイプライターとなった。ショールズの発明が以前のタイプライターと違ったのは動作スピードで、それまでに発明されたタイプライターよりもずっと速かった。このように速くなったのは「キーボードとタイプバスケット」という装置のおかげで、この変更は手動タイプライターにおいてほとんど一般的なものとなった。

　しかし、ショールズは自分の発明を発展させるための資金を必要としていたので、彼は自分の知っている金融業者全員に手紙を書いて——あるいはタイプして——「資金を用意してくれれば、その見返りに発起人と同じ立場とする」と提示した。その手紙の１通を受け取ったのが、ジェームズ・デンスモア（James Densmore）というペンシルヴァニアの事業プロモーターだった。元新聞記者かつ元印刷業者だったデンスモアは、ショールズの発明の重要性をすぐに理解し、必要な後援を行うと申し出た。その後の３〜４年のあいだに、デンスモアの資金のおかげでショールズは自分の機械を完成させ、市場に出す準備を整えることができた。

　初期モデルの問題の一つは、高速で動作させたときに、タイプバーがぶつかって機械が動かなくなってしまうということだった。最初のタイプライターではキーボードの文字がアルファベット順に並んでおり、故障の主な原因は、よく出現する文字の組み合わせ（たとえばＤとＥ、ＳとＴ）が近くに配置されていることだった。この故障問題を回避する最も簡単な方法は、タイプバスケットの中の文字をあまり衝突しないような配置にすることだった。その結果が、我々がいまだに使っている QWERTY 配列のキーボードである。（ついでにいえば、もともとのアルファベット順の名残は、キーボードの真ん中の列にある FGHJKL という文字列にみられる）。

　デンスモアは、ショールズのタイプライターを小さな工房に製作してもらおうと二度試みたが、どちらの工房もタイプライターを巧く安く作るのに必要な技術と資金に欠けていた。ある製造史家によれば、「タイプライターは、19 世紀に米国の産業が公的あるいは私的に大量生産したものの中でも、最も複雑な機械だった」。タイプライターには数百に及ぶ可動部品があっただけでなく、ゴム、鉄板、ガラス、鋼鉄といったなじみのない新しい素材を用いていた。

　1873 年にデンスモアは、タイプライター製造にファイロ・レミントン（Philo Remington）をなんとか参画させた。レミントンはニューヨーク州イリオンで

E・レミントン・アンド・サンズという小火器製造会社を経営していた。彼はオフィス機器にそれほど興味はなかったが、南北戦争が終わって剣を鋤に持ち替える必要性に迫られ、会社ではミシンや農具、消防車などを作りはじめていたのだった。レミントンは、タイプライターを 1,000 台作ると合意した。

　最初のタイプライターは 1874 年に販売された。タイプライター市場がまだ整っていなかったため、最初の売り上げはゆっくりだった。商業オフィスでは機械というものがやっと使われ出したところだったので、最初の客は「新聞記者、弁護士、編集者、著述業、牧師」といった個人であった。たとえば、初期のファンの一人はサミュエル・ラングホーン・クレメンスで──マーク・トウェイン (Mark Twain) という名前のほうが有名だが──彼はレミントンに対して、これまでで最も有名な感謝状の一つを書いている。

　　　拝啓
　　　　私の名前は決して出さないでください。私が機械を所有しているということも、ばらさないでください。私はタイプライターを使うのをすっかりやめてしまいました。というのも、タイプライターで誰かに手紙を書いたら、機械の説明をするだけではなく私がそれを使うのにどれくらい上達したかを書いてくれ、と要求する返事をもらうことになるからです。私は手紙を書くのは好きではないし、この好奇心を引き起こす小さい道化を私が所有しているということを、人々に知られたくありません。

　　　　　　　　　　　　　　　　　　　　　　　　　　　　　　敬具
　　　　　　　　　　　　　　　　　　　　　　　サミュエル・L・クレメンス

　レミントンが最初の 1,000 台を販売するのには 5 年かかった。そのあいだに、タイプライターはさらに完全なものとなった。1878 年に会社はレミントン・ナンバー 2・タイプライターを導入したが、これはキャリッジを上げ下げすることで大文字と小文字が印字できるシフトキーがついたものだった（最初のレミントン・タイプライターは大文字しか印字できなかった）。

　レミントンは 1880 年には年間 1,000 台以上のタイプライターを製造するようになり、タイプライター事業では事実上独占状態となった。レミントンが初期に取り組むことになった重要な問題の一つは、販売とアフターサービスだった。タイプライターは繊細な装置で、ともすれば故障しやすく、訓練を受けた修理員が必要になる。この点においてタイプライターは、それより 10 年早く大量生産が

始まったミシンに少し似ていた。シンガー（Singer）社の後に続く形で、レミントン・タイプライター社は、タイプライターの販売と修理の拠点となる大都市に支店を置きはじめた。レミントンはシンガーの海外支店で自社製品を引き受けてもらおうとしたが、シンガーが断ったため、レミントンは 20 世紀初頭から欧州の主要都市の多くで支店を開くことを余儀なくされた。

　1890 年には、レミントン・タイプライター社は巨大企業となり、年間 2 万台のタイプライターを製造していた。19 世紀最後の 10 年間には、ライバルが何社か参入してきた。1889 年にスミス・プレミア（Smith Premier）、1894 年にオリヴァー（Oliver）、1895 年にアンダーウッド（Underwood）、その数年後にロイヤル（Royal）といった具合である。この間に、我々の知るタイプライターが、大企業でも小企業でも日常的に使えるものとなった。1900 年には、少なくとも 12 社の主要製造会社が年間 10 万台のタイプライターを製造するようになっていた。販売は第一次世界大戦まで急増しつづけ、そのころには米国で数ダース、欧州ではそれ以上の数のタイプライター会社が存在するようになった。タイプライターの平均価格は 75 ドルで、最も広く使われるビジネス機器となり、オフィス用品の全売上総額の半分を占めるようになった。

　タイプライターの製造と販売だけでは、まだ話の半分にすぎない。同様に重要だったのが、タイプライターを用いる労働者の訓練である。タイプライターを使ったところで、訓練なしでは熟練した書記と効率が変わらない。1880 年代の初めに、「タイプ・ライター」、のちに「タイピスト」として知られるようになる新しい職業につけるよう、若い労働者（主に女性）を訓練する組織が現れた。タイピングは、熟練するのに数か月の集中的な練習が必要という点で、速記や電信とかなりよく似ていた。そのため、1860 年代から存在していた私立の速記学校や電信学校から、たくさんのタイプライター学校が生まれた。タイプライター学校は、1890 年代に大幅に増加した、訓練された事務労働者に対する需要を満たすのに役立った。新しい労働力を訓練するという仕事に公立学校もすぐに加わり、数十万人に及ぶ男女にタイピング技術を身につけさせた。世紀の変わり目に急に増え出したオフィスでは男性事務員が不足して、女性が職場進出する機会ができ、その数は増えつづけた。米国国勢調査によれば、1900 年には国内で 112,000 人のタイピストと速記者がいると記録されており、そのうち 86,000 人が女性であった。その 20 年前には、タイピストと速記者は 5,000 人で、そのうち女性は 2,000 人にすぎなかった。

　1920 年代までに、事務仕事は圧倒的に女性のものとみなされるようになり、タ

イピングは例外なく女性のものとみなされるようになった。あるフェミニスト作家は、皮肉を込めてこの状況を「女性の居場所はタイプライターにある」と評した。確かに、タイプライターはとりわけ女性をオフィスへと引き入れた機械ではあったが、この技術にもともとジェンダーが備わっていたわけではないし、今日「キーボードを打つこと」に男女の違いはない。

　長年、情報技術史家はコンピュータ産業の始祖としてのタイプライターを無視していた。しかし今や、タイプライターはオフィス機器産業とそれに続くコンピュータ産業の三つの基本的特徴を拓いたという点で、コンピューティング史において重要であるということがわかっている。すなわち、製品の完成度と低コスト生産、製品を売る販売組織、そしてその技術を使えるように労働者を訓練する組織の三つである。

ランド親子

　もしも元のままであったなら、レミントン・タイプライター社はコンピュータ時代に成功することはなかっただろう。実際、ほかのどのタイプライター会社も失敗している。しかし1927年にレミントンは、ジェームズ・ランド・シニア（James Rand Sr.）とその息子ジェームズ・ジュニア（James Jr.）が作ったコングロマリット、レミントンランドの一部となった。ランド親子は、記録保存システムの世界有数のサプライヤーである、ランド・カーデックス社（Rand Kardex Company）の発明家・起業家かつ経営者であった。

　記録保存のためのファイリングシステムは、タイプライターの開発とだいたい並行して起こった、ビジネス技術のブレイクスルーの一つだった。ルーズリーフ・ファイリングシステムが明らかにローテクだからといって、その重要性が減じることはない。ルーズリーフ紙を整理する技術なしでは、タイプライター革命そのものも起こらなかっただろう。

　タイプライターとカーボンコピーが出現する以前は、業務用の通信文はすべて「レターブック」で保存されていた。通常、受け取り用と差し出し用のレターブックがあり、受け取ったり差し出したりした手紙の永久的な記録を取るのは書写係の仕事で、手紙を手で書き写してレターブックに保存していた。南北戦争後数十年たって、小さな事業が大企業へと移り変わるなか、この面倒な商習慣が生き残れるわけがなかった。タイプライターとカーボンコピーを導入して文書作成が簡単になると、この変化はいっそう加速した。

　現代的な最初の「縦型」ファイリングシステムは、1890年代初頭に導入され、1893年の万国博覧会で金賞を受賞した。縦型ファイリングシステムは重要なイノベーションだったのだが、あまりにありふれたものになっているので、その重要性はなかなか認識されない。これは単純に、記録を木製あるいは鉄製のキャビネットの中にファイリングするというシステムである。各キャビネットには三つか四つの引き出しがついており、その引き出しの中に紙を立てて収納する。紙は、特定の主題あるいは特定の文通相手ごとにグループ分けしてまとめられ、インデックスタブのついた厚紙の仕切りに挟む。縦型ファイリングシステムでは、従来の横置き引き出し式のファイリングシステムの10分の1のスペースしか使わずに済むうえ、記録を探し出すのもずっと速く行うことができた。

　当初、縦型ファイリングシステムは非常にうまくいったが、1890年代に業務量が増大しはじめると、だんだん非効率的になってきた。一つの問題は、手紙や棚卸表の整理は、100件や1,000件ほどの記録では非常にうまくいくが、1万件や10万件になってくると非常に面倒になるということだった。

　そのころ、ジェームズ・ランド・シニア（1859–1944）は、地元のニューヨーク州タナワンダで働く若き銀行員だった。既存のファイリングシステムで文書を探すのが難しく、むかっ腹をたてた彼は、仕切り紙と色のついた目印の紙、そしてタブを使った「見える」インデックスシステムを空き時間で発明し、特許をとった。このシステムを使えば、文書は縦型ファイルの中に収められ、以前に比べて3倍か4倍は速く探し出すことができた。このシステムはどこまでも拡張することができたうえ、文字通り数百万もの文書でもきわめて正確に整理し、迅速に検索することができた。

　1898年にランドはランド帳票会社（Rand Ledger Company）を設立し、大企業で用いられる記録保存システムの市場を速やかに席巻した。1908年には、この会社は約40店舗にのぼる米国内支店と、世界中に散らばった代理店を所有していた。ランドは自分の息子、ジェームズ・ランド・ジュニア（James Rand Jr.）を1908年に事業に引き入れた。自分の父親の例にならい、ランド・ジュニアはカードを用いた巧妙な記録保存システムを発明し、会社はそれをカーデックスシステムとして売り出しはじめた。これは、通常のカードインデックスの長所に、無限の拡張性と迅速な検索という可能性を抱き合わせにしたものだった。1915年、ランド・ジュニアは父親のもとを飛び出し、家族で切磋琢磨する関係となって、カーデックス社（Kardex Company）を設立した。ランド・ジュニアは父親よりも成功した。1920年には、10万人以上の顧客を抱え、米国内に90の支店、

ドイツに工場を一つ、60 もの海外オフィスを保有していた。

　1925 年、ランド・シニアは 60 代半ばに差しかかり、引退が近づいていた。母親にせきたてられて、ランド・ジュニアは自分と父親の事業を再び連合させるべきだと決心した。そして、二つの会社が合併してランド・カーデックス社が誕生し、父親が会長、息子が社長兼総支配人の地位についた。合併した会社は、米国内219 の支店と国外 115 の代理店に、4,500 人もの営業職員を擁する、世界でもとびぬけて最大のビジネス記録保存システムサプライヤーとなった。

　ランド・ジュニアは、会社をあらゆる種類のオフィス用品を扱う世界最大のサプライヤーとするために、精力的に合併と買収を繰り返した。まず、ルーズリーフのカードインデックスシステムを製造する会社がいくつか買収され、ダルトン加算機会社（Dalton Adding Machine Company）とパワーズ会計機社（Powers Accounting Machine Company）がそれに続いた。これらはホレリスのパンチカードシステムのライバルメーカーであった。1927 年に、ランド・カーデックス社はレミントン・タイプライター社と合併し、レミントンランドとして知られるようになった。総資産 7,300 万ドルの、世界でも抜群に大きいビジネス機器会社であった。

最初の加算機

　タイプライターは情報の文書化を助け、ファイリングシステムは情報の保存を容易にした。加算機はというと、**情報の処理**に関わるものだった。量産型の加算機の開発は、タイプライター開発の約 10 年後の出来事だったが、この二つの産業の発展には類似点が多い。

　商業的に生産された最初の加算機はアリスモメーター（Arithmometer）で、1820年の初めにアルザスのトマ・ド・コルマール（Thomas de Colmar）によって開発された。しかし、アリスモメーターは大量生産されたわけではなく、月にたかだか1 台から 2 台が手作りされた程度だった。また、アリスモメーターはそれほど信頼性のある機械というわけでもなく、それなりの数が生産されるまで一世代かかった（1851 年のロンドン万国博覧会まで、アリスモメーターに言及したものは実際のところ見当たらない）。頑丈で信頼性の高いアリスモメーターは 1880 年にようやく登場したが、年間生産数が数ダースを超えることはなかった。

　アリスモメーターは約 150 ドルと比較的安価であったにもかかわらず、オフィスにおける日常の計算に使うには動作スピードが遅すぎたので、需要は少ないまま

だった。アリスモメーターを操作するには、いくつもあるスライダーのつまみを一桁ずつ設定し、それからハンドルを回して加算を行わねばならなかった[訳注1]。アリスモメーターは、生命保険会社やエンジニアリング事業など、7桁の精度が必要な計算をするには有用だった。しかし、普通の簿記係のニーズに対しては見当はずれだった。1880年代の簿記係は、4桁の足し算を誤りなく暗算できるよう訓練を受けていて、アリスモメーターを使うよりもずっと速く計算をすることができたのである。

　1880年代の初めにおけるオフィス用加算機設計の重要課題は、数字を入力できる速度を上げることだった。もちろんこの問題が解決された暁には、次の問題が視野に入ってくる。金融機関、特に銀行は金融取引の永久記録を残すために、加算機に入力した数字を紙の上に記録する必要があった。

　この二つの重要問題を解決したのが、ドア・E・フェルト（Dorr E. Felt）とウィリアム・S・バロース（William S. Burroughs）という、古典的な発明家・起業家だった。彼らが作り出した機械、コンプトメーターとバロース加算機（Burroughs Adding Machine）は、1950年代にかけて世界の市場を席巻した。しかし、バロースの創設した会社だけが、コンピュータ時代への移行に成功した。

　加算機に取り組みはじめたころのドア・E・フェルトは、シカゴに住む目立たない機械工だった。彼がコンプトメーターで達成した技術的ブレイクスルーは、「キー駆動」だった。アリスモメーターのスライダー[訳注2]やほかの加算機で用いられていたレバーのように苦心してセットせねばならないのではなく、フェルトの加算機には、タイプライターに似たようなキーが一式ついていた。列ごとに1から9までの番号がついたキーが何列にもわたって配置され、1列につき一つの数字、たとえば7、9、2、6、9を押すと、機械に表示されている総額に792ドル69セントが加算されるという仕組みだった。熟練したオペレーターであれば、一度の操作で10桁（すなわち、一本の指あたり一桁）の数字を入力することができた。事実上、フェルトはショールズがタイプライターで行ったことを、加算機で成し遂げたのである。

　1887年、24歳だったフェルトは地元の製造業者ロバート・タラント（Robert

[訳注1]　この1文は、著者（マーティン・キャンベル＝ケリー）の指示により "To operate it, one had to register the number digit by digit onto a set of sliders and then perform the addition by turning a handle." に差し替えたものを翻訳したため、原本とは異なる。
[訳注2]　この1語は、著者（マーティン・キャンベル＝ケリー）の指示により "dials" から "sliders" に差し替えたものを翻訳したため、原本とは異なる。

Tarrant）と提携し、フェルト・アンド・タラント製造会社（Felt & Tarrant Manufacturing Company）として機械の製造を始めた。タイプライターと同じように、当初はあまり売れなかったが、1900年には1年に1,000台の機械を販売するようになった。

　しかし、機械の製造と販売以上に大切なことがコンプトメター事業にはあった。タイプライターと同様、コンプトメターを使うスキルは簡単には獲得できなかったのである。そこで、会社はコンプトメター訓練学校を設立した。第一次世界大戦までに米国の主要都市の多くで、そして欧州のいくつかの中心地で、学校が設立された。高校を卒業したばかりの若い男女がコンプトメター学校で数か月の集中した訓練を受けると、機械をうまく扱えるようになった。コンプトメターを素早く操作する様子は印象的なものだった。フィルム・アーカイブでは、コンプトメターのオペレーターが手書きよりずっと速くデータ入力する様子を映したサイレント映画を見ることができるが、あまりに速すぎて映画では動きをとらえられず、指がぼやけて見えないほどである。自転車の乗り方を練習するのと同じで、このスキルはいったん身につければ一生ものであった。コンプトメターが時代遅れになる1950年代までではあったが。

　戦間期にコンプトメターは並外れてよく売れ、数百万台が生産された。これは本質的には、フェルト・アンド・タラント社が1930年代に先進的な電気機械式の製品を開発するのに失敗したからだった。第二次世界大戦後に真空管コンピュータが現れたとき、この会社にはコンピュータへと技術的に飛躍する用意がなかった。結局、この会社は1960年代に吸収合併され、古いオフィス用品業界の大半同様、忘却の彼方に消えた。

　ウィリアム・S・バロースはオフィス用加算機の二つ目の課題、結果を印刷するというニーズに応えることに初めて成功した。バロースはセントルイスの機械工の息子で、銀行員として雇われていた。そこで彼は数字の列を足し合わせるという辛い仕事に長時間従事し、身体を壊したと言われている。それゆえ、彼は24歳のときに銀行を辞め、父親にならって機械工になった。2種類の経験を組み合わせて、バロースは銀行用の加算機を開発しはじめた。それは、コンプトメターのように素早く足し算ができるだけでなく、入力した通りの数を印刷できるものだった。

　1885年にバロースは最初の特許を取り、アメリカン・アリスモメター社を創業して、自分の「アダー・リスター」を手作りしはじめた。バロースが目標に定めた最初の事業は、銀行と手形交換所用に特別に設計した機械だった。10年かけて

機械を完成させ、生産を増やしていき、1895 年には平均価格 220 ドルの機械を 1 年に数百台販売するようになった。ウィリアム・バロースが 1898 年に 40 代半ばで他界したとき、会社はまだ比較的小規模で、1 年に 1,000 台弱を販売していた。

　しかし、20 世紀の初めになると、販売数は急速に伸びはじめた。1904 年には、会社では年間 4,500 台を生産するようになり、セントルイスの工場では手狭になってデトロイトに移動し、そこで社名をバロース加算機会社（Burroughs Adding Machine Company）と改めた。1 年以内に年間生産量が 8,000 台近くにまで増え、販売を担当する従業員が 148 人となり、訓練学校もいくつか設立された。3 年後、バロースは年間 13,000 台以上を販売するようになり、広告では、58 種類の異なるモデルを揃えていて「仕事の数だけ種類がある」と豪語するようになった。

　20 世紀の最初の 10 年間に、フェルト・アンド・タラント社とバロース加算機会社に対して、いくつもの計算機製造会社が参入してきた。たとえば、ダルトン（Dalton；1902）、ウェールズ（Wales；1903）、ナショナル（National；1904）、メイダス（Madas；1913）などである。米国の加算機業界が発展した大きなきっかけは、1913 年の新税法の導入によって、累進税率と給与からの源泉徴収が採用されたことであった。第一次世界大戦のあいだに法人税が拡大されると、書類仕事はさらに増えた。

　第一次世界大戦前に現れた米国の数多くの加算機会社のうち、バロースだけがコンピュータ時代へ移行することに成功した。その理由の一つは、バロースが加算機だけではなく、それを既存のビジネス組織に組み入れる無形のノウハウを提供していたことにある。このことに精通しはじめたバロースは、機械と並んでビジネスシステムを事実上販売するようになった。もう一つの要因は、バロースが単一の製品に固執せず、その代わりにユーザーの需要に応じて製品の範囲を徐々に拡張していったことにある。二つの世界大戦のあいだに、バロースは加算機を越えて発展し、本格的な会計機を導入した。ビジネス会計システムに関する知識はバロースの販売文化に深く根をおろしはじめ、このおかげで 1950 年代から 1960 年代にかけてコンピュータへと移行していくのが容易になったのだった。

ナショナル・キャッシュ・レジスター社

　オフィス機器業界の歴史を簡単に追いながら、販売活動が会社にとっていかに重要かについて、これまでに何度も触れてきた。販売活動においては、顧客の要

求のシステマティックな分析、アフターサービスの提供、ユーザーの訓練が、ハードセリング（hard selling）を強化した。ほかのどのような業種にもましてオフィス機器業界は、そのイノベーティブな販売形態に依存していたが、それは主にナショナル・キャッシュ・レジスター社によって1890年代に開発されたものであった。あるオフィス機器会社が販売活動を立ち上げる必要があった場合、最も簡単な方法はNCRで取引を学んだ人物を雇うことだった。この方法で、NCRが発展させたテクニックはオフィス機器業界全体に広がり、第二次世界大戦後にはコンピュータ産業の風土となった。

　NCRについてはいくつか歴史が編まれているが、そのどれもが創業者ジョン・H・パターソン（John H. Patterson）を、攻撃的でエゴイスティックで風変りな人物として描き、のちにIBMのリーダーとなったトーマス・J・ワトソン・シニア（Thomas J. Watson, Sr.）のロールモデルとみなしている。人生のある時点で、パターソンはフレッチャリズムという、一口につき食べ物を飲み込む前に60回咀嚼するという奇妙な健康法を始めた。またあるときは柔軟体操とフィットネスに傾倒し、毎朝6時から乗馬して、会社役員に同行するよう強制したこともあった。彼は気まぐれで、気に入った従業員には多額の報酬を与えたり、ちょっとしたことで従業員をその場で首にしたりした。彼は田園都市運動の中心人物で、オハイオ州デイトンにあるNCRの工場はお手本の一つであり、それは常緑樹に囲まれた森の空き地に建てられた優雅な建物だった。しかし、数々の奇行にもかかわらず、パターソンがキャッシュレジスター事業をまとめあげる才能に恵まれていたことに疑問の余地はない。キャッシュレジスター事業があまりにも成功した結果、NCRの「商習慣とマーケティング手法は、1920年代にはIBMやその他のオフィス機器会社の標準となった」のである。

　タイプライターや加算機と同様、キャッシュレジスターの開発は19世紀に何度か試みられた。最初の実用的なキャッシュレジスターは、デイトンでレストランを経営していたジェームズ・リッティ（James Ritty）という人物によって発明された。リッティは従業員から金をだまし取られていると信じこみ、「リッティの公正なキャッシャー」（Ritty's Incorruptible Cashier）を1879年に発明した。この機械は、現代のキャッシュレジスターに非常によく似た機能をもつ。販売が行われると、総額が誰にも明らかに見えるように表示され、店員が正直であることが確認される。機械内部では、取引の内容が紙ロールに印字される。一日の終わりに、店主はその日の取引を足し合わせて、その総額と受け取った現金とを照合する。リッティは、この機械を製造・販売する事業に参入しようとしたがうま

くいかず、地元の起業家に売却した。どうやら事業をあきらめる前、リッティは機械をきっかり1台、ジョン・パターソンに販売していたようだ。彼は当時、石炭小売業を共同経営していた。

　1884年、40歳だったパターソンは地元の採鉱業者にだまされ、「彼は石炭のことしか何も知らなかった」にもかかわらず、石炭業を辞めようと決意した。しかし、これはそれほど正しいわけではない。彼はキャッシュレジスターの数少ないユーザーの一人だったため、キャッシュレジスターのことも知っていた。彼は石炭事業を売却して得たお金をいくらか使って、もともとリッティが作り上げた事業を買い取ることに決め、それをナショナル・キャッシュ・レジスター社と改名した。2年後、ナショナル・キャッシュ・レジスター社は1年に1,000台以上の製品を販売していた。

　パターソンは、競争相手に対して技術的に優位に立ちつづけるためには、キャッシュレジスターを常に改良しつづける必要があると理解していた。そこで、1888年に彼は小さな「発明部門」を設立した。これはおそらくオフィス機器産業で設立された最初の正式な研究開発部門であり、IBMやほかの会社はこれをまねた。続く40年以上のあいだに、NCRの発明部門は2,000件以上の特許を取得した。部長であったチャールズ・ケタリング（Charles Kettering）は、ゼネラル・モータース社（General Motors）に移り、そこで最初の研究所を設立した。

　パターソンのリーダーシップのもと、NCRは世界のキャッシュレジスター市場を支配し、並外れた成長をみせた。1900年までに、NCRは年間約25,000台のキャッシュレジスターを売り上げ、2,500人の従業員を擁していた。1910年には、年間10万台を販売し、従業員は5,000人以上であった。パターソンが他界した1922年には、NCRは200万台目のキャッシュレジスターを販売している。

　パターソンのもとでのNCRは単一製品の会社だった。しかし、その製品がどれほど成功していたとしても、NCRはそのままではコンピュータ産業で主要な役割を果たすことはできなかっただろう。だが、パターソンの死後、NCRに残った役員たちは、会計機へと多角化することを決めた。（のちに社長になる）スタンリー・アリン（Stanley Allyn）が述べたように、NCRは「古びた刺激のない高速道路を降り、会計の機械化という新天地へと進む」ことを決めたのだった。

　1920年代初頭には、NCRはきわめて洗練されたマーケティングリサーチ部門と技術開発部門を保有していた。これらの部門が協力して、1926年発売のクラス2000会計機をもとに、事業の大転換が開始された。完成したクラス2000会計機は、請求書の発行、給与の支払い、その他さまざまなビジネス会計業務を取り扱

うことができた。このときから、会社はナショナル・キャッシュ・レジスター社ではなく、シンプルに NCR と呼ばれるようになった。NCR クラス 2000 会計機は、当時のどの会計機とも遜色ないほど洗練されていて、バロースが製造していた機械とまったく互角であった。

　しかし、NCR がコンピュータ時代に持ち込んだ最大の遺産は、ビジネス機器の市場を形成し、その産業における基本的な販売慣行を事実上すべて確立した、その手法であった。この販売テクニックの発明を、すべてパターソンに帰するのは誤りだろう。確かに彼は基本的なアイディアをいくつか発明したが、大部分は既存の慣行に手を入れて詳細にしたり、形式化したりしたものであった。たとえば、彼はシンガー裁縫機械会社（Singer Sewing Machine）の系列特約店を設けるというアイディアを採用した。キャッシュレジスターは NCR の特約店で直接購入することができ、故障したときにはその店に戻して工場で訓練を受けたエンジニアに修理してもらい、その間は代替機が貸し出されるという仕組みである。

　パターソンは、店の経営者が道を歩いていてキャッシュレジスターを買うために NCR の店舗に立ち寄るということなど滅多にないと、早くから気づいていた。世紀がかわるころになっても、キャッシュレジスターとは何かを知っている小売業者はほとんどいなかった。パターソンの述べたように、キャッシュレジスターは購入されたのではなく、販売されたのである。それゆえ、彼は国内で最も実力のある直販部隊を作った。

　パターソンは個人的経験から、販売は孤独で心の折れるような仕事になりうるということを知っていた。セールスマンには、経済的にも精神的にもモチベーションが必要だった。経済的には、パターソンは十分な基本給に加え、収入をかなり増やせる可能性のある歩合をセールスマンに報酬として与えた。1900 年には販売ノルマというコンセプトを導入したが、これはアメとムチの販売刺激策だった。アメは、ノルマを 100 パーセント達成した者が加入できる、ハンドレッド・ポイント・クラブのメンバーになれることだった。クラブのメンバーになると、デイトンの本社で年 1 回開催される大会に参加し、会社の幹部から高く評価され、パターソン本人の心揺さぶる演説を聞くという栄誉を得られた。彼は特大の紙をイーゼルに載せ、クレヨンで自分の話の要点を書きながら演説を行った。NCR が大きくなるにつれてハンドレッド・ポイント・クラブも数百人のメンバーを擁するようになり、デイトンのホテルで宿泊できる人数をはるかに超えてしまったので、年大会は NCR が所有する芝生広場に作ったテント村に移った。

　NCR のセールスマンを支えていたのは、NCR 本社の作成したあふれんばかり

の印刷物だった。1880 年代後半から、NCR は何万人もの販売「見込み客」(NCR 用語) 宛に、商品パンフレットを送付しはじめた。初めは、パンフレットは新聞サイズの紙 1 枚であったが、のちに『ハスラー』(*The Hustler*) と呼ばれる雑誌スタイルのブックレットが作られるようになった。これは小間物屋や酒場といった特定業種の商店主をターゲットにしたものだった。こういったブックレットでは、小売会計システムをどうやって構築するかが説明され、心を揺さぶるような売り文句が書かれていた。「自分には生命保険をかけている。お金にも生命保険をかけましょう！ ナショナル・キャッシュ・レジスターなら可能です」。

　パターソンはセールスの訓練も確立させ、販売という仕事を、ややいかがわしい職業から専門職に近いものへと変貌させた。1887 年に彼はトップセールスマンにセールスの売り文句を書き留めさせて、『NCR 入門』と呼ばれる小さなブックレットにまとめた。これは事実上セールスの台本で、「米国初のセールス手法の缶詰」だった。パターソンは 1894 年にセールス訓練学校を設立し、全セールスマンがそこを修了するようにした。「学校では『入門』を教えた。会社が作っている全製品のデモンストレーションも教えた。価格リスト、店舗システム、マニュアル、見込み客の獲得法、機械の仕組みも教えた」。NCR セールス訓練学校の初期の卒業生が、トーマス・J・ワトソンだった。この学校に通ったことが彼の人生を変えた。

トーマス・ワトソンと IBM の創立

　トーマス・J・ワトソンは 1874 年にニューヨーク州キャンベルで、厳格なメソジスト派の農夫の息子として生まれた。18 歳のとき、ワトソンは商業専門学校に行き、簿記係となって週に 6 ドルを稼いだ。しかし彼はオフィスで座っている生活を嫌って、ピアノやオルガンを販売するという、リスクは高いが給料の多い仕事 (週に 10 ドル) についた。ピアノを運ぶ荷馬車で道を行きながら、彼は販売の方法を学んだ。セールスの売り文句や親しげに振る舞う方法を身につけることは、未経験者にとっては学ぶべき基本だった。

　いつも向上心があったワトソンは、1895 年になんとか NCR のキャッシュレジスターのセールスマンとなった。そのころの彼は、何百人もいる NCR のセールスマンの一人だった。『NCR 入門』で武装し、一人前のセールスマンたちから熱心に学びとって、ワトソンは傑出したセールスマンになった。彼は NCR 本社のセールス訓練学校に参加し、おかげでそれ以降は販売数が倍になったと語ってい

る。NCR のトップセールスマンとして 4 年が過ぎたあと、彼はニューヨーク州ロチェスター全体の販売代理人へと昇進した。29 歳にして、抜擢されるだけの経歴が彼にはあった。

　1903 年、パターソンはワトソンをデイトンの本社に呼び出し、「極秘」業務に携わるチャンスを与えた。当時、NCR は中古キャッシュレジスター業者との競争にさらされていた。パターソンがワトソンに提案したのは、中古のキャッシュレジスターを買い取り、安く売り払うことで、中古業者を追い出してしまうというものだった。パターソンが述べたように「犬を殺すのに最適な方法は、頭を切り落とすこと」なのだった。20 世紀初頭の無節操な基準にてらしても、これは違法とはいわずとも非倫理的な作戦だった。のちにワトソンはこの道徳的逸脱を悔いているが、しかしワトソンが NCR 内でのし上がるのにこのことが一役買った。

　1908 年、ワトソンは 39 歳でセールスマネージャーに昇進し、米国で最高の販売活動として知られているものについて、徹底的に詳細な知識を得ることになった。彼はセールス訓練学校の担当者となり、パターソンのように、感動するような講演をするべき立場となった。ワトソンはスローガンの達人としてはパターソンを越えていた。「限りなき前進……高みを目指し、大きな数字を考えよう。役に立ち、かつ販売しよう。よりよくなることをやめてしまうと、よい状態にもいられなくなる」[訳注3] などなど。ワトソンはもっとシンプルな一語のスローガン、「THINK」（考えよ）も作った。すぐに、この言葉の載った通知が NCR の支店オフィスに掲示されるようになった。

　1911 年までにワトソンは、NCR の総支配人になるのは確実とみなされるようになっていた。しかしこのとき、気まぐれなパターソンは彼を解雇した。39 歳のスーパーセールスマン、トーマス・ワトソンは無職になった。彼はすぐに、ホレリスのパンチカードシステムの権利を獲得した会社、C-T-R の社長として浮上することになる。

　1905 年ごろまでに、タイプライターと加算機業界は経済の重要部門となっていたが、パンチカード機業界はいまだ揺籃期であった。というのも、タイプライターは 100 万台以上、加算機は数十万台も流通していたのに比べ、パンチカード機は世界で数えるほどしか設置されていなかったからである。この 20 年後、様子はがらりと変わることになる。

[訳注 3]　クロムウェルの格言の引用。

　1886 年にホレリスが電気作表システムを携えて初めて事業に参入したころ、それはレミントン・タイプライター社やバロース加算機会社や NCR と同じような意味でオフィス機器業界の一部となっていたわけではなかった。これらの企業には、比較的低価格の機械を大量に製造するという特徴があった。対照的に、ホレリスの電気作表システムは非常に高価で、国勢調査局のような組織でだけ使用される、高度に特殊化されたシステムだった。ホレリスには、自分の会社をオフィス機器サプライヤーの本流へと転換するのに必要なビジョンや経歴が欠けていたので、ビジネス機器に関する経歴をもつ人物に経営を任せなければ、会社がその業界の主力となることは決してなかっただろう。

　1890 年の米国国勢調査で、ホレリスは大勝利を収めた。しかし、1893 年になって国勢調査の仕事が縮小しはじめると、彼は倉庫いっぱいの国勢調査機とともに取り残された。これらの多くは 1900 年の国勢調査までお蔵入りになるだろう。事業収入を確保するためには新しい顧客を開拓せねばならなかったので、彼は米国の普通のビジネスにも使えるように機械を改造した。

　1896 年 12 月 3 日、ホレリスは自分の事業をタービュレイティング・マシン社（Tabulating Machine Company, TMC）という会社にした。彼は鉄道会社になんとか機械を 1 セット納入したが、来たる 1900 年の国勢調査という、より簡単に利益を得られる方向へとさっさと道を転じてしまった。国勢調査のおかげでタービュレイティング・マシン社は 3 年もちこたえたが、国勢調査の仕事が終わりだすと、ホレリスは再び収入の減少に直面することになり、民間企業にもう一度目を向けることになった。しかし今回は、よりたくさんの改造を施し、商業団体になんとか数セットを納入した。

　ホレリスが自分の機械を商用にしようとついに考えたのは幸運なことだった。なぜなら、国勢調査局との楽な取引は終わりを迎えようとしていたからだった。国勢調査の長官は政治任用職であり、1890 年と 1900 年の国勢調査でホレリスを支えたロバート・ポーター長官は、ポーター自身が伝記を書いたマッキンリー大統領によって任用されていた。1901 年、マッキンリーが暗殺され、公職におけるポーターのキャリアは突然に終わってしまった。ポーターは生まれ故郷のイングランドに戻り、英国タービュレイティング・マシン社をロンドンで設立した。一方、新しく任用された長官は、国勢調査局とホレリスの会社とのなれ合いの関係を快く思わず、1900 年の国勢調査に対する請求額は高すぎて受け入れ難いと考えた。

　1905 年、ホレリスは契約条件に同意できず、国勢調査局との業務関係を断ち、

商用向け機械の開発に全力を注ぐことにした。2年後、国勢調査局はジェームズ・パワーズ（James Powers）という機械技術者を雇い、次の国勢調査に向けて作表機を開発、改良させた。パワーズはホレリスと同じタイプの発明家・起業家で、結果を印刷できるような改造をホレリスの機械にほどこし、ホレリスの手ごわい競争相手としてすぐに浮上してきた。

　一方、ホレリスは商用機を完成させるための作業を続け、その後20年間製造されつづけることになるさまざまな「自動装置」を製作した。商用のパンチカード機には3種類あった。カードを穿孔するカード穿孔機（キーパンチ）、カード上に穿孔された数を足し合わせる作表機（タービュレイター）、そして、カードを順番に並べる分類機（ソーター）である。あらゆるパンチカードオフィスには、この3種類の機械のうち少なくとも一つがあった。大きなオフィスでは、各々をいくつか所有していることもあったが、特に可能性が高いのはカード穿孔機だった。大きなオフィスに女性のカード穿孔係が10人以上いるというのはよくあることだった。自動装置は新型の「45欄」カードを用いていた。これは、$7\frac{1}{2} \times 3\frac{1}{4}$ インチの大きさのカードで、45桁までの数値情報を保存できた。このカードは、その後20年間の業界標準となった。

　自動機械を導入したことで、TMCは急成長した。1908年にホレリスの顧客は30社だった。続く数年で、会社は半年に20パーセントという割合で成長した。1911年には約100社の顧客を抱え、オフィス機器会社として完全に転身した。当時の米国のジャーナリストは、パンチカード事業の活況を正確に捉え、次のように記している。

　　　このシステムは、製鉄工場、生命保険会社、電灯・電動機・電話会社、卸売業者やデパートメントストア、織物工場、自動車会社、数々の鉄道、自治体や州政府など、あらゆるたぐいの工場で用いられている。用途は、人件費、効率の記録、売上構成、社内で要請される原料や物資、生産統計、賃仕事や日雇い仕事を計算することである。生命保険・火災保険・傷害保険のリスク分析や、公益事業会社の工場支出とサービス売上の計算、セールスマン・部門・顧客・立地・商品・販売法・その他さまざまな項目ごとの売上構成とコストの計算にも用いられている。カードは定例の報告書の基礎を与えるほか、特別な報告書を作るのにも役立ち、しかもカードを使わなければかかっただろう時間の、ほんの一部の時間で作り上げることができる。

　パンチカード装置はすべて、洗練された情報システムの中心に設置された。ホレリスは、タイプライターや加算機会社の激しい販売実践と似たような手法をひどく嫌ったので、彼は自ら（のちには彼の助手の一人が）顧客と密接に連携し、パンチカード機を情報システム全体に統合させるという仕事を行った。

　1911 年には、ハーマン・ホレリスは成功した事業の裕福なオーナーとなっていた。しかし、彼は 51 歳で、健康は徐々に損なわれていた。ホレリスはそれまで事業売却のみならず共同経営すらいつも拒否してきたが、医師のアドバイスと経済的に寛大な条件があり、ついには彼は抵抗をやめたのだった。

　TMC 買収の申し出は、当時一流の事業プロモーターの一人だった、いわゆるトラストの父、チャールズ・R・フリント（Charles R. Flint）から舞い込んだ。フリントはおそらく企業合併では最も著名な代表的人物であった。彼は、タービュレイティング・マシン社とほかの 2 社、小売店向けの秤を製造していたコンピューティング・スケール社（Computing Scale Company）と、出退勤の自動記録装置を製造していたインターナショナル・タイム・レコーディング社（International Time Recording Company）の合併を提案した。各々の会社が新しい持株会社の名前に一語ずつ貢献することになり、その名前はコンピューティング・タービュレイティング・レコーディング社（Computing-Tabulating-Recording Company）、C-T-R となった。

　1911 年 7 月、タービュレイティング・マシン社は 230 万ドルで売却され、そのうち 120 万ドルをホレリスが受け取った。今やたいへんな金持ちとなったホレリスはセミリタイアの状態となり、仕事を完全に手放すことはできずに、その後 10 年は技術顧問の地位にとどまったものの、パンチカード機に重要な貢献をすることはもうなかった。ホレリスは 1924 年に C-T-R が IBM になるのを見届けたが、1929 年の株式市場大暴落の前夜に他界した。そのため、彼は大恐慌を目撃することはなかったし、IBM が大恐慌をどうやって生き残り、ビジネス機器の伝説となったかを見ることもなかったのである。

　IBM が究極の成功に至った理由は三つある。NCR にならった販売組織の開発、パンチカード機事業の「レンタルと補充」という性質、技術的イノベーションである。これらすべては、トーマス・J・ワトソン・シニアが 1911 年に C-T-R の総支配人に、そして 1914 年に社長に任命されたことと、密接にかかわっている。

　1911 年にパターソンによって NCR を解雇されたあと、ワトソンは仕事のオファーに事欠くことがなかった。しかし、彼は雇われマネージャー以上の地位に

つきたいと考え、金になる利益分配型の契約を望んだ。それゆえ彼は、C–T–R の総支配人になるというチャールズ・フリントのオファーを受けることを決意したのだった。C–T–R は NCR に比べれば本当に小さな組織だったが、ワトソンはフリントやホレリスよりも、ホレリスの特許の潜在力をずっとよく理解していた。ゆえに、彼は少額の基本給に、会社の利益の 5 パーセントを歩合給として上乗せするという交渉を行った。もしも C–T–R がワトソンの思うように成長したら、ワトソンはいずれ全米で最も稼ぐビジネスマンとなる。そして、1934 年に給与は 364,432 ドルとなり、それは公式に達成されたのだった。

ホレリスの控えめな販売法と決別し、NCR で見事に開発されてきた販売法をワトソンは速やかに、かつ大規模に導入した。彼は、販売担当地域、歩合制、販売ノルマを制定した。NCR では販売ノルマを達成したセールスマンのためにハンドレッド・ポイント・クラブがあったが、ワトソンは C–T–R ではワン・ハンドレッド・パーセント・クラブを導入した。約 5 年間で、ワトソンは C–T–R の文化と展望を完全に変貌させ、オフィス機器業界の輝ける星へと変身させてしまった。1920 年には、C–T–R の収入は 1,590 万ドルと 3 倍以上になった。子会社が、カナダ、南アメリカ、欧州、極東に設立された。1924 年、ワトソンは社名をインターナショナル・ビジネス・マシン（International Business Machines, IBM）に変更し、このように発表した。「あらゆる場所で……IBM の機械が使われている。IBM で太陽が沈むことはない」。

ワトソンは、パターソンから学んだ教訓を忘れることはなかった。『フォーチュン』誌のライターは、1932 年に次のように観察している。

　　　天性の才をもつ剽窃者、他人の効率的な実践を生まれつき模倣する者のように、［ワトソンは］システムを測り、そしてすべてにおいて優ってゆく……白い立て襟のシャツとベストを着るのは、パターソンの変わらない習慣だった。この習慣は IBM でも厳格に守られているのが見受けられる。新聞サイズの巨大な用紙をイーゼルに載せて、ドラマティックで仰々しい身振りをしながら、大切な知恵をその上に書き記していくというのもパターソンの慣習だった。IBM ではほとんどすべての役員室に同じものがある。従業員に、自分と同じように考え、振る舞い、装い、食べるように期待するというのもパターソンのやり方だった。野心ある IBM 社員は皆、ワトソン氏の選好を尊重している。できる男には多額の歩合給を払い、景気が悪くなったときには販売圧力を増大させて立ち向かうというのもパ

　ターソンの習慣だった。それは IBM のテクニックの一部となっている。

T–H–I–N–K というモットーは、まもなく IBM 帝国のあらゆるオフィスの壁に掲げられるようになった。

　IBM が精力的なセールスマンで有名だとすると、IBM の不景気に対する強さは、よりいっそう大きく褒め称えられる対象となる。「レンタルと補充」というパンチカード事業の性質は、IBM を実際のところ不況に強くした。パンチカード機は貸し出されるだけで、販売されるわけではないので、もしも不景気の年に IBM が新規顧客を一人も獲得できなくても、既存の顧客はすでに手元にある機械を借りつづけることになり、毎年の定収入が確保される。IBM 機を 1 台貸し出すと、製造コストは約 2 年か 3 年で回収できるため、そこから先の期間にその機械から得られる収入は、事実上すべて利益となった。ほとんどの機械は最低でも 7 年、おおむね 10 年、ときには 15 年から 20 年も稼働した。ワトソンは、会社の長期にわたる発展のために IBM のリース方針が重要であることを十分に理解しており、1950 年代になってからは、IBM 機を販売するようにという政府や実業界の圧力に徹底抗戦した。

　IBM の財政を安定させる第二の源は、パンチカードの販売だった。カードには、1,000 枚当たり 1 ドルという売価の、わずか数分の一のコストしかかかっていなかった。1930 年代のあるジャーナリストは、IBM が特殊な種類の事業に属していると説明した。

> 「補充」ビジネスと呼ぶべきタイプ。機械を使うと、多かれ少なかれ自動的かつ継続的にカードを購入することになる。このタイプのビジネスにはよい先達もいる。イーストマン・コダック社（Eastman Kodak Co.）では、カメラの所有者にフィルムを売っている。ゼネラル・モータース社では、モーターカーの所有者に AC スパークプラグを売っている。ラジオ社（Radio Corp.）ではラジオの所有者に真空管を売っている。ジレット・レーザー社（Gillette Razor Co.）では、カミソリのユーザーに刃を売っている。

カミソリの刃やスパークプラグの場合（写真フィルムやラジオ用真空管の場合にはそれほどではなかったが）、製造業者は補充市場をめぐって互いに競争せねばならなかった。しかし IBM は、自分の機械に用いる作表機用カードの市場にお

いて安泰だった。なぜなら、カードは特殊な紙料を用いてきわめて正確に作られており、うまく模倣できるようなものではなかったからである。1930 年代までに、IBM は年間 30 億枚のカードを販売しており、それは収入の 10 パーセント、利益の 30 パーセントから 40 パーセントを占めていた。

　技術的イノベーションは、IBM が二つの世界大戦の狭間の時期にオフィス機器業界の先頭に立ちつづけた、第三の要因であった。ある部分でこれは、国勢調査局におけるホレリスの後継者ジェームズ・パワーズが 1911 年に創業したパワーズ会計機会社（Powers Accounting Machine Company）という、主要なライバル企業との競争に対するレスポンスだった。ワトソンは C–T–R に着任するや否や、パワーズの印刷機に対応する必要を見て取り、ホレリスの機械を体系的に改良するため、パターソンが NCR で立ち上げた発明部門と同様の実験部門を設立した。印刷機能をもつ作表機の開発は第一次世界大戦でいったん中断されたが、戦後の 1919 年に開かれた最初の販売会議では

　　ワトソンは、彼のキャリアにおける最高の瞬間の一つを迎えていた。中央の演壇の後ろにあるカーテンが開け放たれた。ワトソンがスイッチを入れると、ステージの真ん中に置かれた新しい機械が、カードが流れていくのに合わせて結果を印刷しはじめた。セールスマンたちは椅子から立ち上がって歓声をあげ、ついに競争相手と互角となることに熱狂した。

　1927 年にパワーズは、強大な組織能力をもつレミントンランドに買収され、IBM に対する競争相手の脅威は著しく増大した。次の年に IBM は、当時両社が販売していた 45 欄カードの約 2 倍の容量がある、80 欄カードを製造した。レミントンランドは 2 年後に 90 欄カードで対抗した。こういったことが続いた。製造会社同士が互いを飛び越えてゆきながら開発が進むというこのパターンは、米国でも、IBM とレミントンランドの両社が子会社をもっていたり欧州のパンチカード機製造会社が存在していたりしたほかの先進国でも、この業界を特徴づけるものとなった。

　1930 年代の初頭に IBM は 400 シリーズ会計機を発表して競争相手を飛び越し、戦間期のパンチカード機開発の頂点を記録した。そのうち最も重要かつ利益を出したのは、モデル 405 電気会計機だった。IBM はすぐにこの機械を 1 年で 1,500 台製造し、それは「数々の栄光ある IBM 機の中で一番もうかった」。400 シリーズは、パンチカード機がついにコンピュータに完全に道を譲った 1960 年代

後半まで製造されつづけた。モデル 405 は、(2,400 種類もある) 部品が 55,000 個
と、75 マイルに及ぶワイヤーでできており、半世紀かけて発展してきたパンチ
カード機の技芸の結晶だった。「たった」2,000 個の部品しかない NCR クラス
2000 のような普通の会計機と比べて、この機械はとびぬけて複雑だった。こうし
て IBM は 1930 年代までに競合他社に対して技術的に著しく優位に立ち、このお
かげで 1950 年代のコンピュータへの移行が容易になったのだった。

　パワーズはいつも IBM の後塵を拝していた。1927 年にレミントンランドに吸
収合併されても、そのままだった。IBM の機械はパワーズに比べて信頼性が高
く、よくメンテナンスされていると言われていたし、IBM の販売の手腕は圧倒的
に優れていた。IBM のセールスマン——あるいは、むしろシステム調査員という
べきか——は、ニューヨーク州エンディコットにある特別な学校で完璧に訓練さ
れた外交官たちであった。1935 年に推計されたところによると、IBM は 4,000 台
以上の会計機を顧客のもとに設置していた。レミントンランドの市場シェアが
15 パーセントだったのに対し、IBM の市場シェアは 85 パーセントにのぼった。

　大恐慌時におけるワトソンの神経の太さは、米国の経営史書でも有名だ。この
とき、ビジネス機器製造会社は一般に販売が 50 パーセントも落ち込んだ。IBM
でも新規注文では同様の下落をこうむったが、カード販売とレンタル中の機械か
ら得られる賃料によって、収入は下支えされていた。取締役会の助言に反して、
多額の費用をかけて訓練した従業員をワトソンは手放さず、IBM の工場でもフル
回転で生産を続け、機械の在庫を恐ろしいほど積み上げて景気の上昇に備えた。
ワトソンの自信は大恐慌時代の希望の光であり、そのおかげでワトソンは米国で
最も影響力のあるビジネスマンの一人となった。彼は米国商工会議所の、のちに
は国際商工会議所の会長となり、フランクリン・D・ルーズベルト大統領の顧問
で友人となった。

　IBM と国の回復は、1935 年にルーズベルトのニューディール政策とともに
やってきた。ワトソンはニューディール政策の際立った支持者だった。1935 年
の社会保障法のもと、連邦政府は 2,600 万人の全労働人口の雇用記録を取らなけ
ればならなくなった。あふれかえらんばかりの在庫とフル回転の工場をかかえた
IBM は、素晴らしい恩恵をこうむった。

　1936 年 10 月、連邦政府は IBM の在庫である 415 台の穿孔機と会計機をごっそ
りと運び入れ、12 万平方フィートに及ぶバルティモアのレンガ造りの建物に装置
を据え付けた。この事実上の情報生産ラインでは、毎日 50 万枚のカードが穿孔
され、分類され、表となっていった。1890 年の国勢調査の日々以来、見られな

かった光景だった。この「世界最大の簿記業務」で得た IBM の収入は 1 年で 438,000 ドルであり、これは IBM の全収入の 2 パーセントにすぎなかったが、すぐに政府からの注文が 10 パーセントを占めるようになった。さらに、ニューディール立法によって、福祉や全国復興法や公共事業を左右する情報を報告せよという連邦の要求に、民間の雇用者が応える義務が生じた。このことによって、需要はさらに拡大した。1936 年から 1940 年のあいだに、IBM の売上は 2,620 万ドルから 4,620 万ドルとほぼ倍増し、従業員も 12,656 人に増えた。1940 年には、IBM は世界のどのオフィス機器企業よりもたくさん商売をしていた。売上は 5,000 万ドルに満たず、比較的小規模な会社ではあったが、未来は無限に広がっていた。あるジャーナリストが『フォーチュン』誌に次のように書いたのも不思議はない。

> 多くの企業は、最高の黄金期を夢想するとき、その目を過去に向ける。インターナショナル・ビジネス・マシン社は現在ほど光り輝く過去をもたない。神の顔はその上に輝き、雲は分かれて道を作る。戦いに向かうかのように前進しながら、不況というぬかるみをよけ、空景気という流砂を避ける。短い休息と描写されるべき幾度かの凪をのぞけば、その成長は力強く安定している。

そして、最高潮はまだ来ていないのだ。

バベッジの夢が現実に

1946年10月、コンピューティングの草分けであるレスリー・ジョン・コムリー（Leslie John Comrie）は科学雑誌『ネイチャー』の読者に向けて、1世紀前にバベッジが計算機関を作ろうとした際、英国政府はその支援に失敗したと指摘した。

> 100年以上前に政府がチャールズ・バベッジの階差機関を成功に導けなかったという汚点は、いまだ消されていない。このことによって、機械計算の先頭という地位を英国が失ったのだといっても過言ではない。

コムリーがこのように述べた理由は、最初の完全自動計算機がハーバード大学で完成したためであり、それを彼は「バベッジの夢が現実に」と評した。コムリーは、1916年にオークランド大学を卒業したニュージーランド人で、計算機関がうまくいかなかったのは英国政府の落ち度だというバベッジの主張を額面通りに受け取ってきた過去1世紀の多くの人々の一人だった。しかし、実際の物語はこれよりももっと込み入っている。

バベッジの解析機関

バベッジは二つの計算機を発明した。階差機関と解析機関である。この二つのうち、階差機関は、実際に完成する直前までいったとはいえ、歴史的にも技術的にも面白みに欠ける。バベッジは1820年代初頭から約10年間、階差機関に取り組んだ。進捗は遅く、第1章で述べた1833年の階差機関のモデル作成がその頂点であった。バベッジはロンドンの自宅の応接間にこのモデルを置き、上流階級を招いて開く夜会でこれを会話のきっかけに使うのを好んだ。来客のほとんどは、この機械にいったい何ができるのかを理解できなかったが、一人の例外が有

名な詩人の娘、エイダ・バイロン（Ada Byron）だった。18 歳ほどの若い淑女エイダは数学に興味をもっていたが、当時女性がそのような欲求をもつのは珍しかった。彼女は、バベッジやオーガスタス・ド・モルガン（Augustus De Morgan）を含む英国の一流の数学者たちになんとか気に入られるようにして、数学の勉強を指導してもらっていた。のちに彼女は、解析機関について 19 世紀では最高の解説を執筆し、バベッジに報いることになる。

バベッジは階差機関の完成品をついに製作しなかった。というのも、解析機関という新発明に取り組むため、1833 年に階差機関の開発を断念したからである。解析機関は、コンピューティング史におけるバベッジの名声を支える主要業績となっている。当時彼は権力の絶頂にあった。ケンブリッジ大学のルーカス数学教授であり、王立協会のフェローであり、科学の街ロンドンにおける重要人物の一人であり、1830 年代の最も影響力のある経済書『製造業の経済』の著者であった。

階差機関において重要なのは、それが根本的に限定された構想によるものだったということだ。行える仕事は数表を作ることだけだからである。対照的に、解析機関はどのような数学的計算も行えるものであった。解析機関というアイディアは、階差機関で計算の結果をフィードバックさせれば人間の介入をなくせるのではないかとバベッジが考えているときに、着想したものであった。バベッジはこのフィードバックを、機関が「自分の尾を食べる」と表現している。バベッジは階差機関にこのシンプルな改造を加え、そこから発展させて解析機関を設計し、現代のコンピュータのもつ重要な機能をほとんどすべて具体化させたのである。

解析機関の最も重要なコンセプトは、算術計算と数値保存を分離したことにある。もともと階差機関では、この二つの機能が密接に結びついていた。要するに、普通の計算機と同じように、数字が加算器の中に保存されていたのである。当初、バベッジは加算器の速度が遅いのを懸念し、「先行キャリッジ」（anticipatory carriage）という発明で速度の改善をはかろうとした。この高速加算の手法と電子的に等価なものが、現代のコンピュータで用いられる、いわゆる桁上げ先見加算器に組み込まれている。この新しい機構はきわめて複雑で、必要以上に加算器を作るとコストがかかりすぎたので、彼は算術機能と数値保存機能を分離したのだった。バベッジはこの二つの機能部品を、それぞれ**ミル**（mill）と**ストア**（store）と呼んだ。この言葉遣いは、織物産業から引いてきたメタファーだった。織り糸はストアからミルに運ばれ、ミルで布地に織り上げられ、それがストアに戻される。解析機関では、数がストアから算術ミルに運ばれて処理され、計

算の結果がストアに戻されることになる。このように、複雑な解析機関に取り組んでいるときでも、経済学者としてのバベッジは決して水面下に沈んでいたわけではなかった。

　2年ほどのあいだ、バベッジは計算を組織化するという問題に取り組んだ。このプロセスは現在我々がプログラミングと呼ぶものだが、バベッジはそれに呼び名をつけていない。手回しオルガンのピンの出たシリンダーなど、さまざまな機械と戯れてから、彼はジャカード織機を思いついた。1802 年に発明されたジャカード織機は、1820 年代にイングランドの織物産業やリボン産業で導入された。これは、特別なパンチカードで指示すれば千差万別の柄を織れる汎用装置だった。バベッジは自分の解析機関にそういった工夫をしようと考えた。

　一方、元の階差機関に関する資金不足はいまだ解決されておらず、バベッジは当時首相であったウェリントン公爵から陳述書を用意するように求められた。1834 年 12 月 23 日付のその書状で、バベッジは初めて解析機関のことをほのめかし、「もっと強力な、完全に新しい機関」と書いた。おそらくバベッジは解析機関のことを持ち出すと自分の立場が弱くなると気づいていたが、「あなたがこの件についての事情をすべて公正に把握できる」ように、新しい機関について単に正直に述べたのである、と陳述書の中で主張した。とはいえ、政府が陳述書から読み取った明確なメッセージは、第一に、すでに 17,470 ポンドをつぎこんだ階差機関を捨ててバベッジの新しいビジョンを選ぶべきだということ、第二に、バベッジは政府が主に関心をもっている作表よりも機関を作ることそのものに興味をもっているということだった。結果として、このプロジェクトに対する政府の信頼は致命的に損なわれ、その後の数年にわたり、階差機関と解析機関に関する決定はなされなかった。

　1834 年から 1846 年のあいだ、外部からの資金援助なしで、バベッジは解析機関の設計を作り上げた。この時点において政府資金なしで機械製作を試みるという可能性はなかったため、主に紙の上での仕事となり、それは結果として数千ページの手稿となった。この集中した創作活動のあいだに、バベッジは自分の機械の目的を本質的に見失い、機械はそれ自体が目的となった。結果として、もともと作表のためであった階差機関は航海表という経済的ニーズと完全に合致していたとみなせる一方、解析機関ではそういった点が完全にないがしろにされることになった。階差機関では達成できないような真の目的が解析機関にあるわけではなかった。また、階差機関にしても、1790 年代にド・プロニーが用いたありふれた計算係のチームより効率的だったかどうかはわからない。事実といえば、バ

ベッジ自身を除いて、解析機関を欲しがったり必要としたりしていた人はほとんど誰もいなかった、ということである。

　1840 年、バベッジは当然のことながら、英国政府からすげなく断られたことで意気消沈していた。それゆえ、トリノのイタリア科学アカデミーから招待されて、自分の機械についてセミナーを行うことになったときには喜んだ。この招待によって、自分の国では業績が受け入れられないのだというバベッジの妄想は深まった。トリノ訪問はバベッジの人生の頂点で、科学的なものに非常に関心の高いヴィットーリオ・エマヌエーレ王[訳注1] に拝謁したのは栄光の瞬間だった。イングランドでの受け取られ方との対比が、この上もなくはっきりと示される出来事である。

　トリノにおいて、バベッジは若いイタリア人数学者、ルイージ・メナブレア中尉（Luigi Menabrea）に解析機関の解説を書くように勧め、それは 1842 年にフランス語で出版された（バベッジがメナブレアを選んだのは正解だった。彼はのちにイタリアの首相になった）。イングランドに戻ったバベッジは、エイダに──そのころには 20 代後半にさしかかり、ラブレース伯爵と結婚していた──メナブレアの論文を英語に翻訳するよう勧めた。しかし、彼女は単なる論文の翻訳をはるかに超え、元の論文の約 4 倍にも及ぶ長い注を自分で付け加えた。彼女の『解析機関の素描』（Sketch of the Analytical Engine）は、バベッジの生前に刊行された唯一の詳細な解説であった──実際には 1980 年代までそうだったのだが。ラブレースは、バベッジが使わないような詩的な言い回しを用いて、解析機関の謎を盛り上げたが、それはヴィクトリア期の人々の心に真に驚くべきものとして映ったに違いない。

　　　　解析機関の特色とは、それこそが機械に抽象代数を扱えるような広範な能力を与えているのだが、ジャカードがパンチカードを用いて最も込み入った柄を金襴として織り上げるために考案した原理が導入されているということである。……ジャカード織機が草花を織るのと同じように、解析機関は**代数の模様を織る**のだといってよいだろう。

数学を織るというこのイメージは、1940 年代から 1950 年代における最初のコン

ピュータプログラマたちの心をひきつけたメタファーとなった。

　しかし、ラブレースの『素描』に対する知的貢献がかなり誇張されてきたことには注意すべきである。彼女は世界最初のプログラマだと断言されてきたし、彼女に敬意を表して名付けられたプログラミング言語（Ada）すらある。最近の研究では、『素描』の中の技術的内容の多くとプログラムのすべては、バベッジの仕事だったということがわかっている。しかし、たとえ『素描』がほとんど完全にバベッジのアイディアに基づいていたとしても、それを表現したのはエイダ・ラブレースだということに疑いの余地はない。解析機関の最も重要な解説者としての彼女の役割は、バベッジにとってきわめて大切なもので、彼は一切の恩着せがましさもなく、彼女を自分の「親愛なる、そして称賛されるべき解説者」だと評した。

　イタリアから戻ってすぐ、バベッジは解析機関の製作資金をめぐって英国政府と再び交渉しはじめた。そのころまでに、政府には変化があった。新たな首相にロバート・ピールが就任していたのである。ピールは得られる限り最良の助言を求めたが、その中には王室天文学者からの助言も含まれており、その人物はバベッジの機械を「無価値」だと断言した。これが露骨にバベッジに伝えられるということはなかったが、彼が政府から受け取った断固としたメッセージは、バベッジは初めの約束を果たすのに失敗したのであり、政府としては損の上塗りをするつもりはない、というものであった。今日であれば、このような政府の観点は理解できる。しかし、20世紀の基準でバベッジを判断することには常に慎重でなければならない。今日、研究者は追加の資金を申請する前に、ある程度の成功と業績を示してみせることが求められる。しかし、バベッジの見方では、いったん解析機関を着想しておきながら、単に具体的成果を示すためだけに、劣った階差機関の開発を推し進めるというのは、無意味な目くらましにすぎなかったのである。

　1846年までに、バベッジは解析機関について自分のできることはやりつくした。その次の2年間、彼は元の階差機関プロジェクトに戻った。今やバベッジは、四半世紀に及ぶ工学実践の改良と、階差機関で行ってきたさまざまな設計の簡素化を利用することができるのだった。彼は、階差機関2号機と名付けた機械の、完全な設計図を作り上げた。

　こういった設計図に政府は一切関心を示さず、自分の機関が資金援助を得る見込みが永久になくなったことを、バベッジはついに思い知った。大事にしてきたプロジェクトが頓挫し、彼は苦い思いをしたが、自分の落胆を直接表現するには

イングランド人としてのバベッジは慎み深すぎた。代わりに、彼はイノベーションに対するイングランド人たちの敵意を、全面的に、そして皮肉をもって批判している。

　　　イングランド人に、なにか原理や道具を提案してみよ。たとえそれが立派なものであっても、イングランド人は困難や欠点や不可能性を全力で見出そうとすることがわかるだろう。もし、彼に芋の皮むき機の話をしたら、それは不可能だと言うだろう。仮に彼の目の前で芋の皮をむいてみせても、そんな機械は役立たずだと言うだろう。なぜなら、その機械ではパイナップルを切れないからだ。

官僚的な考え方に対してバベッジが抱いた軽蔑をこれほど完璧に表現した文章は、おそらくほかにない。

　バベッジは 50 代半ばにさしかかり、知力も 20 年前の面影はなく、科学界ではいよいよあまり重要でない過去の人となっていた。彼は風変りなパンフレットを出版したり、半分気晴らしで暗号法や雑多な発明に取り組んで楽しんだりしたが、ほとんど奇抜といっていいものもあった。たとえば、彼は解析機関製作の資金を集めるために、三目並べをプレイする機械を作るというアイディアについて考えたりしている。

　人生最後の 20 年においてバベッジを元気づけたいくつかの明るい出来事の一つが、シュウツの階差機関（Scheutz Difference Engine）の成功である。1834年、著名な科学講師で普及活動家でもあったダイニシウス・ラードナー（Dionysius Lardner）が、『エジンバラ・レビュー』にバベッジの階差機関に関する記事を書いた。スウェーデンの印刷業者であったイェオリ・シュウツ（Georg Scheutz）と息子のエドヴァルド（Edvard）はこの記事を読んで、階差機関を製作しはじめた。バベッジに匹敵する 20 年近い時間をかけた大変な技術的努力の末、彼らは階差機関を完全に作り上げた。バベッジはそのことを 1852 年に知った。この階差機関は 1855 年のパリ万国博覧会で展示された。バベッジは博覧会を訪れ、階差機関がそのクラスで金賞をとったことを喜んだ。次の年、ニューヨーク州オールバニーのダドリー天文台が、その階差機関を 5,000 ドルで買い取った。英国では、新しい生命保険表を計算するため、機械の複製を作るのに 1,200 ポンドを政府が拠出した。

　もしかすると、シュウツの階差機関について最も重要な事実は、それがたった

の 1,200 ポンドしかかからなかったということかもしれない。これはバベッジが費やした金額の数分の一だった。しかし、安いかわりに機械の完成度は低かった。シュウツの機関はとりわけ信頼性が高いわけでもなく、きわめて頻繁に調整する必要があったのだ。続く半世紀のあいだにほかにも階差機関は製作されたが、そのすべてが独自の機械で、発明者に利益をもたらすことはなかったし、それで一つの産業を確立するには遠く及ばなかった。結果として、階差機関はおおむね放棄され、作表するときは人間の計算係のチームと従来の卓上計算機を使うという方法に戻ったのである。

　しかし、チャールズ・バベッジはついに計算機関をあきらめることができなかった。1856 年、約 10 年の空白を挟んで、彼は再び解析機関に取り組みはじめた。当時彼は 60 代半ばで、それが製作できるという確たる見通しがないこともわかっていた。人生の最後の最後まで、彼はほとんど完全に一人きりで解析機関に取り組み、ノートを次々と不可解な走り書きで埋めていった。彼は 1871 年 10 月 18 日に 80 歳で他界したが、ついに機械は完成しなかった。

　なぜバベッジは階差機関と解析機関のどちらも製作に失敗したのだろうか。明らかに彼のイライラする性格が失敗の一因だったが、バベッジにとっては、最善を目指すあまり、何も成し遂げることができなかったのである。彼は、英国政府が計算機関のことを微塵も気にかけていないということを理解できなかった。政府は作表にかかる経費の節減にのみ関心をもっていたのであって、その仕事を計算機関がするのか、それとも人間の計算係のチームがするのかといった問題は取るに足らないことだった。しかし、バベッジの失敗の主要因は、機械技術が十分に進歩してそれを比較的簡単に作れるようになる 50 年も前の 1820 年代から 1830 年代に、デジタル方式で計算に取り組む方法を開拓しようとしていたことだった。もし、まったく同じことを 1890 年代に始めていれば、結果はまったく異なっていたかもしれない。実際のところ、バベッジの失敗は L・J・コムリーの言うデジタル計算の「暗黒時代」に間違いなく貢献することになった。バベッジの失敗のあとに続くよりもむしろ、科学者と技術者たちはデジタルでない別の道を行くことを好んだ——現在アナログ計算と我々が呼ぶ、モデルを作るという道である。

潮候推算機とその他のアナログ計算機

　アナログ（analog）という形容詞は、「類比」（analogy）という言葉に由来して

いる。この計算方法の背後にあるコンセプトは、数で計算する代わりに、そのシステムの物理的なモデル、あるいはアナログを作って調べるというものだ。この手法のよい例が、太陽系儀（オーラリ）である。これは、18世紀初頭にこういった装置を熱心に愛好した貴族である英国のオーラリ伯爵の名前をとった、惑星系の卓上モデルである。太陽系儀はいくつかの球で構成されている。太陽系儀の中心にある最も大きな球は太陽をあらわし、太陽の周りを回転しているひと揃いの球が惑星をあらわす。球は歯車を用いたシステムによって互いに連結しており、ハンドルを回すと、惑星運動の法則に従って惑星が軌道上を動く。10分ほどハンドルを回すと、地球は太陽のまわりの1年間の軌道を一周し終える。

　太陽系儀はバベッジの時代に大衆向けの科学講義でよく用いられ、学識と審美眼をもつ明敏な紳士たちはさまざまな美しい装置を作った。今日、それらは高い価値をもつ博物館収蔵品となっている。太陽系儀は実用的な計算にはそれほど用いられなかったが、それは太陽系儀があまりにも不正確だったからであった。時代が下ると、1920年代にはこういった装置の基礎をなす原理が、さまざまな科学博物館のプラネタリウムで用いられるようになった。プラネタリウムでは、光学システムが暗い大きな部屋の丸天井に星の位置を高精度で投影する。1920年代から1930年代の博物館によく行く人たちにとって、千年分の夜空が移り変わるのを観るのは、驚きと感動に満ちた新体験だった。

　19世紀において最も重要なアナログ計算技術は、経済的観点からみれば、機械式の潮候推算機だった。『航海年鑑』で刊行された航海表が海上での危険を抑えるのに役立ったように、潮汐表は船が港に到着して接岸しようとするときの危険を少なくするのに必要だった。潮汐は主に、地球に及ぼす太陽と月の引力によって生じるが、これらは太陽と月が軌道を進むにつれて、非常に複雑に周期的に変化する。1870年代まで、潮汐表のための計算はあまりに時間がかかりすぎて、世界中でも数えるほどしかない主要港の分しか作成されなかった。1876年に英国の科学者ケルヴィン卿（Loard Kelvin）は、便利な潮候推算機を発明した。

　ケルヴィン卿（爵位を得るまではウィリアム・トムソン（William Thomson）と呼ばれていた）は、間違いなくその世代では英国最高の科学者であった。彼の業績は、驚くべきことに『英国人名事典』の9ページを占める。彼は一般大衆のあいだでは、1866年に初めて大西洋横断電信ケーブルを敷設したときの監督者として有名だったが、彼は物理学、特に無線電信と波動力学に対する重要な科学的貢献も多数残した。潮候推算機は彼の長い人生における数多くの発明の一つにすぎない。この機械は見かけが風変わりで、ワイヤー、滑車、軸、歯車で構成されて

いる。これらは海に働く重力をシミュレートし、連続した線のグラフを紙ロール
の上に描いて、港の潮位を表した。潮汐表は、このカーブの最高点と最低点を見
つけて読み取ることで作成された。

　世界中の数千にも及ぶ港で潮汐表を作成するために、ケルヴィンの潮候推算機
の複製が数多く製作された。1950 年代にデジタルコンピュータについに取って
代わられるまで、より正確な改良されたモデルが製作されつづけた。しかし、潮
候推算機はある目的に特化した専用装置で、一般的な科学の問題を解くのには適
していなかった。これがアナログ計算技術の最重要問題であった。すなわち、特
定の問題には特定の機械が必要なのである。

　戦間期は、アナログ計算の全盛期だった。あるシステムが数学的には容易に調
べられない場合、事態を打開する最善の方法はモデル（模型）を製作すること
だった。そして、たくさんの素晴らしいモデルが製作された。たとえば、発電用
ダムを作らねばならないとき、その振る舞いを決定する数多くの数式は、当時利
用可能だった最も高性能の計算設備の能力をはるかに超えていた。解決法は、ダ
ムの縮尺模型を作ることだった。そうすると、たとえば、ダムの底にかかる力や、
水面で吹く風が起こす波の高さを測定することができる。それからこの結果をス
ケールアップすれば、実際のダム建設の方向性を決めることができた。同じよう
なテクニックがオランダの埋め立て計画でも用いられ、ゾイデル海の潮汐計算を
行うために 50 フィートの縮尺モデルが製作された。

　まったく新しい世代のアナログ計算機は、急速に拡大する米国の電力システム
の設計を助けるために、1920 年代に開発された。この 10 年のあいだに、電力供
給は都市部から農村地域へと広がり、特に繊維産業を擁する南部と、農業拡大の
ために必要な灌漑に電力を供給するカリフォルニアで拡大していた。需要の増加
に応えるために、巨大な電気機械企業であるゼネラル・エレクトリック社
(General Electric, GE) とウェスティングハウス社 (Westinghouse) は交流電流
発電装置を提供しはじめ、それが巨大な発電所に設置されていった。こういった
発電所は互いに接続しあって、地域電力ネットワークを形成していった。

　新しい電力ネットワークは数学的にはあまりよく理解されていなかった。そし
て、いずれにせよ、数式は難しすぎて解けなかった。そこで、電力ネットワーク
設計担当者はアナログモデルを作成することにした。こういった実験室モデル
は、抵抗、キャパシタ、インダクタの回路でできており、実世界の巨大なネット
ワークの電気的な特性を模倣するものだった。こうした「ネットワーク解析機」
のいくつかは、素晴らしく複雑なものになった。最も精緻なものの一つが交流電

流ネットワーク解析機で、1930 年に MIT で製作され、20 フィートもの長さが
あって一部屋全体を占領していた。しかし、潮候推算機と同じように、ネット
ワーク解析機も特定の用途のための専用機だった。アナログ計算の最先端を拡張
することができるようになったという限りにおいては、その大部分はヴァネ
ヴァー・ブッシュ（Vannevar Bush）に帰される。

　ヴァネヴァー・ブッシュ（1890–1974）は 20 世紀における米国科学の重要人物
の一人で、彼は「コンピュータ科学者」ではなかったにもかかわらず、その名前
は本書で何度も登場することになる。彼が最初にアナログ計算に興味をもったの
は 1912 年、タフツ大学の学生だったころで、彼は地形をグラフとして描く「プロ
ファイル・トレーサー」と呼ばれる機械を発明した。ブッシュはこの機械につい
て、自伝『行動の断片』（*Pieces of Action*）で、彼独特の親しみやすい語り口で、
次のように述べている。

　　　それは、小さな二つの自転車用車輪のあいだに吊るした道具箱だ。測量者
　　　が道路を、あるいは草原を横切って押していくと、進むにつれて自動的に
　　　グラフが描かれる。感度もよく、かなり正確だ。道を進んでいてマンホー
　　　ルの蓋の上を通ると、きちんと小さなコブがプロットされるほどだ。野原
　　　を一周して出発点に帰ってくれば、開始した場所の高さから数インチ以内
　　　に収まる。

ブッシュは、気さくなスタイルとは裏腹に、恐るべき知性と行政能力の持ち主
だった。ある意味、彼のスタイルは親友であったルーズベルト大統領の炉辺談話
をしのばせる。第二次世界大戦中、ブッシュはルーズベルトの主任科学顧問、お
よび科学技術開発局（Office of Scientific Research and Development, OSRD）
の長官となり、戦争協力のための研究の調整を行った。

　1913 年のブッシュの修士論文にしまい込まれていた少しピンボケした写真は、
その 1 年前に撮られたもので、そこでは若く痩せて背の高いブッシュが、起伏の
ある芝の上でプロファイル・トレーサーを押している。一組の自転車用車輪と機
械装置のつまったブラックボックスの写ったこの写真が描いているのは完全に、
テクノロジー・ちょっとした装置・奇抜さ・創造性・堂々たる態度が交錯するルー
ブ・ゴールドバーグ（Rube Goldberg）の世界だ[訳注2]。

　1919 年にブッシュは MIT で電気工学の講師になり、プロファイル・トレー
サーのコンセプトは彼がこれからとりかかる計算機の核心に据えられることと

なった。1924 年に彼は送電の問題を解かねばならなくなり、助手と二人で数か月にわたって骨の折れる算術とグラフ作成に取り組んだ。「そこで、私は若い連中とその仕事をさせる機械を作った」とブッシュは回想している。この機械は「プロダクト・インテグラフ」として知られるようになった。

プロファイル・トレーサーと同じように、プロダクト・インテグラフも単一の問題のための機械だった。しかし、次にブッシュが作った「微分解析機」(differential analyzer) は彼の初期の計算関係の発明を一般化したもので、特定の工学的問題を処理するのではなく、常微分方程式で表せる工学の問題ならなんでも扱えるものだった（常微分方程式は、加速する投射体や振動する電流といった、変化率を含む物理環境のさまざまな側面を描写する重要な方程式である）。

1928 年から 1931 年のあいだに製作されたブッシュの微分解析機は、現代的な意味での汎用計算機ではなかったが、科学と工学の非常に広範囲の問題を扱えたので、戦間期に開発された計算機としては、まさに最も重要なものだった。MITの微分解析機の複製は 1930 年代にいくつも作成され、ペンシルヴァニア大学、ニューヨーク州スケネクタディにあるゼネラル・エレクトリック社の工場、メリーランド州にあるアバディーン性能試験場、イングランドにあるマンチェスター大学、ノルウェーのオスロ大学に設置された。微分解析機を所有している場所のうちいくつかは、第二次世界大戦初期には計算技術の主要拠点となった。なかでも有名なのがペンシルヴァニア大学で、現代の電子コンピュータはそこで発明された。

気象予報工場

微分解析機とネットワーク解析機は、物理システムの機械的モデルや電気的モデルを作れるような工学の問題であればうまく機能した。しかし、ほかのタイプの問題——たとえば作表、天文計算、気象予報——では、数字そのものを扱わねばならない。これがデジタルアプローチであった。

バベッジの計算機関の失敗を考えると、大規模デジタル計算を実行するには人間の計算係のチームを使うほかなかった。人間の計算係はしばしば対数表や計算機を用いて計算していたが、その組織化原理は、計算の進行の制御に人間を使う

[訳注 2] ゴールドバーグは 20 世紀前半に米国で活躍した漫画家、著述家、発明家。簡単な仕事を込み入った機械装置でやりとげる様子を描いた漫画で知られる。

というものであった。

　チーム計算というアプローチを最初に唱えた人物の一人が、イングランド出身のルイス・フライ・リチャードソン（Lewis Fry Richardson；1881-1953）である。彼は、数値気象学——気象予報への数値計算技術の適用——の草分けであった。

　当時、気象予報は科学というよりも技芸であった。気象予報をするには、天気図上に等温線と等圧線を引き、気象条件がどのように変化するかを経験と直感に基づいて予測する。リチャードソンは、歴史は繰り返すという信念に基づいて過去の経験から明日の天気を予測することなど、根本的に非科学的だと確信するようになった。唯一信頼できる気象予報は現在の天気系の数学的解析だと彼は信じていた。

　1913 年、彼は英国気象庁のエスクデールミュア観測所長に任命された。この観測所はスコットランド辺境にあり、彼の気象予報理論を発展させるにはぴったりの場所だった。続く 3 年間で、彼は名著『数値的方法による気象予報』（*Weather Forecasting by Numerical Process*）の第一草稿を書き上げた。しかし欧州は戦争中で、リチャードソンは平和主義者ではあったが、安全なスコットランドの辺境にいるわけにはいかないと感じ、フレンズ傷病者救急団に加わって戦争に協力した。戦争の修羅場の中でも、傷病兵が前線から送られてくる合間になんとか時間を見つけ、彼は実際に気象予報を計算して自分の理論を検証した。

　リチャードソンの手法による気象予報は、大量の計算を伴った。試しに彼は 1910 年のある一日のすでにわかっている気象条件データを用意し、6 時間後の気象予報を作成して、実際に記録された天気と照らし合わせようとした。すると、「寒い兵士用宿舎の干し草の山」にすぎない自分のオフィスで計算しつづけて、6 週間もかかった。もし、彼一人でなく人間の計算係が 32 人いれば、気象が変化する速さについていけるだろう、とリチャードソンは見積もった。

　1918 年に戦争が終わると、リチャードソンは気象庁の仕事に戻り、本を完成させて、1922 年に出版した。その中で、彼はコンピューティング史で最も並外れたビジョンの一つ、世界気象予報工場について述べた。彼が思い描いたのは、地球全体で気象観測用気球を 200 キロ間隔であげ、風速・気圧・気温・その他の気象変数を読み取り、そのデータを処理して信頼できる気象予報をする、というものだった。リチャードソンは「地球全体の天気を遅れずに予報する」ためには 64,000 人の計算係が必要だ、と見積もっている。彼は「空想上の」気象予報工場を次のように描写した。

劇場のような大きなホールを想像してほしい。ただし、通常は舞台がある場所も含め、桟敷席がホールをぐるりと一周している。ホールの壁には世界地図が描かれている。天井は北極圏をあらわす。イングランドは4階席で、熱帯地方は3階席だ。オーストラリアが2階席、南極は一番下のピットになる。無数の計算係が自分の席に対応する地点の天気を計算するが、各計算係は方程式一つ、あるいはある方程式の一部を担当しているにすぎない。各地域の予報は、上級の担当者がまとめあげる。おびただしい数の小さな「ネオンサイン」がその瞬間の数値を表示しており、近くにいる計算係はそれを読みとることができる。各数値は隣り合った三つのゾーンで表示されるので、地図上の南北間での連絡も維持される。ピットの床には、ホールの半分ほどの高さのある大きな柱が立っている。その最頂部には大きな演壇がしつらえられている。そこに、この全劇場の責任者が座っており、彼の周りを何人もの助手や伝令係が取り囲んでいる。彼の仕事の一つは、地球全体で一定の進行スピードを維持することだ。この点において、彼は、楽器を計算尺や計算機に持ち替えたオーケストラの指揮者のようなものだ。指揮棒を振る代わりに、彼は計算が進みすぎている地域に赤いビームを、計算が遅れている地域に青いビームをあてる。

　こうして作成された予報はすぐに係員によって地球の全域に電信で送られる、とリチャードソンは説明している。予報工場の地下には研究部門が設置してあって、数値計算技術を改良する研究が絶えず行われている。そして、この幸せな空想の仕上げとして、「気象を計算する人々は自由に息づくことができるようにするべきなので、運動場や家々、山や湖」に囲まれた場所に工場は設置される、とリチャードソンは述べた。

　気象予報に関するリチャードソンのアイディアは好評を博したが、1922年に出版された空想上の気象予報工場が真面目に受け取られることはなかった——おそらく彼もそうなるとは思っていなかっただろうが。それでもなお、彼は信頼できる気象予報ができれば英国経済において年間100万ポンド節約でき、自分が提案した規模で気象予報工場を作っても、かかる費用はそれよりもずっと少額になるだろうと見積もった。

　しかし、リチャードソンが真剣であろうがなかろうが、このアイディアを追求する機会はついに訪れなかった。本が出版される前に、彼は気象予報の世界から身を引くことを決めていた。なぜなら、英国気象庁が空軍省の管轄になったから

である。クウェーカー教徒として、リチャードソンは軍務に直接関わることを好まず、そうして彼は辞職した。彼は再び数値気象学に取り組むことはなかったが、その代わりに紛争の数学の研究に打ち込み、平和研究の草分けとなった。数値気象学は計算が必要だったために停滞しつづけ、第二次世界大戦後に電子コンピュータが登場すると、数値気象学とリチャードソンの名声の両方がよみがえった。リチャードソンが1953年に他界したとき、数値気象予報の科学がこれから成功しようとしていることは明らかだった。

サイエンティフィック・コンピューティング・サービス

リチャードソンが人間の計算係のチームを中心とした気象予報工場を構想したのは、それが航海年鑑局で用いられている手法に基づいた、彼の知る唯一の実用的デジタル計算技法だったからである。実際、『航海年鑑』のための計算は、バベッジの時代からほとんど変わっていなかった。『航海年鑑』は依然としてフリーランスの計算係が対数を用いて計算しており、その多くは退職した職員だった。しかし、レスリー・ジョン・コムリー（1893–1950）が任命されるや否や、状況はすっかり変わることとなった。彼は、英米両国で計算に対するアプローチを変革させた人物であった。

コムリーは、ケンブリッジ大学で天文学を学んで卒業し、グリニッジの王立天文台で職を得た。そこで彼は生涯にわたって計算に熱中しつづけることになる。何世紀ものあいだ、天文学者たちが科学のどの分野よりも計算を重用してきたことを思えば、コムリーはその特殊な情熱をもつ者としてふさわしい環境にいたことになる。

彼はすぐに英国天文協会の計算部長に選出され、天文表を作成するために24人の計算係のチームを組織することになった。1923年に博士号を取得したあと、彼は2年間を米国で過ごした。最初はスワースモア大学、次にノースウェスタン大学に滞在し、実用計算の入門クラスをいくつか教えた。1925年に彼はイングランドに戻り、航海年鑑局で常勤職の地位を得た[訳注3]。

コムリーは腰を据えて航海年鑑局の計算手法の改革に取り掛かった。高度な科学的訓練を受けたフリーランスの計算係を使う代わりに、仕事を体系だてて、普通の事務員と標準的な計算機を利用することにした。コムリーの計算係はほとん

[訳注3]　当時、航海年鑑局はグリニッジ天文台の敷地内にあった。

ど全員が若く独身の女性で、基本的な商業算術の知識しか持ち合わせていなかった。

　コムリーは優れた洞察力を発揮し、微分解析機のような専用機は不要だと理解していた。計算は第一に組織の問題だと考えたのである。ほとんどの計算で、彼の「計算ガール」(calculating girls) たちは、普通の計算機を使って完璧に仕事をこなしていた。すぐに航海年鑑局でもコンプトメーターやバロース加算機、NCRの会計機が調達された。航海年鑑局の内部は、一見すると普通の商用オフィスに見間違えかねないほどだった。それは相応なことだった。というのも、航海年鑑局は、たまたま商用データでなく科学データを処理しているにすぎなかったからである。

　もしかすると、航海年鑑局におけるコムリーの最大の功績は、パンチカード機を――したがって、間接的には IBM を――科学計算の世界に持ち込んだことだったかもしれない。航海年鑑局において、最も重要かつ骨の折れる計算仕事は、月の位置の表を 1 年分作成することであった。この表は最近まで航海で広く用いられていた。この表を計算するには、二人の計算係が 1 年間かかりきりになる必要があった。コムリーは起業的才能を少なからず発揮し、政府お雇いの頭の固い上司たちを説得して、普通の計算機に比べて非常にコストの高いパンチカード機をレンタルすることに成功した。計算を始める前には、まず『ブラウンの月表』(*Brown's Tables of the Moon*) という大量の数表を、50 万枚のパンチカードに変換せねばならなかった。しかし、いったんそれが終わってしまえば、コムリーのパンチカード機はどんどん数表作成を行い、20 年分の『航海年鑑』に必要な数表を、たった 7 か月で、手計算するときの数分の一の費用で作り出してしまった。コムリーがこの数表を作成しているとき、彼のもとをハーバード大学のE・W・ブラウン教授 (E. W. Brown) が訪れた。彼は著名な天文学者で、『ブラウンの月表』の編纂者でもあった。ブラウンは、科学計算にパンチカード機を使うというアイディアを米国へ、そして IBM へと持ち帰ったのだった。

　1930 年、業績が認められて、コムリーは航海年鑑局の局長となった。彼は世界一流の計算の専門家として有名になり、数多くの企業や科学プロジェクトの顧問をつとめた。しかし数年後、コムリーは官僚的な航海年鑑局に対していらだちを深めはじめていた。航海年鑑局は変化を嫌い、計算技術を進歩させるための投資にも消極的だったのである。1937 年に、彼は商業的な会社としてサイエンティフィック・コンピューティング・サービス社 (Scientific Computing Service Limited) を設立し、事業を始めるという、前人未到の一歩を踏み出した。これ

は、世界初の利潤追求型の計算サービス会社だった。

　コムリーは、第二次世界大戦前夜という完璧なタイミングで起業した。英国が
ドイツに宣戦布告してから3時間以内に、英国戦争省から射撃表を作成するとい
う契約を取り付けた、とコムリーはよく自慢した。彼が事業を始めたとき、ス
タッフとして16人の計算係を擁していたが、その多くは若い女性だった。コム
リーには優れた宣伝の才能もあり、大衆誌『イラストレイテッド』の見出しに、
彼のもとで働く「ガールズは世界で最も大変な計算をこなしている」と書いた。

　コムリーの仕事は、戦中に人間が行った計算としては氷山の一角にすぎなかっ
た。特に米国では、100人もの計算係が働いている計算施設がいくつもあった。
計算係は主に戦争協力のために集められた女性事務員で、自分に計算の才能を見
出した人たちだった。給料は、もともと彼女らの出身であった秘書やタイピスト
より少し多いくらいだった。彼女らの仕事は「研究全体にとってきわめて重要
だったが、ほとんど表には出ないままであった。彼女らの名前が報告書に載るこ
ともなかった」。戦争が終わったとき、リベット打ちのロージー[訳注4]の姉妹たち
は、市民生活へと戻っていた。こうして米国社会は、電子計算機によって時代遅
れになった数百人の計算係たちの処遇をどうするか、という問題に直面せずに済
んだのである。

ハーバード・マークⅠ

　人間が計算を行う組織が数多く存在していたという事実は、第二次世界大戦の
戦前と戦中に計算需要があったことを示している。1935年から1945年にかけて
の時期には、人間が計算を行う組織が急増したのと同時に、独特なデジタル計算
機の発明が急増した。この時期に製作された機械は少なくとも10台はあり、政
府組織だけでなく、AT&TやRCAの所有する研究所のような産業研究所や、レ
ミントンランド、NCR、IBMのようなオフィス機器会社の技術部門が、そういっ
た機械を作った。英国やドイツなど、欧州でも製作された。

　こういった機械は概して、作表や弾道計算や暗号解読のために用いられた。な
かでも、最もよく知られており、かつ最も早い時期のものが、IBMの自動逐次制
御計算機（Automatic Sequence Controlled Calculator）であった。一般にハー

[訳注4]　第二次世界大戦時の米国で、戦争協力として工場労働を行った女性たちのシンボ
　　　　ル。

バード・マークⅠ（Harvard MarkⅠ）として知られるこの機械は、1937 年から 1943 年にかけて IBM がハーバード大学のために製作したものだった。ハーバード・マークⅠは、IBM が 1930 年代という早い時期に計算とオフィス機器技術の収斂に気づきはじめていたことを明らかにするという点で、特に重要である。

　IBM がデジタル計算に関心を抱きはじめたのは、1920 年代後半におけるブラウン教授のコムリー訪問に遡る。1929 年、コロンビア大学の支援者だったトーマス・ワトソン・シニアは大学に統計学研究所を寄付し、そこに標準的な IBM 機を据え付けた。ブラウンの最も才能ある学生の一人であったウォレス・J・エッカート（Wallace J. Eckert；1902-1971）は、開設されるや否や研究所に加わった。元指導教員からコムリーの仕事について学んだエッカートは、本物の計算局を作るためにパンチカード機をもっと寄付してほしいと IBM を説得した。ワトソンは、幾分かは利他的な理由で、しかし同時にエッカートとコロンビア大学の研究所が価値ある情報源になると考えて、機械の供給に同意した。戦後、エッカートとコロンビア大学は、IBM がコンピューティングへと移行していくうえで重要な役割を果たすことになる。

　しかし、戦前において IBM の贈り物から主に利益を受けたのは、ハーバード大学の大学院生、ハワード・ハサウェイ・エイケン（Howard Hathaway Aiken；1900-1973）だった。ハーバード大学で博士論文研究に乗り出したとき、エイケンは 33 歳だった。彼はすでに電気技師として成功していたが、研究人生に惹かれたのだった。エイケンは印象的な人物だった。「背が高く、知的で、やや傲慢で、自己主張が強く」、「いつもきちんとした装いをしていて、学生にはまったく見えなかった」。エイケンは真空管の設計に関する問題に取り組んでおり、博士論文を進めるために非線形微分方程式を解く必要があった。近くの MIT にあるブッシュの微分解析機のようなアナログの機械は、常微分方程式には適していたが、非線形方程式を一般的に解くのは不可能だった。1936 年にエイケンが大規模デジタル計算機を作ってはどうかという提案書をハーバード大学物理学科の教員に提出したのは、このように自分の研究で障害に直面したのがきっかけだった。当然のことながら、「露骨な反対はなかったとはいえ……あまり熱心には」受け取ってもらえなかったと、のちにエイケンは回想している。

　大胆にもエイケンは、主要な加算機・計算機製造会社の一つであるモンロー計算機会社の主任技師、ジョージ・チェイス（George Chase）に自分の提案書を送った。チェイスは計算機業界の中でも著名かつ尊敬されている人物で、彼は「予想される費用は多額だが、こういった洗練された計算機を開発する経験が会

社の将来のためにはたいへん貴重なので」、エイケンの機械を後援するように会社に訴えた。チェイスとエイケンには（そして長い目で見ればモンローにとっても）不幸なことに、会社はこの提案書を取り下げた。しかしチェイスはこのコンセプトの重要性を確信していたので、エイケンに IBM にあたってみるように促した。

　その間に、エイケンが計算機を提案しているという話がハーバード物理学研究所内で広がりはじめ、一人の技官がエイケンに近づいてきた。エイケンが回想するには、その技官は「なぜあなたがこの物理学研究所でそのようなことをしたいと思っているのか、全然わからない。そういう機械はすでにここにあるけれども、誰も使ったことがないのに」とエイケンに言ったという。当惑したエイケンは、その技官に屋根裏部屋に連れて行ってもらい、そこで 18 インチ四方の木製スタンドの上に置かれた、バベッジの計算機関の断片を見せられた。

　この断片は、1886 年にバベッジの息子ヘンリーによって、ハーバードに寄付されたものだった。ヘンリーは自分の父の遺した機械を処分したが、何もかもが坩堝行きになったわけではなかった。彼はいくつかの計算ホイールを取っておいて、それを木製の展示スタンドの上に固定したのである。そのうち 1 セットだけが国外に——ハーバード・カレッジの学長のもとに送られた。1886 年にカレッジは創立 250 周年を祝っていたが、新世界にバベッジの種を蒔けるとするならば、そこが最も肥沃な土地だ、とヘンリーは考えたのかもしれない。

　エイケンがバベッジのことについて耳にしたのは、このときが初めてだった。そしておそらく、この計算ホイールが数十年の時を経て日の光を見たのもこのときが初めてだっただろう。エイケンはこの遺物に魅了された。もちろん、バベッジの計算ホイールは断片以上のものではなかった。およそ計算はできなかったし、新しい計算機が出てきたせいでずいぶん前に廃れてしまった技術で作られていた。しかしエイケンにとってみれば、これは過去からのリレーバトンであり、エイケンは自分がバベッジの 20 世紀における後継者なのだと意識した。バベッジについてもっとよく知るために、エイケンは急いでハーバード大学図書館に行き、1864 年に出版されたバベッジの自伝『ある哲学者の人生の断章』（*Passages from the Life of a Philosopher*）を入手した。その本の中で、エイケンは次のような一節に出会った。

　　　もし、私という実例に警戒してしまうことなく、数学的解析の実行部全体をそれ自体で具体化した機関の製作を引き受け、成功させようという者が

いるならば、たとえそれが異なる原理に基づいていても、より単純な機械
的手段によるものであっても、私は恐れずに自分の名声を彼に託そう。と
いうのも、彼だけが、私の努力の本性とその成果の真価を完全に理解でき
る人物だからだ。

この一節を見つけたとき、エイケンは「バベッジが過去から直接自分に話しかけ
てきたように感じた」。

　自分の計算機に対する IBM の後援を得るために、エイケンは IBM の主任技術
者ジェームズ・ブライス（James Bryce）を紹介してもらった。ブライスはエイ
ケンの提案書の重要性をすぐに理解した。エイケンにとって幸運なことに、モン
ロー社のチェイスに比べて、ブライスは会社の経営陣からはるかに大きな信頼を
得ていた。ブライスはこのプロジェクトを後援するようワトソンを難なく説得
し、初めに 15,000 ドルもの資金が用意された。翌月にあたる 1937 年 12 月、エイ
ケンは自分の提案書を推敲し、バベッジのコンセプト——特に機械をプログラム
するのにジャカードのカードを利用するというアイディア——を盛り込んで、
IBM に送った。この提案書はマーク I 関連文書としては残存している最古のも
のだが、エイケンがチャールズ・バベッジのコンセプトからどれくらい影響を受
けたのかは、ちょっとした未解決問題であろう。設計と技術の観点では、明らか
にほとんど影響を受けていない。しかし、天命が下ったという感覚については、
エイケンはおそらくはるかに大きな影響を受けていただろう。

　この時点でのエイケンの提案書は、ほとんど計算機設計の体をなしていなかっ
た。実際のところ、一般的な機能要件一式に等しいものだった。彼は、機械は
「手順が確定したら完全自動で動作」し、「機械内部を数字が流れるルートを決め
る制御装置」をそなえているべきだ、と指定した。

　ブライスの提案で、エイケンは IBM の訓練学校に参加し、そこで IBM 機の使
い方を学び、この技術の能力と限界を完全に理解した。それから、1938 年の初頭
にエイケンはニューヨーク州にある IBM のエンディコット研究所を訪れ、ブラ
イスの最も信頼している上席技術者チームと一緒に仕事を始めた。ブライスは、
このプロジェクトの担当にクレア・D・レイク（Claire D. Lake）をつけた。レイ
クは IBM の古くからの発明技術者で、IBM 初の印刷作表機を 1919 年に設計した
のもこの人物だった。エイケンは、IBM 最高の技術者二人のサポートを次々に受
けたのである。

　機械製作のために当初見積もられていた 15,000 ドルは、すぐに 10 万ドルに増

額され、1939 年初頭に IBM の役員会は「自動計算設備」の製作を正式に承認した。今やエイケンの役割は本質的にはコンサルタントであり、1939 年と 1940 年の夏の一時期を IBM で過ごした以外は、機械の詳細な設計や開発にはほとんど参画しなかった。1941 年にエイケンは海軍に入り、この計算機も IBM 内部で数多く行われている軍事用の特別開発プロジェクトの一つとなった。進行は非常に遅れ、最初に試運転を行ったのは 1943 年 1 月になってからだった。

重量 5 トンのこの機械は、エンジニアリングの記念碑的存在となった。基本的な計算ユニットがすべて機械的に同期するため、それらは一直線に並べられ、5 馬力の電気モーターで動く 50 フィートの軸で駆動されて、まるで「19 世紀ニューイングランドの繊維工場」のようだった。この機械は幅 51 フィートだったが、奥行きは 2 フィートしかなかった。全部で 75 万個の部品と、数百マイルに及ぶワイヤーで構成されていた。ある解説者は、この機械が動作すると「部屋いっぱいの婦人たちが機械編みをしている」ような音がしたと描写している。この機械では 27 個の数字を保存することができ、加減算を 1 秒に 3 回行うことができた。乗算には 6 秒かかり、対数と三角関数の計算には 1 分かかった。

当時の標準でも、これは歩くようなスピードだった。マークⅠの重要性は、そのスピードではなく、初めて完成した完全自動計算機だったということにある。機械はいったん動作しはじめると、エイケンが好んだ表現では「数を作りながら」、何時間でも何日でも動きつづけた。機械は「オペレーションコード」が穿孔された 3 インチ幅の長い紙テープを用いてプログラムされた。プログラムの多くは——たとえば数表上の連続した値を計算するときのように——そもそも繰り返しが多いので、紙テープの両端を接着して輪にすることができた。短いプログラムは 100 個ほどの演算で成り立っており、輪は 1 分で一周した。したがって、この機械は、1 ページか 2 ページの数表であればおそらく半日で計算したということになるだろう。

残念ながら、この計算機はいま我々が呼ぶところの「条件分岐」は行えなかった。条件分岐とは、その前の計算結果に従ってプログラムの進行を変えるというものである。このため、複雑なプログラムは物理的に非常に長いものになった。そこで、プログラムテープが床に落ちて汚れてしまわないように、滑車のあいだにプログラムテープを張り渡してたるまないようにできる特別なラックを作らねばならなかった。そういう長いプログラムを走らせるときには、ラックを倉庫からごろごろ引っ張ってきて、機械に取り付けた。もしエイケンがバベッジの——特にラブレースの——記したものをもっとよく読んでいれば、バベッジがすでに

条件分岐というコンセプトにたどりついていたことに気づいただろう。この点において、ハーバード・マークIは1世紀前に設計されたバベッジの解析機関に比べて印象深さに欠けるものだった。

　1943年初頭、マークIは秘密裡に試運転を開始したが、実際の仕事に使われるようになったのは1年後にハーバード大学のキャンパスに移されてからのことだった。それからも、海軍兵学校の将校であるエイケンがその機械を担当するためにハーバードに呼び戻されるまで、マークIはあまり使われることがなかった。エイケンは「自分はコンピュータの指揮官をつとめた世界で唯一の人間だと思う」とよく言ったものだった。本格的な計算は1944年5月に艦船局で始まり、主に数表が作成された。

　ハーバードに戻ったエイケンは、IBMと協力して計算機の落成式を計画した。この段階での計算機は、そのままの見た目だった。つまり、電気機械式のパンチカード装置がむき出しで並んでいるだけだった。メンテナンスや計算機の調整をしやすいので、エイケンはこのままの状態を好んでいた。しかし、トーマス・ワトソンはこの機械を最大限に宣伝したいと考え、IBMにぴったりの装いを支度するべきだと主張した。エイケンの意見を却下して、ワトソンは産業デザイナーのノーマン・ベル・ゲディス（Norman Bel Geddes）に、この機械により魅力的な外観を与えてくれるよう依頼した。ゲディスは懸命に努力して、ステンレス鋼と磨いたガラスを使った輝かしい作品を作りあげた。それはまさに、「巨大頭脳」の化身だった。

　IBM自動逐次制御計算機は、公式には1944年8月7日にハーバード大学に贈呈された。エイケンが初めてIBMとコンタクトをとった7年後のことだった。しかし、式典でのエイケンのあまりに傲慢な態度は、IBMとの関係を壊すほどに度を越しており、彼の評判は元通りになることはなかった。第一に、彼は自分をこの計算機のただ一人の発明家だとして、名誉をわが物にし、エイケンのもともとの提案書を具体的なものにするべく何年も費やしてきたIBMの技術者たちの貢献を認めるのを拒否した。より悪いことに、ワトソンの観点からすると、エイケンはIBMがこのプロジェクト全体の費用負担をしたという事実に感謝することもしなかった。伝記によれば、ワトソンは真っ青になって怒りに震えた。「ワトソンの人生で、若い数学者が彼の会社の功績に影を落としたこの出来事ほど、彼を怒らせたことはほかになかった。やがて、怒りは静まり、恨みと復讐心に変化した。この復讐心がIBMには役立った。なぜなら、再びスポットライトを浴びるために、よりよいものを作ろうという動機をもたらしたからである」。（この

「よりよいもの」は、結果として順序選択電子計算機 (Selective Sequence Electronic Calculator) として知られる機械となるが、それについては第5章で論じる）。

　ハーバード・マークⅠの贈呈は大衆の想像力を大きくかきたて、記者たちは見出しで大騒ぎした。『アメリカン・ウィークリー』誌はマークⅠを「ハーバードのロボット・スーパーブレイン」と呼び、『ポピュラー・サイエンス・マンスリー』誌は「ロボットの数学者は答えをなんでも知っている」と宣言した。贈呈とプレス報道の後には、この機械を使いたい科学関係者と技術者がハーバード・マークⅠに強い関心を寄せた。このことが元となって、エイケンとスタッフは500ページもある『自動逐次制御計算機の操作マニュアル』を製作した。この本は、自動デジタル計算について初めて出版された本となった。イングランドに戻ったコムリーは『ネイチャー』誌に書評を書き、そこでバベッジの計算機関製作を失敗に導いたのは英国政府の汚点であると述べたのだった。コムリーが前世紀の英国政府にいらだっていたとするならば、彼はエイケンが失礼なことに IBM の貢献を認めなかったことにも同じくらいいらだっていた。「しかし、本書のタイトルとエイケン教授の前書きから『IBM』が意図的に省かれていることについては、驚きをもって記しておきたい」。コムリーは、IBM とその技術者たちがエイケンの提案書を実現するために果たした役割をよく理解していたのである。

　ハーバード・マークⅠはコンピューティング史のマイルストーンの一つではあるが、その全盛期は電子計算機の登場によって影が薄くなってしまうまでであり、短かった。電子計算機は機械的に動く部品がないため、もっと速く動作したからである。このことは、1930年代と1940年代に製作された事実上すべての電気機械式計算機に当てはまる。

　しかし、ハーバード・マークⅠは、グレース・マレー・ホッパー (Grace Murray Hopper) のような初期のコンピュータの先駆者たちにとっては、実り多い訓練場であった。しかし、何にもまして、ハーバード・マークⅠはコンピュータ時代の象徴——運転にこぎつけた最初の完全自動計算機であった。この出来事の意義は科学解説者たちによって広く認められており、またこの機械はバベッジの生きた最後の証をたてたという点でも感情に訴えるものがある。1864年にバベッジはこのように書いた。「私が遺したものの助けなしに、この見込みのない仕事に挑もうとするものが現れるまでに、おそらく半世紀はかかるだろう」。バベッジですら、それにどれだけの時間がかかるかを過小評価していたのだ。

理論的発展とアラン・チューリング

　この章で述べた計算活動とは独立に、数理論理学における理論的発展があった。数理論理学は、のちにコンピュータ科学が一つの学問分野として発達するにあたり、大きなインパクトを与えた。しかし、こうした数学的発展が、実用的なコンピュータ製作に対して直接与えた影響は小さかった。なにによりそれは、1930年代と1940年代における計算機製作に関わっていた人々の中に、数理論理学の発展のことを知っていた人がほとんどいなかったためであった。

　理論的発展に最も密接に関わっていた人々に、若い英国人数学者アラン・マシソン・チューリング（Alan Mathison Turing）と、米国人数学者アロンゾ・チャーチ（Alonzo Church）がいた。この二人は、ドイツ人数学者ダーフィット・ヒルベルト（David Hilbert）が数学の基礎付けに関して1928年に提示した問題に答えようとしていた。これは、決定問題（Entscheidungsproblem）として知られている問題で、「あらゆる数学の問題を決定できるような明確な方法あるいは手続きは存在するか」というものであった。チューリングとチャーチは、1930年代半ばに同じ結果にたどりついた。しかし、チューリングのアプローチは、驚くべき独創性をもつものだった。チャーチが従来の数学に基づいて議論を行っていたのに対し、チューリングは、のちにチューリング機械として知られるようになる、概念的な計算機を用いた。チューリング機械は、実際の計算機というよりも思考実験である。「機械」の構成は、スキャンを行うヘッド、ヘッドがその上に記号を書いたり消したりする潜在的に無限長のテープ、ヘッドをコントロールする「命令表」（今日我々がプログラムと呼ぶもの）である。これは、最もシンプルな形式にまで還元された計算である。チューリングは、計算可能ないかなる関数も計算できるという意味で、彼の機械が「万能」（ユニバーサル）であるということも示した。一般には、コンピュータを「汎用」（ユニバーサル）と呼ぶのは、それが広範囲の数学的問題を解ける場合である。チューリングは、ユニバーサルなコンピュータは数学だけでなく、人間の知識が扱えるいかなる領域についての問題にも取り組めるという、より強い主張を行った。すなわち、チューリング機械は、現代のコンピュータの論理的能力をすべて体現しているのである。

　アラン・チューリングは1912年に生まれ、学校では数学と実用的な実験に惹かれた。彼はケンブリッジ大学キングスカレッジで奨学金を獲得し、数学で最優秀の成績を修め、1934年に卒業した。彼はキングスカレッジの特別研究員となり、1936年に有名な論文「計算可能な数について、その決定問題への応用」を発表し、

チューリング機械について述べた。チューリングは、あらゆる数学の問題が決定可能であるわけではないことと、ある数学的関数が計算可能かどうかは必ずしも決定できないことを示した。数学者でない人間にとって、これは理解の難しい概念だが、第二次世界大戦後にチューリングはこのアイディアを『サイエンス・ニュース』誌の記事で説明している。チューリングは、一般の聴衆に対してわかりやすく説明をする才能があり、数学ではなくパズルで自分の議論を説明した。彼は次のように述べている。

> あるパズルを与えられて解こうとしているとき、もしそれが難しいということがわかっているならば、普通はその持ち主にこれは解けるのかどうかを尋ねるだろう。何を行うのが許されているかを完全に明確に説明しているルールがともかく与えられていれば、そういった質問には、はい・いいえ、という明確な答えがあるはずだ。もちろん、パズルの持ち主はその答えを知ることができない。同じように、「あるパズルが解けるかどうかは、どうすればわかるのでしょうか？」と尋ねる人がいるかもしれない。しかし、それに率直に応えるということはできない。実際のところ、パズルが解けるかどうかを調べる体系的な方法は存在しない。

チューリングは、スライディングブロックパズル、知恵の輪、紐結びという事例の説明に進んでいる。数学者でない人にも理解できるような言葉で複雑な数学の議論を表現できるというのは、チューリングの特徴をよく示している。関数の計算可能性は、のちにコンピュータ科学理論の礎石となった。

　チューリングの評判は高まり、1937 年にはプリンストン大学で研究学生となり、アロンゾ・チャーチのもとで研究することになった。そこで彼は、プリンストンの高等研究所の創立に関わった教授であるジョン・フォン・ノイマン（John von Neumann）に出会った。フォン・ノイマンは数年後に現代的コンピュータの発明において重要な役割を果たすことになる。フォン・ノイマンはチューリングの研究に深く興味を抱き、高等研究所に留まるよう招いた。しかしチューリングは英国に戻ることを決意した。第二次世界大戦が迫りつつあり、彼はロンドンから 80 マイルほど北にある、元は邸宅であったブレッチレー・パークで、暗号解読に従事した。そこで彼は、ナチスの暗号の解読に計算機を用いるにあたって重要な役割を果たした。ブレッチレー・パークは、「教授タイプ」の傑出した管理者たちが中心となって率い、数千人もの機械操作員、事務員、メッセンジャーたち

が配置されていた。教授タイプの人たちの中でも、チューリングはその思考の独自性だけでなく、社交のぎこちなさでも目立っていた。「『教授』として有名」だった彼は「着古した格好をして、爪をかみ、ネクタイは締めず、どもってぎこちない態度を取ることもあった」。戦後、彼は英国で早い時期に行われた電子計算機開発と、計算機の数理生物学への応用の草分けとなった。悲しいことに、チューリングは英国で同性愛が違法だった時代に、同性愛の関係をもっていた。1952 年に彼は刑事事件で有罪と宣告され、性的逸脱を「治療」するためのホルモン治療を受けるという刑に処せられた。2 年後、彼は青酸中毒で遺体となって発見され、自殺という判定が記録された。チューリングはコンピュータ時代が始まる前に他界したが、1950 年代後半には、コンピュータ科学理論の創始者としての彼の役割がコンピューティングの世界で広く評価されるようになっていた。1965年に米国におけるコンピューティングの専門家組織である計算機学会(Association for Computing Machinery, ACM) は、彼を称えて A. M. チューリング賞を創設した。これはコンピューティング界のノーベル賞とみなされている。2010 年には、戦時の暗号解読でチューリングが担った英雄的な役割についても公に高く評価されるようになった（彼の仕事のおかげで、欧州での戦争が何か月も短くなったと信じられている）。英国首相ゴードン・ブラウンは、国家による彼の取り扱いに対して、公式に謝罪した。

　チューリングの研究が、フォン・ノイマンに、ひいては現代の電子計算機の発明に大きな影響を与えた可能性は高い。

第 **2** 部

コンピュータの登場

コンピュータという発明

　第二次世界大戦は科学の戦争だった。科学研究や技術開発の効率的な展開が、戦争の大勢を決めたのである。戦争中の科学プログラムとして最もよく知られているものが、ロスアラモスで原子爆弾を開発したマンハッタン計画である。その原子爆弾と同じくらい大規模で重要性の高かったプログラムが、レーダーであった。この計画では、MIT の放射線研究所（Radiation Laboratory）が大きな役割を果たした。戦争を終わらせたのは原爆だが、戦争を勝利に導いたのはレーダーだ、と言われている。

　こういった目立つプログラムばかり強調すると、科学の戦争協力が見事な綴織となっているのを見過ごしてしまう。この織物を貫く一本の糸が、数学的計算の必要性であった。たとえば、原爆のためには、臨界量のプルトニウムを集中させる爆縮レンズを完成させるのに大量の計算を行う必要があった。開戦したときに利用可能だった計算技術は、微分解析機のようなアナログ計算機、パンチカード設備のような原始的なデジタル技術、そして卓上計算機を使う人間の計算係のチームにすぎなかった。ハーバード・マークⅠのような、独特で比較的遅い機械式計算機ですら、登場するのは数年後のことだった。

　米国における科学の戦争協力は、科学研究開発局（OSRD）が管理していた。この組織は、MIT の元電気工学教授で微分解析機の発明者であるヴァネヴァー・ブッシュが率いていた。ブッシュは、水際立って有能な研究管理者だった。彼は1930 年代にはアナログ計算機の開発をしていたが、戦争が勃発すると、科学研究における計算の重要性を理解していたにもかかわらず、計算に対して積極的な関心をもたなくなってしまった。

　あいにく、現代的な電子計算機はあまり知られていない研究所で発明されたので、ブッシュがそれに気づいたのは戦争の終わりごろのことだった。したがって、ブッシュの参画は完全に行政面のものであり、彼が行った重要な貢献の一つは、議会制定法を提案したこととなった。この法律によって、「航空機の問題に関

する科学研究を除き、戦争のための機器の開発・生産・使用の基礎をなす問題に関する科学研究を調整・監督・遂行する」国防研究委員会（National Defense Research Committee, NDRC）のもと、海軍と陸軍省の研究所は数百もの民間の研究機関と統合された。

　国防研究委員会は、この仕事をやり遂げる権威と自信のある12人の科学者で構成されていた。ブッシュはトップダウン式のプロジェクトと同じように、ボトムアップ式の研究プロジェクトも容認した。のちに彼は「NDRCの価値あるプログラムには草の根で始められたものが多く、そこでは専門分野に精通した民間人が、その分野で問題を抱えている軍人と話し合った」と述べている。あるプロジェクトが選出されると、NDRCはそれを実現させるべく懸命に努力した。ブッシュは次のように回想している。

　　目標が明確に定まり、研究メンバーが選ばれ、最適の場所が見つかるなどして、プロジェクトの認可を行うための書式が整うと、その後の対応は迅速だった。1週間以内にNDRCはプロジェクトを決裁した。その翌日には、プロジェクトの長が認可され、事務所は契約関係書類を送れるようになり、実務を始めることができた。実際、特に何か集団で行う計画がある場合には、正式な認可が下りる前に仕事を始めるということも少なくなかった。

この記述は、ペンシルヴァニア大学電気工学科ムーアスクールのあまり知られていないプロジェクトから、米国で最初に成功した電子計算機が登場した道筋をよく伝えている。

ムーアスクール

　計算はそれ自体を目的として行われるのではなく、常に目標達成の手段として行われる。ムーアスクールの場合、その目的とはメリーランド州にあるアバディーン性能試験場のための弾道計算であった。この試験場は、米国陸軍のための兵器開発を行うという責任を担っていた。チェサピーク湾沿いの広大な土地に位置し、そこでは新開発の大砲や砲弾の試射と、その射程測定が行われた。アバディーン性能試験場はフィラデルフィアの南西約60マイルの場所にあり、ムーアスクールからは鉄道を使って一時間あまりで行くことができた。

　1935 年、戦争が勃発するずっと前に、性能試験場に研究部門が設立され、そこにブッシュの微分解析機の最初の複製の 1 台が納入された。研究所は第一次世界大戦中に創設されたもので、1938 年に正式に弾道学研究所（Ballistics Research Laboratory, BRL）と名付けられた。主な活動は、数学的弾道学、すなわち空中あるいは水中に発射された武器の軌道を計算することで、当初は 30 名ほどのスタッフを擁していた。1930 年代に欧州で交戦が始まると、BRL の作戦規模は拡大した。米国が参戦したときには、数学、物理学、天文物理学、天文学、物理化学を専門とする一流の科学者たちが参加し、同様にもっと大勢の若手科学者が補助として徴募された。そういった若手科学者の一人がハーマン・H・ゴールドスタイン（Herman H. Goldstine）という名前の若き数学者だった。彼はのちに、現代的コンピュータの開発で重要な役割を果たすことになる。

　BRL と電気工学科ムーアスクールを結びつけたのは、ムーアスクールもまたブッシュの微分解析機を所有していたという事実だった。BRL は増えつづける未処理の弾道計算を行うためにムーアスクールの微分解析機を用い、結果としてスタッフ間に仕事上の緊密な関係が生まれた。ムーアスクールは、米国内では電気工学の名門校の一つだったが、電子工学に関する戦時研究プロジェクトの大部分を担っていた MIT の名声や資源には、足元にも及ばなかった。

　第二次世界大戦の数か月前、ムーアスクールは戦時体制に入った。学部教育プログラムは休みを削って前倒しになり、学校では軍事訓練と電子工学研究プログラムが行われた。主な訓練活動は、工学（Engineering）、科学（Science）、管理（Management）、戦争（War）、訓練（Training）プログラム（頭文字をとって ESMWT）で、これは技術職、特に当時きわめて人材が不足していた電子工学に関する技術職につけるように物理学者や数学者を訓練する、10 週間の集中コースだった。1941 年夏の ESMWT プログラムで傑出していた 2 名の卒業生が、アーサイナス大学（フィラデルフィア近郊の小さなリベラルアーツカレッジ）の物理学講師で、数値気象予報に関心をもっていたジョン・W・モークリー（John W. Mauchly）と、ミシガン大学出身で数学に傾倒していた哲学者、アーサー・W・バークス（Arthur W. Burks）だった。技術職を目指す代わりに、彼らはムーアスクールの講師としてとどまるという招待に応じ、そこで彼らは現代の電子コンピュータの発明における中心的人物となった。ムーアスクールで行われたもう一つの訓練プログラムは、BRL が組織したもので、女性の「計算係」が卓上計算機を操作できるように訓練するというものだった。ムーアスクールが女性を受け入れたのはこれが初めてだった。当時の学生はこのように回想している。

教授の妻であるジョン・W・モークリー夫人は、女性たちを指導する仕事をしていた。訓練には二つの教室が使われ、卓上計算機が一人1台与えられた。少女たちは机の前に何時間も座り、カタカタとキーを打つ音が合わさって金属でできた数字のシンフォニーになるまで計算機をたたいた。訓練が終わると、少女たちは弾道弾の射撃表を計算する仕事に割り当てられた。二つの教室いっぱいの少女たちが来る日も来る日もその仕事に取り組む様子は、印象的なものだった。コンピュータ発明の土台は整いつつあった。

最終的に、手計算を行うスタッフは約200人の女性で構成された。

　1942年初頭、ムーアスクールは計算で活気に満ちあふれていた。建物の地下では、親しみをこめて「アニー」と呼ばれていた微分解析機が常時稼働していた[訳注1]。同じ学生は「ごくまれに、アニーを見ることができる機会があった。軸や歯車、モーター、サーボなどでできた巨大な迷路には驚かされた」と回想している。同じ建物で、100人の女性計算係が、卓上計算機を用いて同じ計算に従事していた。

　こういった計算はすべて、新開発の大砲や、交戦地で用いられている古い大砲のための「射撃表」を作成するために必要なものだった。新米の砲手がすぐに気づくことだが、離れた目標を直接狙って射撃をしても当たらない。むしろ、それよりも少し上を狙って撃つ。そうすると、弾が放物線軌道を描いて、最初は空中を上がり中央で最高点に達してから目標に向かって落ちるのである。第二次世界大戦で用いられた武器の場合、射程が1マイルほどあるので、狙いをつけるのにあてずっぽうや経験則はとても使えなかった。それでは、射程距離を把握するのに何十発も撃つことになってしまう。考慮すべき変数が単純に多すぎた。砲弾の飛行距離は、追い風や向かい風、砲弾のタイプ、気温、そしてその場所の重力条件の影響すら受けた。兵器の多くでは、砲手にポケットサイズの小冊子型の射撃表が渡されていた。目標までの射程がわかると、砲手は射撃表を使って、大砲を空中に発射する角度（仰角）と目標への角度（方位角）を決定することができた。より洗練された武器では「管制装置」が用いられており、砲手がデータを入力すると自動で照準が定まった。手動だろうと、管制装置で照準を定めようと、同じ種類の射撃表を計算せねばならなかった。

［訳注1］　「アニー」は解析機（analyzer）からとった愛称。

　典型的な射撃表には、約3,000の軌道についてデータが掲載されていた。その
うち一つを計算するのにも、七つの変数をもつ常微分方程式を積分する必要があ
り、それには微分解析機で10分から20分かかった。休まず全力で計算しても、
表を一つ完成させるのに約30日かかることになる。同様に、卓上機で「計算ガー
ル」が計算する場合でも一つの軌道につき一日から二日かかるため、3,000項目の
射撃表を作るには100人の熟練した計算チームが1か月ほどかかりきりになっ
た。効率的な計算技術がないということが、幾多の新兵器を効率的に配置するに
あたって、重大なボトルネックとなっていた。

アタナソフ・ベリー・コンピュータ

　1942年の夏、ジョン・モークリーは、このボトルネックをなくすために電子計
算機を製作することを提案した。彼は教育担当の助教授で、計算活動には正式に
は関わっていなかったが、女性計算係の指導者の一人であったメアリと結婚して
おり、この組織が数字の海に溺れようとしているのをよく知っていたのである。
さらに、彼はムーアスクールに来るずっと前から数値気象予報に関心を抱いてい
たので、計算についての知識もあった。

　モークリーの提案書は、戦中に出された電子計算機に関する唯一の提案書とい
うわけではない。たとえば、ドイツのコンラート・ツーゼ (Konrad Zuse) はすで
に秘密裡に機械を製作しはじめており、米英両国の暗号解読機関もムーアスクー
ルと同時期に、電子コンピュータプロジェクトに着手していた。しかし、一般大
衆がそういったプロジェクトについて知ることになるのは1970年代以降のこと
であった。これらのプロジェクトは現代のコンピュータ開発にほとんど影響を及
ぼさなかったし、ムーアスクールでの開発には一切影響を及ぼさなかった。しか
し、アイオワ州立大学で行われていたもう一つのコンピュータプロジェクトは、
ムーアスクールでの計算機の発明に間接的に影響を及ぼした。アイオワ州立大学
のプロジェクトは秘匿されていなかったが無名で、1960年代になるまでほとんど
知られていなかった。

　このプロジェクトは、数学と物理学の教授、ジョン・ヴィンセント・アタナソ
フ (John Vincent Atanasoff) が1937年に始めたものだった。彼は大学院生、ク
リフォード・ベリー (Clifford Berry) に協力させて、1939年に初歩的な電子計算
装置を作成した。続く2年間で、彼らは機械を完成させた。これはのちにアタナ
ソフ・ベリー・コンピュータ (ABC) と呼ばれることになる。彼らは二進法算術

や電子スイッチ素子など、のちに電子コンピュータとの関連が再発見されることになるアイディアをいくつか発展させた。1940 年 12 月、モークリーがまだアーサイナス大学の講師だったころ、モークリーは気象予報のために開発した原始的なアナログ計算機について米国科学振興協会（American Association for the Advancement of Science）で講演を行い、アタナソフはそれに参加していた。アタナソフは、志を同じくする科学者に出会い、自己紹介して、ABC を見に来るようにといってモークリーを招待した。モークリーは次の 6 月、ムーアスクールに入学する少し前に、米国を横断してアタナソフを訪れた。彼はアタナソフの家に 5 日間滞在し、その機械について可能な限りすべてを学んだ。二人は非常に好意的な間柄で別れた。

　アタナソフは、伝記作家によって「コンピュータの忘れられた父」と呼ばれているが、コンピューティング史においては奇妙な地位を占めている。幾人かの作家や法的見解によれば、アタナソフは電子コンピュータの本当の生みの親である。モークリーがアタナソフの仕事からどれくらい拝借したのかということは、早い時期に取得されたコンピュータ特許の正当性を 15 年後に判断するにあたって重要な問題となった。モークリーはその後、アタナソフの仕事からは「何のアイディアも得ていない」と述べているが、彼が 1941 年 6 月にアタナソフを訪問し、ABC について詳細を理解したということには疑問の余地がない。ABC そのものに関していえば、このコンピュータが信頼できる動作を行えるようになる前の 1942 年、アタナソフは戦時研究のために海軍兵器研究所に徴用された。海軍のためにコンピュータを作成しようとしばらく努力したが成功せず、彼は戦後ついにコンピューティング研究に戻ることはなかった。アタナソフによる早い時期の貢献が広く知られるようになったのは、やっと 1960 年代後半のことであった。

　モークリーがアタナソフのアイディアからどれくらい拝借したのかは不明のままであり、そして証拠は大量かつ相反する内容だ。ABC は非常に簡素な技術であり、完全に実装されていたわけでもなかった。少なくとも、モークリーが ABC に潜在的重要性を見出しており、そのせいで彼は計算に関する BRL の問題を同様の電子的な手段で解決するよう提案したのかもしれない、という推測はできよう。

エッカートとモークリー

　モークリーは、電子計算機についての自分のアイディアを、ムーアスクールの

あらゆる同僚たちと、ある種の熱意をもって議論した。このアイディアに最も惹かれた人物が、ジョン・プレスパー・エッカート（John Presper Eckert）という名の若い電子技術者だった。最近修士号をとったばかりだった 22 歳の助手、エッカートは「まぎれもなくムーアスクールで最高の電子技術者」だった。彼とモークリーは微分解析機に取り組み、機械式積分器を電子式増幅器に交換して「以前より 10 倍速く、10 倍正確に」改造したことがあり、すでに強い信頼関係を結んでいた。この仕事で、二人は頻繁に電子計算に関するアイディアを交換していた。モークリーは概念化を行うという役割を常に担い、エッカートは地に足のついた技術者だった。エッカートはパルス電子工学と計数回路の文献にのめり込み、あっという間に専門家になった。

　ムーアスクールは、BRL のための計算以外にも、政府のための研究開発プロジェクトをいくつも抱えていた。そのうちの一つで、エッカートが関与していたのが、遅延線保存システムと呼ばれるものについてのプロジェクトだった。これは完全に計算とは無関係のものだったが、現代のコンピュータを可能にする重要技術であるということがのちにわかることになった。このプロジェクトは MIT の放射線研究所からの下請けで、放射線研究所は移動目標指示装置（Moving Target Indicator, MTI）についての実験をいくつかする必要があったのだった。MTI 装置は新開発のレーダーシステムにおける重要な問題だった。レーダーによってオペレーターは陰極線管（CRT）ディスプレイ上で「暗闇の中でも見える」ようになったが、探知可能な範囲内のものがすべて「見える」という問題に悩まされていた。軍事目標だけでなく、地面・水・建物なども見えてしまうのである。その結果、レーダースクリーンは背景情報で雑然としてしまい、軍事目標を見分けるのが困難だった。MTI 装置の狙いは、止まっているものに対するレーダー追跡を無効にすることで、動いているものと止まっているものを区別するということであった。これによって乱雑な背景情報が取り除かれ、動いている目標がくっきりと目立つことになる。

　MTI 装置の仕組みは次のようなものだった。レーダー反射波を受信すると、それを記憶し、次にやってくる信号と差し引きする。こうすると、レーダーの連続するバースト波のあいだに位置が変わらなかった物体に当たって反射したレーダー信号を、無効にすることができる。しかし、動いている目標は、あるバースト波とその次のバースト波とのあいだに位置が変わっているので、信号は無効にならない。このようにして、動いている物体がディスプレイ上に表示されることになる。これを達成するために、装置は千分の一秒ほど電気信号を保存しておく

必要があった。ここで遅延線が登場する。遅延線は、音波の速度が光の速度より
はるかに遅いという事実を利用している。信号を保存するために、MTI装置は電
気信号を音波に変換し、こちら側の端から音響媒体の中を通過させ、通常は約1
ミリ秒後に向こう側の端で音波を電気信号に戻す。さまざまな液体が試された
が、このときエッカートは水銀を満たした鋼鉄管で実験をしていた。

　1942年8月、電子計算についてのモークリーのアイディアは十分に明確なもの
となり、彼は「計算のための高速真空管装置の使用」というメモを書いた。その
中で彼は、機械式の微分解析機なら15分から30分、人間の計算係なら「**少なく
とも数時間**」はかかるような計算を100秒でできる「電子コンピュータ」を提案
した。このメモが電子計算機プロジェクトの本当の出発点となった。モークリー
はこれを、ムーアスクールの研究部長と、陸軍武器科（Army Ordnance）に提出
したが、両者に無視された。

　モークリーの提案を真剣に取り上げた担当者が、ハーマン・H・ゴールドスタ
イン中尉だった。シカゴ大学で数学の博士号をとったゴールドスタインは、1942
年7月からBRLに参加し、もともとはムーアスクールで女性計算係を訓練する
プロジェクトに関する連絡将校として配属されていた。彼はモークリーの元のメ
モを受け取っていなかったが、1942年の秋に彼とモークリーは電子計算について
かなり頻繁に会話を交わすようになった。そのころ、BRLの計算問題は危機的状
況に達しはじめており、ゴールドスタインは上官に対してこのようにメモで報告
している。

　　　　計算部門にいる176人の計算係に加え、研究所は10個の積分器をもつ微
　　　　分解析機をアバディーンに1台、14個の積分器をもつ微分解析機をフィラ
　　　　デルフィアに1台、そして数多くのIBM機を所有している。現在利用で
　　　　きるこれだけの人員と設備をもってしても、管制装置や照準器や射撃表を
　　　　作る必要なデータを出力するのに、2交代で働いても約3か月かかる。

ENIACとEDVAC：プログラム内蔵というコンセプト

　1943年の春、ゴールドスタインはモークリーの提案書が再提出されるべきだと
考えるようになり、この提案を売り込むためにできるだけのことはするとモーク
リーに申し出た。このころまでにモークリーの報告書の原本はなくなってしまっ
ていたので、彼のメモからタイプしなおした新しい版が作成された。1943年4月

２日付のこの文書は、ムーアスクールと BRL のあいだで締結された契約の基礎となった。そして、物事はきわめて急速に動き出した。ゴールドスタインは、電子計算機の要求事項を煮詰めるための会議を BRL で何回も開いて、注意深く基礎固めを行った。その結果として、15 万ドルの費用をかけて真空管 5,000 本の計算機を作るというエッカートとモークリーのもともとの計画は、40 万ドルの費用をかけて真空管 18,000 本を用いた計算機を作るという計画に拡大した。４月 9 日にエッカート、モークリー、ムーアスクールの研究部長、ゴールドスタイン、BRL の所長が出席する正式な会議が開催され、両組織間における契約条件が確定した。

　同日に、ENIAC（Electronic Numerical Integrator and Computer）として知られるこの機械を製作するための「プロジェクト PX」が開始された。この日はプレスパー・エッカートの 24 歳の誕生日だった。ENIAC 開発の成功は、エッカートの非常に大きな業績となる。

　ENIAC を批判する人がいなかったわけではない。実際、NDRC 内の受け止め方は「よくいえば熱心でない、悪くいえばとげとげしい」ものだった。このプロジェクトに対して最もよくみられた批判は、この機械が約 18,000 本にも及ぶ大量の真空管を用いるという点に関するものだった。真空管の寿命が約 3,000 時間であるということはよく知られていたが、これはすなわち、単純に計算すると 10 分に一本の割合で真空管が故障するということを意味する。この推定では、何千もの抵抗器やキャパシタや結線端子を計算に入れていないが、これらもすべて潜在的には故障の原因となる。ENIAC 製作においてエッカートが行った重要な工学的洞察は、真空管の平均寿命は 3,000 時間だが、それは真空管が最大電圧で動作している場合に限ると気づいたことだった。たとえば公称値の３分の２まで電圧を減らせば、寿命は何万時間にも延びる。もう一つの洞察は、真空管故障の多くはスイッチを入れて温度を上げているときに起こると気づいたことだった。この理由で、当時のラジオ送信機は真空管の「ヒーター」のスイッチを決して切らないということが一般的だった。エッカートは ENIAC で同じことを行おうと提案した。

　ENIAC は既存の電子システムに比べて何倍も複雑だった。それまでの電子システムでは、1,000 本の真空管でも尋常ではないと考えられていた。すべて合わせると、ENIAC では 18,000 本の真空管に加え、7 万個の抵抗器、1 万個のキャパシタ、6,000 個のスイッチ、1,500 個のリレーが用いられていた。エッカートは、その部品すべてに対して厳格な検査手続きを適用した。箱いっぱいの抵抗器が運

び込まれると、特別に設計された検査装置で一つずつ許容差が検査される。最も
よい抵抗器は、機械の最も重要な部分のために取り置かれ、そうでないものはそ
れほど敏感でない部分に用いられた。ときには、部品が箱まるごと不合格とな
り、製造業者に送り返された。

　ENIAC はエッカートとモークリーのプロジェクトだった。冷淡でときには怒
りっぽい性格のエッカートが「完璧に技術者」であった一方で、いつも静かで学
究的でくつろいだところのあるモークリーは「空想家」だった。ENIAC を物理的
に製作したのは、疑う余地なくエッカートの業績だった。彼は 20 代半ばの若い
技術者としては並外れた自信を示した。

　　　エッカートは最高の理想を掲げ、そのエネルギーはほとんどとどまるとこ
　　　ろを知らず、驚くべき発明の才をもち、知性も並外れたものだった。プロ
　　　ジェクトを完成させ、成功を確実なものとしたのは、終始一貫して彼だっ
　　　た。もちろん、ENIAC の開発がワンマンショーだったというわけではな
　　　い。明らかにそうではない。しかし、彼自身を含め人にどのような代償を
　　　払わせようともすべてを前進させたのは、エッカートの遍在あってのこと
　　　だった。

　エッカートはムーアスクールの優秀な卒業生をプロジェクトに採用し、1943 年
秋までに 12 人の若い技術者のチームを作り上げた。ムーアスクールの奥の大き
な部屋に ENIAC の各ユニットが形を現しはじめた。技術者たちには部屋を取り
巻くように並べられた作業机のスペースがそれぞれ割り当てられ、組立工や配線
工が中央の床を占領した。

　ENIAC の製作が数か月にわたって続いた後になって、設計に深刻な欠点があ
ることが明らかになりはじめた。おそらく最も深刻な問題は、一つの問題が完了
してから次の問題に取り組む際、機械をプログラムしなおすのにかかる時間だっ
た。ハーバード・マーク I のような機械は、パンチカードや紙テープを用いてプ
ログラムするので、プログラムは自動ピアノに新しい巻紙を取り付けるのと同じ
くらい簡単に替えることができた。これはハーバードの機械が電気機械式で、そ
の速度（1 秒間に演算を 3 回）と紙テープから命令を読み取る速度との釣り合い
がとれていたからこそ可能であった。しかし、ENIAC の演算速度は 1 秒間に
5,000 回であり、この速さではカードやテープリーダーを用いるわけにはいかな
かった。その代わりに、ある特定の問題については、それに対応して特別に機械

を配線しなければならないようにする、という決定をエッカートとモークリーは行ったのだった。一見すると ENIAC は、電話交換機のようにすら見えた。さまざまな機械ユニットを接続する数百本ものパッチコード（電線）があちらからこちらへと電気信号を送っているのである。プログラムを変更するには、数時間、ことによると数日かかった。しかしエッカートとモークリーには、代替手段は思いつかなかった。

　1944 年の初夏、ENIAC の製作が始まって約 18 か月たったころ、ゴールドスタインはジョン・フォン・ノイマンに出会う機会を得た。フォン・ノイマンはプリンストンの高等研究所の最年少メンバーで、アインシュタインやほかの傑出した数学者や物理学者たちの同僚だった。初期のコンピュータ開発に関わったほかの多くの人々とは異なり、フォン・ノイマンはすでに世界的な名声を確立させていた（量子力学の数学的基礎や、その他の数学研究に対する名声である）。フォン・ノイマンは裕福な銀行家の出身ではあったが、1930 年代初頭にハンガリー政府によるユダヤ人迫害に苦しんだ。彼は全体主義政府が大嫌いだったので、民間人科学者としての戦争協力にはためらわずに志願した。彼の恐るべき分析的頭脳と行政的才能はあっという間に認められ、いくつかの戦時プロジェクトの顧問に任命された。彼がゴールドスタインに出会ったのは、顧問として BRL に定期訪問しているときであった。ゴールドスタインは民間人としては助教授の地位にすぎず、高名な数学者の存在にいくぶん畏敬の念をおぼえた。彼は次のように回想している。

　　　フォン・ノイマンが現れたとき、私はアバディーンの鉄道駅のプラットフォームでフィラデルフィア行きの列車を待っていた。それまでこの偉大な数学者に会ったことはなかったが、もちろん私は彼のことをよく知っていたし、何度か講演を聞いたこともあった。そこで、私はあつかましくも、この世界的に有名な人物に近づいていき、自己紹介して話しはじめた。幸いなことに、フォン・ノイマンは目の前にいる人をできるだけリラックスさせてくれる、あたたかで親しみやすい人物だった。会話はすぐに私の仕事のことに移った。1 秒に 333 回の乗算ができる電子コンピュータの開発に私が関わっているということが明らかになりはじめると、我々の会話の雰囲気は、楽しくくつろいだムードから、数学の博士学位論文の口頭試問のような空気に変わった。

　このとき、フォン・ノイマンは原子爆弾を製造するマンハッタン計画の顧問を
していた。この計画はもちろん最高機密で、科学行政においてもゴールドスタイ
ンのレベルの人物には知らされていなかった。フォン・ノイマンは 1943 年後半
にロスアラモスの顧問になり、爆縮の数学について研究していた。原子爆弾の内
部では、プルトニウムで作った二つの半球に全方向から一様に力を加え、核爆発
を引き起こす臨界量にする必要があった。早すぎる不完全な爆発を防ぐために
は、二つの半球を取り巻く爆薬で、プルトニウムを千分の数秒以内に合体させな
ければならない。この爆縮問題に関する数学には、大規模な偏微分方程式の解が
関係しており、フォン・ノイマンがゴールドスタインに出会ったとき、彼の頭の
中はそのことでいっぱいだった。

　この戦争において最も重要な計算機開発となることが約束されていた ENIAC
のことを、フォン・ノイマンが知らなかったのはなぜか？　その単純な答えは、
トップにいた、すなわち NDRC にいた誰もこのプロジェクトを十分に信用して
おらず、わざわざフォン・ノイマンに知らせようとしなかったからである。実際、
フォン・ノイマンは爆縮の数学に取り組んでいたとき、OSRD の応用数学研究班
長で NDRC のメンバーだったウォレン・ウィーヴァー（Warren Weaver）宛に
1944 年 1 月付で手紙を送り、既存の計算設備について問い合わせている。フォ
ン・ノイマンは、ハーバード・マーク I や、ベル電話研究所で開発されていた技
術、IBM の戦争関連の計算プロジェクトについては返答を得た。しかし、ENIAC
については言及がなされなかった。ウィーヴァーは明らかに、たいしたものでな
いと自分が判断したプロジェクトのことで、フォン・ノイマンの時間を無駄にし
たくなかったのである。

　しかし、今や ENIAC を見出したフォン・ノイマンは詳細を知りたがったので、
ゴールドスタインは彼が 8 月の初めにムーアスクールを訪問できるよう調整し
た。グループ全体がフォン・ノイマンの名声に畏敬の念を抱いており、彼がこの
プロジェクトに何をもたらすのかと期待が高まった。ゴールドスタインの回想に
よれば、エッカートは、フォン・ノイマンが本物の天才かどうかは最初にどんな
質問をするかでわかる、と断じたという。もしそれが機械の論理構造に関するも
のであれば、本物だと納得するだろう、と。ゴールドスタインは「もちろん、そ
れ**こそが**フォン・ノイマンの最初の質問だった」と回想している。

　フォン・ノイマンが到着したとき、ENIAC の製作は最高潮だった。ムーアス
クールの技師たちは午前 8 時半から夜の 12 時半まで、2 交代で働いていた。
ENIAC の設計は 2 か月前に固まっており、その設計者たちと同じように、フォ

ン・ノイマンも設計上の欠点にすぐに気づいた。彼は、この機械が弾道計算に用いられる常微分方程式を解くには有用だが、偏微分方程式を解くにはとても向いていないということを見て取った。主にそれは、記憶容量が合計でも数値 20 個分と非常に少ないためであった。フォン・ノイマンの偏微分方程式には、数千個とはいわずとも、数百個の数値を保存する必要があった。しかもその ENIAC の小さな記憶装置のために、18,000 本の真空管の半数以上が割かれていたのである。ENIAC に関するもう一つの大きな問題は、すでに明らかになっていたように、機械全体を配線し直すという、不便で労力のかかるプログラミング手法だった。要するに、ENIAC の主な三つの欠点とは、小さすぎる記憶容量、多すぎる真空管、時間のかかりすぎる再プログラミングだったのである。

　フォン・ノイマンは、計算機設計の論理的・数学的問題に魅了され、この機械の欠点を解決して新しい設計を開発するのを助けるため、ENIAC グループの顧問となった。この新しい設計が「プログラム内蔵コンピュータ」として知られるようになるもので、これが実質的に現在に至るあらゆるコンピュータの基礎となっている。このすべてが、非常に短い期間に起こったのだった。

　フォン・ノイマンが到着したことで、グループはポスト ENIAC となる新しい計算機を開発するという提案書を BRL に提出する自信を得た。提案書について議論する BRL の役員会議にフォン・ノイマンが出席できるということが助けとなった。「プロジェクト PY」はすぐに承認され、105,000 ドルの予算がついた。このときから、ENIAC の製作が継続される一方、計算機グループにおける重要な知的活動はすべて、ENIAC の後継機である EDVAC (Electronic Discrete Variable Automatic Computer) の設計を中心に展開することとなった。

　ENIAC の欠点は、記憶装置が限られているということと非常に密接に関連していた。この問題が解決すれば、ほかの問題の多くは収まるべきところに収まるだろう。このとき、エッカートは電子管を用いた記憶装置の代わりに、遅延線を用いた記憶ユニットを使おうと提案した。彼は長さ 5 フィートの水銀遅延線であれば、1 ミリ秒の遅延を生み出すだろうと計算していた。1 マイクロ秒の長さの電子パルスで数字を表現すると仮定すれば、一本の遅延線でパルスを 1,000 個保存することができる。遅延線の出力端子を（適切な電子技術を用いて）入力端子に接続すれば、1,000 ビットの情報を遅延線の内部に無期限に閉じ込めておくことができ、永久的な読み出し／書き込み記憶装置を作り出せる。比較すると、ENIAC では 1 個のパルスを保存するのに二本の真空管を用いた電子的な「フリップ・フロップ」回路を用いていた。遅延線では使用される電子部品の数が

100 倍改善され、大容量の記憶が可能となる。

　エッカートの「素晴らしい技術的新発明」は、フォン・ノイマンも参加した最初の会議のアジェンダとなった。ENIAC の欠点を克服するため、水銀遅延線をどのように使用できるか？　非常に早い段階で、おそらくはフォン・ノイマンが到着した直後に、プログラム内蔵というコンセプトが誕生した重要な瞬間が訪れた。すなわち、**計算機の記憶装置は、プログラムの命令と、それが処理する数字の両方を保持するのに用いられる**というコンセプトである。

　ゴールドスタインは、プログラム内蔵というコンセプトを車輪の発明になぞらえた。単純なものである——それを考えつきさえすれば。この単純なアイディアのおかげで、パンチカードや紙テープから電子記憶装置にプログラムを数秒で読み込んで、素早くプログラムを設定することができるようになった。命令を電子的な速度で制御回路に伝えることもできた。数字を記憶する装置の容量は二桁も大きくなり、真空管の総数は 80 パーセントも減った。しかし最も重要なのは、プログラムがそれ自身の命令をデータとして取り扱えるようになったことである。当初は、数字の配列の取り扱いに関連する技術的問題を解決するために行われたことだったが、のちにはプログラムがほかのプログラムを作れるようにするのに用いられることになる——プログラミング言語と人工知能の種が蒔かれたのだ。しかし 1944 年 8 月の時点では、これらはすべて遠い未来の話であった。

　続く数か月のうちに、フォン・ノイマンを伴う会議がさらに何度か開催された。この会議に常時参加していたほかのメンバーは、エッカート、モークリー、ゴールドスタイン、そしてバークスだった。バークスは当時 ENIAC に取り組み、技術文書の執筆を担当していた。この会議のあいだ、エッカートとモークリーの貢献は主に遅延線研究に焦点のあたったものだった。一方で、フォン・ノイマン、ゴールドスタイン、バークスは、この機械の数学的・論理的構造に集中していた。こうして、一方では（エッカートやモークリーといった）技術の専門家たち、他方では（フォン・ノイマンやゴールドスタイン、バークスといった）論理学者たち、というグループ内部の分裂が大きくなりはじめた。このことは、のちに深刻な意見の不一致を生んだ。

　もちろん、EDVAC の完全な青写真を手に入れる前に、詳細な問題を数多く解決する必要があった。しかしトップレベルでは、当時は論理設計として知られていたアーキテクチャが速やかに確定された。フォン・ノイマンは、数理論理学について受けてきた訓練と脳組織に関する副次的な関心とを利用して、この局面で重要な役割を果たした。この時期に、五つの機能ユニットから成るコンピュータ

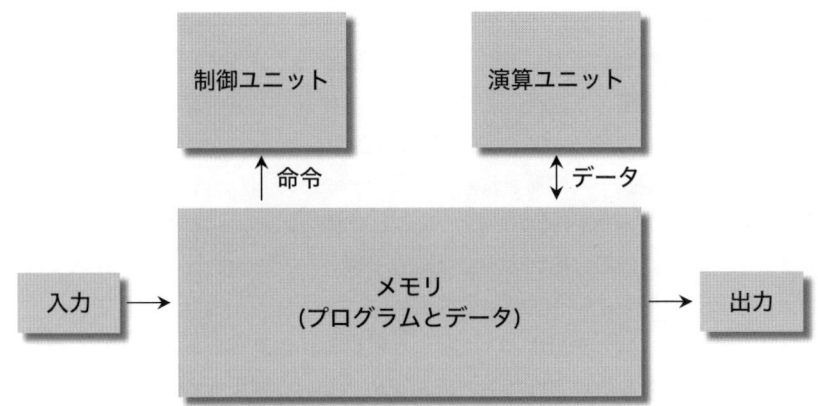

図 4.1　1945 年 6 月のプログラム内蔵コンピュータ

の機能構造が明らかになった（図 4.1 参照）。フォン・ノイマンは、この五つのユニットを中央制御（central control）、中央演算部（central arithmetic part）、記憶（memory）、入出力器官（input and output organs）と名付けた。生物学的メタファーは非常に強力で、ついでにいえば、これが**コンピュータメモリ**（memory）の語源となった。この単語は、バベッジの時代から使われてきた**ストレージ**（storage）という言葉とすぐに置き換わった。

　もう一つの重要な決定は、数を表現するのに二進法を用いたことである。ENIAC は十進数を用い、十進数を一桁保存するのに 10 個のフリップ・フロップを利用していた。二進法を用いると、同じ数のフリップ・フロップで、10 桁を保存することができる——これは十進法では三桁分に相当する。したがって、1,024 ビットの遅延線一本で、32「語」を保存できるようになった。1 語では、十進法で約 10 桁分の命令あるいは数字を表現できる。フォン・ノイマンは、EDVAC には 2,000 から 8,000 語の記憶装置が必要で、それには 64 本から 256 本の遅延線を実装する必要があるだろうと見積もっていた。これは膨大な量の装置となるが、それでも ENIAC よりはずっと少なかった。

　1945 年の春、EDVAC の計画が十分に進展したので、フォン・ノイマンはそれをまとめて書きあげようと決意した。1945 年 6 月 30 日付の「EDVAC に関する報告書第一草稿」（A First Draft of a Report on the EDVAC）と題されたフォン・ノイマンの報告書は、プログラム内蔵コンピュータについて記述した、のちに強い影響力をもつことになる文書であった。新しい機械に対して論理的に明確な説明を完全に与えており、究極的には世界のコンピュータ産業の技術的基礎となっ

た。この 101 ページにわたる報告書は草稿にすぎず、参照文献の多くが不完全な
ままだったが、24 部のコピーが作成され、プロジェクト PY に密接に関わってい
る人々に速やかに配布された。この報告書がフォン・ノイマンの単著になってい
ることは、当時は重要とはみなされなかったが、このせいでのちに現代のコン
ピュータの発明が彼一人に帰されることになった。今日、コンピュータ科学者は
味気ない「プログラム内蔵コンセプト」よりも「フォン・ノイマンアーキテク
チャ」を日常的に好んで用いるが、これはフォン・ノイマンの共同発明者たちに
対する不当な仕打ちということになる。

　フォン・ノイマンの「EDVAC に関する報告書」は見事にまとめあげられてい
たが、技術者たちと論理学者たちの溝を深めるという結果をもたらした。たとえ
ば、報告書の中でフォン・ノイマンは生物学的メタファーを追求し、電子回路を
すべて省いて、脳科学の「ニューロン」という言葉を利用した論理素子を使うほ
うを選んだ。こうした抽象化によって、コンピュータに関する推論が非常に容易
になった（そして、もちろん今日のコンピュータ技術者たちは常に「ゲートレベ
ル」で仕事をしている）。しかし、特にエッカートは、「EDVAC に関する報告書」
は実際に機械を製作するという問題、特に記憶装置がうまく動くようにするとい
う本当に難しい工学上の問題について少ししか触れていない、と考えていた。と
もかくエッカートには、フォン・ノイマンが安易にも、これから何年ものあいだ
彼がかかりきりになるだろう工学上の問題がなくなってしまうよう、はるかな高
みから願っているかのように感じられたのである。

　「EDVAC に関する報告書」はもともとプロジェクト PY グループの内部で回覧
される予定だったが、あっという間に有名になり、コピーが世界中のコンピュー
タ製作者たちの手に渡った。そのため、報告書は法的には公表されたことにな
り、特許を取得するという可能性が消滅してしまった。できるだけ速やかにこの
アイディアをパブリックドメインにしたいと望んでいたフォン・ノイマンやゴー
ルドスタインにとって、これはよいことだった。しかし、このコンピュータを起
業のチャンスだと捉えていたエッカートとモークリーにとっては打撃であり、こ
のことが結果的にグループの分裂を引き起こすことになった。

技術者 vs 論理学者

　1945 年 5 月 8 日、ドイツが敗戦し、欧州での戦争は終結した。8 月 6 日、最初
の原子爆弾が広島に投下された。三日後に二つ目の原子爆弾が長崎に投下され、

8月14日[訳注2]、日本は降伏した。皮肉なことにENIACの完成はその6週間後で、戦争に役立つには遅すぎた。

　それにもかかわらず、1945年の秋はENIACが完成に近づき、きわめて刺激的な時期となった。いっときは無関心だったNDRCでさえこの機械に興味を示しはじめ、ENIACとEDVACの両方について報告書を準備するようジョン・フォン・ノイマンに要請した。突然、コンピュータが話題になりはじめた。10月には、NDRCがMITで「完全に非公開、招待者のみ参加可能」な秘密会議を開き、そこでフォン・ノイマンとムーアスクールの同僚たちが、今まさに生まれつつある米国のコンピューティングコミュニティに向けて、ENIACとEDVACの詳細を発表した。続いてフォン・ノイマンが、それとは別にハイレベルな説明会とセミナーを自分で開いた。フォン・ノイマンの一方的な講演に、エッカートはとりわけ辟易した。それは、この講演がフォン・ノイマンの名声をますます高めるという効果をもたらしただけでなく、コンピュータに対する抽象的・論理学的な見方を推進することになったためであった。それは、エッカートの地に足のついた工学的観点とは、まったく折り合わなかった。

　エッカートは明らかに、フォン・ノイマンが自分の業績の一部を奪い取ったと感じていた。しかし、仮にフォン・ノイマンの存在によってプログラム内蔵コンピュータの発明に対するエッカートの貢献が見劣りしてしまうとしても、ENIACの主任技術者としてエッカートが成し遂げたほかに類をみない業績を奪い取ることは、誰にもできない。後世の人々は、必ずエッカートをコンピュータ時代のブルネル[訳注3]とみなすだろう。特にエッカートが成し遂げた工学的業績の規模は、仮にモークリーがアタナソフからアイディアをいくらか拝借したのだとしても、ABCで行われた開発と、ムーアスクールで行われた開発をまったくの別物にしている。

　フォン・ノイマン、ゴールドスタイン、バークスとその他の数名は、異なる見方をしていた。フォン・ノイマンはプログラム内蔵というコンセプトを個人の功績とすることに関心はなく、チームワークの賜物だとみなしていたが、一方でこれをできるだけ広く速やかに普及させるよう取り計らい、科学的・軍事的に応用されるようにしたいと考えていた。要するに、フォン・ノイマンの学術的な関心と、エッカートの商業的な関心が対立していたのである。フォン・ノイマンは、

［訳注2］　米国時間。
［訳注3］　イザムバード・キングダム・ブルネル。蒸気船グレート・ウェスタン号の建造、
　　　　　グレート・ウェスタン鉄道の施設や車両の設計に貢献した19世紀英国の技術者。

ENIAC と EDVAC の開発には政府が資金を出している、したがってこれらに関連するアイディアはパブリックドメインに位置づけるのが筋だ、と記している。さらに、彼は技術者というよりも数学者として、論理設計と工学的実装の区別は決定的に重要だと信じていた。コンピュータ工学が未成熟であったということ、そしてあまりにも早く未検証の技術に縛り付けてしまうのは望ましくないという事実を考慮すると、これはおそらくは賢明な判断であった。

　1945 年 11 月、ENIAC はついに完成した。それは壮観だった。50 フィート×30 フィートの広さがあるムーアスクールの地下室で、ENIAC のユニットが二つの長い壁と奥の短い壁に沿った U 字型に並べられていた。すべて合わせると個別のユニットが 40 台あり、各々が幅 2 フィート、奥行き 2 フィート、高さ 8 フィートの大きさだった。20 台のユニットが「アキュムレータ」であり、1 台あたり 500 本の真空管を内蔵していて 10 桁の十進数を保存することができた。アキュムレータ上ではネオンライトが明滅し、部屋を暗くするとまるで SF のような光景となった。部屋の内部をめぐる残りのラックは、制御ユニット、乗算・除算を行う回路、ENIAC に情報を送り込み結果を打ち出すための IBM カード読み取り機および穿孔機を制御する装置だった。機械が発する 150 キロワットの熱を、冷風を送り込んで排出するために、20 馬力の大きな送風機が 2 台設置されていた。

　1946 年の春には ENIAC が完成し戦争も終結したので、ムーアスクールのコンピュータグループを維持する利点はほとんどなくなった。一方ではエッカートとモークリー、他方ではフォン・ノイマン、ゴールドスタイン、バークスのあいだの緊張は高まっていた。「EDVAC に関する報告書」がフォン・ノイマンの単著になっていることに対してくすぶりつづけるエッカートの憤り、特許をめぐって起こった口論、そしてムーアスクールの不適切な運営、これらすべてがグループの分裂を引き起こすことになった。

　ムーアスクールの新しい運営体制は 1946 年の初めに業務を受け継いだが、その際、学部長のハロルド・ペンダー (Harold Pender) は、アーヴン・トラヴィス (Irven Travis) を研究部長に任命した。戦時中に中佐まで昇進したムーアスクールの元助教授トラヴィスは、戦争のあいだは海軍兵器研究所との契約を監督していた。トラヴィスは非常に有能な管理職だったが（彼はのちにバロースのコンピュータ研究を率いることになる）、険のある性格で、エッカートとモークリーに将来の特許権をすべて大学に譲渡するよう要求して、あっという間に二人と対立してしまった。エッカートとモークリーはこれを完全に拒否し、代わりに辞職を

願い出た。

エッカートは引く手あまただったので、ムーアスクールを去る金銭的余裕があった。第一に、終戦に際してフォン・ノイマンが高等研究所の常勤メンバーに戻り、そこで自分のコンピュータプロジェクトを始めようと決意した。ゴールドスタインとバークスはプリンストンでフォン・ノイマンに加わろうと決め、そしてエッカートにも声がかかったのである。第二に、より魅力的だったのが、IBMのトーマス・ワトソン・シニアからの申し出だった。ワトソンはコンピュータのうわさを聞きつけ、防衛的な研究戦略として、電子コンピュータプロジェクトを開始しようと決めたのだった。彼はエッカートに声をかけた。しかし、エッカートは、コンピュータ製造は儲かる事業だという根拠があると確信していたので、モークリーと協同して起業のための資金を調達した。1946 年 3 月、彼らはフィラデルフィアでエレクトロニック・コントロール社（Electronic Control Company）を設立し、コンピュータを製造する事業を始めた。

ムーアスクール・レクチャー

その一方で、ENIAC に対する外からの関心は高まっていた。1946 年 2 月 16 日、ENIAC はムーアスクールで落成式を終えた。落成式は、このいまだ難解な対象に対するメディアの注目をかなり集めることとなった。ENIAC は全国のニュース映画で特集され、「電子頭脳」として新聞で大きく取り扱われた。その途方もない大きさのほかに、報道の価値があるとメディアが考えた特徴は、1 秒あたり 5,000 回の演算を行うという素晴らしい能力だった。これは数年前に大衆の心を捉えた、ENIAC と比較可能な唯一の機械であるハーバード・マーク I に比べて、1,000 倍も速かった。ENIAC の発明者たちは、ENIAC は飛んでいる弾丸の軌道を、その弾丸が飛ぶよりも速く計算できるのだとよく言ったものだった。

コンピュータは大衆の注目をひき、同様に科学界の注目も集めた。科学者たちは、戦時開発について知るために奔走していた。これは特に、戦中には米国に旅行できなかった英国人に当てはまった。ムーアスクールを最初に訪問した英国人は、名高いコンピューティングの専門家、L・J・コムリーだった。彼に続いて「英国郵政省研究所に関係する 2 名」がやってきた（実際のところは、当時まだ最高機密であった暗号解読作戦から来た人々だった）。その次には、ケンブリッジ大学、マンチェスター大学、英国国立物理学研究所（National Physical Laboratory）からの訪問者がやってきた。この各機関はまもなくコンピュータプロ

ジェクトに乗り出そうとしていたところだった。もちろん、英国人よりも米国人の訪問者のほうがずっと多く、大学・政府・産業研究所から、自分のところの研究者たちをムーアスクールでしばらく研究させてほしいという要請が大量にやってきた。そうすればコンピュータに関する技術を持って帰れるだろうというのである。このように注目が集まったことで、プリンストンのフォン・ノイマンに合流したりエッカートとモークリーの会社で働いたりするために人材が流出してすでに困っていたムーアスクールは、今にも忙殺されそうになった。

　しかし学部長のペンダーは、プログラム内蔵コンピューティングに関する知識が効率的に外に伝わるよう保障する義務がムーアスクールにあると考えていた。彼は、コンピューティングに関連する主要研究機関から各1名、あるいは多くても2名の代表者を招き、30名から40名の招待参加者に限ったサマースクールを開講することに決めた。のちにムーアスクール・レクチャーとして知られるようになるこの講座は、1946年7月8日から8月31日までの8週間あまりにわたって開催された。この講座の講師リストは、まるで当時のコンピューティングにおける紳士録のようだった。エッカート、モークリー、ゴールドスタイン、バークスに加え、ハワード・エイケンやフォン・ノイマンといった有名人がゲストで参加し、そして実際的な講義を担当するムーアスクールの人々も含まれていた。

　ムーアスクール・レクチャーに参加した受講者たちは、実績があり将来有望と目される若い科学者、数学者、技術者と、多岐にわたっていた。講座の最初の6週間、受講者たちは焼けるように暑い夏のフィラデルフィアで、空調もなしに、週に6日間集中して勉強した。午前中に3時間講義があり、昼食の後には午後いっぱいにわたってセミナーが開催された。ENIACについては講座の中で十分に説明されたが、保安上の理由で、EDVACの設計については限られた情報しか提供されなかった（なぜならプロジェクトPYはいまだ機密扱いだったからである）。しかし講座の終わりごろには機密取り扱い許可が出たため、受講生は暗くした部屋でEDVACのブロックダイアグラムのスライドを見せてもらえた。受講生は自分が個人的にとったノート以外何も持ち出せなかった。しかし、プログラム内蔵コンピュータの設計は古典的なまでにシンプルだったので、これが遠くない将来におけるコンピュータの開発パターンだと参加者の誰もが疑わなかった。

モーリス・ウィルクスとEDSAC

　1940年代後半に米国と英国でコンピュータプロジェクトを始めた政府・大学・

産業研究所のほとんどすべてについて、ムーアスクールとのつながりをたどることができる。米国を除けば、英国は戦争によってそれほど荒廃しなかった唯一の国だったので、コンピュータの研究プログラムを本格的に立ち上げることができたのだ。とある非常に興味深い理由で、最初の 2 台のコンピュータは両方ともイングランドで、マンチェスター大学とケンブリッジ大学で完成した。その理由とは、英国のプロジェクトがどれも十分な資金を持っていなかったということだった。そのせいで物事をシンプルにせざるを得ず、結果として大規模な米国のプロジェクトにつきまとった工学上の停滞を回避することになったのである。

　実際のところ、英国はブレッチレー・パークでの暗号解読に関連して、戦争中にすでにコンピューティングの経験を十分に積んでいた。アラン・チューリングが仕様を決めた機械式計算機は 1940 年に稼働し、1943 年に電子式の機械、コロッサス（Colossus）が続いた。暗号解読は 1970 年代半ばまで完全に機密事項とされていたとはいえ、このことは電子コンピューティングの将来性とその技術的ノウハウの両方を評価できる人々がいたということを意味する。たとえば、チューリングは英国国立物理学研究所でコンピューティングプロジェクトを立ち上げたし、コロッサスの主導者の一人だったマックス・ニューマン（Max Newman）はマンチェスターでコンピュータプロジェクトを開始した。

　マンチェスターのコンピュータは、稼働した最初のものであった。終戦後すぐ、ニューマンはマンチェスター大学で純粋数学の教授となり、EDVAC 型のコンピュータを製造する資金を確保した。彼は、才気にあふれたレーダー技術者 F・C・ウィリアムス（のちのサー・フレデリック・ウィリアムス；F. C. Williams, Sir Frederic Williams）に、通信研究所（英国レーダー開発研究所）から移籍するよう説得し、マンチェスター大学の電気工学教授の職につけた。

　ウィリアムスは、コンピュータ開発において鍵となる問題はメモリ技術だと考えた。彼は通信研究所で移動目標指示装置問題に関連したいくつかのアイディアをすでにもっており、MIT の放射線研究所とムーアスクールで行われていた仕事にも通じていた。助手を 1 名だけ置いて、ウィリアムスは市販の陰極線管を基礎とした単純なメモリシステムを開発した。プログラム内蔵コンピュータの原理を「手取り足取り」説明してくれるニューマンの指導を得て、ウィリアムスと助手は新しいメモリシステムを実際に試せる小さなコンピュータを作った。この原始的な機械には、キーボードもプリンタもついていなかった。プログラムは押しボタンパネルを用いて、1 ビットずつ手間をかけて入力せねばならず、結果は陰極線管の表面から直接二進法で読み取らねばならなかった。ウィリアムスはのちに次

のように回想している。

> 最初のころのテストは、有用な結果が何も出ない死の舞踏で、さらに悪い
> ことには、いったい何が間違っているのかについての手がかりすらなかっ
> た。しかし、ある日それは終わり、期待していた答えが期待していた場所
> で明るく光り輝いた。忘れられない瞬間だった……そして、もう元に戻る
> ことはなかった。

1948 年 6 月 21 日月曜日、「マンチェスター・ベイビー・マシン」はプログラム内
蔵コンピュータが実現できるということを議論の余地なく確証したのだった。
　先に述べたように、コムリーは 1946 年初頭、英国人として初めてムーアスクー
ルを訪れた。コムリーは「EDVAC に関する報告書」のコピーを 1 部持ち帰り、
イングランドに帰ってからケンブリッジ大学のモーリス・ウィルクス（Maurice
Wilkes）を訪れた。ウィルクスは当時 32 歳の数理物理学者で、最近戦争から
戻ったばかりであり、ケンブリッジでコンピューティング研究所を再設立しよう
としていた。その研究所は 1937 年に開所したものの、本格的に動きはじめる前
に戦争に見舞われたのだった。すでに微分解析機と卓上計算機は設置されていた
が、ウィルクスは自動コンピュータも必要だと考えていた。何年もたってから、
彼は『回想録』で次のように回想している。

> 1946 年 5 月中旬、米国への旅から戻ったばかりの L・J・コムリーの訪問を
> 受けた。彼は、ムーアスクールのグループを代表して J・フォン・ノイマン
> が執筆した「EDVAC に関する報告書草稿」という表題の文書を私に手渡
> した。コムリーはセント・ジョンズ・カレッジで一泊することになってお
> り、その書類を親切にも翌朝まで貸してくれた。今ならゼロックス・コ
> ピーを取るところだが、当時はオフィスコピー機がまだなかったので、私
> は夜更かししてその報告書を読んだ。そこには、現代のデジタルコン
> ピュータ開発の基礎になる原理が明確に述べられていた。つまり、数と命
> 令を同じ場所に保存するプログラム内蔵方式、命令の直列実行、そして計
> 算と制御に二進法スイッチ回路を用いるということである。これは本物だ
> と私にはすぐにわかった。そのとき以来、コンピュータ開発の行く末につ
> いて何の疑いも抱かなかった。

　1～2週間後、「EDVAC に関する報告書」の重要性についていまだ熟考していたウィルクスのもとに、7月と8月に行われるムーアスクール・レクチャーへの参加を招待するという電報がペンダー学部長から届いた。旅費を用立てる時間はなかったが、ウィルクスはいちかばちか、自費で渡航し、あとで精算してもらおうと決意した。終戦直後、大西洋横断航路は厳重に管理されていた。ウィルクスは船旅を申し込んだが、講座開始日になっても返事は来なかった。「諦めはじめていた」とき、英国ホワイトホールの官僚から電話があり、8月初めに渡航できることになった。

　数々の障害を乗り越えて、ウィルクスはついに米国に上陸し、8月18日月曜日にムーアスクールの講座に登録したが、そのときには講座は残り2週間となっていた。決して自信を失わないウィルクスは、講座の前半は自分がすでに通じている数値数学についてのものであったし、「到着が遅れたからといって失うものはそれほど多くないだろう」と判断した。EDVAC はどうかというと、ウィルクスは「プログラム内蔵コンピュータの原理は容易に把握できる」と考えた。実際、基本的原理以外に把握すべきものは何もなかった。物理的実装の詳細はすべて省略されていたからである。これはとりわけ、EDVAC の設計が紙上での設計検討の域をほとんど超えていなかったためであった。基本的なメモリ技術すらいまだ確立していなかった。たしかに遅延線や陰極線管はレーダー信号を数ミリ秒保存するのに用いられていたが、デジタルコンピュータに必要な何分あるいは何時間にも及ぶ完璧な情報の保存とは、まったく異なっていた。

　ムーアスクールの講座が終了してから英国に出発するまで数日あったので、ウィルクスはマサチューセッツ州ケンブリッジにあるハーバード大学を訪問した。そこで彼はハワード・エイケンに会い、表を次から次へと作り出すハーバード・マーク I と、製作中の新しいリレー機、マーク II の両方を見学した。ウィルクスにとってみれば、今やエイケンは電子技術への移行に抵抗し、リレーの技術的寿命を延ばそうと見込みのない努力をしている旧世代の一人に思えた。2マイル先の MIT では、新しい電子微分解析機を見学した。それは、真空管約2,000本、リレー数千個、モーター150個を搭載した巨大な機械だった。もう1匹の恐竜がここにいた。行くべき道はプログラム内蔵コンピュータだということに、疑いの余地はなかった。

　客船クイーン・メリー号で帰路につきながら、ウィルクスは「EDVAC計画の方向性にそった控えめな規模のコンピュータ」の設計の概略を書きはじめた。1946年10月にケンブリッジに戻ると、彼は正式な資金調達を必要とすることな

く、研究所のそれほど多くない資金をコンピュータ製作に振り向けることができた。ウィルクスは最初から、コンピュータ工学技術を進歩させることよりもむしろ、コンピュータを**所有している**ということに目を向けようと決めていた。彼は研究所のスタッフに、コンピュータ製作の専門家というより、コンピュータ使用——プログラミングや数学的応用など——の専門家になってほしいと考えたのである。このように非常に焦点のはっきりしたアプローチに則して、ウィルクスは高速だが技術的に難しい陰極線管を用いた記憶装置ではなく、遅延線を用いた記憶装置を使用することに決めた。この決定のおかげで、ウィルクスはこの機械に電子遅延線自動計算機（Electronic Delay Storage Automatic Calculator）という名前をつけることができたのだった。その略称 EDSAC は、設計の源泉となった EDVAC を意識的にまねたものだった。

　戦中にウィルクスはレーダー開発とパルス電子工学に深く関わっていたため、EDSAC ではほとんど技術的な問題を被ることがなかった。水銀遅延線メモリだけが真の難題だったが、戦中にそういった装置を海軍向けに作るのに成功した、設計をかなり正確に規定できる同僚に助言を求めた。ウィルクスは正確に指示に従った。この決断は、想像上の機械で夢想するのではなく、速やかに機械を仕上げ、稼働させて実際のプログラムを試してみる、というウィルクスの総合哲学にとてもよく当てはまっていた。

　1947 年 2 月には、数人の助手と協力しながら、ウィルクスは遅延線を製造し、ビットパターンを長時間にわたって保存することに成功した。水銀遅延線の実装に成功したという自信に後押しされ、彼は続いて機械全体の製作にとりかかった。設計上の問題はもちろんのこと、物流の問題も多かった。たとえば、戦後の英国では電子部品の供給はきわめて不安定で、注意深く計画し、前もって注文しておく必要があった。しかし、ときには幸運も味方した。

　　　ある日、軍需省の親切な後援者から電話がかかってきて、自分は余剰在庫
　　　の廃棄を請け負ったのだが、何かできることはないかと言う。結果とし
　　　て、いくつかの特殊なタイプを除いて、機械の寿命いっぱいまでもつのに
　　　十分な数の真空管を無料で入手することができた。

ウィルクスの後援者は、ウィルクスが使用する真空管の数——数千本——に驚いた。

　EDSAC は徐々に形になりはじめた。最終的に 32 本の遅延線が、温度を安定さ

せるためにサーモスタットで制御された装置 2 台の中に組み込まれて設置された。制御ユニットと演算ユニットは、高さ 6 フィートの長いラック 3 台の中に収められ、真空管はすべて冷却効率を最大にするために露出していた。入出力には、英国郵政省のテレタイプ装置が利用された。プログラムは電信用テープ上に穿孔され、結果はテレタイプのページプリンタで印刷された。全部あわせると、この機械には 3,000 本の真空管が使用され、30 キロワットの電力を消費した。とても大きな機械ではあったが、真空管の数では ENIAC の 6 分の 1 にすぎず、大きさはそれ相応に小さかった。

1949 年の初頭に、EDSAC の個々のユニットが稼働し、気まぐれな水銀遅延線 4 本を搭載したシステムが組み立てられた。ウィルクスとその学生の一人は、整数の平方数の表をプリントする単純なプログラムを書いた。1949 年 5 月 6 日、プログラムが載った薄い紙テープがコンピュータに読み込まれた。30 秒後にテレプリンタが突然動き出し、1、4、9、16、25……と数字をプリントしはじめた。世界初の実用的なプログラム内蔵コンピュータが誕生し、こうしてコンピュータ時代の夜明けが訪れたのである。

バベッジの階差機関から SYSTEM/360 へ

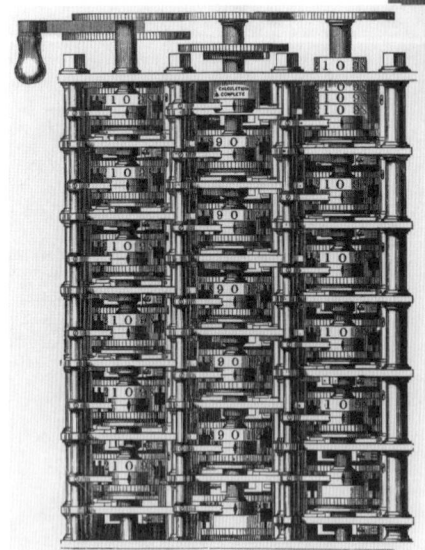

1820 年、イングランドの数学者チャールズ・バベッジは初の完全自動計算機、階差機関を発明した。バベッジの友人であったエイダ・ラブレースは『解析機関の素描』(1843) を執筆した。これは、この機械の説明としては最近まで最良のものであった。1970 年代には、プログラミング言語 Ada が、ラブレースに敬意を表して名付けられた。
(バベッジの肖像と階差機関：ミネソタ大学チャールズ・バベッジ研究所提供、ラブレースの肖像：ロンドン科学博物館提供)

ロンドンの中央電信局は英国の地方都市間の電信の経由地だった。『イラストレイテッド・ロンドン・ニュース』に掲載された1874年の版画には、入電した電信をまた送信するという、活気あるざわめきを示している。（ウォーリック大学提供）

バロース加算機会社は、「アダー・リスター」
(左) の主要製造業者であった。この複雑な
機械は、数千もの部品と部分組立品から組み
立てられた。工場の写真 (上) は 1950 年代の
デトロイト工場の組み立てラインを示してい
る。
(ミネソタ大学チャールズ・バベッジ研究所
提供)

1911 年にトーマス・J・ワトソン・シニアはタービュレイティング・マシン社の総支配人となった。写真（上）は、セールス学校で講演しているワトソンである。1924 年に会社はインターナショナル・ビジネス・マシン（IBM）に改名し、世界で最も成功したオフィス機器会社となった。写真（下）は 1920年代の典型的なパンチカードオフィスである。
（ワトソンの写真：IBM 提供、パンチカードオフィスの写真：マーティン・キャンベル＝ケリー提供）

1930 年代半ば、発明者ヴァネヴァー・ブッシュとともに写っている微分解析機は、戦間期に開発され
た中では最も強力なアナログ計算機であった。ブッシュは、MIT の卒業生でも傑出した人物で、のち
にルーズベルト大統領の主任科学顧問となり、第二次世界大戦中の民間戦時研究を率いた。
（MIT 博物館提供）

通常はハーバード・マーク I として知られる IBM の自動逐次制御計算機は、1943 年に稼働した。重
さ 5 トン、全長 51 フィートで、1 秒に約 3 回の演算をすることができた。
（IBM 提供）

第二次世界大戦中に開発された ENIAC は、1秒に 5,000 回の演算を行う能力があった。18,000 本の真空管が組み込まれ、150 キロワットの電力を消費し、30×50 フィートの部屋を占領していた。ENIAC の発明者であるジョン・プレスパー・エッカートとジョン・モークリーは、それぞれ手前（左）と中央にみえる。
（ペンシルヴァニア大学提供）

ENIAC の十進カウンターを持っているハーマン・ゴールドスタイン（左）とジョン・プレスパー・エッカート。この 22 本の真空管が組み込まれたユニットは、十進数を一桁しか保存できなかった。
（コンピュータ歴史博物館提供）

1944 年から 1955 年にかけて、ジョン・フォン・ノイマンは ENIAC の開発者たちと協同し、新しいコンピュータを設計した。そうして生まれたプログラム内蔵コンピュータは、それ以来ほとんどすべてのコンピュータの理論的基礎となっている。写真はフォン・ノイマンと、彼が 1950 年代初頭にプリンストンの高等研究所で製作したコンピュータである。
（プリンストン高等研究所シェルビー・ホワイト・アンド・レオン・レヴィー・アーカイブスセンターより撮影者アラン・リチャーズ提供）

最初のプログラム内蔵コンピュータは 1948 年に稼働した「ベイビー・マシン」であり、イングランドのマンチェスター大学で製造された。実際的な計算をするには小さすぎたが、プログラム内蔵コンセプトが実現可能であることを確証した。写真は、開発者のトム・キルバーン（左）とフレデリック・C・ウィリアムズが制御パネルの前にいるところである。
（マンチェスター大学、国立コンピューティング史アーカイブズ提供）

1949 年にケンブリッジ大学で完成した EDSAC は、定期運転に入った最初の本格的なプログラム内蔵コンピュータである。
（ケンブリッジ大学提供）

エッカートとモークリーが開発した UNIVAC は、米国で初めて商用で生産された電子コンピュータであった。1952 年の大統領選挙の夜に、選挙結果を予測するのに使われた際には、大衆の関心を集めた。
（ハグリー博物館・図書館提供）

古き秩序はうつろう。1956 年、トーマス・J・ワトソン・シニアは、息子のトーマス・J・ワトソン・ジュニアに実権を譲った。ワトソン・ジュニアのリーダーシップのもとで、IBM はメインフレームコンピュータと情報システムにおける世界一流のサプライヤーに成長した。
(IBM 提供)

1959 年、IBM は真空管の代わりにトランジスタを使用した高速で信頼性の高い「第二世代」機として、モデル 1401 コンピュータを発表した。
(IBM 提供)

1964 年に発表された System/360 によって、IBM は 1980 年代にコンピュータ産業を支配することができた。
（IBM 提供）

コンピュータがオフィスの主役に

　IBM の社長だったこともあるトーマス・ワトソン・シニアにまつわる伝説の一つに、1949 年ごろ、コンピュータは多くても 12 台程度の市場規模しかなく、IBM が参入する余地はないと判断したというものがある。これは、IBM の無敵に見えるリーダーですら、凡人のような判断ミスを犯すことがあるという逸話として語られることが多い。一方で、コンピュータの巨大な市場を見通していた、エッカートとモークリーのようなごく少数の人々が英雄的に扱われることになる。こうした保守的なワトソンに対する革新的なエッカートとモークリーという、のちの人々の決めつけには一理ある。別な見方をすれば、コンピュータに対する二人の見通しの違いは合理的な判断と非合理的な判断の対比であり、ビジネス上の洞察力と経験からの判断の対比だともいえる。つまり、ワトソンは合理的ではあったが間違っており、エッカートとモークリーは非合理的ではあったが正しかったということだ。その逆も大いにありえた。それでもワトソンは主流のビジネスリーダーの一人だっただろうが、エッカートとモークリーの名前など聞いたこともない人がほとんどということになっていただろう。

　この章の名前が示しているように、製造会社とビジネスユーザーによって、1950 年代にコンピュータは科学計算用装置から電子的データ処理機械へと、意味合いが変化した。IBM は 1951 年ごろにこの変化に気づき、セールスの見通しを変更して、すぐさま開発の方向性や製造体制や販売組織を作り直し、5 年ほどのうちに既存のビジネス上の強みを使って市場を席巻した。これも英雄的な成果だったはずだが、伝説にはならなかった。

　1940 年代末から 1950 年代初頭にかけて、およそ 30 社が米国のコンピュータ産業に参入した。この時期、米国と同程度の規模にコンピュータ産業が兆していたのは、戦後の有望産業の一つとして注目されたこの領域に 10 社ほどが参入した英国ぐらいである。英国では世界初の商業用コンピュータが生まれた。マンチェスター大学のコンピュータをもとに、1951 年 2 月に発売されたフェランティ・

マーク I （Ferranti Mark I）である。しかしながら、英国ではコンピュータ製造
には情熱が注がれたが、旧態依然とした英国のビジネスにおいて利用のほうが進
まず、1950 年代末にはコンピュータ産業は存続の危機に見舞われることになる。

そのほかの欧州大陸の工業先進国であった、ドイツ、フランス、オランダ、イ
タリアは第二次世界大戦の戦禍が大きすぎて、1960 年代に入るまでコンピュータ
製造に参入できなかった。東側諸国と日本は、さらにその時期が遅れた。このた
め米国のコンピュータ製造会社は最大の市場である米国を押さえることができ、
出発時点から世界制覇の基礎を築けたのであった。

この市場に参入した企業には 3 タイプあった。一つは電子・制御機械メーカー
で、RCA、ゼネラル・エレクトリック、レイセオン（Raytheon）、フィルコ
（Phioco）、ハネウェル（Haneywell）、ベンディックス（Bendix）などである。こ
うした企業にとってコンピュータは最も「自然な」製品の一つであった。いずれ
も無線送信機、レーダー装置、X 線装置、電子顕微鏡といった、高価な電子機器を
販売していたからである。大型汎用コンピュータを**メインフレーム**と呼んだのも
こうした企業で、製品ラインに高額な品であるコンピュータが加わったのにすぎ
なかった。

もう一つは事務機器メーカーで、IBM、レミントンランド、バロース、NCR、
アンダーウッド（Underwood）、モンロー（Monroe）、ロイヤルである。これら
の企業は、数学的計算機械の製造が自分たちにふさわしい領域だと判断するのに
手間取り、1951 年にエッカートとモークリーが UNIVAC を製造し、ビジネスに
応用できることが証明されて、やっと数年遅れて参入を決めた。

コンピュータビジネスに加わった中で最も興味深いのは第三のタイプで、新規
に起業した会社である。1948 年から 1953 年にかけては、100 万ドルなどといっ
た大金を準備しなくても、比較的低いコストでコンピュータ産業に参入できたご
く短い期間である。10 年も経つと、周辺機器やソフトウェアを供給・サポートす
るコストがあがり、既存のメインフレーム製造会社に太刀打ちしようとすれば、
1 億ドルは必要な時代に入った。こうした起業型の最初期の会社がエッカートと
モークリーによるエレクトロニック・コントロール社（1946 年設立）であり、エ
ンジニアリング・リサーチ・アソシエイツ（Engineering Research Associates,
ERA、同じく 1946 年設立）であった。これらの会社はまもなくレミントンラン
ドに吸収合併され、同社のコンピュータ部門となる。この結果、エッカートと
モークリーは新しい市場のパイオニアとして有名になり、ERA の創始者の一人
ウィリアム・ノリス（William Norris）は、さらに別の新しい会社をたてて成功し

た。それがコントロール・データ社（Control Data）の始まりである。

　こうしたエッカート・モークリー社や ERA に続いて、コンピュータ関連のスタートアップが次々創始された。一部は個人資金を得てのことであったが、既存の電子・制御関係会社からの出資を得たものが多かった。1950 年代前半に作られた会社に、エレクトロデータ（Electorodata）、コンピュータ・リサーチ社（Computer Research Company）、リブラスコープ（Librascope）、電子研究所（Laboratory for Electronics）がある。これらの企業は、運がよければオフィス関連機器メーカーに買い取ってもらえたが、多くは激しい競争に耐えられず消えていった。こうした時期にエッカート・モークリー社がたどったのは、多くのスタートアップが経験する道だったといえよう。

“楽観的にもほどがある”：UNIVAC と BINAC

　エッカートとモークリーがエレクトロニック・コントロール社を 1946 年 3 月に設立したときに、コンピュータが科学や工学の計算だけでなくビジネスデータ処理にも使えると見通せていたのは、ほぼ彼らぐらいであった。実際に、戦中からエッカートとモークリーは、何度もワシントンの国勢調査局を訪れて、コンピュータを調査データの処理に使ってはどうかと提案していたが、当時は何も実現しなかった。こうしたコンピュータによるデータ処理というアイディアは、おそらくエッカートからではなくモークリーから出たのではないかと思われる。1946 年夏のムーアスクール・レクチャーでは、エッカートがコンピュータのハードウェアの技術的細部にわたって話したのに対し、モークリーはデータの並べ直しや照合といった、数学的な計算というよりパンチカードを使ったビジネス用機器の領域に属するような内容を扱っていたからだ。

　エッカートとモークリーが資金調達しようとしたときには、現在知られているようなベンチャーキャピタルはほとんど存在していなかった。そこで彼らは、会社に資金を入れるには、まずはコンピュータの受注を確保して、徐々に投下されるお金を用いてコンピュータを開発するのがいいと考えた。1946 年春に、戦中の訪問が功を奏して、国勢調査局から 30 万ドルの受注が入った。コンピュータ開発のコストについて楽観的すぎたエッカートとモークリーは、その費用が 40 万ドルかかると踏み、それよりは安い値段だが交渉できるぎりぎりの額と考え、30 万ドルで手を打ったのである。彼らはその後の受注でそれをカバーできると考えていた。

　ところが、実のところ、コンピュータ開発には 100 万ドルほどかかった。ある歴史家は「エッカートとモークリーは楽観的すぎたというか、むしろ世間知らずであった」と指摘している。しかし、こんな馬鹿げた始まり方は事業を始めたばかりにはありがちで、エッカートとモークリーは資金繰りのことなど気にせず使命感を果たすことに夢中だったのである。こうした EDVAC 型の機械は、1946 年 10 月に受注されたあと、翌春になって、汎用自動計算機（UNIVersal Automatic Computer）の頭文字を取って、UNIVAC と名付けられた。

　エッカートとモークリーは、フィラデルフィアのウォールナット街 1215 番地で、間口が狭くウナギの寝床になっている紳士服屋の 2 階と 3 階を借りて創業した。ここは、ムーアスクールから説得して引き抜いてきた 6 名ほどの社員と一緒に使うには申し分ない建物だった。1947 年秋には、12 名のエンジニアがそれぞれ UNIVAC の製造に携わっていた。

　初年度にエッカートとモークリーは、大変な事業に乗り出してしまったことに気づいた。10 年後であれば、既存のサブシステムを組み合わせればできたのかもしれないが、この時期の UNIVAC を作るのは、そんなわけにはいかなかった。基本的なメモリの製造方法ですら、確立していなかったからである。ほどなく、水銀遅延線メモリを構築していたグループは、研究室のために作るのと商業的環境でストレスなく使えるようにするのとでは、まったく違うのを悟ることになった。

　UNIVAC の最も挑戦的な特徴は、国勢調査局やその他の機関やビジネスの現場で使われてきた膨大な数のパンチカードをなくして、磁気テープに置き換えることにあった。これは革命的なアイディアで、ここから新しいプロジェクトがいくつか立ち上がった。1947 年の時点では、市販のテープデッキは録音スタジオで使っているアナログテープ用のものだった。したがって、コンピュータのデータをテープに記録するためには、特殊なデジタル磁気テープ用のドライブが必要となり、また、非常に素早くテープを起動したり止めたりするための高速サーボモーターの開発も必要になった。さらに、プラスチック基材を使っていた市販の磁気テープでは、使い物にならないくらい伸びてしまうことも判明した。そこで化学研究室を作ってテープのコーティング剤の開発を行い、伸びてしまわない金属テープを製作する必要が出てきた。その上、データをテープに書き出せるようにする機械や、テープの内容リストを打ち出せるプリンタも開発する必要が出てきた。さらにカードの内容をコピーして、テープに変換したり、その逆を行える機械まで必要となった。そして結局、UNIVAC の磁気テープ関係の機器類は最

も挑戦的でありながらも、たいした成功には至らなかったのである。

　エッカートとモークリーは、ほかのエンジニアらと同様に長時間労働を強いられた。その上、会社は資金繰りに苦しんでいたため、エッカートとモークリーはそれを解消するために、もっと早く支払いをしてくれる納入先を探す必要が出てきた。そんな都合のいい注文が向こうからやってくるはずもなかったが、モークリーは数か月前からノースロップ航空会社（Northrop Aircraft Corporation）に、開発中の Snark という長距離ミサイルの誘導システムのコンサルタントとして雇われていた縁があった。ノースロップ社では航空機用の小型コンピュータが必要になり、これをエッカート・モークリー社に発注してきた。これが、BINAC（バイナリー自動コンピュータ（BINary Automatic Computer）の略）と呼ばれることになるコンピュータである。

　BINAC は UNIVAC とはだいぶ規模が異なる機械だった。かなり小型で、データ処理用というより科学計算用であり、エッカートとモークリーが開発に勢力を注いでいた磁気テープは必要なかった。BINAC を作る契約は、会社を救うことになるが、UNIVAC 開発にかけている力をほかに向けることにもつながる。しかし選択の余地はなかった。BINAC を手がけるか、会社をたたむかという選択だったからである。1947 年 10 月には、10 万ドルで BINAC を作る契約を結び、8 万ドルを前金として得た。

　そうした BINAC という回り道があったとしても、UNIVAC が会社の中心的な取り組みであり、希望でもあるのに変わりはなく、新規の UNIVAC の契約を探す努力が続けられた。モークリーが 1946 年から売り込みながらもまだ契約が取れていなかったプルデンシャル保険会社では、コンピュータへの興味が再燃しはじめており、希望がありそうだった。プルデンシャル保険会社は、オフィス機器を早くから使いはじめており、IBM 社のパンチカード処理機が発売されるより前の 1890 年代には独自のパンチカード機を開発していたので、新しいコンピュータ技術をいち早く採り入れたとしても、何の不思議もなかったのである。

　プルデンシャル保険会社のコンピュータ専門家は、エドモンド・C・バークリー（Edmund C. Berkeley）という人物で、専門的な内容を含んでいながら大衆向けに書かれた解説書『巨大頭脳』を 1947 年に出版していた。1947 年初頭に、モークリーとバークリーはプルデンシャル保険会社の役員会に UNIVAC を発注させようと試みたが、実績のない会社が製造する実績のない機械に数十万ドルという大金を払うことを渋ったので不首尾に終わっていた。しかし、数か月の説得を経て、プルデンシャル保険会社はモークリーのコンサルティングに対し 2 万ドルを

支払い、UNIVAC が完成したら購入することを決めた。それ自体はたいしたことがないものだったが、それでも価値があるものだったし、遠い将来だとしても、プルデンシャル保険会社がいずれは機械を買ってくれることが励みになった。

1947 年末になると、エッカートとモークリーの経営では、お金は入ってくるより出ていくほうが多く、さらに投資が必要となった。そして、投資家を引き寄せるために、新しくエッカート・モークリー・コンピュータ株式会社 (Eckert–Mauchly Computer Corporation, EMCC) とした。こうしてエッカートとモークリーはあまり期待できないながらも、投資家と UNIVAC の契約との両方を追い求めた。

1948 年の春に、シカゴのマーケットリサーチ会社、A. C. ニールセン (A. C. Nielsen) が 2 台目の UNIVAC を 15 万ドルで購入する契約をし、年末までにプルデンシャル保険会社も 3 台目の UNIVAC を同じ値段設定で購入すると申し出てきた。この値段設定もあり得ないものだったが、いつものようにエッカートとモークリーは問題を直視しようとはしなかった。しかしこうした手堅い契約のおかげで、エンジニアや技師や製図屋を雇うこともできたし、会社はさらに大きな建物に移り、フィラデルフィア中心街のイエローキャブビルの 7 階と 8 階を借りることになった。こうしてエッカートとモークリーは、20 人のエンジニアを含む 40 人を雇用するようになり、さらに 50 万ドルの資金が必要になった。ほどなく、この資金は、アメリカ賭博システム社が提供することになった。

たまたまエッカートとモークリーの知的財産管理人は、同社の副社長のヘンリー・ストラウス (Henry Strauss) と懇意だった。ストラウスは優れた発明家で、1920 年代に競技の賭博用計算機を開発して特許を取り、市場を独占した。この賭博用計算機は当時の最も洗練された計算システムの一つであった。だからストラウスは UNIVAC が技術的ブレイクスルーであり、彼の賭博用計算機の市場に変革をもたらす可能性があることを、即座に見抜いた。そこで、1948 年 8 月に自社を説得して、EMCC の株の四割を取得するに至った。自分も発明家であるストラウスには、エッカートとモークリーが会社を完全にコントロールできるよう、権限を残したほうがよいことがわかっていた。そして、自分は会長として経営陣に加わった。アメリカ賭博システム社 (American Totalisator) は EMCC の株の保有に 50 万ドルを提供し、さらに借入金を提供することで運転資金を与えた。この温かい申し出を、エッカートとモークリーはありがたく受けた。

こうしてとうとう経理が安定し、EMCC は一段落した。実際には、締め切りやスケジュールは計画通りこなせず、さきゆきに不安があるのには変わらなかった

が、それはハイテク企業にはつきものだった。とにかくアメリカ賭博システム社からの資金と、国勢調査局、ノースロップ、ニールセン、プルデンシャルとの契約により、会社は充分に成長が見込めた。そして次の春には、フィラデルフィア北部にある2階建ての自社ビルに引っ越すことができた。ニット工場だった建物は、機械がなくなるとガランとしてかなり広かったので、ここが「やがて手狭になることはないように見えた」。山の裾野に位置し、夏はあまりに暑いので、死の谷と呼ばれる地域に属していた。

　引っ越すとまもなく、BINAC を仕上げる仕事で大忙しになった。米国で最初期のプログラム内蔵式のコンピュータであった BINAC は、なかなか安定しなかった。初夏に訪問したノースロップの技術者は、BINAC は1週間に1時間ほどは動いているが「安定していない」と報告している。結局、1949年9月にノースロップに出荷された BINAC は、そこからわずかしか信頼性があがっていなかった。そして期待通りには動かなかったものの、当時のコンピュータというのはそういうものだったので、ノースロップは10万ドルのうちの2万ドルにのぼる未払い金を機嫌よく支払った。

　BINAC のプロジェクトが終わって、エッカートとモークリーは、やっとあと3台受注している UNIVAC に専念する時間が生まれた。いよいよ EMCC は、新しい社屋に134人の従業員を抱え、120万ドルの売上が見込める6台の UNIVAC 製造を受注していた。まさに順風満帆であった。ところが、この数週間後、エッカートとモークリーは、ツインエンジンのプライベート飛行機が大破してヘンリー・ストラウスが亡くなったとの報を受ける。アメリカ賭博システム社の出資の後ろ盾であったストラウスの死とともに、アメリカ賭博システム社からの資金も途絶えた。これにより EMCC は借入金を返さなければならなくなった。こうして EMCC は急激な資金難に見舞われ、もとの不安定な状態に戻ってしまった。まるで灯っていた明かりが急に消えたようだった。

IBM：革命ではなく進化

　一方、のちにエッカートとモークリーの最大のライバルとなる IBM が、コンピュータの世界に乗り出そうとしていた。この章の初めで触れたように、戦後まもなく IBM はコンピュータビジネスには参入しないことを決めていたが、1951年にはそれを翻し、早くも1950年代半ばには中心的な位置を占めるに至ったという、まことしやかな話が伝わっている。この話が罪なのは、やや真実に近いた

め、多くの人が本当の話だと信じやすいところだ。実際はそんなに単純ではな
かった。IBM は 1940 年代末には、複数の電子機器や計算機の開発プロジェクト
を抱えていたのだが、それが進まない理由は市場がはっきりしなかったからなの
である。

　ほかの会計機メーカーであるレミントンランド、バロース、NCR と同じよう
に、戦後まもなく、IBM もビジネス上の三つの課題に直面していた。自分たちの
製品が時代遅れになる可能性、電子機器の台頭、そしてコンピュータである。最
初の課題が最も深刻であった。IBM の電気機械式の製品が、すべて時代遅れにな
りそうになっていた理由は、戦時中、研究開発設備が軍事契約のために火器照準
装置や爆撃照準器の開発向けに変えられていたからである。IBM にとって主力
製品の生産を建て直すことが、喫緊の課題であった。

　第二の課題は、すべてのオフィス機器メーカーに当てはまることであったが、
電子化が進みそうな状況であったことだ。戦争で急速に電子技術が高度化してお
り、IBM 自体も暗号解読機械や無線機器の製造に携わる経験を積んでいた。問題
は、こうした電子技術をいかに自社の主力製品に取り込むかであった。第三の課
題は、プログラム内蔵コンピュータの台頭である。ただ 1946 年には、コンピュー
タはまだ特殊な計算装置であり、商業上の重要性ははっきりとしていなかったた
め、取り組むべき課題のうちでは優先度が低かったのはしかたないことであっ
た。IBM は電子技術やコンピュータについては、「革命ではなく進化」と捉える
ことにしていた。これにより、IBM では自社製品に電子技術を採り入れて処理を
速くはするが、製品が行うことは大きく変えない方針を採った。ほかの産業でも
識者たちは、こうした電子技術に関するオフィス機器会社の態度を、ちょうど航
空機産業がジェットエンジンに対してとった態度と同じだと評価していた。つま
り、新しい技術は自社製品を速くはするが、製品の機能そのものは大きく変わら
ないと考えたということである。

　トーマス・ワトソン・シニアは、頑迷な電気機械式の信奉者だったと言われる
が、実際は電子技術の可能性にいち早く気づいた一人であった。早くも 1943 年
10 月には、自社の研究開発部門の責任者に対し、「最も優れた電子工学者を見つ
けて、IBM に雇うように」と指示を出していた。金に糸目はつけなかったもの
の、当時の優れた電子工学者はだれもが軍事研究に携わっていたため、ふさわし
い人物を見つけることはできなかった。さらに 1944 年 8 月に、大変に不快なこ
とが起こった。ハーバード大学でマーク I 計算機を主導していたハワード・エイ
ケンが、その機械を作るのに IBM が貢献したことを認めなかったのである。

　そこでワトソンは、エイケンのマークⅠを見返せるように、さらに強力な電子式コンピュータを作ろうと決心した。1945 年 3 月にウォレス・エッカート教授（苗字は同じだがプレスパー・エッカートとは無関係）を雇い、コロンビア大学にワトソン科学計算研究所を設立し、「スーパー計算機」の開発に着手して、SSEC（Selective Sequence Electronic Calculator）を開発した。ワトソンの目的はエイケンの鼻を明かすことだけではなく、IBM がワトソン研究所という新しいアイディアや機器を試す場所を得ることだった。SSEC にしても、ほかのコンピュータにしても、そこで試したものがそのまま製品になることは期待していなかった。ただ、この SSEC 開発の決定は、有名なフォン・ノイマンの EDVAC 報告が公開される数か月前だったため、SSEC は主流となったプログラム内蔵コンピュータではなく、傍流の一つとなってしまった。

　一方 IBM の製品開発エンジニアらは、従来の製品に電子技術を採り入れるという地味な仕事に携わっていた。こうして最初に電子化されたのが、1934 年に発売されたパンチカード乗算機の、モデル 601 だった。この機種では、1 分に数字10 個しか扱えないのが弱みであった。ここに電子技術を導入することで、扱える数字は 10 倍になり、1 分間に 100 回の乗算ができるようになった。およそ 300本の真空管を用いたこの機械は 1946 年 9 月にニューヨークで行われた全米ビジネスショーに出品され、モデル 603 として 100 台ほど売れた。そして 2 年後に、さらに改良を施したモデル 604 へと引き継がれ、その後 10 年にわたって 5,600 台ほどが売れた。1,400 個の真空管で構成された 604 は多少のプログラムしかできなかったが、「スピードと柔軟性で、同時期の計算機を凌駕した」とされている。さらに 604 は、いわゆる CPC（Card Programmed Calculator）と呼ばれるカードプログラム式計算機システムの中心となった。

　CPC は 1947 年に IBM が、西海岸の顧客であるノースロップ航空機会社と共同開発したものである。ノースロップといえば、エッカートとモークリーの会社にBINAC を発注した会社でもあった。ノースロップは、IBM の装置をミサイルの弾道計算にかなり活用しており、モデル 603 もいち早く導入した。603 の柔軟性を高めるため、特別なメモリユニットとパンチカードシステムが接続されたが、これが非常に効果的で、1 秒間に 1,000 回の計算が可能になった。このノースロップのシステム構築のニュースが特に西海岸の航空機産業のあいだにあっという間に拡がり、1948 年末には IBM は 10 件以上の同様のシステム構築を受注した。科学計算用の装置にはかなり大きなマーケットがあるということを、IBM はこのとき初めて知ったのである。

　IBM の製品エンジニアは CPC 構築に取り組み、この中で 603 乗算機は、より強力な計算用パンチカード機である 604 に置き換えられていった。CPC が顧客のもとに到着しはじめたのは 1949 年後半であった。CPC は本格的なプログラム内蔵式ではなかったが、まだコンピュータが市場に出回っていなかった 1949 年から 1950 年には、非常に効果的で信頼性の高い計算機として活躍した。それだけでなく、コンピュータが市場に出始めてからも、CPC は低コストと高い信頼性によって、最も費用対効果が高い計算システムであり続けた。1950 年代半ばにかけておよそ 700 システムが出荷されたが、そのことはとりもなおさず、当時世界中に存在するプログラム内蔵コンピュータの数よりも、CPC のほうが多かったということである。

　研究者が CPC の意義を過小評価するのには、名前が「コンピュータ（computer）」ではなく「計算機（calculator）」であることも大いに関係している。実はワトソンは、コンピュータという用語が当時は人間の計算係を指していたために、新しい技術によって失業が起こる懸念を起こさせることを恐れていた。同じ理由からワトソンは、ハーバード・マーク I のことも SSEC「計算機」と呼ぶよう主張した。とにかく、科学計算市場では、IBM が最初から一歩リードしていたことには間違いなかった。

　このように 1949 年までには、IBM はコンピュータ関連の研究開発設備を整え、動かしていた。CPC に加えて、1948 年前半には完成していた SSEC もあった。これまでも触れてきたように、この機械は当時の研究開発の一つの成果であり、本物のプログラム内蔵コンピュータではなかったものの、これらのシステムはできあがった当時には、最も先進的で力強い機械だった。ワトソンは SSEC をマンハッタンの IBM 本社 1 階で公開した。これを見た海外からの見学者は以下のように記している。

　　この機械は 1948 年前半に IBM のニューヨーク本部で完成して稼働しはじめた。1 階に置かれたそれは、道行く人々からも見ることができ、人々は「ポッパ」という愛称で呼んだ。23,000 個のリレーと 13,000 個の真空管を使ったこの機械は、とても大きい。……動作中の機械は人目をひいて、一度は見ておくべき世界の驚異の一つとされていた。たくさんのネオンがちかちかと点いたり消えたりし、リレーとスイッチが音を出し、テープやパンチカードのリーダーがひっきりなしに動いていた。

　IBM は、この機械の広報を積極的に行った。『ニューヨーカー』の記者が書いたとおり、「自分たちのように見学希望者が、この機械を一目見ようとやってくれば、歓迎してもらえる」のであり、記者は上級エンジニアのロバート・シーバー・ジュニアに案内してもらった。そして同誌には大衆的な「電気仕掛けの脳」という魅力的な言葉が踊る記事が書かれたのである。

　　　この機械の主要な頭脳は、ガラスのパネルの向こうにある三面の壁を覆っ
　　ている真空管と配線である。部屋の中ほどには、郵便受けのように見える
　　二つの構造物がある。片方が入力装置で、パンチカードやテープのかたち
　　で質問が入れられる。もう片方が出力装置で、うまくいったときにはここ
　　から答えが出てくる。壁の上のほうには THINK という文字が掲げられて
　　いるが、これは機械に呼びかけているのではない。……機械そのものは商
　　業上の問題をどんどん解決している。たとえば、我々が見学に訪れたとき
　　は、ちょうど油田からさらに石油を得たいという人に対する答えが出され
　　るところだった。……我々が近づくと、リレーが動き出し、パネルのあち
　　こちでちかちかと光が点灯した。シーバーは「オイル問題は……」と語り
　　はじめた。

　SSEC はこうして、コンピュータ技術のトップ企業としての IBM の評判を高めるのに大いに寄与した。しかし SSEC はそのまま製品になるような代物ではなかった。まず、コスト（95 万ドル）がかかりすぎるし、完成と同時に技術的には時代遅れになっていたからだ。むしろ IBM にとっての SSEC の重要性は、宣伝効果だけではなく、これに関わることで経験を積んだコンピュータ技術者が育ったことだった。

　IBM は 1949 年当時、ほかの二つの大型コンピュータの製造にも取り組んでいた。一つが磁気ドラム計算機（Magnetic Drum Calculator, MDC）、もう一つが、テープ処理機（Tape Processing Machine, TPM）である。MDC のほうは、UNIVAC の 10 倍の値段がしたが、本物のプログラム内蔵式で、CPC を使っている企業や、現在はパンチカード機を使っている企業が上位機種に買い換えるときに考える機種だった。コストを下げられたのは、水銀遅延線やセレクトロン管の代わりに、メインメモリに磁気ドラムを導入したおかげである。ドラムメモリは、高速回転する磁気を帯びたシリンダーで構成され、コストが低く安定性があったが、速度が非常に遅かった。

　IBM の TPM は、UNIVAC の競合機種だった。データ処理で、パンチカードの代わりに磁気テープが使用できる可能性については、IBM はすでに 1947 年から検討しはじめていたが、SSEC に力を割かなければならなかったため、このプロジェクトの進行は非常に遅かった。しかし 1949 年半ばのエッカート・モークリー社の報告で、BINAC が完成し、UNIVAC の製造がいくつか受注されたことが IBM に伝わった。特に後者が刺激となり、IBM では TPM プロジェクトが加速され、磁気テープを使用する大型情報処理機として UNIVAC に対抗することになったのである。

　もし IBM が 1949 年から 1950 年あたりに、この 2 機種のどちらか、または両方に勢力を傾けていたとすれば、間違いなく情報処理機市場を席巻してしまっていただろうと考えられる。ところが結局、これらの製品化に 5 年を費やしてしまった。MDC の開発の遅れは、主に IBM のマーケティングが保守的だったためである。1949 年の IBM による将来的な需要の予想では、MDC はほかのパンチカード機に比べて高価すぎる割に、UNIVAC に比べて処理速度が遅いとしていた。一方、TPM の開発の遅れはまったく違う理由から来ていた。朝鮮戦争が勃発したことで、ワトソンの息子であるトーマス・J・ワトソン・ジュニア（Thomas J. Watson, Jr.）が戦略的に下した判断によるものだった。

　1950 年にはワトソン・シニアは 70 代半ばであったにもかかわらず、まだ IBM 帝国の実権を握りつづけ、長男が 35 歳になって社長に就任する 1956 年まで離さなかった。トーマス・J・ワトソン・ジュニアは若くして 1937 年に IBM に入社し、セールスマンとして経験を積んだ。やがて、兵役を経て 1945 年に IBM に戻り、4 年後に代表取締役副社長となった。1950 年 6 月に朝鮮戦争が勃発した際、先の戦争でしたのと同じように、ワトソン・シニアはホワイトハウスに電報を打ち、IBM は大統領に協力すると伝えた。ワトソン・シニアは「愛国的」でありたいがためにそう行動したが、ワトソン・ジュニアはこれを「大型計算機を作る技術を向上させるいい機会」と捉えていた。市場レポートでは、軍事関連企業で少なくとも六つの大型コンピュータの受注がありうるだろうと予測しており、ワトソン・ジュニアはフォン・ノイマンが高等研究所で構築しているコンピュータをひな形にした大型計算機を開発することにした。

　この機械は大変な高級機種だった。レンタル代は月 8,000 ドル、買い上げだと 50 万ドルになるはずで、これは生産コストの倍ほどの設定だった。この国防用計算機の開発に、TPM に割いていた力をほとんど向けてしまったのである。1950 年夏にワトソンが下した国防計算機構築決定は、科学コンピュータへの IBM の

参入を加速させた一方で、せっかく早くからデータ処理市場に食い込んでいた自らのチャンスを潰してしまった。これはビジネス上の失敗であり、エッカートとモークリーが UNIVAC で初期の情報処理コンピュータ市場を席巻しえた要因であった。

UNIVAC の実現

さて 1949 年末に、アメリカ賭博システム社が出資をとりやめたことを知らされたエッカートとモークリーは、UNIVAC 開発の後ろ盾になりフィラデルフィアの 134 人の従業員の給料を払うための資金を提供してくれる、新しい出資者を探さなければならなくなった。もちろん、コンピュータに興味のある会社のあいだで、エッカートとモークリーの名前は広く知られていた。BINAC が 1949 年 8 月に公開されたときには、IBM やレミントンランドといった会社からも代表が出席したくらいであった。

1950 年初めに、エッカートとモークリーは会社を IBM に売却しようと考えた。そこで、目的は言わずにワトソン親子に面会を申し込み、ニューヨークの事務所を訪ねた。息子のワトソンはそのときのことを、以下のように回想している。

> 私はそれまで一度も会ったことのなかったモークリーに興味があった。会ってみると、ひょろりとして身なりも決まっておらず、しきたりを軽んじるような人物だった。それに対してエッカートのほうは、こざっぱりしていた。彼らが部屋に入ってきたとき、モークリーはソファにドサッと腰掛けると、コーヒーテーブルに脚を上げ、父に敬意を払う様子は見せなかった。エッカートのほうは、自分たちは何を達成したかを説明しはじめた。しかし父は最初から何を交渉しにきたのか見通しており、顧問弁護士たちは彼らの会社を買うなど論外だと言っていた。UNIVAC は自分たちにとって、数少ないライバル会社の一つであり、独占禁止法によれば買ってしまうことは不可能だったのだ。そこで父はエッカートにこう言った。「もうこれ以上話してもらってもしかたない。こちらは君たちと一切交渉することはできないんだ。だから期待をもたせるのはよくないだろう。法律的に何もできないんだ」と。

エッカートはすぐに事情を理解し、交渉は何一つうまくいかなかったが、時間を

割いてくれたことに対してワトソン親子に礼を述べた。一方「モークリーは一言も話さず、よい姿勢で部屋を去ったエッカートの後ろを、前かがみに歩いて出ていった」という。こうしたワトソンの回想は、モークリーのことを語っていると同時に、彼自身や IBM の価値観を物語っているといえよう。しかし、モークリーが IBM の社風とは水が合わなかったのは間違いない。いずれにせよ、ワトソン親子は IBM が開発していないものをエッカートとモークリーがもたらすことはほとんどないと判断したのであった。1950 年までに IBM では 100 人を超える研究開発部隊がエレクトロニクスとコンピュータの研究に従事しており、エッカートとモークリーの会社に匹敵する力を蓄えていたからである。

　レミントンランドと NCR も、エッカートとモークリーとなんらかの交渉をすることに興味を示していた。二人は「あまりに絶望していたので、最初にもたらされた交渉にとびつかんばかり」で、それをうまく引き当てたのが、レミントンランドであった。

　実は、レミントンランドのカリスマ社長であったジェームズ・ランド・ジュニアは、第二次世界大戦が終結する前から、戦後に事業拡大する夢を抱いていた。大戦で科学が重要な役割を果たしたことに感銘を受け、戦後は自社も電子技術を駆使したハイテク企業となろうと考えていたのである。マイクロフィルムレコーダーや、コピー機、テレビシステムなどの製造を構想しはじめ、まず 1947 年後半に、マンハッタン計画を率いたレスリー・グローブス将軍（General Leslie R. Groves）を雇い、レミントンランドの技術開発責任者に据えた。グローブスは原子爆弾の開発に関わるなかで、ENIAC やエッカートとモークリーの会社について知るようになり、いずれオフィスでもコンピュータが重要になることを見通していた。

　ジェームズ・ランドはエッカートとモークリーをフロリダの別荘に招き、ヨットに乗せたりしてもてなし、次のようなオファーをした。それは、レミントンランドがアメリカ賭博システム社が行っていた出資（総額 438,000 ドル）をすべて肩代わりし、エッカート、モークリー、そして社員たちに 10 万ドルを払うことで株式を取得させてもらい、さらにエッカートとモークリーには、年間 18,000 ドルの給料を出すというものであった。エッカートとモークリーは自分たちが作った会社の単なる社員に成り下がってしまうわけであり、素晴らしいオファーとは言い難い内容ではあったが、ほかに選択肢はなかった。エッカートとモークリーはこれを受け入れ、彼らの会社はレミントンランドの子会社となった。グローブスのもとでの開発という形にはなっていたが、グローブスはエッカートとモーク

リーが進める UNIVAC の開発に口出ししたり、変更させたりすることは避けた。
エッカートとモークリーがうまくまわしているので、むしろそのまま任せたほう
がよいと考えたのである。

レミントンランドは、技術開発については余裕のある見方をしていたが、財政
状況についてはしっかり建て直そうと考えた。エッカートとモークリーの会社を
何度か訪ねるうちに、ランドとグローブスと彼らの金融アドバイザーは、
UNIVAC の値段が実際の価値の 3 分の 1 ほどであったことに気づいたのである。
そこで、彼らはまず国勢調査局にかけあって、注文のキャンセルをちらつかせな
がら、値段をつり上げようと交渉した。しかし、国勢調査局がそれに対して訴え
を起こし、もとのままの 30 万ドルという値段が維持された。また、プルデンシャ
ルとニールセンの契約での 15 万ドルという価格は利益が出ない値段で、50 万ド
ルにしないと割が合わないことがわかった。今度は契約上の義務から逃れるた
め、レミントンランドはプルデンシャルとニールセンを訴訟手続きに巻き込ん
で、UNIVAC の引き渡しを先延ばしにすると脅した。しかし、そんなに先では機
種が古くなってしまうため、プルデンシャルとニールセンは契約を破棄し、内金
を取り戻した。やがて 2 社とも、代わりに IBM から初めてのコンピュータを導
入した。

こうした交渉が水面下で行われているあいだ、エッカートとモークリーは着々
と UNIVAC の仕上げに入っていた。1950 年春にはいよいよ完成が間近となっ
た。「まず 1 台組み上げ、つぎつぎと組み上げていこう」としていた。エッカート
は相変わらずプロジェクトを推進する中心で、まだ 30 代前半の若さでありなが
ら、誰よりもよく働いていた。

> エッカートは毎日誰よりも遅くまで働いていたので、翌朝は少しだけ遅れ
> て出社していた。日が経つにつれ、徐々に仕事時間がずれはじめて、昼か
> ら働く、夕方から働く、といった具合になってしまった。ついには一日休
> みを取ってリセットし、翌日皆と同じ時間に出社して調整しなければなら
> なかった。

プレスパー・エッカートには面白い癖があり、アイディアをかたちにしていく
ときには、音響板のようになんでも聞いてくれる誰かに話しかけないとだめな
のだった。ENIAC の時期はその相手がモークリーだったわけだが、この時期には
別のエンジニアが聞き役を担っていた。

プレスは精神のエネルギーが強く、考えているときに椅子に座ったり、じっと立っていることはできなかった。机の上にしゃがみ込んでいることも多かったが、行ったり来たり歩き回ったりもした。[エンジニアと]議論するときには、二人はコンピュータのテストを行っている場所から、2階に上がって、また階段をおりて1階に行くといった様子だった。そうして1時間ほど会話をしながら歩いて、またテストを行っている場所に戻ってくるまでには建物を一周してきたことになるのだが、そんなことをしたとは気づいていない。会話があまりに真剣に行われていたので、何にも目に入らなかったからだ。

これに対し、モークリーのほうは緩いスタイルで、「ジョンはいつも人々を愉快にしてくれた。どんよりしている雰囲気も、彼の冗談で和んだ。彼の話し方はゆっくりで、いろいろな面白い話を次から次へと話して」いったという。

　1950年夏には、UNIVACのパーツとなるシステムはほぼできあがっており、あとは、フィラデルフィアの過酷な夏に耐えられるかのテストを残す段階となった。装置は、断熱が施されていない黒い屋根の下でUNIVACビルの2階に置かれた。エアコンはなかったし、たとえあったとしても5,000個の真空管が放つ120キロワットの熱はどうにもならなかっただろう。そこで作業する人たちは、まずネクタイとジャケットを脱ぐようになった。やがてさらに薄着になっていき、とうとう最後は「下着がユニフォーム」という状態になった。あるエンジニアは、仲間の様子をこう回顧している。「あるときデスクに5〜6本ほどの清涼飲料水の瓶を並べている人がいた。そしてときどき、その一本を手にとって、頭からかぶっていた。なんと瓶には水が入っていたのだ！」

　1951年の初めにUNIVACはコンピュータとして稼働しはじめ、国勢調査局の受け入れテストが行えるのも間もなくという状態になった。しかし、その前に基本的なソフトウェアを構築しておくことが望ましかった。プログラミングチームはもともとモークリーに率いられていたが、やがてハーバード計算研究所から引き抜かれたグレース・マレー・ホッパーが率いるようになった。ホッパーは商業コンピュータの世界で洗練したプログラミングを推進する中心的人物となり、何よりも女性のコンピュータ専門家のパイオニアとして活躍した。

　そしていよいよ1951年3月30日に、UNIVACの受け入れテストを行ったところ、17時間続けて計算を行ってもエラーが出なかった。これをもって、UNIVACは国勢調査局に正式に納品された。その翌年にかけて、2台の

UNIVAC が完成し政府機関に納品され、さらに 3 台を受注した。

　1952 年末には、レミントンランドは UNIVAC の派手な広報を行った。CBS の放送網で UNIVAC に選挙予想をさせたのである。選挙の数か月前に、ジョン・モークリーは、ペンシルベニア大学の統計学者の助けをかりて、鍵になる州の早期のデータを使って 1944 年と 1948 年の選挙の投票パターンを参考に結果予測をするプログラムを書き上げた。

　選挙の日、フィラデルフィアの UNIVAC ビルに CBS のカメラが何台も据えられ、チャールズ・コリンウッドがその中継場所からのレポーターとなった。CBS 本部のスタジオでアンカーマンのウォルター・クロンカイトが放送を行い、演出効果のために UNIVAC の操作卓を模したセットが組まれて、そこにぴかぴかと明かりが瞬いた。とはいえ、それはクリスマスツリーの飾りと変わらないようなものにすぎなかったのだが。

　UNIVAC は午後 8 時半に最初の予測を打ち出した。

大変早期ではありますが、いちかばちか結果を予測します。
3,398,745 票の投票結果をもとにした UNIVAC の予想では、

	スティーブンソン	アイゼンハワー
州	5	43
選挙人	93	438
得票数	18,986,436	32,915,049

おそらく結果は、00 対 1 の確率でアイゼンハワーが勝利するでしょう。

　こうして、アイゼンハワーの地滑り的大勝利が予測された。ギャロップやローパーといった世論調査が、前日に接戦を予測していたのとは対照的だった。その当時の UNIVAC チームの一人は以下のように回想している。

　　　我々のチームの担当者は……がっくりときていた。コンピュータはアイゼンハワーの地滑り的圧勝を予測していた。勝利のオッズはプログラムが表示できる二桁の数を超えていたので、100 対 1 ではなく 00 対 1 とプリントされていた。担当者たちは額を寄せ合って、こう言い合った。「こんな結

果を出したらまずいのではないか。リスクが大きすぎる」と。こんなに少ない票をもとに出した予測が当たるとは思えず、100 対 1 よりも大きなオッズが信じられなかったのだ。

そこで UNIVAC チームは、プログラムのパラメータを急いで操作し、もう少しそれらしい数字が出るように調整した。9 時 15 分、最初に放送された UNIVAC の予測は、アイゼンハワーが 8 対 7 の確率で勝利するという控えめなものになった。ところがその夜、時間が経過するにつれ、本当に地滑り的な勝利が見えはじめた。UNIVAC の広報担当が後でテレビに登場し、実は UNIVAC の予測結果を修正して発表していたことを明らかにした。選挙の最終結果でアイゼンハワー対スティーブンソンが 442 対 89 であったのに対し、UNIVAC の当初の予測は 438 対 93 だったと述べた。

　もちろん UNIVAC のプログラマとレミントンランドのマネージャーたちは、どうして最初の結果に自信をもてなかったのか悔しがったが、コンピュータの無謬性をアピールするにはこの上ない結果となった。あるいはむしろ、UNIVAC の無謬性といってもいいかもしれない。UNIVAC はコンピュータの代名詞となった。この生放送で選挙予測をした UNIVAC の様子は、コンピュータ史上の大事件となった。この日まではコンピュータについて聞いたことがある人もいる程度だったのが、誰もがコンピュータを知っていて、少なくともその模型は見たことがあるという状態になったのである。そして、コンピュータといえば UNIVAC であり、IBM ではなかった。

IBM の大躍進

　実は IBM は、UNIVAC の選挙での大仕掛けをする以前、18 か月前に国勢調査局に UNIVAC が納入されたときから、その評判に注目していた。ワトソン・ジュニアによれば、UNIVAC の完成について IBM のワシントン支社長から聞いたのは、定例会議の席上だった。それはワトソンにとって晴天の霹靂であった。

　　　私は「ああ、こちらが国防用の計算機に関わっているあいだに、UNIVAC のほうは一般向けのビジネスに乗り出し、さらっていこうとしていたとは！」と思い、震えた。

　　その日の午後、ニューヨーク本社に戻ってから早速会議を招集したが、

　　その会議は夜中まで続いた。それまで IBM では誰一人としてコンピュー
　　タのポテンシャルを 100 分の 1 もつかんでいなかったのだ。きちんとした
　　青写真が描けていなかった。ただ、自分たちがビジネスチャンスを逸して
　　いることだけは確かだった。エンジニアの中には、ビジネス用の機種につ
　　いて考えている者たちがいたので、UNIVAC に対抗するコンピュータと
　　して、そちらを主流に据える決意をした。

　IBM の頂点に立っていたワトソン・ジュニアは、ここで、自分を伝説化してい
る。もちろん、「IBM では誰一人としてコンピュータのポテンシャルを……つか
んでいない」などということがあろうはずがない。これまでに見てきたように、
戦後 5、6 年のあいだに IBM はエレクトロニクスとコンピュータで卓越した組
織力を発揮し、遅れていたとはいえ二つの重要なプロジェクト（TPM と MDC）
が進んでいた。ワトソンの独断によって、IBM が国防用コンピュータに舵を切っ
たために、その二つのデータ処理コンピュータの開発が頓挫したのだ。
　しかしこうしたワトソンのワンマンなやり方には、よい点もあった。それは、
いったん彼が決心し父親を説得して、号令を発しさえすれば、IBM は再び大きく
データ処理コンピュータの開発を主流にすることができたということだ。1951
年春には、国防計算機のほかに、テープ処理機（TPM）と、安価な磁気ドラム計
算機（MDC）の三つのプロジェクトに IBM は主力を注いでいた。これらは、そ
れぞれ、モデル 701、702、650 へと結実した。ワトソンは以下のように回想して
いる。「IBM の社員は、タイタニック号に乗っているような気分になる時期が何
度かあったため、それを『パニック・モード』という言葉で表現していた」。並行
して三つもの主力プロジェクトの開発を進めるには、莫大な費用がかかり、また
多くの研究開発要員を雇い入れる必要があった。1 年後には IBM の研究所で働
く人の 35 パーセントがエレクトロニクス関係で、そのうちの 150 人は国防計算
機の専属だった。
　そして、モデル 701 と命名された国防計算機は、プロジェクトのうちでは最も
大きかった。当初、レンタル料は月に 8,000 ドルと考えられており、瞬く間に 10
件の生産を受注した。しかし 1952 年になると、月々のレンタル料は、倍にしても
足りないくらいであることが判明してきた。その場合の買い取り価格はざっと
100 万ドルということになる。これは UNIVAC の値段と同じくらいであった。
最初の顧客たちはレンタル契約の書き換えを促されたが、IBM にとって幸運なこ
とにほとんどのケースで値上げに成功した。新価格が受け入れられたのは、1952

年にはコンピュータの買い手が成熟し、知識が豊富になっていたおかげだった。大型の科学計算用機種はどこが作っても 100 万ドルくらいすることが知られるようになっていたのだ。

　驚くべきことに、IBM 内の保守派は、テープ処理機を作ることに反対しており、1953 年に至っても、従来のパンチカード機のほうが安くて費用対効果がよいと主張していた。しかしコンピュータは話題になっており、ビジネス誌がこぞってビジネス用の電気仕掛けの脳についての記事を載せていることを考えに入れるべきであった。どちらが費用対効果が高いかは二の次で、それがコンピュータ導入の理由ではなかった。1952 年の『フォーチュン』誌が載せた「オフィス用ロボット」と題する記事が、まさにその事情を表現していた。

　　　最も意識が高いコンピュータ理論家は、中途半端なことが嫌いなので、人間が関わることや紙が必要なことをなくすまで満足しないだろう。事務員も、帳簿をつける職員も、パンチカードや書類ファイルもなくしたい。たとえば、公共料金請求の業務では、メーターの検針結果は、中央のシステムに自動的に送られる。電子的な経理処理の情報処理システムが、巨大なメモリの中にある顧客データと照合して、計算を行ってその結果をメモリに入れ直すとともに、毎月の請求書が刷り上がる。

もちろん、これはジャーナリスティックらしい大げさな話で、SF のようなものだった。しかしこのころ、ワトソンと IBM のセールス部門は、IBM がこうした革新的な技術を作っているというイメージが大事なのであり、儲けが出るかどうかは問わずにデータ処理コンピュータを手がける必要があると考えるようになっていた。

　最初の科学コンピュータであるモデル 701 が 1952 年 12 月にできあがったとき、IBM はそのことを最大限に宣伝しようとした。大げさな新しさが演出され、UNIVAC への注目を逸らさせるべく、ニューヨーク本部に 701 が飾られた。そこに以前飾られていた SSEC のほうは人知れず撤収した。

　IBM の本格的なデータ処理コンピュータは、TPM を発展させたモデル 702 で、1953 年 9 月に発表された。そして翌年の 6 月までに 50 台を受注した。しかし実際の納入は 1955 年に入ってからで、最初の UNIVAC から 4 年遅れてのことになった。702 の発表から納入までの 18 か月間に、UNIVAC がたくさん生産できていれば IBM は受注の取り消しを受けていたであろう。

　IBM の 702 電子データ処理機 (EDPM) は、表面的には UNIVAC と変わらないような仕様であったが、それを裏打ちする技術が異なっており、市場での優位性を保つことができた。IBM は、水銀遅延線に替えて英国のマンチェスター大学のコンピュータで使われたウィリアムス管（陰極線管）の技術を利用することにした。どちらも扱いの難しい技術であったが、ウィリアムス管のほうがやや安定しており、なにより倍ほど速かったからだ。また 700 シリーズの磁気テープは、完成度が足りず常にメンテナンスが必要だった UNIVAC のものより優れていた。磁気テープの完成度を上げたのは、電子技術者というより機械技術者の力に拠るが、こうした機械と電子の複合的なエンジニアリングにおいて、IBM は安定性と速さに勝る、優れたシステムを生み出していた。

　また UNIVAC に比べて IBM のコンピュータが有利だった点は、組み立てにあたりモジュラー化に成功したことだった。つまり IBM のコンピュータは「箱」で構成されていて、配達した先で組み上げることができたのである。このことは出荷や配送を容易にし、機械のサイズや仕様に柔軟性をもたせることができた。これに対し UNIVAC は一つの巨大な物体であり、納品が大変であった。UNIVAC と異なり、IBM のコンピュータの部品は普通のエレベータに乗せることができた。実際、国勢調査局に納品された UNIVAC は運び出すリスクを考えて、フィラデルフィアの UNIVAC 本社に置かれたまま、数か月稼働していたのである。さらに IBM はサービス型企業としての評判が高かった。当初からトレーニングを重視しており、ユーザーのためのプログラミングコースを提供し、また現場に赴くエンジニアによるカスタマーサービスもほかのどの企業より優れていた。

　実際 IBM が目指したようには、ハードウェアとしての 701 や 702 が「UNIVAC に勝った」というわけではなかった。ウィリアムス管メモリは IBM の要求する信頼性がクリアできずにトラブルが多発した。しかし 1953 年にはコアメモリと呼ばれる新しい技術が生み出された。いくつかのグループがこれに取り組んでいたが、MIT のジェイ・フォレスター（Jay Forrester）が優れた成果を出していた（第 7 章参照）。当時はまだ実験室でのプロトタイプであったが、IBM は急遽研究プロジェクトを立ち上げ、その技術を実用的なものにしていった。コアメモリを装備して、さらに安定性と速度が上がった 701 と 702 が、モデル 705 EDPM とともに 1954 年に発表された。

　ワトソン・ジュニアによれば、1955 年は IBM にとってターニングポイントだった。この年、IBM の 700 シリーズの売上が UNIVAC を追い抜いたのである。この年の 8 月までは、UNIVAC の設置数が 30 件だったのに対し、700 シ

リーズは 24 件だった。しかし 1 年経ってみると逆になり、UNIVAC の 46 件に対し、IBM 700 シリーズは 66 件となり、受注数では、UNIVAC 65 件、IBM 193 件となった。

しかし IBM の時代を築いたのはこの 700 シリーズという大型機ではなく、むしろ安価な磁気ドラム計算機（MDC）であった。こちらのラインは、モデル 650 として 1953 年に発表され、月額レンタル料が 3,250 ドル（買い上げ価格でおよそ 20 万ドル）だった。701 の 4 分の 1 ほどの値段設定であるものの、まだまだ高額で、競合機種と比べると倍ほどの値段だった。しかし結局、優れた技術力と信頼性、そして搭載されたソフトウェアの質によって成功し、2,000 台が売れたことで、650 は 700 シリーズ全体よりも多くの収入をもたらした。

ワトソン・ジュニアは、「大型の百万ドルレベルの 700 シリーズは、よい宣伝にはなったが、人気大衆車のモデル T にあたる機種は 650 だった」と述べている。優れたマーケティングの見通しをもつ IBM は、650 を 6 割引で大学などの教育機関に設置した。そうすればコンピューティングの教育課程ができると考えたのである。この結果、IBM 650 に慣れ親しんだプログラマやコンピュータ科学者が輩出され、IBM を使いこなせる人々が産業界に大勢いるという状態ができあがった。IBM がマーケティングに優れた会社であることを示すよい例であるが、こうしたことは技術的に優れていることよりもむしろ重要なのだった。

こうした 650 の成功により、IBM はみるみるうちにレミントンランドの UNIVAC 部門の輝きを奪っていった。しかし、レミントンランドのほうも手をこまねいていたわけではなく、1951 年の UNIVAC の発表以後も、自社のコンピュータ部門を拡大しつづけていた。まず 1952 年にはミネアポリスに本拠を構えるスタートアップの ERA を買収し、この部門がやがてレミントンランドの最初の科学計算用コンピュータ UNIVAC 1103 を開発した。また 1955 年にはスペリージャイロスコープを買収し、スペリーランド（Sperry Rand）と名前を変えて技術力を上げようとした。こうした経営努力にもかかわらず、1954 年から 1955 年にかけて、IBM に遅れをとりはじめてしまったのである。この失敗の原因の一つがマーケティング戦略である。レミントンランドはコンピュータが従来のパンチカード機の売上を落とすのはまずいと考え、パンチカード機とコンピュータの営業を統合しなかったため、ビジネスチャンスを逸することが多かったのだ。また、フィラデルフィアとミネアポリスの工場同士が反目してしまったことと、ソフトウェアが育たなかったことに、さらにマーケティングの失敗が重なり、レミントンランドは傾いていったのであった。大衆的なコンピュータのイ

メージは UNIVAC だったが、企業は IBM を選択していった。コンピュータ専門家のハーブ・グロッシュ (Herb Grosch) は、レミントンランドが IBM に先んじていた状態を失ってしまったことを「勝利の勢いに乗れず、負けを引いてしまった」と表現した。

コンピュータ競争

　IBM 対 UNIVAC のエピソードは 1950 年代のコンピュータ産業を代表する話ではあるが、実際の動きはもっと複雑な業界再編の一部だった。

　1950 年代前半には、エレクトロニクスや制御関係の会社がエンジニアリングや科学計算用のコンピュータを製造しても、そんなに儲からないにもせよ、大損もしないといった状態だった。しかし後半になると、コンピュータは大量生産を要する商用機械へと変貌したため、こうした製造会社は、撤退するか、それとも周辺機器やアプリケーションソフトウェア開発に大量の資金投入をし、マーケティング費用も払って IBM に対抗するかの選択を迫られることになった。そして、RCA と GE、それにハネウェルの 3 社だけが市場にとどまる決定を行った。残りのフィルコやレイセオンなどは撤退したのである。

　さらに厳しかったのが数多くのコンピュータ関係スタートアップで、ごく少数しか 1960 年代まで生き残れなかった。ノースロップからのスピンアウトのCRC、ハネウェルとレイセオンのジョイントベンチャーであるデータマティック (Datamatic)、エレクトロデータ、CDC (Control Data Corporation)、DEC (Digital Equipment Corporation) などが残っており、このうち独立を保って大きな企業に成長できたのは、CDC と DEC だけだった。さらに 1950 年代末までメインフレームコンピュータの製造で生き残ったのは CDC のみで、DEC はのちにミニコンピュータというニッチな市場を見つけて大企業に成長して生き残った (第 9 章参照)。いわゆる破産後の弱小コンピュータ会社は、オフィス機器会社に買い取られることも多かった。たとえば EMCC や ERA はそうしてレミントンランドに吸収されたのだった。

　IBM 以外のオフィス機器会社は、戦後の電子化の波には乗らず、コンピュータ製造にも興味を示さなかった。IBM と同様、商用コンピュータ市場には懐疑的で、電子技術を採り入れるにしても、既存の製品の改良に使うといった位置づけだった。たとえば NCR は、銀行用会計機械を電子化した「ポスト・トロニック」(Post-Tronic) という製品を出したが、これが大成功を収め、当時のコンピュー

タよりも大きな儲けを生んだ。1956 年に米国銀行協会の総会で発表されるや話題となり、1 億ドルビジネスにまで成長し「その後の NCR のコンピュータ製造への大きな投資を可能にする儲けを出した」のである。NCR は 1953 年に CRC を買収し、1956 年に商用コンピュータシリーズを発売するに至った。

　バロースは、コンピュータ部門を作ろうとして、1948 年にムーアスクールの研究部門長だったアーヴン・トラヴィスを雇い、ペンシルヴァニアのパオリに置いたコンピュータ研究所を率いてもらった。バロースはこの電子技術の研究開発部門に年間数百万ドルを投資したが、これは「1946 年から 1948 年にかけて収益が 1 億ドルに満たない企業において、ましては 1946 年には 190 万ドルの純益しかないなかで、この決断は非常に勇気がいることで、先を見通した判断だった」のである。しかしバロースはデータ処理コンピュータの自社開発に失敗し、スタートアップでデータトロンというコンピュータの開発に成功していたエレクトロデータを 1956 年に買収する。バロースはエレクトロデータに 2,050 万ドルという当時においては大きな金額をつぎ込んだ。エレクトロデータの技術力とバロースの営業力、さらに既存の顧客との相性はよく、コンピュータ製造会社の一角にすぐに食い込むことができた。

　このように 1950 年代には数社のオフィス機器会社が、自社開発にせよ買収にせよ、コンピュータ製造に乗り出そうとした。モンロー、アンダーウッド、フリーデン、ロイヤルなどがそれであったが、1960 年代までコンピュータ産業で生き残ることはできなかった。1950 年代末にはコンピュータ産業に残った主な企業は、IBM とその他の同業者（スペリーランド、バロース、NCR、RCA、ハネウェル、GE、CDC）であり、ジャーナリストたちはそれを称して、IBM と 7 人のこびとと呼んだ。

　このように 1950 年代にはコンピュータ産業が興ったが、10 年ほどがすぎても競争というほどのものはまだ始まっていなかった。1959 年になっても、IBM は米国内の収入の 65 パーセントをパンチカード機から得ており、海外市場ではその割合は 90 パーセント以上に達していた。1950 年代は IBM の劇的躍進の時代で、従業員は 3 万人から 10 万人になり、収益は 2 億 6,600 万ドルから 16 億 1,300 万ドルへと 5 倍になった。そして、次の 5 年間で IBM は文字通りコンピュータ市場の覇者となったのである。その成長の原動力は IBM 1401 の登場だった。

メインフレームの時代：IBM の季節

　1957 年の映画「デスクセット」は、キャサリン・ヘプバーンとスペンサー・ト
レイシー主演の軽い恋愛コメディだが、電子コンピュータを大きく取り上げた初
めての映画でもある。映画の中でトレイシーは、「能率化の専門家」であるリ
チャード・サムナーを演じている。サムナーは、架空の全国放送ネットワークの
研究部門にコンピュータ技術を導入する責任者である。彼の努力に抵抗するのが
（ヘプバーン演じる）バニー・ワトソンだ。彼女は、自分や同僚の司書たちを「電
脳機械」に置き換えようという試みに違いないと思って腹をたてている。トレイ
シーとヘプバーンは口論し、からかいあい、ついには恋に落ちるが、それにあわ
せて、威風堂々たる EMERAC (Electro-Magnetic Memory and Research
Arithmetic Calculator) が素朴で愛嬌たっぷりで恐るるに足りないものだという
ことが徐々に明らかになる。技師が間違えて（コルフ島でなく）「カーフュ」島の
情報を尋ねると、「エミー」は気が動転して煙を噴き出してしまうのだ――バ
ニー・ワトソンが割り込んで、便利なヘアピンを使って「彼女」を直してあげる
まで。

　EMERAC という名前は明らかに ENIAC と UNIVAC の両方をもじったものだ
が、「デスクセット」に最も密接に協力したコンピュータ製造会社は IBM だった。
この映画で IBM はプロダクトプレイスメントに成功した。映画は IBM のコン
ピュータのクローズアップで始まる。IBM は俳優やプロデューサーのためにト
レーニングや装置を提供し、映画のエンドロールでは目立つように謝辞が入れら
れた。そして、技術が失業を引き起こすのではないかという当時の懸念を映画が
正確に反映している一方、コンピュータに関するその最終的な結論は徹底的にポ
ジティブなものだった。すなわち、コンピュータは単調でつまらない仕事をなく
してくれる機械なのであって、人間の従業員を排除するものではないのだ。さま
ざまな点でこの映画は、電子コンピューティング一般と、特に IBM についての、
拡張された広告だった。

　しかしながら「デスクセット」は、現代のコンピューティング史の鍵となる時代を非常に深い見識をもって映し出したものでもあった。脚本家のヘンリー・エフロンとフィービー・エフロンは、明敏に社会を観察していた。能率化の専門家と電子コンピュータの組み合わせも、米国人の多くが「電脳」に対して抱いていたアンビバレンスも、どちらも当時の考えを正確に反映したものだった。バニー・ワトソンのように、労働者たち（そして経営者たち）はコンピュータを受容していく必要があった。

　しかし「デスクセット」が映画館で上映されていたころですら、生物でないスター EMERAC は物珍しい時代遅れなものとみなされはじめていた。灰色のエナメルの筐体と丸みのある角は、簡素な事務機器という過去の姿を思い起こさせた。IBM は、自身の地位を、そしてコンピュータのイメージを、1959 年秋に発表したモデル 1401 でもって変えようとしているところだった。その 3 年前に IBM は米国におけるインダストリアルデザイナーの第一人者エリオット・ノイス（Eliot Noyes）を雇っており、1401 には彼の影響が色濃い。その角のとがったデザインと色彩豊かな塗装は、モダニティを叫んでいた。

IBM 1401

　1401 はコンピュータというよりは、コンピュータ「システム」だった。IBM の競合他社の多くは中央処理装置、あるいは CPU の設計のことで頭がいっぱいで、システム全体のことを無視する傾向にあった。同様にコンピュータのアーキテクチャにこだわる技術系の人々は IBM にもたくさんいた。「プロセッサが大流行だった」と、IBM のある技術系マネージャーは振り返る。「プロセッサがリソースを持っていっていたし、開発に携わる人なら誰でもプロセッサを設計する新しい手法を考えていた」。しかし、IBM では専門技術者よりもマーケティングマネージャーのほうが優位に立っており、彼らは顧客が、競合するコンピュータ設計の技術的利点よりも、ビジネス上の問題の解決のほうに関心があると考えていた。結果として、IBM の技術者たちはコンピュータをトータルシステムとしてみることを余儀なくされた。すなわち、「プログラミング、顧客の変化、現地サービス、訓練、予備部品、ロジスティクスなどを考慮に入れる」ことが必要になる、全体論的アプローチである。この哲学が 1950 年代の IBM 650 に成功をもたらし、モデル 1401 を成功に導くこととなった。実際のところ、これが IBM と主な競合他社との最も大きな違いだった。

1401の起源は、真空管ベースだったモデル650磁気ドラムコンピュータをトランジスタ化した後継機を作らなければならなくなったことにある。1958年までに、800台のモデル650が出荷された。これはほかのメインフレーム製造会社が作ったすべてのコンピュータを合わせた数よりも多い。それでも650は、数千台も設置されているIBMの伝統的なパンチカード会計機に食い込むことができないでいた。IBMの顧客の多くがなぜコンピュータに抵抗し、伝統的な会計機にこだわりつづけたのかについては、しっかりした理由がいくつかある。なかでも一番のものはコストであった。1台の650を1か月レンタルするのにかかる3,250ドルで、顧客はパンチカードを何台もレンタルすることができ、650と同じかそれよりもよい仕事をすることができたのである。第二に、650はおそらく市場に出ている最も信頼性の高いコンピュータではあったが、電気機械式の会計機に比べると根本的にはるかに信頼性の低い真空管ベースの機械だった。第三に、650を使おうとすると、アプリケーションソフトウェアを開発するプログラミングスタッフを雇わねばならないという問題に直面した。というのも、IBMは当時プログラミングのサポートをほとんど提供していなかったからである。それは、大規模で冒険的な企業しか享受できない贅沢だった。最後に、650の「周辺装置」の多く、すなわちカードの読み取り機や穿孔機、プリンタなどが、既存のパンチカード機由来のパッとしない製品だったということがある。それゆえ、多くのビジネスユーザーにとって、650は実際のところ見かけのよくなったパンチカード機以上のものではなかったのである。現実的な長所はほとんどなく、短所が多かった。かくして、IBM 407会計機は1950年代の終わりまでずっとIBMの最も重要な製品でありつづけた。

1958年に1401の仕様が具体化しはじめたが、それにはIBMが650で得た経験が強く影響していた。とりわけ、この新しい機械は650よりも安価で、高速で、信頼性の高いものでなければならなかった。これはおそらく、達成すべき仕様の中では最も簡単な部分だった。というのも、改良された電子技術に置き換えればいいということが事実上保証されていたからである。650の真空管をトランジスタで置き換え、磁気ドラムをコアメモリで置き換えれば、演算速度と信頼性は一桁改善されることになるだろう。次に1401には、650や会計機にまさる決定的な長所となる周辺機器が必要だった。新しいカード読み取り機や穿孔機、プリンタ、磁気テープユニットである。特に、最も重要な周辺機器として開発中だったのが高速プリンタで、1分に600行印刷することができた。

IBMはプログラミングの問題にも技術的解決策を見出さねばならなかった。

重要な課題は、パンチカード指向のビジネスアナリストたちにプログラムを書く能力を身につけさせるにあたり、再訓練のための多額の投資をしたり、新しいタイプの気難しいプログラマを雇ったりすることなく済ませるにはどうすればいいのか、ということだった。IBM の出した解決策は、レポート・プログラム・ジェネレーター（Report Program Generator, RPG）という新しいプログラミングシステムだった。これは特別に設計されていて、会計機のプラグボードの配線に慣れた人であれば、一日か二日のトレーニングを受ければ慣れ親しんだ記法や手法を使って自分でビジネスアプリケーションを書けるようになった。RPG の成功はあらゆる予測を上回り、世界で最もよく用いられたプログラミングシステムの一つとなった。しかし、RPG 言語の起源や、その難解な特徴のいくつかがパンチカード機のロジックをまねる必要性から生じたものだということを知っているRPG プログラマは、ほとんどいなかった。

　しかしながら、RPG があってもプログラムは書きたくないという顧客がいた。なかには、給与支払簿、請求書の作成、在庫管理、生産計画、その他のありふれた事務のためのアプリケーションソフトウェアを IBM に開発してもらいたいと考える顧客もいた。IBM にはパンチカード機時代の遺産があったために、こういった事務手順に精通しており、中規模の会社であればどこでも少し手を加えれば使えるようなソフトウェアを開発することが可能だった。IBM は、これまで最も広範囲にわたってサービスを提供してきた保険業、銀行、小売業、製造業といった業種向けに、総合的なプログラムスイートを開発した。こういったアプリケーションプログラムの開発は非常に費用がかさんだが、IBM は市場において優位であったため、ソフトウェアを「無料」で提供し、開発コストを数十から数百に及ぶ顧客から回収するということができた。事務機器業界における IBM のライバルたちである、スペリーランドやバロース、NCR には IBM に遠く及ばない数の顧客しかいなかったので、IBM と全面的に対決するのではなく、自分たちが伝統的に強みをもっている一つか二つの業界のためのソフトウェアを開発するようになっていった。

　IBM 1401 は 1959 年 10 月に発表され、1960 年の初頭に月額 2,500 ドルあまりのレンタル料（購入価格にして 15 万ドル）で出荷が開始された。これは中規模のパンチカード機を設置する費用とあまり変わらない。IBM は当初、約 1,000 システムの出荷を見込んでいた。これは結局たいへんな過小評価ということになってしまった。というのも、最終的に 12,000 システムが製造されたからである。

　IBM はいったいどうやってこれほどにも予想を見誤ったのか？　1401 は確か

に素晴らしいコンピュータだったが、その成功は、1401 がコンピュータであるということとはほとんど関係がなかった。そうではなく、決定的だったのは IBM がこのシステムにつけた新型の 1403「チェーン」プリンタだった。このプリンタは、高速回転する水平のチェーンに金属の活字が連結されていて、一連の油圧駆動ハンマーがそれを叩いて印字するという新しい技術を用いていた。戦前の印刷技術に基づく 407 会計機の 1 分あたり 150 行という印刷速度に比べ、このプリンタは 1 分あたり 600 行という速度を達成していた。したがって、407 会計機の 2 台分のコストで、1401 は標準的な会計機の 4 倍の印刷能力をそなえていたことになる。しかも、プログラム内蔵コンピュータの柔軟性も、いわば無料でついてくるというわけだった。この新たな印刷技術は、IBM の顧客がコンピュータ時代へと突入する動機としては思いがけないものだったが、それが現実となったのだ。

　しばらくのあいだ、IBM は自らの成功の犠牲者だった。というのも、顧客が次々にやってきては、古臭い会計機を返却し、コンピュータに取り換えることを決めたからだった。この決断は、IBM のインダストリアルデザイナーたちが後押ししたものだった。彼らは角の丸い鉄灰色のパンチカード機を追い出して、四角い水色のコンピュータキャビネットを取り入れ、新たなコンピュータ時代のモダニティと魅力をこれまで以上に呼び起こさせた。IBM よりも財務管理がきちんとしておらず借り入れ能力の少ない企業であれば、不要なレンタル機器の洪水への対処は問題になっただろう。しかし、『フォーチュン』誌の記者が書いたように

> 米国の経営史において、これほど収入を伸ばし、コンスタントに収益を上げてきた企業はほとんどない。もちろん IBM の株は、何年にもわたって素晴らしい成長をみせている標準例である。誰もが耳にしたことがあるように、1914 年に（2,750 ドルで）100 株を購入し、そのあとに 3,614 ドルを増資した人物は、今日 250 万ドルの価値のある資産を有していることになるのだ。

このような評判があったので、新製品の予期せぬ成功は、IBM の投資家たちにとっては喜んで受け入れるべき問題だった。淡青色の制服に身を包んだ 1401 が次々と全国のオフィスに納められていくのにつれて、IBM には新たにまがまがしいあだ名がついた。ビッグブルーである。

IBM と 7 人のこびとたち

　一方、IBM の成功は競争相手たちには難しい状況を作り出した。1960 年まで
にメインフレームコンピュータ産業は、IBM とその他の 7 社にまで縮小してい
た。このメインフレームサプライヤーのうち、最も大きな敗北を喫していたのが
スペリーランドで、1401 発売のずっと前から始まっていた凋落が確定的なものと
なってしまっていた。スペリーランドはこの業界のパイオニアではあったが、つ
いにコンピュータで利益を出すことはなく、ほとんど嘲りのような評判まで得て
いた。『フォーチュン』誌の別の記者は次のように書いている。

> IBM の主なライバル 7 社の中で、最も脅威にならないのが、レミントンラ
> ンドのコンピュータ事業を継承したスペリーランドの Univac 部門であ
> る。素晴らしい製品を生み出しておきながら、それをこれほど下手に扱っ
> た企業などほとんどない。Univac はよいモデルを出すのが遅すぎたし、
> ほかの部分もまるでダメだった。営業とソフトウェアときたら、IBM の足
> 元にも及ばなかった。

結果として、「ほかのコンピュータ会社の上位層には、幻滅して辞めた元
UNIVAC 社員があちこちにいた」。1962 年にスペリーランドは意欲的な経営者、
ルイス・T・レーダー (Louis T. Rader) を ITT 社から新たに迎え、彼は UNIVAC
が問題点に対処しようとするのを支えた。しかし、航空会社の座席予約コン
ピュータシステムへの参入に技術的には成功したにもかかわらず、レーダーはま
もなく「いくらよいネズミ捕りを作ったところで、他社が 5 倍もの人数のセール
スマンでネズミ捕りを売っている状況では何の役にも立たない」と認めざるをえ
なかった。
　1963 年に UNIVAC は危機を脱し、ついに損益が五分五分になりはじめた。し
かし、利益をもたらした UNIVAC 1004 はコンピュータではなく、既存のパンチ
カード機ユーザーをターゲットとする、トランジスタ化した会計機にすぎなかっ
た。今後の見通しは改善したが、それでも UNIVAC は市場シェアの 12 パーセン
トを握っているにすぎず、顧客も IBM の 6 分の 1 という惨憺たる数だった。こ
れは、1930 年代にレミントンランドがパンチカード機で獲得していた市場シェア
とほとんど変わらない。この会社は永久に二番手にとどまると思われた。
　ほかに IBM のライバルとなっていたビジネス機器会社にはバロースと NCR

があるが、どちらの市場シェアも 3 パーセントと UNIVAC の 4 分の 1 しかなく、IBM や UNIVAC にすらはるかに水をあけられていた。どちらの会社でも、戦略は安全第一だった。それぞれ主に銀行と小売部門という既存の顧客基盤を守る、という戦略である。この 2 社は既存の顧客が電気機械式から電子機器へと切り替える必要性を感じた際に、徐々に新技術へ移行できるようにするコンピュータを供給した。

　歴史のあるオフィス機器会社のどこよりも健闘し、1960 年代初頭のコンピュータ界で急上昇したのが、起業家ウィリアム・ノリスによって 1957 年に設立されたスタートアップ企業、コントロール・データ社であった。コントロール・データは優れた電子技術を用いて IBM の製品よりも価格性能比の優れたメインフレームを製造し、IBM の営業がそれほど大きな影響を与えていなかった高度な科学分野やその他の市場にそれを売り込むという効果的な戦略を展開していた。コントロール・データは業界 3 位に躍進し、UNIVAC に迫った。

　そのほかに 1960 年代初頭のメインフレーム産業で生き残っていた重要な企業といえば、電子機器・制御機器関係の巨大企業である RCA、ハネウェル、ゼネラル・エレクトリックのコンピュータ部門だけだった。この 3 社はすべて、IBM との競争に必要な投資をすると決めていた。どこも、影響力と事業規模では IBM と張り合えるので、この競争には現実的な可能性があった。しかし、この 3 社にとってコンピュータは基幹事業ではなく、なじみのない新市場に参入する試みの一つにすぎなかった、というのが IBM との違いだった。各社とも、1963 年の終わりに向けて、主要製品の発表を行おうと計画していた。

　ハネウェルは、IBM 1401 と互換性があり同じソフトを走らせることのできるモデル 200 コンピュータの発売を計画していた。それゆえ、IBM の既存の顧客は格好の標的というわけだった。ハネウェルのテクニカル・ディレクターは J・チュアン・チュウ（J. Chuan Chu）という名のしたたかな元 UNIVAC 技術者だったが、IBM は独占禁止法訴訟に対する脆弱性に対して大変神経質になっているので「事業の 10 パーセントであれば、我々にもっていかせないわけがないだろう」と推測した。RCA の内部では、伝説的な最高経営責任者、デイヴィッド・サーノフ将軍（David Sarnoff）が、IBM 互換コンピュータを開発するために莫大な資金を費やすことを会社に認めさせ、世界各地でこのコンピュータを製造するために海外企業とライセンス契約を結びはじめた。そして、ゼネラル・エレクトリックは 1963 年の終わりに小型、中型、大型の 3 種類のコンピュータを発表する計画を立てていた。

進化ではなく革命：System/360

　IBM 1401 はマーケティングの面ではずば抜けた成功を収めたものの、IBM 内部には互換性のない製品ラインが混在しており、IBM の業界内での優位を脅かしていた。IBM の内部関係者の多くは、同じアーキテクチャをもち同じソフトウェアを走らせることのできる「互換性のある」コンピュータを作ることでしか、この問題は解決できないと感じていた。

　1960 年の時点で、IBM は 7 種類もの異なるコンピュータモデルを製造していた。科学ユーザー向けのものもあれば、データ処理を求める顧客向けのものもあり、大型のものも、小型のものも、その中間のものもあった。製造という面からみれば、IBM はその巨大なスケールなら得られるはずの貴重な利益をほとんど得ていなかった。7 種類もの異なるコンピュータモデルを同時に製造していた IBM は、一つの統合体というよりはむしろ小さな企業の連合体となりつつあった。各コンピュータモデルにはそれぞれ、そのコンピュータを必要とするニッチ市場に売り込むために訓練された専属のマーケティング部隊が割り当てられていたが、この特化された営業部隊を別の機械あるいはニッチ市場へと移行させるというのは、そう簡単なことではなかった。各コンピュータモデルには、専用の生産ラインと、専用に特化された電子部品が必要だった。実際、IBM は自社のコンピュータのために、2,500 種類もの回路モジュールの在庫を抱えていた。周辺機器も問題だった。あらゆる周辺機器をどのプロセッサにも接続できるようにするためには、数百もの周辺機器制御装置が必要だったからである。

　こういったことはすべて、IBM のパンチカード製品と比較せねばならない。IBM のパンチカード機は、単一のシリーズ（400 シリーズ会計機）だけであらゆる顧客を満足させていた。そのため製造プロセスの合理化と部品の標準化が可能となり、パンチカード機では IBM の競争相手など実質的にまったくいないくらいにまで製造コストが削減されていたのである。

　しかし最大の問題は、ハードウェアではなくソフトウェアにあった。IBM が顧客に提供しているソフトウェアのパッケージ数は増える一方だったので、コンピュータモデルの激増はひどいギアリング効果を生み出した。m 種類のコンピュータモデルに対し、n 種類のソフトウェアパッケージが必要となると、全部で $m \times n$ 種類のプログラムを開発し、サポートせねばならなくなる。この組み合わせ爆発は、遠くない未来のどこかの時点で IBM を呑み込んでしまう恐れがあった。

　同じくらい問題なのが、IBM の顧客が書いたソフトウェアだった。コンピュータは特定のニッチ市場に的を絞ったものだったので、ある企業がコンピュータシステムを 2 倍以上の大きさに拡張しようとすると、別のコンピュータモデルに変更するほかなかった。変更が終わると、今度はユーザーアプリケーションをすべて再プログラムしなければならない。移行期にはしばしば、この再プログラミングによって組織にものすごい混乱が引き起こされた。実際のところ、再プログラミングは新しいコンピュータそのものよりも高くつくことがあった。そしてIBM が百も承知であったように、ある会社がコンピュータモデルを切り替えようと決意したときには、IBM の製品だけでなく、あらゆるメーカーのコンピュータを視野に入れることができたのである。

　こういった要素すべてが、互換性のあるコンピュータというコンセプトを IBMが早晩取り入れねばならないということを示していた。しかし、IBM において、これは技術的に特に挑戦的なことだった。なぜなら、規模やアプリケーションの面からみて、顧客が非常に広範囲にわたっていたからである。互換性シリーズは、小規模な顧客から巨大な顧客まで、また科学分野から商業分野まで、IBM のありとあらゆる既存顧客を満足させねばならなかった。また新しい機械では、その系列内の製品であればすべて互換性をもち、ある機械で書かれたプログラムはほかのどんな機械でも動かねばならなかった。確かに小型の機械では遅くはなるが、再プログラムを一切行わずとも動かねばならなかったのである。

　互換性のある製品の一群を作るという決断は、あとから振り返るとそこまで明快なものではなく、IBM は非常に苦しんだ。一つには、目指している互換性が技術的に実現可能かどうか、まったく明らかではなかったということがある。そして、仮にそれが実現可能だったとしても、互換性を実現するためのコストが各機種のコストに上乗せされた結果として、市場での競争力を失うという恐れがあった。もう一つ複雑だったのは、既存の製品を足掛かりに現在の成功をより強化したいと考える派閥が IBM 内部に存在したことである。たとえば、1401 を支持する派閥は、この機種のさらに強力なバージョンを作りたがっていた。この人たちは、IBM がこれまでで最も成功した製品を放棄しようと考えるなど狂気の沙汰だ、と思っていたのである。もしも IBM が 1401 を捨ててしまったら、不満を抱いた何千ものユーザーは競合他社の思い通りになってしまう、と彼らは主張した。IBM 内の別の派閥は、IBM の 7000 シリーズという大型機種に代わる、8000シリーズとして知られる新しい製品を作ることを希望し、部分的に設計もしていた。

　しかし、製品戦略を決定することになったのはソフトウェアの問題で、1960 年後半までに、流れはこの過激な解決法のほうに向かいはじめた。IBM のコンピュータでほかの機種のプログラムを走らせられるものは一つもなく、IBM がさらに多くのコンピュータモデルを導入した日には、ある経営トップが言ったように「渾沌に、今よりもずっとひどい渾沌に陥ってしまうことになる」。それからの数か月、プランナーやエンジニアは、新しいシリーズの仕様作成と、IBM 内部の15 から 20 に及ぶコンピュータ開発グループを調整してそれを達成するという、技術的および経営的問題について探りはじめた。進捗は遅かったが、それはとりわけ、この議論に関わっていた人たちがほかの仕事の責任を負っていたり、別の解決策を好んだりしていたから、そして互換性のあるコンピュータというコンセプトがまだ日の目をみるかどうかもわからない可能性の域を出ていなかったからだった。

　互換機をめぐる論争を速やかに解決するために、1961 年 10 月、トーマス・ワトソン・ジュニアに次ぐ IBM 社内のナンバー 2 であった T・ヴィンセント・ラーソン（T. Vincent Learson）は、IBM のエンジニアリング、ソフトウェア、マーケティングのシニアマネージャー 13 名で構成された、SPREAD と呼ばれるタスクグループを設立した。SPREAD は Systems, Programming, Review, Engineering, And, Development（システム、プログラミング、再検討、エンジニアリング、開発）の頭文字をとった略語だが、IBM の未来のデータ処理製品の総合計画を立てるという広範な事業という含みもあった。進捗は遅く、1 か月後、典型的な IBM 副社長であるラーソンは、年末までに結論を出すというのに耐えきれなくなった。11 月初旬、彼はタスクグループの全員を、日々の心配で気の散らされることのないコネティカットのモーテルに追放し、「合意に達するまで戻ってくるなと命令」した。

　1961 年 12 月 28 日付の 80 ページにわたる SPREAD 報告書は、事実上その年の仕事納めの日に完成した。この報告書では、IBM の既存のコンピュータすべてに置き換わる互換性のあるコンピュータのシリーズを構成する、いわゆるニュー・プロダクト・ライン（New Product Line）を作ることを勧めるものだった。1 月4 日に SPREAD 報告書はワトソン・ジュニア、ラーソン、そしてその他の IBM最高幹部に提示された。このレポートの射程は息をのむようなものだった――それを実現するための費用も。たとえば、ソフトウェアだけで 1 億 2,500 万ドルかかると見積もられていた。IBM においてプログラミングに関する事業すべてにかかるお金が、1 年に 1,000 万ドルだった時代の話である。ラーソンは、会議で

はニュー・プロダクト・ラインにかける熱意はほとんどみられなかったと回想している。

> 問題は、これはあまりにも壮大すぎると皆が考えていたということだ……
> この仕事は、マーケティング担当者にも、財務担当者にも、エンジニアにも、巨大すぎるものだった。これは自分たちのあらゆるリソースがすべて一つのプロジェクトにくぎ付けになるような巨大な仕事なのだということを、誰もが認識していた——そして長期間にわたって成果は出ないだろう、ということもわかっていた。

しかし、ワトソンとラーソンは、旧来の方法で進みつづけるのはむしろ危険すぎると認識していた。彼らは会議をこのような言葉で締めた。「よし、わかった。やろう」。

　ニュー・プロダクト・ラインの実装は 1962 年春に始まった。非常に重要視されたのが商業秘密である。たとえば、プロジェクトは NPL というそっけない名前で呼ばれ、計画中の五つのプロセッサにはそれぞれ 101、250、315、400、501 という、人を惑わせるようなコードナンバーが振られた。ある統一された製品系列だというヒントは何もないし、なかにはほかのメーカーの競合機と同じモデルナンバーのものもあった。仮にコードナンバーが漏洩したところで、単に競争相手を混乱させるだけだった。

　ニュー・プロダクト・ラインは、それまでに民間で行われた R&D（研究開発）プロジェクトとしては最大のものの一つだった。IBM 社がいくぶん緩みはじめる 1980 年代初頭まで、この開発に関する話は秘匿されていた。IBM の広報陣という障壁を乗り越えることに成功したただ一人のライターが、『フォーチュン』誌のジャーナリスト、トム・ワイズ（Tom Wise）だった。彼は「IBM の 50 億ドルのギャンブル」という言葉を作り出し、「第二次世界大戦で原子爆弾を製造したマンハッタン計画ですら、ここまでの費用は投じなかった」と書いた。これは誇張のように当時は思われたが、ワイズの推定はほぼ当たっていた。ワイズは、シニアマネージャーの一人が「冗談半分に、自分たちはこのプロジェクトのことを『会社で賭けをしている』と呼んでいる」と言ったと報じた。ワイズが伝えたこの向こう見ずなイメージを IBM はむしろ気に入ったと言われているが、渾沌に満ちて非合理的な IBM の意思決定プロセスを記事が詳しく述べるに至ると、ワトソン・ジュニアは激怒して、「このような記事が出たことは、社内の誰もが口を閉

ざし、世間には統一見解を示し、内部の不和は閉じたドアの内側にとどめておく
べきだという教訓となるだろうという主旨の回覧文書を出した」。

　研究プログラムの詳細な計画は見事なものだった。計画中の五つのコンピュー
タモデルのうち、大型の三機種はニューヨーク州ポキプシーにある IBM の主要
設計施設で、最も小型のものはアップステート・ニューヨークにあるエンディ
コットの施設で、そして 5 番目の機種はイングランドのハーズレイ開発研究所で
開発されることになっていた。地理的に離れたところにある設計グループのあい
だで、設計を互換可能に保つということは単純に大きな問題だった。開発グルー
プ間の協調をはかるために、常設の大西洋横断ライン 2 本を含む、広範な遠距離
通信設備が用いられた。これは当時行われた民間の研究開発計画としては空前の
出費となった。ニューヨークでは、数百人、ついには数千人のプログラマが
ニュー・プロダクト・ラインのためのソフトウェア開発を行った。

　すべて合わせると、直接の研究開発費用は約 5 億ドルに達した。しかし、実装、
すなわち工場での機械の設置や、マーケティングスタッフの再訓練、サービス技
術員の再装備などにはさらにその 10 倍を要した。大きな費用のかかったことの
一つに、半導体製造の生産能力の増強があった。これは IBM が以前から弱かっ
た部分である。トム・ワトソン・ジュニアは、支出の裁可をするのに取締役会を
丸め込まねばならなかった。彼は次のように回想している。

　　　当時、通常の工場には 1 平方フィートあたり 40 ドルのコストがかかって
　　　いた。集積回路工場は無塵を保たねばならず、見た目は工場というよりも
　　　外科の手術室のようで、コストは 150 ドルを超えていた。やってくる請求
　　　書を私はほとんど信じられない思いで受け取ったし、ショックを受けたの
　　　は私だけではなかった。役員会では、コストをめぐって私はひどい目に
　　　遭った。「これが全部本当に必要だと確信をもっているのですか？」と彼
　　　らは言ったものだ。「合い見積もりは取りましたか？　我々は別に豪華な
　　　工場は要らないのです」。

この投資は、半導体製造業の世界最大手へと IBM を押し上げた。

　1963 年の後半までに、開発には勢いがつき、経営トップは製品の発売へと心を
向けはじめた。この互換性をもつ系列は、System/360 と名付けられた。これは、
「コンパスの全方位を示」し、この機械の汎用性を示唆する名前だった。発表戦略
には困難が伴っていた。一つの選択肢は、シリーズ全体を一気に発表すること で

大きな評判を得るというものだった。しかし、これにはリスクがあった。顧客が既存製品の注文をキャンセルしてしまったら、新製品の生産が流れにのるまでIBM は何も売ることができずに取り残されるかもしれなかった。より安全でありきたりの戦略は、数年にわたって一度に一機種ずつ発表していくという方法だった。こちらであれば、旧機種から新機種への移行をより穏やかに進めることができ、実際のところ、IBM が 1950 年代に古いパンチカード機からコンピュータへとうまく移行させたときのやり方が、この方法だった。

　しかしながら、1963 年 12 月にハネウェルがモデル 200 コンピュータを発表すると、発表戦略をめぐる IBM 社内の論争はすべて事実上終わることとなった。ハネウェル 200 は、IBM との互換性というコンセプトを積極的に用いて IBM に挑んだ最初の機種だった。このハネウェルのコンピュータは IBM 1401 と互換性があったが、新型の半導体技術を用いることで、価格性能比を 4 倍も上げることに成功していた。この機械は 1401 と互換性があったので、IBM の顧客であれば、レンタルしている既存の機械を IBM に返却し、同じコストでよりパワフルなモデルをハネウェルから手に入れるか、より低いコストで同じだけの能力の機械を手に入れることが可能となったのである。ハネウェル 200 シリーズは再プログラミングなしで IBM のプログラムを走らせることができたし、「解放者」(liberator) という挑発的な名前のプログラムを使えば、既存の 1401 のプログラムをスピードアップさせて、ハネウェル 200 の能力を存分に活用させることもできた。

　これは見事な戦略で、華々しい成功を収めた。ハネウェルは発表後の 1 週間で400 もの注文を受けたが、これはハネウェルがコンピュータ事業を始めて以来 8年間で受けた注文の数より多かった。ハネウェル 200 の登場によって IBM 1401は目に見えて落ち込み、1401 を返却して新しいハネウェル機に切り替える既存のユーザーも出はじめた。IBM 内部では、1401 ユーザーの 4 分の 3 がハネウェルに乗り換えようとするのではないかという懸念が広がった。

　System/360 についての計画はすべて終わっていたが、それでも IBM は引き返せないほどニュー・プロダクト・ラインに深入りしていたわけではなく、ハネウェル 200 の登場によってマーケティング計画を再度やりなおす必要が生じた。この土壇場で、選択肢は二つあるように思われた。一つは、System/360 の全系列の発売に向けて進みつづけ、System/360 が世間の注目を集めて 1401 が時代遅れと思われるようになり、ハネウェル 200 を凌ぐのを期待するという方法である。もう一つは System/360 を放棄し、1401 のパワーアップバージョンである 1401Sを発売するという方法だった。これはすでに開発が始まっていて、ハネウェル機

に対して競争力があった。

　3月18日と19日に、ワトソン・ジュニア、IBM社長のアル・ウィリアムズ (Al Williams)、そして30人のIBM役員が参加した長時間に及ぶリスク評価会議で、運命を左右する最終決断が下された。

　　　リスク評価会議の最後には、360に対する異議はすべて反論され、ワトソンは満足しているようにみえた。司会をしていたアル・ウィリアムズが皆の前に立ち、ほかに何か意義はないかと尋ねたが、誰も何も言わなかった。彼は演劇のように抑揚をつけて言った。「いいですか……いいですか……はい、決まりです！」

　IBMの活動は今や最高潮に達していた。3週間後、System/360の製品系列全体が発表された。IBMは合衆国内の63の都市と海外の14の都市で、同日に記者発表を企画した。ニューヨークでは、チャーターされた列車で200人もの記者がグランドセントラル駅からIBMのポキプシー工場まで移動し、全員が大きな展示ホールに案内された。そこでは「6種類の新型コンピュータと44機種の新しい周辺機器が眼前にずらりと並んでいた」。白髪交じりだが、50歳前で若々しく、いくぶんケネディ風にみえるトーマス・ワトソン・ジュニアは中央のステージに立ち、「会社の歴史で最も重要な製品の発表」として、IBMの第三世代コンピュータ、System/360の発表を行った。

　コンピュータ業界とコンピュータユーザーは、その発表のスケールに度肝を抜かれた。IBMが何か発表をするだろうということ自体は以前から予測されていたが、厳しい情報統制がきわめて効果的だったため、製品ライン全体を入れ替えるという決断に、外部の人間は不意を突かれたのだ。『フォーチュン』誌の記者、トム・ワイズはこの雰囲気を正確に捉え、このように書いている。

　　　新しいSystem/360は、既存のほかのコンピュータを事実上すべて時代遅れにしてしまおうというものだった……それはまるで、ゼネラル・モータースが既存の型やモデルを廃止して、根本的に再設計されたエンジンと新奇な燃料で動き、あらゆる需要に応えられる新しい自動車のラインナップを提示しようと決めたのと、ほとんど同じだった。

　この「近年では、最も重要で驚くべき、おそらくは最もリスクの高い経営判断」

は見事に成功した。System/360 に対して文字通り数千もの注文が殺到し、IBM の供給能力をはるかに上回った。生産を始めた最初の 2 年間は、受注した 9,000 もの注文の半分以下しか充足することができなかった。この需要の拡大に対応するために、IBM はマーケティングと製造に携わるスタッフを新たに雇い入れ、新しい生産工場を開設した。そうして、System/360 の発売から 3 年の間に、販売とリースによる IBM の収入は 50 億ドル以上へと急増し、従業員数は 50 パーセント以上増えて 25 万人に近づいた。

System/360 は「IBM が作り、IBM を作ったコンピュータ」と呼ばれている。IBM は当時知る由もなかったが、System/360 はその後 30 年間にわたる成長の原動力となった。この点において、この新シリーズは IBM にとって、1930 年代初頭から 1960 年代初頭のコンピュータ革命まで IBM の成長を支えた定評ある 400 シリーズ会計機とまさしく同じくらい重要なものとなろうとしていた。

こびとたちの反撃

System/360 の発表に続く数週間で、IBM の競争相手たちは対応を定めはじめた。System/360 はソフトウェア互換性のあるコンピュータという概念を軸に、この業界を劇的に作り変えてしまった。互換機種という概念は多くの製造会社が 1964 年までに検討していたが、現実には IBM の発表が決定を強いることになった。

メインフレームコンピュータ産業においては IBM が優位だったが、単に IBM より優れた製品を作るということは決して不可能ではなかったし、そうしてこのコンピュータ業界の巨人と競り合うことは依然として可能だった。コンピュータ史の神話では、System/360 は見事な技術的成果で「この国の最高の産業イノベーションの一つ」だとしばしばみなされてきた。当然これは IBM が全力で後押しした見方である。しかし、技術的観点からみると、System/360 は十分役立つという以上のものではなかった。互換性のある機種系列というアイディアはまったく革命的ではなく、業界を通じてよく知られていたものだったし、IBM によるこのコンセプトの実装は保守的かつ平凡だった。たとえば、IBM が用いた独自の電子技術である固体論理技術（Solid Logic Technology, SLT）は、第二世代コンピュータで用いられたバラバラのトランジスタと後の世代で用いられることになる本物の集積回路の中間のものだった。IBM の選択の根底にはリスクを回避するという賢明な決断があったが、しかし System/360 を「第三世代」と呼ぶのは、

事実を歪曲したマーケティング用のスローガンでしかなかった。

　System/360 の最も深刻な設計上の欠点はおそらく、コンピュータに関して最も急成長していた市場であったタイムシェアリングに対応することができないということだった。タイムシェアリングを利用すれば、1 台のコンピュータを多数のユーザーで同時に使用することができた。もう一つの問題は、System/360 のソフトウェア開発プログラム全体が大失敗も同然だったということである（このことについては第 8 章でみる）。数千人ものプログラマが 1 億ドル以上もかけて、欠点だらけのソフトウェアを製作していた。IBM は、System/360 の 5 億ドルに及ぶ研究コストからいかに貧弱な価値しか引き出せなかったかに気づかないほど、世間知らずではなかった。トム・ワトソン・ジュニアは新しいコンピュータの欠点の噂を聞きつけ、技術監査を個人的に強く要請し、IBM のエンジニアリングは二流なのではないかという自らの疑いを確信に変えた。

　しかし、いつものことながら、IBM の成功において技術はマーケティングの二の次だった。それに、マーケティングで IBM と競い合おうとする企業はありえなかった。それゆえ、IBM と少しでも競り合おうとするために、競争相手である 7 人のこびとたちは IBM の技術的弱点の一つを狙わねばならなかった。

　第一の、そして最も挑戦的な対応は、System/360 と互換性があり価格性能比がさらに優れたコンピュータを作って、IBM に真正面からぶつかるというものだった。これは、ハネウェルが 1401 と互換性のあるモデル 200 を作ったときに行ったことと同じである。この試みを行うのに十分な資金力と技術力をもった数少ない企業の一つであった RCA は、この戦略をとった。事実、System/360 の発表の 2 年前に、RCA は IBM 互換コンピュータ機種を作るために 5,000 万ドルを投じていた。RCA は、IBM が最終的にどのようなアーキテクチャや命令コードを採用しようとも、それが「米国の、そしておそらくは全世界の標準コードになるだろう」と考え、計画をわざとフレキシブルに保ってなんでもコピーできるようにしておいたのである。

　1964 年 4 月の System/360 発売のそのときまで、RCA の製品企画担当者たちは発表の日程も System/360 の最終的な形も、何一つ知らなかった。産業スパイ行為はなく、発表のその日に彼らは新系列を初めて目にすることになったのである。それから 1 週間のうちに彼らは、System/360 と完全に互換性のある RCA 機種を作ると決定し、公表されている IBM のマニュアルをもとに「機械を外側からコピーしはじめた」。IBM と競争するためには、RCA は価格性能比において 10〜15 パーセント優位に立つ必要があった。RCA は電子部品における世界有数

の能力を生かし、IBM が用いた SLT 技術の代わりに完全な集積回路を用いたシリーズを製造することで、これを達成しようと計画した。こうすれば、RCA 機はお値打ちに、つまり IBM 機よりも小さく、安く、速くなる。RCA はこの機種を、スペクトラ70（Spectra 70）として System/360 発売の約 8 か月後である 1964 年 12 月に発表した。

　IBM との互換性の方向に大々的に進んだメインフレーム製造会社は RCA だけだった。IBM の巨大なスケールメリットを考えれば、IBM より優れた価格性能比を達成するには潜在的困難が伴うため、RCA の戦略はきわめてリスクが高いとみなされた。また、IBM 機と互換性を保つとなると、IBM がコンピュータに改良を施すたびにそれを奴隷のように追うはめになってしまう。さらに悪いことに、IBM がある日 System/360 を全面的に廃止してしまうという可能性もあった。

　それゆえ、System/360 に対抗する第二の、よりリスクの少ない戦略は、製品の差別化、すなわちお互いに互換性はあるが System/360 と互換性があるわけではないコンピュータ系列を開発する、ということだった。これがハネウェルのとった戦略である。大成功したモデル 200 をもとに機種を上下に拡張し、小型の機種としてモデル 120、四種類の大型機種として、1200、2200、4200、8200 を製造して、1964 年 6 月から 1965 年 2 月にかけて発表した。これはハネウェルにとっては難しい決断だった。なぜなら、降伏を拒んで、時代遅れのアーキテクチャに最後までしがみつくかのように思われたからである。しかしながら、ハネウェルが抱いたのは IBM 1401 の既存顧客層の 10 パーセントにあたる、全部で約 1,000 台を獲得するというささやかな野心であり、それは難なく達成された。IBM とは互換性のないコンピュータを製造するという同様の戦略は、バロースが 1966 年に発表した 500 シリーズで採用し、NCR は 1968 年に発表した Century シリーズで採用した。

　IBM と競争する第三の戦略は、IBM では十分満たされないが、そのサプライヤーが何らかの特殊な競合優位性をもつような、ニッチ市場をめざすというものであった。たとえばコントロール・データは、System/360 系列には超大型機種がないことに気づき、通常のメインフレーム製造をすべて諦め、主に政府と国防研究機関向けに設計された巨大な数値計算用コンピュータだけを製造すると決定した。同様に、ゼネラル・エレクトリックは IBM がタイムシェアリングに弱いことを見て取り、ダートマス大学や MIT のコンピュータ科学者たちと協力して、あっという間にタイムシェアリングコンピュータシステムの世界的リーダーとなった

（第9章を見よ）。ほかのケースでは、製造会社は既存のソフトウェアやアプリケーションの経験を利用した。たとえば UNIVAC は機種に関する大きな発表をすることなく、航空機座席予約システムで IBM と互角に渡り合いつづけた。ここでもバロースと NCR は、コンピュータ製品そのものは冴えないものだったが、彼らが加算機やキャッシュレジスターを販売していた19世紀末にまでさかのぼる銀行や小売業との特別な関係に基づいて事を進めることができた。これは、ソリューションを売っているのであって問題を売りつけているのではない、という古くからのビジネスだった。このような戦略や戦術で、7人のこびとたちは全員が1970年代まで生き延びた——かろうじて。

　1960年代の終わりには、IBM は無敵のように思われた。IBM は世界中のメインフレームコンピュータ市場の4分の3を手にしていた。メインフレームにおける IBM の競争相手7社の市場シェアはそれぞれ、2〜5パーセントであった。巨額の赤字を出している会社もあり、かろうじて利益が出る以上の状態だった会社は一つもなかった。売上の25パーセントと推定される IBM の並外れて高い収益のおかげで、ほかの会社は「価格の傘」の下に入ることができた。7人のこびとたちは IBM の慈悲のもとでしか生きられない、もしも価格の傘がたたまれてしまったら、こびとたちは皆ずぶぬれになるか、溺れてしまうだろう、とはしばしば言われていた。1970年から1971年の最初のコンピュータ不況で起こったのが、このことである。当時のジャーナリストたちが述べたように、IBM がくしゃみをして、業界が風邪をひいた。RCA とゼネラル・エレクトリックはどちらも、1970年代初頭の世界的な景気の悪化に伴い、基幹事業である電子機器と電気事業に問題を抱えていたので、あがくのをやめて赤字のコンピュータ事業部を廃止することに決めた。彼らの顧客層は、それぞれスペリーランドとハネウェルに買い取られ、この2社が比較的小さなコストで市場シェアを得るのに役立った。そのときから、業界は IBM と7人のこびとたちとみなされることはなくなり、IBM と BUNCH（一団）——バロース（Burroughs）、UNIVAC、NCR、コントロール・データ（Control Data）、ハネウェル（Haneywell）をあらわす——と呼ばれるようになった。

システム屋と経営情報システム

　主要な機器製造企業の観点でコンピュータ産業を、あたかも単に新技術を発明

すればそれが自動的に採用されるかのように物語ってしまうと、誤解を招くことになる。電子デジタルコンピュータはほかのあらゆる技術同様、顔のない企業によってではなく、個々の人間によって設計され、構築され、購入され、用いられた。現代社会におけるコンピュータ化の物語は、コンピュータの作り手の話であるのと同じくらい、コンピュータのユーザーの話でもある。IBM は、電子コンピューティングに向けて徐々に発展していく道筋を示し、組織が新しい情報技術にできるだけ容易に適応していけるよう貢献した。安いからとか、速いからとか、何かほかのものより優れているからという理由だけでテクノロジーを取り入れる経営者や政府の管理官など、普通はいない。新しいテクノロジーは、リスク、ベネフィット、機能性、コスト、信頼性を複雑に計算したうえで採用される。もちろん、個人的、専門的、政治的検討もなされる。コンピュータソフトウェアについて論じる第 8 章でみるように、電子デジタルコンピュータについて最も根本的に新奇で斬新だったのは何かというと、それは予想もしなかった新しい目的のためにコンピュータが非常に素早く採用されたということであった。1960 年代には、利用できるコンピュータがどんどん安価でパワフルで信頼性の高いものになったおかげで、増えつづける経済的、科学的、社会的、政治的なさまざまな目的のためにコンピュータを使えるようになった。

　電子コンピューティングが最初に利用されたのは、給与支払簿や請求書や報告書の作成といった日常の事務処理で、こういったタスクはすべて、タイプライターや作表機や機械式計算機の利用を通じて、少なくとも部分的にはすでに機械化されていた。大企業の多くでは、こういった仕事は専門的なデータ処理部門にすでに任せられていた。1950 年代の終わりに IBM が導入したコンピュータの多くは、そういった部門に訴えかけるように明確に設計され、実際に「電子データ処理」あるいは EDP (Electronic Data Processing) のツールとして市場に出されていた。コンピュータの専門家の多くが EDP をコンピュータ技術の応用としては最もつまらないものだとみなしていたにもかかわらず、1960 年代にわたり、EDP は企業におけるコンピュータの主要用途であった。コンピュータ製造会社にとって、革命的であるよりむしろ進化的であるほうが明らかによい戦略だったが、しかしコンピュータ化の主唱者たちの多くにとって、これはもどかしいものだった。彼らは、EDP を重要視するなど野心に欠けると考えていた。

　コンピュータを熱狂的に支持する専門家集団の中で最も影響力のあるグループに、いわゆるシステム屋（systems men）がいた。システム屋は新しい存在というわけではまったくなかった。第 1 章で述べた 1880 年代の経営手法の「システ

マタイザー」が、戦後になって現れたのである。システム屋（そのほとんどが男性だった）の目標とは、組織のあらゆるレベルで無駄と非効率を減らせるような管理システムを開発することだった。意欲のあるシステム屋にとって、電子コンピュータはこの大きなアジェンダを達成するための理想的な道具だった。1950年代の終わりに、彼らは電子コンピューティングの語彙に新たな言葉を取り入れた。総合情報システム、あるいはのちに知られるようになる、経営情報システム（management information system, MIS）である。

　MIS の背後にある中心思想は、複雑で分散化した組織の総合情報環境の全体像を作り上げるのに、コンピュータと通信技術を用いることができるというものだった。上級役員にとって、MIS の魅力は明らかだった。総合経営情報システムにアクセスできる「作戦指令室」に座って、自分たちで作戦全体をモニターしたりコントロールしたりすることができ、運用管理者や中間管理職の必要性をなくしてしまえるということである。この点においてコンピュータ化は、測定可能な効率に関するものであるのと同じくらい、イデオロギー的なものだった。『ハーバード・ビジネス・レビュー』が「1980 年代の経営」とはどのようなものかについて想像をめぐらせた 1958 年の悪名高い記事の中で予言したように、コンピュータ化の究極目標とは、エリート管理者集団の手に支配力を集中させようとすることであった。システム屋にとっては、中間管理職の大量削減はよいことだっただろう。しかし、中間管理職たちはそうは思わなかった。

　MIS を作り上げるのは技術面で野心的であるだけでなく、非常に費用のかかることであり、システム屋の最も控えめな目標ですら実現できる会社はほとんど存在しなかった。それにもかかわらず、管理的支配の道具としてのコンピュータという考えはその後の数十年にわたり、企業におけるコンピュータ化の試みをどう理解するのか、またその試みにどのように反応するのかを左右しつづけることとなった。

　MIS とは異なるが密接に関連しているのが、「オートメーション」という概念だった。オートメーションとは、1950 年代の初頭に有名なビジネスコンサルタントであるジョン・ディボールド（John Diebold）が、工業生産用自動制御システム開発のため、機械化とコンピューティングを組み合わせたのを指すのに用いた言葉である。電子コンピューティングだけでなく「サイバネティクス的な」フィードバックループ概念も含め、第二次世界大戦中に発展したアイディアや技術に基づき、ディボールドは生産における第二次産業革命をもたらすのにコンピュータ制御システムを用いることができると主張した。1950 年代後半から

1960 年代前半にわたって、発電、製鉄、石油化学、ハイテク工業を含むさまざまな業界が、加工や製造や組立作業にコンピュータを取り入れた。たとえば、ミシガン州トレントンのマクルース製鋼（McLouth Steel Company）では、切断、計測、追跡、水の噴射、鋼梁の圧延に必要なさまざまな機械を制御するために、プロセス制御コンピュータを設置した。ここでは、コンピュータはほかの装置をモニタリングして制御する支配的機械となった。また、それ自体が、熟練した人間のプランナーや機械オペレーターの潜在的な競争相手だった。コンピューティングの出現に抵抗した「デスクセット」の登場人物たちのように、労働者たちはコンピュータオートメーションの利用が何を引き起こすかということについて、懸念を抱いていた。

　そのような懸念があったにもかかわらず、1960 年代の 10 年間は、差し迫ったコンピュータ革命に対する、ほぼ普遍的な楽観主義で特徴づけられる。「科学者たちがコンピュータに見出している可能性は無限であるように思われる」と 1959 年に『ビジネスウィーク』紙は書き、1964 年には『ウォール・ストリート・ジャーナル』が「コンピュータの専門家たちは、まだこんなものではないと言っている」と警告した。コンピュータ化の猛攻を免れる業界や職業は存在しないように思われた。

コンピュータ化の長い道のり

　1960 年代に起こった電子コンピューティングの急速な普及は、その根底にある技術のイノベーションによってだけでなく、IBM 機をめぐるコンピュータ業界のデファクト・スタンダード化によって可能になった。IBM を中心とする業界の統合によって競争は緩和されたが、各社が将来の計画を立てることも容易になった。ソフトウェア開発元と周辺機器メーカーは、IBM のシステムとの互換性に取り組めば、製品やサービスの最大の潜在的市場が保証されるという事実に頼ることができたのである。そして、選択肢が少なくなったことで、購買者たちはどのメーカーから購入するかよりも、新しいコンピュータ技術で何をするのかを気にかけることができるようになった。

　注意しておかねばならないのは、こうして新しい産業へとコンピュータ技術が拡大したことは、コンピュータハードウェアにおけるイノベーションと標準化とを部分的に反映したものにすぎなかったということだ。より大切だったのは、人間の能力、すなわちコンピュータ技術を既存の商慣行や組織に組み込むのに必要

な要望や専門知識の発達である。マッキンゼー・アンド・カンパニー、ブーズ・アレン・アンド・ハミルトン、アーサー・アンダーセンといった経営コンサルタント会社はすべて、経営と業務の効率化という大きな目標を達成する助けになるとして、コンピュータ化（および自社の実装サービス）を積極的に売り込んだ。1962年に、IBMの元営業マンであるロス・ペロー（Ross Perot）は、（数あるなかでも）最初のコンピュータ設備会社であるエレクトロニック・データ・システムズ社（Electronic Data Systems, EDS）を設立し、クライアント向けにコンピュータ全体の設置と運用を行った。これには装置だけでなく、アプリケーションやオペレーター、管理者も含まれていた。こうすることで、ともすれば技術的専門知識に欠けている組織でも容易にコンピュータ化を実装することができたのである。ついには、あとの章で論じるように、汎用コンピュータの理論的潜在能力を、実世界の問題を解決するための特殊な道具へと変換させるのに欠くことのできない、アプリケーションソフトウェアの開発を行う会社が出現した。比較的高価でなく信頼性の高いコンピュータのみならず、専門知識やアプリケーション、プロトコル、標準といったあまり形のない要素を含む電子コンピューティングのエコシステム全体が出現して初めて、コンピュータ化は真に広く行きわたった社会現象となったのである。

　1960年代にコンピュータ技術を採用しはじめた業界や組織をすべて列挙することは不可能だろう。そのうちのいくつかは製造業や銀行のようなすでに確立された業界で、既存の技術力を電子コンピュータが補ったり拡張したりしていた。石油採掘や医学といった業界では、コンピュータ技術によって、より根本的な変革がなされた。

　明らかにコンピュータ化しようとしていたのが、金融セクターであった。実際、早くも1950年代半ばには、バンク・オブ・アメリカ（Bank of America）がERMA（Electronic Recording Machine, Accounting）と呼ばれるコンピュータ化された銀行業務システムの開発を始めていた。ERMAは小切手処理に関するコストの削減を目的としたもので、統合された会計・簿記システムはもちろん、（磁気インクと特別なコード化システムを用いた）小切手の読み込みと印刷のためのシステムが組み込まれていた。1960年代の初頭には、イングランドのバークレイズ銀行（Barclays Bank）が初めてメインフレームコンピュータを購入し、電子手形交換所を設立した。1960年代の半ばまでには、米国、英国、その他の国にある銀行が、コンピュータオートメーションを窓口業務に適用できないかを模索しはじめ、1970年代に自動預け払い機（Automated Teller Machine, ATM）につ

ながることになる技術軌道に乗り出した。

　医学においては、コンピュータは拡大しつづける医療提供コストの解決策、また医療診断行為の合理化の手段と考えられていた。このうちの一つ目では、コンピュータは医療領域でもビジネス界と同じように、事務管理コストの削減やエラーの排除、そして日常の事務作業の自動化の手段として機能した。二つ目は、コンピュータに何ができるのか、そしてコンピュータとはいったい何なのかについて、はるかに急進的な見方を伴うものだった。たとえば 1950 年代後半、米国立衛生研究所（National Institutes of Health, NIH）に所属する改革志向の医師と運営管理者のあるグループは、医療診断に対して、統計分析を大いに用いたより定量的なアプローチを強く要求しはじめた（これは今日であれば「根拠に基づく医療」と呼ばれるだろうものである）。1960 年代初頭には、NIH は生物医科学にコンピュータ技術を取り入れるための、4,200 万ドルに及ぶ 3 か年のイニシアチブに踏み切った。この試みの頂点は、国家レベルで治療と研究を協働させるのに用いられる「医療コンピューティングシステム」の開発となるはずだった。この野心的な夢が現実となることはついになかったが、別の NIH のプログラムでは、生物医学の実験室で用いられるくらい小さくインタラクティブな、初めてのコンピュータの一つを製作することに成功した。

　おそらく、デジタル電子コンピュータのために開発された最も重大な革命的アプリケーションは、シミュレーションに関わるものである。数学を用いて複雑な系をモデル化する能力は現代の科学と工学の礎石であり、これまでみてきたように、1930 年代と 1940 年代の先駆的な電子コンピューティングプロジェクトの多くの背後にあった動機は、そういった数学的モデルの計算をより安価に、そしてより正確にできるようにしたいという欲求であった。

　コンピュータモデリングによって変革した事業の一例が、石油工業である。1950 年代より前には、どこをどうやって採掘すればいいのかを知るには、主に経験と直感と運が必要だった。もちろん訓練を受けた地質学者であれば工程に関係する科学的道具を持ち込むことができたが、しかし実際に掘ってみるまでは本質的に手探りでの操業だったし、もし空井戸であれば、それは投資家が数百万ドルの損失を出すということを意味した。しかし、1960 年代の初頭に、コンピュータの力を十分安価に利用できるようになったことで、石油会社は衝撃波の反射パターンを分析し、見えない地質構造のモデルを開発して、掘削パターンや生産工程をシミュレートすることができるようになった。1970 年代までには、石油化学企業はコンピュータシミュレーションと制御システムを、測量から採掘、生成、

輸送に至るまで、生産工程のほとんどすべての局面に取り入れるようになった。

　物理学や気象学といった科学分野では、コンピュータはほかの方法では数学的にモデル化することが不可能であるような、系のシミュレーションを行うのに用いられた。ジョン・フォン・ノイマンは、核爆発のモデリングに関心をもち、それがENIACやEDVACコンピュータへの関心を引き起こしたわけだが、彼は同じくらい扱いにくい問題に科学的探究の未来を見出した。1940年代にフォン・ノイマンは、（しばしばテレビの発明者であるとされる）エンジニアのウラジミール・ツヴォルキン（Vladimir Zworykin）とともに、気象シミュレーションのための巨大なコンピュータモデル構築を主唱した。彼らが提案したのは、第3章で論じたルイス・フライ・リチャードソンの気象予報工場のコンピュータバージョンに似たようなものだった。今日、気候モデリングはあらゆる分野の中で最も演算能力を消費する分野の一つとなっている。

　結果的に、コンピュータに基づくシミュレーション技法の利用は、社会・経済・政治システムにも適用することができた。たとえば1940年代の後半に、ハーバード大学の経済学者ワシリー・レオンチェフ（Wassily Leontief）は米国経済の異なるセクター間の相互作用をシミュレートするコンピュータモデルを開発し、その貢献によって彼はついにノーベル賞を受賞することになった。博学で広範な影響力をもつジョン・フォン・ノイマンのもう一つの例では、彼は現代のゲーム理論を開発し、経済学者が自分たちの分野を情報の交換と処理のシステムという観点から新たに概念化するための道具を与えた。政策集団では、システム理論家のハーマン・カーン（Herman Kahn）が、ゲーム理論とコンピュータシミュレーションを熱核戦争の地政学に適用する先駆となった。1950年代後半の冷戦の緊張を背景として、カーンとランド（RAND Corporation）の同僚は、「想像もできないことをシミュレートする」ために、コンピュータ化された戦争ゲームを開発した。込み入った社会現象をモデル化するためにコンピュータゲームを利用することは、すぐにランド研究所とペンタゴンの壁を越え、やがて政治分析、政策形成、都市計画に用いられるようになった。

コンピュータがコモディティになる

　今日、歴史の後知恵の見地に立てば、IBMが初期のコンピュータ市場で優位に立ったのは、主に偶然の遺産だったとみなせる。1950年代半ばから1970年代半ばの20年間にわたり、IBMはほかに類をみない組織能力の組み合わせに恵まれ、

そのおかげで IBM はメインフレームコンピュータ市場で申し分なくやっていく力を身につけた。IBM のもつ電気機械製造業での経験、きめ細かく調整された営業およびマーケティング部門、そしてサービス志向は、すべて総合データ処理システムの出荷を目的としたものだった。のちに IBM の社長となるフランク・キャリー（Frank Cary）は、System/360 発売直後の 1964 年 6 月にこのように述べた。「我々は製品を売っているのではない……我々は問題に対するソリューションを売っているのだ」。

　ビジネスでの問題に対する完璧なソリューションを保証したのは IBM だけであり、IBM の営業担当者はデータ処理管理担当者に対し、IBM の製品をレンタルしても誰もクビになることはないと釘を刺しがちだった。これは、慇懃無礼に近い見下した態度で、しばしば IBM と顧客とのあいだで愛憎関係を生み出した。そして 1970 年代の初めまでには、こうした顧客たちはだんだんとコンピュータに通じたユーザーとなり、技術的専門知識を提供したりシステム統合についてアドバイスしたりする IBM のようなコンピュータ製造会社には、もはや頼らなくなった。大企業の中には、すでに社内で自前の電子データ処理部門を展開していた企業もあった。ほかの企業は自社のコンピューティング需要に対処するために、増えつづけるサードパーティのコンサルティング会社やソフトウェア会社、施設管理者、契約サービスプロバイダに頼った。

　コンピューティングの事実上の標準を作り出すことに System/360 が成功したのは、IBM にとってはいくぶん意図せぬ結果であった。System/360 アーキテクチャをめぐる標準化はある種の競争をなくしたが、別の競争を生み出した。設備製造会社は、新しい製品システム全体を設計・維持する費用から解放され、その代わりに System/360 互換部品を改良し低コストで製造することに集中できた。たとえば 1970 年に、元 IBM エンジニアであったジーン・アムダール（Gene Amdahl）は（以前には System/360 の主要設計者の一人だったが）、日本のコンピュータ製造会社である富士通の資金援助を得て、IBM の同等機と完全に交換可能な「プラグ・コンパチブル」製品系列を開発しはじめた。日本や欧州のほかの製造会社も IBM 互換機を製造した。アムダールや富士通、日立、シーメンスのような企業の作る低コスト互換競合製品との競争に直面して、メインフレーム事業は急激に採算が合わなくなった。1970 年代半ばまでに、メインフレームは成熟してコモディティになり、一方でシステム統合に関する IBM の専門性は、ソフトウェア会社やサードパーティプロバイダによってますます取って代わられるようになった。結果として、コンピュータユーザーが IBM の手を取る必要性ははる

かに少なくなり、威圧的でなく安価なほかのサプライヤーに流れはじめることが避けがたくなった。そしておそらくより重要なことに、1960年代にコンピューティングを好むようになったますます多様な業界や分野が、IBMではあまり供給できないような新しい様態のコンピューティングを開発しはじめた。1970年代を通じて、IBMの競争相手たちが立ち直るとともに、IBMの一挙手一投足を米国司法省反トラスト局が精査していた。

　たしかに、IBMは少なくとも20年間にわたってコンピューティングにおける並外れた権勢を謳歌した。しかし、そのような優位は永遠には続かないものだ。そして実際に続かなかった。

第3部

日々進化するコンピューティング

リアルタイム：つむじ風（ワールウィンド）のように速く

　1950年代から1960年代にかけて、商用や政府用に納品されたコンピュータは
だいたい同じような使われ方をしていた。それらはパンチカード会計機に置き換
わった電子版だったのである。コンピュータはパンチカード機より豪華で、新し
い時代の風をまとっていたが、必ずしも使いやすく安価であったわけではない。
多くの会社で、コンピュータが何か新しいものをもたらすことはなかった。あっ
てもなくても経理の手順は変わらなかったのである。本当にコンピュータが違い
をもたらすことができたのは、「リアルタイム」のシステムにおいてだった。
　「リアルタイム」のシステムとは、システムの外からのメッセージに「リアルタ
イム」に応えるシステムという意味で、もっと速くもなりうるが、通常は数秒の
うちに答えを返すのだった。それまでのどのオフィス技術にも、そのようなス
ピードはなかったので、こうした技術の登場はビジネスのやり方を根本的に変え
ていく可能性を秘めていた。

ワールウィンド計画

　リアルタイムコンピューティングの技術は産業から生まれたのではなかった。
むしろ MIT のワールウィンド（Whirlwind）計画で軍事用に生み出された技術
を、コンピュータ産業が採り入れたのである。このプロジェクトは「航空機の搭
乗員のトレーニング用」として、第二次世界大戦中に開発が始まったものだった。
　航空機の搭乗員のトレーニング用のシステムとは、パイロットが新しい航空機
に早く慣れるためのものだった。実際に航空機を飛ばさなくとも操縦が練習でき
るシミュレータ、つまりトレーニングシステムのことで、航空機のコックピット
の模型に操縦用機器がついており、それが制御システムにつながっている。パイ
ロットがシミュレータを「飛ばそう」とすれば、電子機械制御システムが機器類
に適切なデータを送り、アクチュエータが航空機の縦横の動きを再現するのだ。

これが十分にリアルであれば、本物の航空機を飛ばして練習するより、ずっと安く安全にパイロットを訓練できるのである。

　こういったシステムの難点は、航空機それぞれに異なったシミュレータが必要なことだった。そこで 1943 年秋、米国海軍航空局に特別装置部が設立されて、どのタイプの航空機にも使える汎用シミュレータを開発するプロジェクトを立ち上げることになった。この課題には、かなり洗練されたコンピューティングシステムが必要になることが予想された。そこで実現可能性の研究が MIT のサーボメカニズム研究所（Servomechanisms Laboratory）に委託された。

　MIT のサーボメカニズム研究所は、米軍のコンピュータシステムを開発してきた中心的な組織である。軍の火器管制（すなわち射撃の照準）、爆撃の照準、航空機の自動安定航行などのために、洗練された電子機械式の制御・コンピューティングシステムを開発する目的で、1940 年に設立された。1944 年ごろには、100 人ほどのスタッフがさまざまな軍のプロジェクトのために働いていた。副責任者のジェイ・W・フォレスターがシミュレータ構築プロジェクトの責任者となった。フォレスターは弱冠 26 歳であったが、電子機械工学の制御機器を設計・開発するのに素晴らしい才能を発揮した。

　フォレスターは非常に粘り強い人物で、敵対的な軍の組織から予算の使い過ぎを指摘されながらも、この後 10 年にわたってこの研究プロジェクトを率いた。初期のコンピュータ構築プロジェクトでは、当初の予算や時期の見積もりを大幅に上回るのが常であり、ワールウィンドも例外ではなかった。プロジェクトの半ばで目的を変更しながら、8 年かかってやっと予定の 2 台のうちの 1 台を仕上げたが、予算は当初の 20 万ドルから 800 万ドルに膨れあがっていた。普通のお堅い研究環境であれば、このようなプロジェクトは打ち切りになっていたかもしれない。しかしプロジェクトはなんとか打ち切りを免れ、やがて、それだけの予算を割いた価値があったと評価されるだけの大きなインパクトを世の中に与えることになる。SAGE や SABRE といった成果（後述）だけではなく、ワールウィンド計画は、リアルタイム処理を確立し、いわゆるマサチューセッツ州の「128 号線」沿いのコンピュータ会社群ができるきっかけとなったのである。しかし 1944 年には、そのような未来はまだ見えていなかった。

　1945 年の最初の数か月、フォレスターはほぼ一人でこのプロジェクトを進めており、新しい訓練用装置のデザインに没頭した。当初、彼は航空機のコックピットや操作機器を、油圧トランスミッションによってアナログコンピュータに接続した装置を検討していた。これなら航空機の操縦を正確に反映できるのではない

かと考えたのである。コックピットと操作機器は比較的単純だと考えられた。ア
ナログコンピュータの部分がかなり困難ではあったが、実現不可能というわけで
はないと思えた。

　フォレスターのこうした検討をもとに、MIT は 1945 年 5 月にサーボメカニズ
ム研究所でこの訓練用機械のプロジェクトを引き受けることにし、18 か月
875,000 ドルの費用での契約を提案した。4 か月後に終戦が来ることがまだわ
かっていなかった日本との戦争という背景からすれば、18 か月 875,000 ドルの提
案は悪くない内容だったので、契約が成立し、MIT はその実装に取りかかった。
フォレスターはさっそく数か月で機械工学、電子工学のエンジニアを集めた。ま
ず助手に評判の高かった MIT 大学院生のロバート・R・エヴェレット（Robert R.
Everett）を雇った（この人物はのちに軍事研究開発では主要な会社の一つとなる
MITRE 社長となる）。このプロジェクトでフォレスターから研究組織の事務と
運用を学んだエヴェレットは、フォレスターが金策に労力を割いているあいだに
実質的な研究リーダーの役割を担った。

　エンジニアリング・チームができあがると、まずフォレスターは、訓練装置の
うち、さほど難しくない機械工学的な部分を手がけさせた。しかし、コンピュー
タのほうはなかなか実装を始めるまでに至らなかった。ただ、はっきりとしてき
たことは、アナログコンピュータでは、訓練装置をリアルタイムに動かすのに十
分な速さが出ないことだった。

　制御の解決方法を模索しているなかで、フォレスターは忙しい時間を工面して
コンピューティング分野の調査を行ってみた。そして 1945 年夏に、彼はデジタ
ルコンピュータのことを仲間の MIT 大学院生のペリー・クロウフォード（Perry
Crawford）から初めて学んだ。クロウフォードは、実用的なデジタルコンピュー
タが実装される以前から、おそらく最初にデジタルのリアルタイムコンピュー
ティングシステムのよさを感得していた人物だった。1942 年という早い時期に
提出されていたクロウフォードの修士論文は「算術演算による自動制御」で、自
動制御にデジタル技術を利用する方法を検討したものである。その時期まで、制
御システムには機械式、あるいは電子機械式のアナログ技術が利用されており、
第二次世界大戦で使われた何百という兵器システムの制御には、そうした技術が
実装されていた。こうした装置の特徴は、量を表すのに物理的なアナログ量を利
用していたことである。

　たとえば、ディスクやギアを組み合わせて、運動に関する微分方程式を積分す
ることができたし、「整形抵抗器」は関数を電気的に表現できた。それに対し、デ

ジタルコンピュータでは、数学的変数はすべて数字に置き換えられ、離散量で保存される。クロウフォードは、そうした汎用デジタルコンピュータが、アナログコンピュータより速く柔軟である可能性がよくわかっていた最初の人であった。クロウフォードとフォレスターは、マサチューセッツ通り 77 番地にある MIT の建物の前の階段でこの話に没頭し、クロウフォードは知る限りのことを伝えたのであった。その結果フォレスターが回想するように、クロウフォードの説明は「フォレスターにひらめきを与えた」のである。ワールウィンド計画の向かう方向がここで決まった。

　1945 年 8 月に戦争が終結すると、軍事研究として秘密裏に進められていたデジタル計算技術が、一般の科学者たちにも知られるようになった。さっそく 10 月には NDRC 主催の先進的計算技術会議が MIT で開かれ、フォレスターとクロウフォードも出席した。この席上でフォレスターは初めて「ペンシルヴァニア・テクニック」と呼ばれる、ENIAC とその後継機種である EDVAC で使われている電子デジタル計算技術に触れたのである。翌年ムーアスクールでサマースクールが開かれた折には、クロウフォードはデジタルコンピュータのリアルタイム応用に関する講義を行い、エヴェレットは受講生の一人として参加した。

　そうこうしているあいだに、コンピュータをどう実装すればよいかの問題は相変わらず残っていたものの、訓練装置プロジェクトはうまく回りはじめていた。大学のプロジェクトにありがちなことだが、フォレスターは若い大学院生をスタッフとして雇用し、ある程度自由を与えた。その結果、チーム内は活気にあふれ出したが、外からは生意気だという悪評がたち、プロジェクトは「金メッキの無駄な仕事」だと揶揄された。当時のフォレスターの若手部隊の一人だったケネス・オルセン（Kenneth Olsen）は、やがて DEC を創設し社長となった人物だが、「ええ、もちろん自分たちは生意気だった！ 目に物見せてやると意気込んでいた！ そして実際そうなったわけだ」と回想している。

　1946 年初頭までに、フォレスターにはデジタル技術を使ってどういう方向を目指したらいいのかが見えてきた。開発費用が跳ね上がることになろうとも、航空機シミュレータのために汎用コンピュータを開発することは、「航空機関係にとどまらず、いろいろな科学技術上の問題を解決することにつながる」と信じた。

　3 月には、フォレスターは米国海軍航空局の特別装置部に新しい提案をし、フルスケールのデジタルコンピュータを制作する費用を上乗せして、当初の 3 倍の190 万ドルのコストがかかると申し出た。きめ細やかに技術的裏付けを示したことと、MIT 内の長老格の研究者からの支持を取り付けてあったことにより、フォ

レスターはこの予算獲得に成功した。そしてこのプロジェクトは、正式にワール
ウィンド計画として航空局に登録されたのである。

　こうしてフォレスターの研究グループは、デジタルコンピュータ、ワールウィ
ンドの設計と開発に舵を切った。100人ほどのメンバーが10グループに分かれ
て働くのに、毎月10万ドルの予算が使われた。その10のグループのうち、エ
ヴェレットのグループは「ブロックダイアグラム」を研究することになっていた
（これは今日的な用語では「コンピュータ・アーキテクチャ」のことである）。ま
たほかの一つのグループは電子デジタル回路、別の二つのグループは記憶装置、
また別のグループは数学的問題の解決、などといった具合に分担が行われた。

　こうした初期のコンピュータ構築プロジェクトを率いた人なら誰でも直面した
ことだが、フォレスターも最も難しいのが信頼性の高い記憶装置の開発であると
気づいた。当時最も信頼性が高いと考えられていたのが水銀遅延線メモリで、ほ
かのコンピュータ開発にあたっている大きな組織はみなそれに取り組んでいたの
だが、ワールウィンドには遅すぎて使えなかった。数学研究室では、コンピュー
タは1秒間に1,000回から1万回の演算ができれば十分だったが、このMITの機
械には、もしリアルタイム処理をできるようにするのならば、10倍から100倍の
速さ、つまり1秒間に10万回の演算が必要だったのだ。

　そこでフォレスターはほかに有力と考えられていた、テレビ受像器の真空管を
改良し電荷で情報を記憶するセレクトロン管も検討した。音波を利用した水銀遅
延メモリとは異なり、セレクトロン管では電子的な速さで記憶装置への書き込み
や書き出しができた。しかし1946年の時点では、このセレクトロン管はぼんや
りとしたアイディアにすぎず、コストのかかる何年もの研究開発が必要とされて
いた。しかも、最も難しいとはいえ、記憶装置はコンピュータの一部にすぎな
かった。デジタルコンピュータのプロジェクトの全貌が明らかになりはじめる
と、もとのシミュレータはほとんど顧みられなくなってしまった。ワールウィン
ド計画の歴史を綴った研究者はのちに、この様子を「しっぽが犬を乗り越えて、
犬を振り回しはじめ、やがて犬に成り代わってしまった」と表現した。

　1946年から1947年にかけて、開発は順調に進み、基本的なコンポーネントの
テストも行われたが、外からみれば、大して進んでいるようには見えなかった。
そしてとうとうフォレスターの海軍航空局とのよい関係も終わりを迎えた。戦後
になり、軍事研究予算の再編が行われ、ワールウィンド計画は新しく海軍航空局
に取って代わることになった海軍研究所（Office of Naval Research, ONR）の管
轄下に入った。戦時中でこそ予算を湯水のように使うプロジェクトが可能であっ

たが、戦後の新しい金銭感覚の中で軍事予算が縮小した。1947年後半からフォレスターはONRからますます厳しい目を向けられるようになり、ワールウィンド計画の費用対効果や科学技術上の成果を説明してくれという複数の問い合わせを受けるようになった。フォレスターは「エンジニアたちが手をこまねいている時間はない」と考えて、自分のチームを予算上あるいは政治上のごたごたから守ろうとした。

　フォレスターが幸運だったのは、ONRにペリー・クロウフォードがいたことだった。クロウフォードは1945年10月にONRの技術顧問となっており、彼自身のリアルタイム処理への情熱は消えていなかった。それどころかむしろフォレスターよりも情熱をもっていたくらいである。クロウフォードはリアルタイムコンピューティングが、軍事システムだけではなく、たとえば航空交通管制などの民生のセクターの中でも役に立つことを夢見ていた。

　しかしワールウィンド計画は、ONR予算の2割も占めており、どのコンピュータプロジェクトより巨額の予算が与えられていた。ONRでは、ほかのコンピュータプロジェクトが12人程度のスタッフで、年間50万ドル以下の予算で動いているのに、フォレスターだけが100人ものスタッフと300万ドルもの予算を必要としている理由がわからなかった。しかも、ほかのコンピュータプロジェクトは、たとえばフォン・ノイマンらのプリンストン高等研究所のグループのように、すでに地位を確立した学者たちで構成されていることが多かったのに対し、ワールウィンド計画は若手を登用していた。

　ワールウィンドに高額の予算が必要だったのには、二つの理由があった。まず、リアルタイムという特徴のために、ほかのコンピュータプロジェクトとは必要とされる速さが一桁違っていたことである。次に、処理の途中で止まってしまうようなことは、一般的な科学計算では受け入れられても、リアルタイム処理の環境ではあってはならないことであるため、高度な信頼性が要求されていたことである。しかし残念なことに、ONRのコンピュータ支援責任者らには基本的に数学者が多く、数学的な計算ができるコンピュータがあれば満足だったので、制御システムにコンピュータを応用する可能性にあまり意義を見出さなかった。そして1948年の夏までには、ONRの中でのワールウィンド計画の評判は急速に落ちてしまった。その一方で、フォレスターのよき理解者であったペリー・クロウフォードは、「将来に楽観的すぎる」として別の担当に移されてしまい、フォレスターは一人でONRと交渉しなければならなくなった。

　1948年秋に、フォレスターが月122,000ドルの予算を更新しようとすると、こ

れが大きな問題となり、代わりに月 78,000 ドルでという削減の返答があった。フォレスターは、成功しかけているプロジェクトの予算を削減するのかと怒った。それどころか、ワールウィンド計画は、15 年ほど開発に時間がかかりそうな、大がかりな 20 億ドルの予算規模の主要な軍事システムの試金石なのだとわかっていた。フォレスターは、ワールウィンド計画は国家的なプロジェクトであり、予算の重要性は疑う余地がなく、巨額ではあってもコストは大したことがないと主張した。この日はそのように虚勢を張ってなんとかしのいだものの、さらに大きな危機がすぐに訪れた。

　フォレスターは、ワールウィンドがもうすぐ成功すると ONR を説得しかけたかもしれないが、記憶装置を含めてまだすべての技術的問題が解決していたわけではなかった。セレクトロン管は大変高価だったうえに、記憶容量がさほどでもないことがわかってきていた。フォレスターは、いつもよりよい代替技術を探していたが、新しい「デルタマックス」という磁気セラミックの広告を見てひらめいた。1949 年 6 月に、ノートに新しい記憶装置のメモを書きはじめ、仕事に取りかかった。当時、大学院生として研究室にいた人が、「ジェイはいろいろなものを抱えて、研究室の片隅に陣取った。そして誰にも何も言わなかったので、誰も彼が何をしているのかわからなかったが、そのまま 5 〜 6 か月も、何かに没頭しつづけた」と回想している。そしてその秋に、フォレスターはすべてを若い大学院生だったビル・パピアン（Bill Papian）に託し、結果を待った。

　1949 年末、ONR でのワールウィンド計画の評判は地に墜ちていた。コンピュータ部門長の C・V・L・スミスは、フォレスターの壮大な重要国防情報システムの話に狼狽した。「素晴らしい」が同時に「とんでもない」ものだったからだ。別の批判者からもワールウィンドが「数学的見地からはあまり芳しくない」ことと「技術的には複雑すぎる」ことなどを告げられた。さらに国の高いレベルの委員会から、ワールウィンドには「一般に還元できるような利用方法」がないとの指摘があり、もし ONR がそのような利用方法を見つけられなかった場合には、「そのような機械へのこれ以上の支出は止めなければならない」とのお達しがあった。スミスはいろいろな資料を揃え、1950 年に入ってからワールウィンド計画の予算を検討し、1951 年度予算としてフォレスターが要求したワールウィンドを完成させるための 115 万ドルの代わりに、25 万ドルを与えることにしたのである。こうして一つの扉が閉じたとき、幸いにももう一つの扉が開いた。

防空システム SAGE

　1949 年 8 月に米国の情報機関が、ソ連が原爆実験に成功したことと、そうした爆弾を搭載して、北極経由で北米大陸まで到達できる航空機を保持していることを明らかにした。しかしそのような攻撃に対する米国の備えは薄かった。当時の防空システムは第二次世界大戦時に使っていたままで、レーダー設備からの情報は手入力で集められ解析されて、中央の指揮統制センターに送られていた。その最大の弱みは、集めた情報を十分に活用することができなかったことである。通信網がいろいろな観点から弱く、レーダー網も全域をカバーできていなかったし、たとえば北極経由の爆撃機が来る場合の早期警戒はできなかった。

　そこで、この 1949 年秋の冷戦の緊張の高まりによって、空軍の科学顧問会議による全米の防空網の見直しが行われた。この中の重要人物が、MIT の物理学教授ジョージ・E・ヴァリー（George E. Valley）であった。ヴァリーは個人的にも防空網の見直しを行い、不適切な状態であることを感得していた。そこでヴァリーは 1949 年 11 月に、防空に関する最適解を探る小委員会の設置を求めた。

　この委員会は、防空網システムエンジニアリング委員会（Air Defense System Engineering Committee, ADSEC）で、翌月に実際に誕生し、発案者で議長でもあるヴァリーにちなんでヴァリー委員会と呼び習わされるようになった。そして、最初の報告を 1950 年に出し、当時の防空システムを「足が不自由で、目もあまり見えず、頭のよくない」システムだと表現した。そして、防空システム全体を見直す必要があり、迎撃機、地対空ミサイル、対空砲などを採り入れるとともに、レーダーの感知範囲を拡大し、コンピュータ制御の指揮統制センターを作る必要があると報告した。

　1950 年初めには、ヴァリーは新しい指揮統制システムに使えるコンピュータを探し求めていた。すると MIT の同僚が、フォレスターとワールウィンドのことを示唆したのである。ヴァリーは、そのときのことを、「私は巨大なアナログコンピュータのプロジェクトがあるとは聞いていたが、それを無視していた。だからフォレスターのプロジェクトがデジタルコンピュータの構築に方向転換したことを知らずにいた」と述べている。ヴァリーが周囲に聞き回ってみると、ワールウィンド計画に対しては「程度の差こそあれ否定的な見方ばかり」であった。

　そこでヴァリーは自分の目で確かめてみようと考え、ワールウィンド計画を訪ねることにした。するとフォレスターとエヴェレットは、彼が探し求めていたものをすべて見せてくれたのである。幸いにもワールウィンドは、ちょうど最初の

テストプログラムを走らせはじめたばかりの時期で、セレクトロン管に 27 語を格納できるようになっていた。そこでヴァリーは、ワールウィンドが大学 1 年生レベルの機械工学の問題を解き、答えを真空管に映し出すのを見ることができた。国防システムのことを知り尽くしていたフォレスターとエヴェレットによるこのデモンストレーションのおかげで、ヴァリーはすっかりワールウィンドに傾いてしまった。実際、このようなことが可能だったのはワールウィンドだけだったのである。

1950 年 3 月 6 日に行われた ONR との会議には、ジョージ・ヴァリーも出席した。そして空軍がこのプロジェクトに対し、1951 年度には 50 万ドル出すと申し出たのである。これが ONR 内でのワールウィンド計画への見方を変え、批判はやがて消えていった。さらに続く数か月、空軍から特別な予算が割り振られ、フォレスターの求めていた資金の状態が実現した。そしてさらに数か月後にはワールウィンドは巨大プロジェクトの重要部分となった。この巨大プロジェクトがリンカーン計画で、のちにコンピュータ化された全米防空システムの研究開発のために MIT に設立された、リンカーン研究所（Lincoln Laboratory）へと発展することになる。半自動警戒管制組織（SAGE）と呼ばれる防空網が完全稼働するまでには、ここから 10 年ほどを要した。

ワールウィンドは、1951 年の春には実用段階に入っていたが、メモリのセレクトロン管だけがネックとなっており、相変わらず容量は期待ほどには大きくならず、動作も不安定であった。この問題に解決の糸口が見つかったのは、その年末にビル・パピアンがコアメモリのプロトタイプをデモンストレーションしたときのことである。その後、2 年間の開発期間を経て、1953 年夏にはすべてのセレクトロン管を、アクセス速度が 9 マイクロ秒のコアメモリに置き換えることができた。これによりワールウィンドは、その時点で世界最速となり、信頼性も最も高くなった。

コアメモリの開発を手がけていたのは、パピアンばかりではなく、少なくともあと二つのグループがこの実用化に取り組んでいた。しかし「MIT のコアプレーン」が最も早く実用段階に入ったのだった。そして 5 年のあいだに、世界のメモリの大半を置き換えてしまい、この特許料による MIT の純益は数百万ドルに及んだ。この還元により、巨費が投じられてきたワールウィンド計画全体のコストがそれに見合ったものだと認められるようになった。

コアメモリが実装されたことにより、スピードと信頼性がさらに増して、ワールウィンドはとうとう完成した。研究開発段階は終わり、SAGE 計画のために量

産に入る必要が出てきた。そして、プロトタイプのワールウィンドをIBM AN/FSQ-7として量産型に変えていく過程でIBMへと技術が移転していった。1956年には、フォレスターはコンピュータエンジニアリングから引退し、スローン経営大学院（Sloan School of Management）で産業とエンジニアリング組織の教授となった。やがてコンピュータを用いた地球環境の研究で有名になり、その成果は1971年に『ワールド・ダイナミクス』として出版された。

　SAGEシステムは、やがて全米各地に配置された23の指令センターのネットワークとして構築されていった。各指令センターは、それぞれのセクターの航空管制と戦闘配備を担当しており、そのカバーする領域はだいたい数千平方マイルであった。それぞれの指令センターの要にあたるのが、IBM AN/FSQ-7であり、信頼性のために1台が運用中であればもう1台がスタンバイの状態になっているように「2台ひと組」で配置されていた。49,000個の真空管を使った250トンのコンピュータが実用に供されたのは、それが初めてであった。コンピュータには、指令センターに接続された100個ほどの情報源からデータが送られてきた。情報源には、地上や艦隊上のレーダー、航空基地、搭載型ミサイルや飛行機のレーダー、ほかの指令センターなどがあった。それぞれの指令センター内には、100名以上の空軍職員が配置され、担当するセクターの情報を監視したり制御したりしていた。そのうちの大半の人々が、コンソールと呼ばれる管制情報が映し出されたCRTディスプレイのある卓の前に坐り、そこには航空機の航行データが映し出され、無関係な情報は省かれていた。コンソールではデータの照会を行うことができ、オペレーターは航空機が民間機か軍用機か、味方機か敵機かなどを見分けることができた。そして、コンピュータに蓄積された環境や天候に関するデータや、航行スケジュール、武器の特徴と照合し、しかるべき対応方法を考えることができた。

　厳密に軍事的観点からすれば、80億ドルをかけて完全稼働しはじめた1963年には、SAGEシステムは「巨大な金食い虫」となっていた。当初の目的であった、核爆弾を搭載した爆撃機の飛来を防ぐという目的は、1960年代の大陸間弾道ミサイル（ICBM）という新技術の登場によって、その意義が小さくなってしまったからである。しかしICBMは爆撃機の脅威を相対的に小さくしたものの、それでもSAGEによる防空は、1980年代初頭に停止されるまで、万一に備えて運用されつづけた。

　結局SAGEの大きな恩恵は、国防にではなく、むしろその派生技術により民間にもたらされた。まず、多くの契約企業やメーカーが基礎技術やハードウェア、

ソフトウェア、通信の分野で実装に関わった結果、産業の一つの小分野が形成された
ことが大きい。この契約企業には、IBM、バロース、ベル研究所、その他の中
小企業が名を連ねており、SAGE のために生まれたイノベーションは、こうした
企業を通じて、コンピュータ産業全体に拡がったのである。たとえば、プリント
基板、コアメモリ、大容量記憶装置などがそうした新技術で、1960 年代のコン
ピュータ産業の発展にはなくてはならない技術の一部の開発が、SAGE によって
大いに加速したことになる。一方、CRT ディスプレイを使うことはそれ自体が
新技術であったことに加えて、コンピューティングのスタイルが対話型になると
いう大きな変革を含んでいたが、この一般への普及は 1970 年代に入るまで起こ
らなかった。さらに米国の企業はデジタル通信やワイドエリアネットワークの分
野でも先んじることになった。また SAGE は、ソフトウェア技術者を輩出する母
胎となった。1,800 人ほどのソフトウェア技術者が投入されて何年もかかって
SAGE のソフトウェアが完成したが、その結果、「1970 年代に大規模な情報処理
の仕事をしている人の中には SAGE システム構築の経験をもっている人がかな
り多かった」という状況になった。

　こうした契約企業の中で、最も恩恵を受けたのが IBM だった。トーマス・ワト
ソン・ジュニアは、「冷戦が IBM をコンピュータ産業の覇者にしてくれた」と
語っている。SAGE 計画は、1950 年代には IBM の売上のうち 5 億ドルを占めて
おり、ピーク時には 7,000 人から 8,000 人、つまり IBM の従業員の 2 割ほどがこ
のプロジェクトで働いていた。IBM は、プロセッサ、大容量記憶装置、リアルタ
イムシステムの構築をこの経験から学び、産業界で発展させることに成功したの
であった。

SABRE：航空機座席予約システムの大変革

　SAGE から得たノウハウを民間転用した最初の大きなリアルタイムプロジェク
トは、SABRE と名付けられた、アメリカン航空の航空機座席予約システムで
あった。SABRE などの予約システムは航空会社の業務を一変させ、そのことは
今日的な航空会社へと変貌するきっかけとなった。航空機のリアルタイム予約シ
ステムがどのように画期的であったかを理解するために、まずコンピュータ以前
に、座席予約がどのように行われていたのかを確認するところから始めよう。

　1940 年代から 1950 年代には、航空機の予約を受けていたのは、戦時の司令室
のような場所であった。テレタイプの騒音の中、部屋の中央に座っているのは 60

人ほどの係員で、一日数千件に及ぶ電話を受けて、その処理に追われていた。それぞれの係員は、ひっきりなしに、3種類の問い合わせに対応していた。まず便の空き状況の照会、そして席の予約・解約、さらにチケットの購入である。こうした問い合わせに予約係員は、向こう三日ほどの運行予定便の空席状況が記された明るく照らされた掲示板の情報を確認する必要があった。さらに先の予約に関しては分厚い予約ファイルを確認しに行かなければならなかった。

そして、問い合わせの結果、予約、解約、チケット売り上げへとつながれば、その記録をカードに入れて「済み」のトレーに入れていく。数分ごとにトレーからカードが集められ、掲示板操作員に渡されて、各便の空席情報を最新にしていくのだった。チケットが売れて、予約状況が更新されると、売り上げ記録は、また別に40人ほどの係員がいるバックオフィスに届けられ、顧客管理と発券が行われる。こうした仕組みの全体は、乗り継ぎ便が必要になるとさらに非常に複雑で、同じような座席予約を行っている他社のセンターにテレタイプで照会を入れることになっていた。さらに、便の前日および前々日には、便に乗ることを確定してこない客への連絡や、直前予約および解約もあるなか、最終搭乗者名簿を空港の出発ゲートに送り届けなくてはならなかった。

このような仕組みで一日に数万件の予約を処理していたのに、空港ごとの予約事務所ではほとんど機械化が行われていなかった。このように1890年代とほとんど同じような流れで手動の処理を行っていた理由は、パンチカード機にせよコンピュータにせよ、既存の機械は一括処理（バッチ処理）で動いていたからである。取引は数百、数千とまとめられてから処理され、合算のうえチェックされてから処理結果がそれぞれに返されていた。一括処理の第一の目的は、同じ工程をまとめて行うことで、個々の取引にかかる手間を軽減することであった。この結果、個々の取引からみると、処理に最低1時間、通常は半日ほどかかることになった。一括処理はコストを軽減する方法として1920年代および1930年代ごろから多くの事務処理の効率化に採り入れられ、銀行の小切手決済、保険会社の契約書の作成、電気・ガスなどの支払い明細書の作成などがこうして処理された。パンチカード処理機からコンピュータへと置き換わっても、このような一括処理が行われていた。しかし、この方法では航空機の座席予約のような即座の対応はできなかった。

この手動による座席予約処理は、1950年代までは何の問題もなかった。航空機を利用した旅行は一般人には贅沢とみなされていたので、チケットの値段はたいして問題にならず、航空会社は座席利用率、すなわちチケット代金を支払った客

が座る座席の比率が低くても、十分に利益をあげることができたのである。

　しかし、1940年代半ばくらいから、航空会社の市場に変化が始まっていた。1944年にアメリカン航空では予約を人手で行う限界がみえてきたため、最初の座席予約自動化を決めた。そのころ、航行スケジュールが密になりはじめ、掲示板に多くの運行予定が載るようになっていた。そのチェックをする係員でごったがえすようになり、係員の席は掲示板からどんどん遠くになっていき、双眼鏡を使う者も現れた。こうした問題を解決するため、アメリカン航空は、設備会社のテレジスター社（Teleregister）に、各フライトの席数を管理する電子機械式のシステムの開発を発注した。リザバイザと呼ばれるこのシステムでは、予約係員は専用端末を使って残席確認ができるようになり、掲示板を使う必要がなくなった。

　リザバイザの導入により、航空会社は年間に200便の増便ができ、逆に係員は20人削減できた。しかしこの機械は、全体の情報システムに組み込まれたものではなかったのが問題だった。リザバイザに売り上げが登録されても、その顧客予約記録は手動で扱う必要があった。リザバイザが行った予約受付と、人手で行った受付とのあいだに齟齬が生じたりしたため、12件に一つは間違いが起こるといったありさまだった。「多くのビジネス旅客が金曜日に家に帰るため、秘書は念のためチケットを二枚手配する」ようになってしまった。こうした事態により、座席を安売りしすぎて損失を出したり、オーバーブッキングが起こったりしはじめ、客との関係も悪化した。

　そこで1952年に、ニューヨークのラガーディア空港に新しいマグネトロニック・リザバイザが設置された。このシステムでは10日ほど前から1,000便ほどのフライトのデータが蓄積でき、なによりも改善したのは、ニューヨーク地区の係員たちがたんに予約状況の確認だけではなく、座席の予約・解約が行えるようになったことであった。しかしそうはいうものの、リザバイザができるのは、販売済み座席数と残席数の管理であり、顧客データの取り扱いと発券は人手で行わなければならなかった。そして、人手で行う作業も膨れあがりつつあったため、アメリカン航空は新しい3万平方フィートの予約事務所を作り362名の係員を配置し、一日に45,000件の電話対応ができるように計らった。

　1953年までに、アメリカン航空は危機に見舞われた。運行スケジュールの過密化と複雑化に伴い、予約のコストが支えきれないぐらいに肥大してきたのである。この状況は、500万ドルのジェット機の導入でさらに悪化した。アメリカン航空は一機に112人の旅客が乗れるボーイング707を30機購入する計画をたて

ており、大陸間の移動を 10 時間から 6 時間に短縮できることになっていた。しかしこの速さは、従来の方法で作っていた最終乗客リストの作成よりも速かったので、ぎりぎりで搭乗が決まった客や現れなかった客を踏まえてリストを作って送ることが不可能になってしまったのである。さらに、ほかの航空会社との競争もあり、より多くの客をうまく乗せて運航して利益を出す方法が必要であった。

　アメリカン航空の情報処理問題は、社長の C・R・スミスにとっても一番の課題であった。1953 年の春に、ロサンゼルスからニューヨークへ向かう便で、スミスは偶然に IBM の上級営業担当者のブレア・スミス（同じスミスでも無関係）と隣り合わせになった。そして航空機座席予約システムの問題が話題に上った。そしてブレア・スミスにラガーディア空港の予約事務所を見せ、ほどなく IBM とアメリカン航空のエンジニアとプランニング担当者とが連絡を取りあうようになった。

　実は IBM では、1940 年代に最初に導入されたときからリザバイザの存在に気づいていたが、この領域には特に食指を動かしていなかった。しかし、1950 年までにはトーマス・ワトソン・ジュニアが会社の実権を握り、航空会社の予約システムや、「同じように複雑な応用システム、たとえば、銀行、百貨店、鉄道のシステム」に参入することを決めた。1952 年に IBM に雇われ、海軍研究所 (ONR) から移籍したペリー・クロウフォードが、こうしたリアルタイムシステムを手がけていくことになる。クロウフォードは 1946 年という早い時期に、軍事用のみならず航空機の制御システムなどの構築について公に発言していた人物であった。そして、共同検討会ができ、クロウフォードも責任者の一人となった。そして、IBM の SAGE の経験を活かして、コンピュータによるリアルタイムの予約システムを作ることを検討したのである。

　1954 年 6 月に共同検討会は報告書を出し、電子化された予約システムが将来的な目標ではあるが、ここ数年は制作コストがまだ高いとした。その報告書では、まず短期的に現状の情報記録システムは従来のパンチカード機によって自動化されるべきだと述べられていた。そこで、1955 年から 1959 年にかけて、いずれ時代遅れにはなるだろうが新しいパンチカード機と、改良版のリザバイザが稼働した。そしてその間に、将来利用可能となる技術を使った理想的な統合的システムを、コンピュータを利用して作る計画が進められた。こういう戦略はのちに「テクノロジー・インターセプト」と呼ばれるようになる。このシステムは、コアメモリを搭載した信頼性の高い半導体コンピュータが商用化されるようになってから実現可能になるというものだった。実現性の鍵を握っていたもう一つの技術

が、この時期にはまだ実験段階にあった、ランダムアクセスの記憶装置である。IBM は SAGE の経験から、今後実用化が見込まれる新技術についての見通しをうまく立てていたとはいえ、このテクノロジー・インターセプトを行うには、従来のパンチカード技術を使う暫定的なシステムの開発と並行しないとリスクが大きすぎた。

　1957 年初頭、プロジェクトが正式発足し、3 年間にわたって IBM とアメリカン航空のチームが詳細な仕様を決定していった。IBM の技術アドバイザーは、メインフレーム、ディスク記憶装置、通信設備を選定し、さらに 1,000 か所を超える代理店に設置するために、IBM セレクトリック・タイプライターをもとに低コストの専用端末が開発された。1960 年にシステムの名前が正式に SABRE に決定した。その年のビューイック・ルサブルのコマーシャルに触発されたものだが、半自動ビジネス環境システム（Semi-Automatic Business Research Environment）の頭文字をとったものである。略称という意識はやがてなくなり、このシステムは単に SABRE、あるいはセイバー（Saber）として知られるようになった。速さと正確さを示す名前だ。このシステムの最終的な仕様がアメリカン航空の経営陣に示されたのは、1960 年春であった。総コストの見積もりは 4,000 万ドルであった。これで進めることで合意がとれてから、アメリカン航空の社長のスミスは「このブラックボックスをしっかり動かしてくれよ。この額なら 5 〜 6 機のボーイング 707 が買えるんだからな」と語ったとされている。

　このシステムは 1960 年から 1963 年にかけて実装された。このプロジェクトは、それまでに作られた民間システムでは最大のもので、200 人の技術者が 100 万行のプログラムを書いた。2 台のメインフレームコンピュータ IBM 7090 をもとに作られた中央予約システムは、信頼性確保のためのバックアップが常に走っているデュプレックスシステムになっており、ニューヨーク市の 30 マイル北に位置するブラークリフ・マナーに設置された。そして、これらのコンピュータは 16 のディスク記憶装置につながれ、過去最高容量の 8 億文字が記憶できた。10,000 マイルもの通信網がリースされ、全米 50 都市の代理店に配置された 1,100 台のデスクトップ端末がシステムにつながっていた。年間 1,000 万人の予約を取り扱うことができ、「一日につき、85,000 本の電話に応え、30,000 件の運賃照会をこなし、40,000 件の旅客予約を行い、30,000 件のほかの航空会社からの照会に対応し、20,000 件の発券を行った」という。そして、それぞれの手続きには 3 秒ほどしかかからなかった。

　こうした取引の量もさることながら、劇的に改善したのが予約サービスであ

る。もとのリザバイザでは単純な残席数が管理されていただけであったのが、旅客リストは常に更新され、すぐにアクセスできるようになり、連絡先や食事リクエスト、ホテル・レンタカー予約などの情報も含められた。こうしてシステムは単に予約だけではなく、航空会社の業務そのものを急速に変革するに至り、やがて飛行計画作り、メンテナンス報告、乗組員のスケジューリング、燃料管理、航空貨物輸送、その他の日常業務へと広がっていった。

　このシステムは 1964 年には完全稼働しはじめ、翌年までには座席利用率や顧客サービスの向上に資するところ大で、開発にかけたコストを回収できた。このプロジェクトの実現は 10 年がかりで、外から見ればのんびりして見えるかもしれないが、これだけの大きなビジネス情報システムを置き換えるには、このように段階を追って徐々に変えていく必要がある。エンジニアリングの観点からすれば、これはプロトタイプではなく製品だということだ。システムのコストは全体で 3,000 万ドルといわれ、「子ども向け SAGE」と揶揄されることもあるが、リスクも負った民間向けの巨大システムであった。

　ある航空会社にとってのイノベーションは、ほかの航空会社にとっては追いつかなければならない要素となる。1960 年から 1961 年には、デルタ航空とパンアメリカン航空が IBM と契約を結び、同様のシステムが 1965 年に稼働した。さらにイースタン航空も 1968 年にこれに続いた。ほかにもコンピュータ会社と航空会社の結びつきが生まれたが、IBM とアメリカン航空がしたような慎重なアプローチをしなかったケースでは「よくあるデータ処理の大惨事」が起こり、実稼働するために数年を要した場合もある。海外では、国際的な航空会社が予約システムを作ったのは 1960 年代半ばであった。1970 年代初頭には、大きな航空会社のすべてがこのような信頼性の高いリアルタイムシステムと通信ネットワークを保有するようになっており、業務の重要な位置を占めるに至った。以下の数字をみれば、この様子が簡単に把握できるだろう。1987 年までにはユナイテッド航空で世界最大の予約システムが稼働していたが、それは IBM 3090 という強力なコンピュータ 8 台で、**1 秒間に 1,000 件**ものメッセージを入出力するようになった。

　このように航空座席予約の問題は、1950 年代でもほぼ人力で行われていたという珍しい分野であったが、だからこそ新しいリアルタイムシステムを導入したいという強いモチベーションがあった。むしろ歴史が長く、保守的な領域のビジネスでは、新技術への反応が遅かった。しかし、こうした航空会社がパイオニアとなって、ほかのビジネスの領域でも、徐々に追随が起こった。その中でも、金融サービスの分野でのクレジットカードや ATM の導入が早い事例となった。

Visa システムと ATM

クレジットカードと ATM を含む金融変革には、二つのルーツがある。一つは「キャッシュレス」支払いカード、もう一つは現金引き出し装置である。

二人の起業家が、最初の支払いカードの組織であるダイナースクラブ（Diners Club）、1949 年に立ち上げた。まずニューヨークのレストランと契約し、やがて旅行関係業者やエンターテインメント関係業者とも契約を進め、全米に拡大していった。最初にカードを持つことのできた人は金回りのよいビジネスマンで、ダイナースクラブのカード（実際は堅い表紙の小冊子）を見せると、食事、旅行のチケット、レンタカーなどの支払いができた。ダイナースクラブでは、毎月まとめて送られた伝票をすべて支払う必要があった。ガソリンスタンドや百貨店ではチャージをしたカードを使うという方式が何十年も使われてきたが、ダイナースクラブと、これに続くクレジットカードやデビットカードは、キャッシュレス、小切手なしの時代の幕開けとなった。

ATM 以前には、銀行は現金を取り出せるだけの機械を作っており、それぞれ独立に、日本、スウェーデン、英国などで 1960 年代後半に開発された。たとえば 1961 年に英国初のコンピュータセンターを設立したバークレイズ銀行は、ドラリュ（De La Rue、そもそもは 1821 年創業の紙幣の印刷会社）と契約した。ドラリュは 1950 年代後半に、ロイヤル・ダッチ・シェル（Royal Dutch Shell）のためにガソリンの自動量り売り機を開発していた。この応用例と、スナックや飲み物の自動販売機などの経験が、ドラリュのエンジニアのモデル例となった。1967 年 6 月 27 日にドラリュ自動現金システム（DACS）が北ロンドンでバークレイズによって使用されはじめた。これが、欧米で初の現金引き出し機である。銀行の営業時間内に「バークレイキャッシュ」と呼ばれるパンチカードの引換券を買っておけば、そのカードを入れて 6 桁の暗証番号を入れると、機械から現金が取り出せるというものだった。カードの一部が切り取られて、機械の中に残り、のちほど係員が回収された使用済みカードをもとに最終処理を行うことになる。この後ドラリュが、NCR の現金引き出し機部門として契約を結び、NCR は IBM と同様にこの市場に参入した。

1969 年 9 月 9 日にニューヨーク州ロングアイランドのケミカル銀行（Chemical Bank）の支店が、米国で初めて現金引き出し機を導入した。この例では、IBM が 10 年ほど前に開発していた磁気ストライプの入ったカードを利用しており、現在ではどこでも使われているように、カードの背面の磁気部分に基

本情報が記録されていた。この後 1971 年には、ケミカル銀行の後続機で、口座への現金の預け入れや、残高照会や、貯蓄口座と支払口座のあいだの振り替えができるようになった。

　こうして 1960 年代後半から 1970 年代初頭にかけては、経営コンサルタントやジャーナリストなどが、将来の「小切手なし、現金なしの社会」について書きはじめていた。1952 年に**オートメーション**という言葉を流行らせた、コンサルタントで起業家のジョン・ディボールドは、先見の明で電子的な送金のことを書き、それを「キャッシュレス」社会というあまりうまくない言葉で表した。「将来の電子的クレジットや送金は、書類手続きを一切不要にし、取引時間を短くし、エラーも少なくしてコストも減らせる。これをキャッシュレスと表現するのは、現代の社会を『物々交換なし』と表現するのと同じくらい正しく意義のあることなのだ」と。しかし、コストを削減し、エラーを減らし、取引時間を短縮するには、技術的にも組織的にも文化的にも変革が必要だった。

　プラスチックのクレジットカードやデビットカードは、ほとんどの人が日常的に使うアイテムになったが、それは自動車と同じように、もっと大きな技術的システムの一部なのである。自動車の場合、自動車自体が複雑で（たくさんの部品があって）、内部の機構は隠されているが、大きな技術的システムはわかりやすい。つまり道や高速道路やガソリンスタンド、修理工場、駐車場、モーテルなどである。その点、クレジットカードやデビットカードは、カードそのものは単純だが、それを支える技術的システムはほとんど見えない。こちらのシステムでカード利用を支えている心臓部は、リアルタイム・コンピュータである。こうした見えないインフラの典型例の一つが Visa の支払いシステムである。Visa のシステムは世界で最大規模の支払いシステムで、金融界で先見の明のあったディー・ホック（Dee Hock）が創始したものだ。

　Visa システムの物語は、よりよい決済方法のために設計された技術の話である。第 1 章で 1770 年代のロンドンの手形交換所の登場に触れ、第 6 章で 1950 年代のバンク・オブ・アメリカ（およびそこと提携した会社）の、磁気インク認識装置（MICR）を使った電子帳簿会計システム（ERMA）による小切手のソーティングシステムに触れた。ERMA にしてもロンドンをはじめとする大都市の中央手形交換所にしても、小切手の量が膨れあがってきたことへの対応だった。クレジットカードを始めた銀行の思惑は、小切手処理が膨れあがることへの対応だけではなく、いろいろと規制の厳しい業界で新しい利益を生むことにあった。クレジットカードは、小切手システムと同じ課題をもっていた。つまり、認証、清算、

決済である。

　1950 年代末には、多くの銀行がチャージカードの実験を始めていた。米国最大のバンク・オブ・アメリカもその一つで、1958 年にバンカメリカードという「クレジットカード」を始めて、カリフォルニア州のフレズノの住民 65,000 人に無料配布した。ダイナースクラブのようなチャージカードと対照的に、毎月の負債をすべて支払い切らないことを選択した顧客にだけクレジットを与える方式だった。1960 年代初頭までには、クレジットカードのビジネスは利益を生み出しはじめており、バンク・オブ・アメリカはバンカメリカード・サービス会社（BankAmericard Service Corporation）という子会社を設立し、ほかの小さな銀行へのサービス提供を始めた。このビジネスで一番難しいのは、顧客のクレジット限度額を定めることだった。当時は、数十ドル程度の「天井」値までの決済は認証を取らなくても行えて、その上限を超えると電話による認証を取る仕組みだった。しかし、清算・決済に時間がかかることで、大量の不正取引が生じた。たとえば犯罪者は取引がマークされるようになるまでの数週間で「上限以下」のチャージを大量に行ってしまうことができた。

　最初の数年間、バンク・オブ・アメリカは、他行へのクレジットカードシステム提供の分野でほぼ市場を独占できた。しかし、こうした他行も最終的にはバンク・オブ・アメリカの手を離れ、1970 年に独自の共同カード会社としてナショナル・バンカメリカード会社（NBI）を設立した。NBI は Ibanco という国際会社を作り、1976 年には、本体が米国 Visa、国際会社が Visa インターナショナルと名乗るようになった。最初の 14 年間に NBI/Visa を率いたのは、シアトル地区でバンカメリカードの運営を担当していたディー・ホックであった。ホックは、ユタ州の片田舎で大恐慌時代に生まれたという出自を強調し、いわゆる「銀行家」とみなされることを望まなかった。のちにホックは、この NBI/Visa 経営で、彼が造語した「ケイオーディック（chaordic）」な経営方式というものに気づいたと述べている。これはカオス的でありながら整っている状態を指す。彼自身、人に指示を出すタイプの変わり者で、Visa の歴史をまとめた研究者が指摘するように、ホックのもとで働いた人々は彼のことを「勘がいい」「素晴らしい」と同時に「威圧的」「怒りやすい」などと評している。

　ホックは、金銭を単なる信頼性の高い数字データと考えていた。立ち上げからの NBI/Visa 社長としての見通しや行動を支えていたのは、共有コンピュータネットワークと電子的な価値交換システムを作るという夢であった。彼は、クレジットや普通預金、当座預金、証券といった口座のあらゆる金融的価値をいつで

もどこでも動かすことのできる、電子決済・振込システムがあるべきだと考えていた。当時、これはとてつもない夢だったが、現在では当たり前のように享受されている。

　NBI/Visa が直面した課題のうち、購入の認証が最も大きな問題だった。限度額以上の購入については、認証センターへの電話が必要で、いちいち電話やテレックスで購入希望者の銀行への問い合わせを行っていた。そのため認証には 1 時間ほどかかるときもあり、購入者はとりあえず買いたい物を確保して、認証が下りたころに再度来店するといったありさまだった。ホックは、このプロセスをすべてリアルタイム・コンピュータによって自動化することを夢見ていた。NBI/Visa では BASE I と BASE II という二つのシステムを作りはじめ、前者が認証、後者が清算・決済を目的としていた。

　NBI/Visa は、BASE I の開発と認証の自動化について、トンプソン・レイモウールドリッジ（Thompson Ramo Wooldrige, TRW）と経営コンサルタント会社マッキンゼー（Mckinsey & Company）と契約を結んだ。BASE I は DEC の PDP-11/45 という「ミニコンピュータ」を使って、認証要求に関するリアルタイムシステムを構築したものだった。この開発プロジェクトには、各処理センターに置く端末や、ネットワーク敷設、さらにソフトウェアの構築・テスト・デバッグが含まれていた。信頼性が重要だったので、ほぼすべてのシステム要素にバックアップが用意されていた。SAGE や SABRE などのほかの主要なリアルタイムシステムとは異なり、BASE I はスケジュール通り、1973 年 4 月に、当初予算以内で納品された。このシステムは、瞬く間に認証を処理できた。

　BASE II の前には、清算・決済は、手動で行われており、手続きミスもあった。銀行は紙の売上伝票を作成し、それを照合しなければならなかった。ホックはコンピュータによる自動化で、MICR のような小切手清算・決済システムとは異なり、書類送付の手間を一切なくすことを目指した。書類は電子化されて清算記録となり、IBM 370/145 をもとに作られた BASE II システムで処理されることになった。88 か所の処理センターには、BASE II につながるようにカスタマイズされたミニコンピュータの DEC PDP-11/10 が設置された。この NBI/Visa の BASE II が全米初の自動清算所である。これにより、1 週間ほどかかった清算・決済が一晩の一括処理で行えるようになり、不正利用の追跡が圧倒的に速くなった。BASE II は書類作成と郵送の手間をなくしたため、参加銀行の清算・決済業務のコストを 1,400 万から 1,700 万ドルほど少なくすることに成功した。700 万ドルの開発費用で、かっちり 1974 年 11 月に納品されたシステムの効果がこれで

ある。

　1980 年代前半には、Visa は磁気ストライプ技術を導入し、BASE I につながった安価な店頭端末も作成した。こうした最新システムの提供で、世界中に加盟店や参加組織が増え、Visa カードの発行は 1975 年から 1983 年にかけてほぼ倍増して、売上高は 5 倍増の 700 億ドルにまで達した。そこで、さらに強力なシステムが必要になり、高速処理が見込める IBM の航空機予約システムである SABRE を導入することになった。

　ホックの電子自動決済の夢を叶えるため、Visa は 1975 年にアントレと呼ばれる「アセットカード」を発行することになった。カード所有者の銀行口座から直接引き落としを行うもので、すぐに Visa デビットと改名された。最初のうちは店舗や消費者はあまり集まらなかったものの、デビットカードは店舗での取引に重宝されはじめ、1980 年代半ばまでにはかなり普及した。そしてそのカードは自動預け払い機（ATM）のネットワークで利用できるようになっていく。

　クレジットカードやデビットカードのように、ATM もまた銀行業務のありようを変える技術であった。銀行の経営陣は、クレジットカードの発行も悪くないと考えたが、彼らにとっての一番の目的は、それのおかげで預金が増えることと、小切手取り扱いの煩瑣な業務をなくすことだった。銀行の窓口業務は、預け入れにしても現金引き出しにしても、大きなコストがかかっていた。毎日の預金取り扱いは、時間がかかる業務であった。そのために 1960 年代には、窓口は午後早めに閉じられてしまって、悪名高い「銀行時間」につながっていたのである。自動化は、簡単な取引であれば 24 時間サービスを可能にする可能性があった。クレジットカードと同じように、自動化によって預け入れや引き出しも、毎晩いっぺんに処理を行えるようになり、やがてシステムがリアルタイムに進化することで、今日の ATM の処理と同じように、即時処理ができるようになった。

　のちにそのようなサービスへとつながったものの、1970 年代には ATM はまだ夜中にまとめて処理を行っていた。大きな銀行だけが ATM を採り入れることができた時期のことである。資産が 5,000 万ドル以下の小型の銀行の中では、1981 年ごろには、まだ 10 パーセントほどしか ATM をもっていなかった。1980 年代も末になって、多くの銀行が ATM を設置するようになり、即時決済ができる端末がほとんどになっていった。このころは、決済ネットワークの連合体ができてきて、預金者は自分の銀行の端末だけではなく、連合内のほかの銀行の端末も使えるようになった。こうした連合体のうち、PLUS と Cirrus が二大勢力であり、それぞれ、Visa とマスターカードに買収され、国際的に展開された。このため

に、旅行者用小切手（トラベラーズチェック）のシステムは徐々に使われなくなっていった。

　ディー・ホックは、1984 年に J・C・ペニー（J. C. Penny）との直接取引が不評を買い、Visa の経営陣から追い出されたが、1990 年代には電子決済に関する彼の拡がりつづける夢の大半が実現した。ウェブ時代に入って、どんな PC 端末からでも決済が行えるようになり、その夢はさらに拡張して実現した。結局、店舗での決済システムや、電子レジ、そのほかの広域に拡がる新しい技術のおかげで、食料品店などの業務は様変わりしたのである。

ユニバーサルな商品コード

　1960 年代半ばから、航空会社の予約システムやクレジットカードのシステムの例と同じように、一般人の気づかないところで、さまざまな旧態依然とした会社や官僚組織でリアルタイムコンピューティングは少しずつ浸透していた。一つの例外が、誰でも毎日スーパーマーケットで目にしている、ユニバーサルな商品コード（Universal Product Code, UPC）である。UPC はバーコードで、今日ほぼすべての食品パッケージや商品についている。これは 1920 年代から 1930 年代にかけて出現した、近代的な食品生産や流通産業の基礎の上に作られたシステムである。スーパーマーケットの初期の最も重要なイノベーションは、販売員が商品を持ってくるのではなく、顧客が自分で動いて商品を手にすることで（すなわち、セルフサービスで）販売側の手間を削減したことだ。

　最初のスーパーマーケットは、テネシー州メンフィスに 1916 年にできたピグリー・ウィグリー（Piggly Wiggly）という店だったが、この業態が定着するのには 20 年かかった。1930 年代初頭の恐慌時には、初期の「安物を売るタイプ」のキング・カレン（King Kullen）やビッグ・ベア（Big Bear）のようなスーパーマーケットが東海岸に登場した。値段を通常の食料品店の 5 パーセント安程度に設定し、業界標準の倍ほどの、売上の 3〜4 パーセントを利ざやにする調整で、大いに儲けを出した。1936 年以降は信頼できる統計データが残っており、それによればそのころは全米に 600 軒のスーパーマーケットしかなかった。しかし、構造的な変化はまさに起こらんとしていた。その年、国内最大の食料品店 A&P は、14,000 店の従来型の店を展開しているのに対し、20 軒のスーパーマーケットしか経営していなかった。安売り店との競争もさることながら、A&P がスーパーマーケット型に転換すれば、スケールメリットがあるので、儲けも大きくなるこ

とは確実だった。スーパーマーケットが開業すると、小さな食料品店がいくつか
店じまいした。1941 年には、A&P は 1,646 店のスーパーマーケットをもち、従来
型の店は 4,000 店強になった。全米ではスーパーマーケットの数は 8,000 店と
なった。スーパーの進出とともに食品会社では、1890 年代から端緒が見えていた
全国展開の商品が主流になりはじめ、そうした商品の宣伝が 1930 年代や 1940 年
代には新聞やラジオで展開されるようになった。スーパーマーケットの成長は戦
後に大きく進み、1955 年には 15,000 店のスーパーマーケットが営業し、1965 年
にはその数は 30,000 を超えた。

　1960 年代の終わりになると、米国の食料品関係ではスーパーマーケットが主流
となり、食品ビジネスの 4 分の 3 を占めるようになった。しかし、成熟した市場
の常で、利幅は徐々に小さくなっていった。1970 年ごろには生産性はさほど上が
らなくなり、利ざやは売上の 1 パーセント程度にまで落ち込んでいた。これは
1920 年代以降、この業界が経験したことのない低い水準であった。さらに、イン
フレの時期において食品の値上がりは政治的な注目を集めたため、食品の流通で
はさらに生産性を上げ、コストを下げる必要が出てきた。生産性を上げやすかっ
たのが、運用コストの 4 分の 1 を占めていて、ボトルネックとしてしばしば客を
怒らせていたレジである。

　こうした、「客に見える部分」の改革は、精算時に値段のチェックや在庫確認が
自動的にできる、決済用端末の高度化と軌を一にしていた。こうした新しい決済
端末には商品コードの応用が必要だった。レジで集められた情報により、在庫管
理や商品コストの計算ができるようになったが、商品コードはスーパーマーケッ
トには実現が難しかった。なぜなら、一つの店が扱う商品の数は 10,000 から
20,000 点もあり、少額の商品にまでコードをつけると手間がかかりすぎてコスト
高になってしまうからである。

　いくつかの食料品チェーンで商品コードを採り入れる試みが行われ、運用は成
功したものの、コストがかかりすぎてしまった。つまり食品業界では、コストが
かからずに商品コードが導入できれば効果はあるのだが、その実現のためには業
界全体が協力しなければならないというわけだった。もし生産者から卸業者、そ
して小売業者まで、業界全体が標準的なコードを使い、コンピュータの機種やソ
フトウェアの構築を協力して行い、結果として一つの統合的なシステムができあ
がれば、その効果はさらに上がるだろう。こうして、業界全体が通常はありえな
いほど一致協力してできあがったのが UPC であり、それは技術的な成果である
と同時に、政治的な成果でもあったのである。

　1969年に食料品チェーン連合が、食品業界にコードシステムを採り入れるにはどうしたらよいかについて、マッキンゼーにコンサルティングを依頼した。最初からマッキンゼーには、大成功かまったくダメかのいずれかだとわかっていた。そこで、食料品店関係者のすべての階層、つまり小売から製造から取引組合まで、すべてのトップの人々を集めて、成功のためにトップダウン方式をとることにした。共通の利益のために、一つの方式を一致して使うという同意を取り付けることを目指したのである。トップの人々のあいだでの同意ができあがると、それぞれの組織がすべて動いた。1970年8月には「業界上位10社の優良企業代表と、5大食品製造会社と、5大卸売業者」による「食料品店の臨時委員会」が作られ、ハインツ社 (Heinz Company) の社長が委員長を務めた。この臨時委員会はマッキンゼーをコンサルタントに選び、マッキンゼーは数か月のあいだに50回ほどのプレゼンテーションを行った。これが業界のトップに浸透し、商品コードの仕組みができる将来像が共有された。

　同時に、さまざまな技術的判断がなされた。まず、商品コードは10桁ということで、そのうち5桁が製造者、残り5桁が商品を表すことになった。これは、より柔軟性が見込める長いコードを希望する製造業者と、装置のコストを抑えるために短いコードを希望する小売業者の妥協ラインだった。（しかしこの10桁という判断はあまりよくなかったことが、のちに判明する。たとえば、ヨーロッパ商品番号システムがのちにできた際には、6＋6の12桁のコードが採用された。）商品コードを製造会社が採用する初期費用は、小売業者が採用する場合に比べると低かった。個別番号には、店ごとに異なる値段情報は含まれていなかったからである。

　1971年中ごろには、共通商品コードの考え方は業界で広く受け入れられていたが、どういう技術を採用して実装するかについては議論の余地があった。これもまた、政治的に調整が難しい問題であった。小規模の製造業者でもコードが扱えるようにするためには、そんなに高い設備は必要ないようにしなければならなかった。また、コード導入の費用を商品の値段に大きく上乗せすることも難しかった。そうでなければ、コストを吸収しなければならない小売業者にはシステムに参加するメリットがなくなってしまうからである。また、何百万個も導入されることになるレジ用機器も比較的安価にしなければならなかった。こうした条件から、市中銀行や連邦準備銀行で使われる磁気ストライプと光学文字読み取り装置は、採用できなかった。そこで数百万ドル程度のさまざまな実験的システムが作られ、1971年末には、印刷費用とスキャナー費用といったトレードオフの内

容がよく認識されるようになった。そして 1973 年春には、現在よく知られているバーコードシステムが正式に導入された。これは主に IBM によって開発されたもので、最も安価で信頼性が高かった。スキャニングシステムは安価で、コードは普通のインクで印刷可能だった。またリーダーは、パッケージが少し歪んだら読めなくなるほどには、厳密すぎなかった。

　こうして 1973 年末には、全米の 800 以上の製造業者が個別番号を取得した。これにはほとんどの大手業者が含まれており、食料品の小売の売上の 84 パーセントほどが対象となった。最初のバーコード付き商品が出荷されたのは翌 1974 年で、IBM や NCR が作ったスキャナーが使われた。

　小売業者では、設備の入れ替えが含まれるため、製造業者に比べると対応には時間がかかった。小売の商品ラベルをデザインしなおす必要があったためである。しかし 1980 年代半ばまでには、ほとんどの食料品チェーンでは大型店にバーコード対応レジが導入された。

　この後、バーコードシステムは、食品だけではなく、パッケージに入った多くの商品にも急速に適用されるようになっていった（この本にもついている ISBN バーコードがその証の一つである）。こうしてバーコードは大きな経済的効果のある技術の象徴となった。

　実際の物流のほかに、コンピュータが追跡できる物流情報ができあがった。つまり、製造－流通の流れの全体が、より統合的になってきたのである。小売店舗の棚は空きのあることがなくなり、常に補充が届くようになり、倉庫の蓄えが少なくなれば、卸業者や配送センターに自動的かつ電子的に注文が出され、さらに製造業者に注文がいくようになった。こうした製造業者、卸業者、小売業者のあいだの電子情報網の規格も、この流れの中で開発され定まっていった。

　これは言ってみれば、物理的システムと電子的システムが併存しているようなものだ。コンピュータの中の電子的システムには、物理的な製造－流通の流れの中にある個々の物体に対応するデータがあり、目の前の豆の缶詰だってその一つなのだ。これはコンピュータがなくてもできあがったかもしれないが、膨大な情報を集め、処理し、アクセスできるように整えなければならないため、コンピュータなしではここまで低コストには実現できなかった。従来型の小売店では、在庫管理を正確に行うのが困難なため、売れるチャンスを逃さないように、商品を多めにストックしておくほうがむしろ安かった。

　バーコードのシステムを使うことで、レジと在庫管理のコストが削減されたが、これはスーパーマーケットの利益が 1980 年代に過去最高に上がった一番の

理由ではなかった。もっと重要な利益の源泉は商品の幅が拡がりつづけたことにある。商品数は一例では 3 倍にもなった。これはレジの自動化の効果なのである。こうした新しい商品群の多くは贅沢品であり、利ざやが大きく、これこそが利益の源泉だった。

　食料品業界に限ってみれば、バーコードにはマイナスの側面もあった。それは、1930 年代のスーパーマーケットの台頭によって、個人商店が姿を消したことである。食品製造業への参入障壁も大きくなった。UPC のコード獲得の手続きが面倒であっただけではなく、全国的な食料品チェーン店への商品供給は大規模にならざるをえなくなったからだ。面白いことに、20 世紀末にはまた小規模に作られたように見える特別な食料品が復活したが、見た目とは異なり実際は全国的な食料品チェーンで作られ、売られている。これを書いている筆者の前にもイギリスのデヴォンでの休暇から帰国した友人から頂いた「最高の手焼きビスケット」の箱があるが、箱の裏にはあまり目立たないようにスーパーのレジ用のバーコードが印刷されている。このようなことがあちこちに見受けられることこそ、現代生活の皮肉といえよう。

8

コンピュータを支配するソフトウェア

　最初の実用的なプログラム内蔵コンピュータである、ケンブリッジ大学の EDSAC の構築は、現代のコンピューティング史では画期的な出来事だと広く信じられているし、それは妥当であろう。しかし、1949 年 5 月に EDSAC が稼働しはじめるとまもなく、ケンブリッジのチームは、機械の構築は使えるコンピュータシステムの開発というもっと大きなプロセスの第一歩にすぎないことを悟った。新しい汎用コンピュータの理論性能を引き出すために、チームは実際の問題を解くようなプログラムを書かなければならなかった。そしてケンブリッジの開発チームのリーダーであったモーリス・ウィルクスは、そうしたプログラムの作成は非常に難しいと考えるようになる。

　　　1949 年の 6 月には、かつては簡単そうにみえていたプログラムの構築が一筋縄ではいかないことに、皆気づきはじめていた。このことが身にしみてわかったときのことを鮮明に覚えている。EDSAC は建物の最上階にあり、テープ穿孔機や編集の機械はその一つ下の階の微分解析機が置いてある部屋の周りのギャラリーにあった。私は初めて本格的に、数値積分法の微分方程式のプログラムを空軍のために動かそうとしていた。EDSAC の部屋と穿孔機の部屋とを往き来するあいだに「階段の角度に戸惑いながら」ふと、自分の残りの人生は、こうしてプログラムのエラーを見つけることに膨大な時間を費やすことになるのだなあ、と悟ったときのことは忘れられない。

　当初、そのようなプログラムの間違いは、単に間違いとかエラーと呼ばれていた。しかし、数年のうちに、それらは「バグ」と呼ばれるようになり、それを取り除くプロセスを「デバッギング」と呼ぶようになった。ウィルクスがバグを完全に取り去ることの不可能性について考えた最初のプログラマかもしれないが、

そう考えたのはもちろん彼だけにとどまらなかった。そしてそれから10年間に、こうしたプログラム、あるいは「ソフトウェア」開発のコストと難しさは、ますますはっきりとしていった。コンピュータそのものは、どんどん小さく、速く、信頼性を増していったが、ソフトウェア開発のほうは、予算が膨れあがり、納期が遅れ、バグがつきものであることが知れ渡るようになった。そして、その10年の終わりのころになると、「ソフトウェア危機」が、産業界のリーダーや、コンピュータ科学研究者や政府高官たちに取りざたされるようになった。どうしてソフトウェア開発がこんなにも難しいのか、それに対して何か為すべきことはあるのかが話題になり、将来のコンピュータ産業はどうすれば健全に発展しうるかが盛んに話し合われた。

プログラミングの初めの一歩

　実は、ウィルクスが最初にソフトウェア開発の問題について考えはじめたのは、デバッギングの作業を発見したときではなかった。むろん、そのときにはまだ1950年代後半に定着する**ソフトウェア**という表現自体がなかったが。1948年のEDSAC構築中に、彼はハードウェアのことよりも、プログラミングのことを考えはじめていたのである。今日のコンピュータを含めて、プログラム内蔵式のコンピュータの内部では、プログラムは純粋なバイナリ（二進数）で格納されている。この場合0か1である。たとえばEDSACの中では、「メモリの25番地にある整数を加える」という命令は、

$$11100000000110010$$

と書かれる。
　しかし長いバイナリの数字の羅列では人間が容易に読めないため、プログラミングの記法には不向きである。そこでどのコンピュータ開発グループにおいても、プログラムを計画したり書いたりするための、プログラマに優しい記法のアイディアが生まれた。それは自然な流れであった。EDSACの場合、「25番地の整数を加えよ」は、

$$A\ 25\ S$$

と書いていた。A は「加える」(add)、25 はメモリの中の番地、S は「整」(short)
数の意である。

　ジョン・フォン・ノイマンとハーマン・ゴールドスタインが EDVAC 用に似た
ような記法を使っていたが、人間が読みやすいプログラムをバイナリの数字列に
変換するのは、プログラマ、あるいはその下で働く「コーダー」の仕事だと考え
ていた。これに対し、ウィルクスは、この変換もコンピュータが行うことができ
るのでは、と気がついた。コンピュータはもちろん数字を扱うように作られてお
り、コンピュータ内部ではアルファベットの文字は数字を意味していた。またプ
ログラムも最終的には文字と数字でできている。これはあとから考えれば当たり
前にみえるが、当時はこれには気づきが必要だった。

　1948 年 10 月、ケンブリッジのグループに 25 歳の研究員ディヴィッド・ウィー
ラー（David Wheeler）が加わった。ウィーラーはちょうどケンブリッジで数学
の「一等賞」をとったところだった。ウィルクスは、プログラムを博士論文の
テーマとしているウィーラーに、この件を任せた。プログラムをバイナリに変換
するために、ウィーラーはイニシャルオーダーとよばれる小さなプログラムを書
いた。記号のかたちでテレプリンタのテープ上に打ち出されたプログラムを読み
取ってバイナリに変換し、メモリに格納して実行可能にするというものである。
この小さなプログラムは、たった 30 の命令でできていたが、磨きをかけて作り上
げられたものだった。いろいろな意味で、プログラミングは数学と同じように若
いうちが花である。プログラムを書くには、従来のやり方にとらわれない新しい
発想が必要で、また操作テクニックも必要だ。ウィーラーらが 1948 年から 1951
年にかけてケンブリッジで書いたプログラムは、数学の美しい定理のような輝き
がある。

　しかし、イニシャルオーダーが解決したのは、記号をバイナリに変換するとい
う問題だけであり、プログラムが間違いなく動くようにするのは次の課題であっ
た。

　プログラムを走らせる前に、よくチェックし間違いを減らすためにできること
はたくさんあった。先に 30 分間の点検をすれば、あとで点検して直すよりも、
ずっと効率的に間違いを見つけることができた。もちろん 1950 年代初頭であれ
ば 1 時間 50 ドルほどはかかっていたと思われる、機械の計算時間を無駄使いし
ないで済むメリットがあったのは言うまでもない。しかしながら、新しい人が増
えるたびに、先人がデバッギングの方法を学んだのと同じ、時間のかかるプロセ
スを経なければならないのには変わらなかった。これは今日でもまだ同じだろ

う。

　ケンブリッジのグループは、こうしたプログラムの間違いを繰り返さないために、「サブルーチン・ライブラリ」を作ることにした。これは、フォン・ノイマンとゴールドスタインも考えていたことだった。さまざまなプログラムでよく使われる操作があったからだ。たとえば、平方根の計算、三角関数、ある形式で数字を印刷する、などである。このサブルーチン・ライブラリの発想は、そうしたよく使われる操作をミニプログラムとして作っておき、プログラマがそれを自分のプログラムにコピーして使えるようにするというものだった。この結果、一般的なプログラムであれば、3分の2がサブルーチンを利用し、3分の1が新しいコードという割合であった。（ちなみに当時はプログラムそのものがルーチンと呼ばれていたので、**サブルーチン**と名付けられていたのである。ところが1950年代には**プログラム**と呼ばれることが多くなり、**ルーチン**は死語となったが、**サブルーチン**のほうは残った。）こうしたコードの再利用は唯一の、そして最も効果的な、プログラミングの生産性と信頼性を上げる方法だったのである。

　やがてウィルクスは、ウィーラーにサブルーチン・ライブラリの整理の仕事を与えた。これにより目に見えて変化があったという以上の効果があった。こうした考え方が一般化するまでの1950年代に開発された、ばらばらのスキームの数をみればわかる。サブルーチンをコンピュータのメモリに格納していくのは、スーツケースのパッキングのようなものだ。なんでも詰め込んで、蓋ができなくなったら減らすといった人もあれば、スーツケース内を同じサイズのコンパートメントに分けて整理しながら入れていく人もある。後者は整頓されていて扱いやすいが、シャツにぴったりのコンパートメントは靴下には大きすぎるといった具合に空間が無駄になりやすい。ほかのグループでは、磁気テープや磁気ドラムにサブルーチンをたくさん格納しておいて、必要なときにコピーをするという方法をとった。ウィーラーの方法は、単純にしてエレガントだった。それはサブルーチン同士がうまく接続して間違いなく動く工夫をしたのである。プログラムのコンポーネントは下から積み込んでいけば、隙間なく格納され間違いなく動き、貴重なメモリを無駄にすることなく最適に活用できた。

　1951年にケンブリッジのグループは、こうしたプログラミングの技法を、『電子的デジタルコンピュータのプログラムの準備について』（The Preparation of Programs for an Electronic Digital Computer）という本にまとめ、読者層が厚い米国で出版した。ちょうどこのころ、研究用のコンピュータが実装されはじめたところで、開発者たちは機械ができるまでプログラミングのことを考えていな

い場合が多かった。そこに現れたケンブリッジの本は、唯一のプログラミングの
テキストブックで、何もなかったところを埋めた。その結果、今日に至るまで、
サブルーチンをどのように組み合わせてプログラムを作るかという 1950 年代初
頭のケンブリッジ方式に則って、プログラムが行われているのである。

フローチャートとプログラミング言語

　本質的に、コンピュータをプログラムするということは二段階の翻訳を行って
いるようなものだ。まずは、実世界の問題（あるいはその解決法）を**アルゴリズ
ム**と呼ばれる、機械が行える手順に変換すること、次にこのアルゴリズムをある
コンピュータが実行できる特別な指示に換えていくことの二段階である。どちら
の段階も難しく、エラーや誤解の可能性を伴う。

　こうした翻訳作業の第一段階の助けに用いられるようになった最初のツールは
フローチャートであろう。フローチャートはアルゴリズムやプロセスの可視化を
行うグラフィックツールで、手順が箱で描かれ、箱と箱の関係は線や矢印で示さ
れる。その手順のどこかで複数の選択肢から決定を行わなければならない場合に
は、決定ポイントが示され、選択肢ごとに進む先が分岐する（たとえば、「条件 A
が真ならば、手順 2 へ。そうでなければ、手順 3 へ」といった具合である）。こう
したフローチャートは産業界で働くエンジニアのあいだで 1920 年代に始められ
た。これを 1950 年代にコンピュータのプログラムに採り入れたのは、（化学エン
ジニアの経験があった）フォン・ノイマンである。フローチャートは、コン
ピュータプログラムの青写真であり、システムの分析と実装のあいだに入るの
が、アプリケーションソフトウェアである。

　翻訳の第二段階は、アルゴリズムを機械がわかる形に置き換えるコーディング
であり、これはウィルクスとウィーラーによってすでに指摘されていたものだ。
1953 年くらいまでに、プログラミング研究の中心地は英国から米国へと移り、そ
こでは磁気テープと磁気ドラムによる大きなメモリがコンピュータに実装されて
いた。コンピュータは小さなメモリしかなかったプロトタイプに比べると 10 倍
ものメモリを搭載していたのである。1,000 語といった小さなメモリに押し込む
ようなプログラムの方法は時代遅れとなっており、10,000 語ほどの「大きな」メ
モリを活用するための洗練されたプログラミング技法が求められていた。また、
利用者がそれぞれ自分のプログラムを一つ一つ作るのも、効率が悪かった。プロ
グラムは、プログラマの労働時間を考えると値段がかかりすぎ、デバッグに時間

もかかりすぎた。

　米国の研究施設や、コンピュータ製造会社は、「自動プログラミング」の実験を始めた。それを使えば、プログラマは英語か代数のような人間にも理解できる高レベルのプログラミングコードでプログラムを書けばよく、コンピュータが自動的に機械語に変換してくれるというシステムだ。可能であればフローチャートを完璧なアプリケーションプログラムに翻訳してくれるシステムが目標だった。自動プログラミングの問題は、一部は技術的なものだが、一部は文化的なものである。そして後者のほうが難しかった。たった5年ほどの歴史しかないプログラミングだったが、1950年代のプログラマたちは従来のやり方を崩したがらず、ちょうど200年前の手織り職人が織機の導入を阻んだのと同じように反応したのだ。

　こうした1950年代のプログラマの保守的な文化を打ち破ろうと、最も尽力したのが、グレース・マレー・ホッパーであろう。ハーバード・マークⅠの最初のプログラマであり、のちにUNIVACに移籍したホッパーは、1950年代に何年にもわたって地方講演をして歩き、まだ期待されるほどには機能が上がっていなかった自動プログラミングのよさを喧伝して回った。たとえば、UNIVACでは自動プログラミングのシステムとして、自らA-0と名付けたコンパイラを作成した。（ホッパーは**コンパイラ**という名前を使った。その理由はそのシステムがコードのかけらを集めて、プログラムにまとめる（コンパイルする）からである。）しかし、A-0は動いたものの、製品にできるほどの完成度ではなかった。非常に単純なプログラムすら翻訳に1時間もかかり、そうしてできたプログラムは走らせるとおそろしく遅かった。後継システムのB-0（あるいはフローマティック（Flow Matic））はビジネス用に設計されたが、これもまだ遅くてあまり使い物にならなかった。

　かくして、1953年から1954年にかけて、プログラミング技術の未解決問題は、経験を積んだプログラマと同じようなプログラムが作り出せる自動プログラミングシステムの開発だった。この問題に対する最も成功した解決法が、IBMから生まれた。このプロジェクトを率いたのはジョン・バッカス（John Backus）という弱冠29歳の研究者である。彼の作ったシステムは、フォーミュラ・トランスレータ、略してFORTRANとよばれた。FORTRANは最初の大成功した「プログラミング言語」で、科学計算の世界ではいまだに共通言語として使っている人がいるほどである。FORTRANの一つの命令が機械語ではいくつもの命令になるので、プログラマの表現力をかなり大きくした。たとえば、

$$X = 2.0 * FSIN(A+B)$$

という表現は、$2\sin(a+b)$ という関数を計算し、その値を変数 x に代入するためのコードを生成できる。

　バッカスは FORTRAN に経済的なメリットがあることを強調した。1953 年の時点で、コンピュータセンターの運用コストの半分はプログラマの給料だと推計されていた。そしてコンピュータの稼働時間の 4 分の 1 から 2 分の 1 は、プログラムのテストとデバッギングにかけられていた。そこでバッカスは「プログラミングとデバッギングでコンピュータ稼働時間の 4 分の 3 が使われてしまっている。そして今後コンピュータが安くなればなるほど、この傾向は悪化する」と述べた。こうしたコスト計算により、バッカスは 1953 年暮れに IBM の上司に掛け合い、まもなく発表になるモデル 704 のための FORTRAN 開発の予算とスタッフを勝ち取った。そして 1954 年の上半期に、バッカスはプログラミングチームを作りはじめた。

　この FORTRAN プロジェクトは IBM では重要視されていなかった。そのことはプロジェクト室がマジソン街に面した IBM 本社の別館の「19 階でエレベータの機械室の横」にあったことからもうかがえる。当初 FORTRAN は結果を出すプロジェクトというより研究プロジェクトとみなされており、704 コンピュータの製品プランにもまともに組み込まれていなかった。実際、1954 年の段階では、人間のプログラマと同等の質のコードをそうした自動プログラミングが生成することが可能かどうか、はっきりと見通されていなかったのである。むしろ IBM 内ではバッカスが不可能なことに挑戦しているのではないかという否定的な見方が多かった。このことからもわかるように、FORTRAN チームにとっては、人間と同等のコードを生成するというのは何にもまさる最優先の目標だった。このグループは 1954 年にスペック案を出したが、言語設計のエレガントさにはほとんど注意が払われていなかった。効率が何よりも重要だったからである。当時のバッカスやチームのメンバーには、自分たちが 21 世紀になっても使われる言語をデザインしているとは知る由もなかったのだ。

　バッカスのチームが潜在ユーザーに働きかけてみると、自動プログラミングの予想される長所に対して既に斜に構えた熟練プログラマたちからは、大いに疑わしいという反応がかえってきた。「彼らはあまりにもいい話ばかり聞かされては、ダメなシステムを見せられすぎたので、期待する気持ちをもてなかったのだった」。1955 年にトランスレータを作りはじめたとき、バッカスはこのプロジェク

トは6か月ほどで完結すると考えていた。ところが実際には、12人ほどのプログラマが2年半かかって、FORTRANの18,000命令のプログラムを書き上げたのである。FORTRANトランスレータはそれまでに書かれた最も長いプログラムというわけではなかったが、大きなプログラムではあり、複雑であった。複雑になった大きな原因は、人間が書いたのと同じ質のプログラムをコンパイラが生成できるようにしようとしたためだった。スケジュールはどんどん引き延ばされ、1956年と1957年のデバッギングのペースはすさまじかった。コンピュータの空き時間を確保するために、チームは労働時間を夜型にした。「我々はよく56番街のランドンホテルの部屋を借りて、日中に仮眠して徹夜した」。

　FORTRANの最初のプログラミングマニュアルは、IBMの素晴らしいカバーがつけられた美装本で、そこにはFORTRANは1956年10月には使えるようになると思われる、と書かれていたが、結局それはシステムが最終的にリリースされた「1957年4月の遠回しな言い方」になってしまった。

　FORTRANの初期ユーザーの一つが、メリーランド州にあるウェスティングハウスのベティス核施設だった。1957年4月20日金曜の午後、パンチカードの入った大きな箱がコンピュータセンターに届いた。何もそれと書かれていなかったが、おそらく「1956年後半」には届くといわれていたFORTRANのコンパイラであろう、と人々は推察した。そこでプログラマらが、何か小さなテストプログラムでも走らせてみようということになった。彼らはFORTRANシステムがテストプログラムを飲み込んで、診断結果を表示したときには度肝を抜かれた。「ソースプログラム・エラー……カンマの後に右括弧が抜けている」。このエラーを直して再度走らせると、22分間で正しい答えを打ち出した。人の力を使わない「計器飛行」である。こうして、ウェスティングハウスのベティスのコンピュータセンターは、FORTRANの最初のユーザーとなったのである。

　運用実績として、メモリ使用量とコンピュータの使用時間の観点から評価すると、FORTRANシステムは人間が手で書いたものの9割程度の質を出すことができた。そしてFORTRANはプログラマの生産性をかなり向上させるのに一役買った。これまで数日から数週間で書かれていたプログラムが、数時間から数日程度でできあがった。IBMの調査によれば、1958年4月までには、26か所のIBM 704ユーザーの半数が、半分ほどの計算にFORTRANを利用するようになっていた。これが秋には、60か所ほどでの利用が確認された。この間、バッカスのプログラミングチームは、実際に使ったユーザーからの声をシステムに反映しながら、改良版の言語とコンパイラであるFORTRAN IIの準備に入っていた。

この版は、5万行のコードからなっており、1959年のリリースまでに、50人月かかった。

　IBMのFORTRANが科学計算プログラミングとしては最も成功を収めたが、これが唯一というわけではなく、ほかのコンピュータ製造会社でも同じような試みは行われていた。UNIVACのホッパーのグループはA–0コンパイラを洗練し、MathMaticというプログラミング言語としてユーザーに届けた。また研究者のあいだでは、ミシガン大学のMAD、カーネギーメロン大学のITなどの言語が生まれた。米国の計算機学会（ACM）と、ヨーロッパの同様の組織が協力して国際的にALGOLを作ろうという動きも起こった。こうして1950年代には、数十種類の科学計算用プログラミング言語が使われていたのである。

　しかし数年のうちに、FORTRANが科学計算分野では最も大きく拡がった。このことをIBMのコンピュータ市場席巻の戦略だという人々もいるが、そのような事前の計画があった証拠は見当たらない。ただ、FORTRANが最初の高級言語として広まったという事実だけは間違いない。そして1961年にダニエル・D・マクラーケン（Daniel D. McCracken）が最初のFORTRANの教科書を出版し、それが大学の学部でのプログラミング教育の教科書として採用されるようになった。産業界では、FORTRANが標準となることで、違うメーカーのコンピュータを使っている異なる組織のあいだでプログラムの交換などが可能になった。FORTRANはトランスレータの使えるコンピュータなら、どのようなコンピュータでも使えたからだ。さらに、FORTRANが使えるプログラマが、人材として労働市場に出てくるようになった。やがて米国では、科学計算といえばFORTRANで書かれていることがほぼ間違いないほどになった。ALGOLはヨーロッパで生き延びていたが、それもやがてFORTRAN一色になっていった。こうしてFORTRANはユーザーのあいだの「標準」的言語として圧倒的な人気を誇ったのである。1966年にはFORTRANは正式に米国国家規格協会（ANSI）によって標準言語であることを認められた。

　科学計算の領域でFORTRANが標準化しているあいだに、ビジネス用に別の言語が育ちはじめていた。FORTRANが標準化したのは偶然の要素も多かったが、こちらは当初より標準になることを目指して作られたCOBOLである。この名前はCOmmon Business Oriented Language（ビジネス用標準言語）から来ており、米国政府の肝いりで開発が進められた。FORTRANが科学計算の分野で標準となりつつあるあいだにも、産業界や政府では、コンピュータの機種を新しくするたびに、プログラムを書き換えなければならず、大きな損失となっていた。

かなりの予算が必要で、混乱を引き起こすこともあった。そこで政府は、商業用
のアプリケーションプログラムにおいて、こういうことが繰り返されないよう、
1959 年にデータシステムと言語についての委員会（Committee on Data
Systems and Languages, CODASYL）を立ち上げ、商用のデータ処理に使える新
しい標準言語のデザインに着手した。こうして翌年、COBOL 60 が生まれた。こ
の言語を使えば、コンピュータを買い換えてもソフトウェアを使いつづけること
ができるようになったのである。

　ホッパーは COBOL 普及にも熱心に取り組んだ。彼女はこの言語の開発者の
一人ではなかったが、COBOL は彼女が UNIVAC のために設計したフローマ
ティックに大きな影響を受けていた。特に影響を受けたとしばしば評されるの
が、「英語を使ったコーディングをすべきだという熱心な主張」だという。
COBOL では、従業員の給料から税金を差し引いた手取り分の計算は以下のよう
になる。

SUBTRACT TAX FROM GROSS PAY GIVING NET PAY.

こうしたわかりやすさのために、経営陣が自分でプログラムが書けなくても、プ
ログラマの書いたコードの内容を簡単に読めるのではないかと思い込んでしまい
がちだった。技術者はそのような「糖衣構文」で素人にもわかりやすく書くこと
にメリットは感じていなかったが、しかし、経営陣に自信をもたせることには、
文化的にメリットがあった。

　コンピュータ製造会社の側は COBOL を採り入れることに熱心ではなく、それ
ぞれ別に独自の言語を使いつづけたがった。たとえば、IBM のコマーシャルトラ
ンスレータ（Commercial Translator）、ハネウェルの FACT、UNIVAC のフロー
マティックといった言語である。そこで 1960 年末に政府は、COBOL を搭載し
てもパフォーマンスが拡張できないことを製造会社が示せない限り、COBOL を
搭載しないコンピュータをリースしたり買ったりできないようにした。するとど
の製造会社も独自性を主張せず、すぐに COBOL コンパイラの搭載を始めたので
ある。

　それから 20 年のあいだ、COBOL と FORTRAN がプログラミング言語の世界
で主流となった（アプリケーションソフトウェアの 9 割方が、この二つの言語で
書かれていた）ものの、特殊用途のために専用のプログラミング言語を設計する
ことは、1960 年代初頭のソフトウェア研究における主要活動として残った。そう

して数百もの言語が生まれたが、いまやそのほとんどは死滅してしまった。

ソフトウェア請負業者

　プログラミング言語やその他のユーティリティによって、コンピュータユーザーはソフトウェアを作りやすくはなったものの、プログラミングのコストは、コンピュータのランニングコストの中で最も大きかった。多くのユーザーはこのコストを最小限にしたいと考え、できあいのプログラムがあれば、自分たちで作らずにそれを使いたいと考えるようになった。

　この傾向を看取し、1950年代末にコンピュータ製造会社は、保険会社用、銀行用、小売業用、製造業用といった、個別の産業に合わせたアプリケーションプログラムを提供するようになった。さらに、賃金計算、原価計算、在庫管理といった、どの業態でも使う一般的アプリケーションソフトウェアも作られた。しかもこのようなプログラムは、無償で提供されていた。1950年代にはソフトウェアという概念がなく、独立して売ることができるものと認識されていなかったのである。だから多くの製造会社はアプリケーションプログラムを、ハードウェアを売るためのサービスとみなしていた。実際、アプリケーションソフトウェア部門はしばしば製造会社内ではマーケティング部門に配されていたのである。ソフトウェアは「無償」ではあったが、もちろんその開発コストはコンピュータシステムの値段に含まれていた。

　もう一つのソフトウェアの入手方法は、協力的なユーザーグループの中での交換であった。IBMユーザーのSHARE、UNIVACユーザーのUSEなどが知られている。こうしたユーザーグループプログラマは、プログラミング方法のコツやプログラムそのものを交換しあった。IBMは顧客が作ったプログラムのライブラリを管理して、ユーザー同士がプログラムを交換しやすくしていた。こうしたプログラムは、そのままの形で使えることは稀だったが、お互いにプログラマだったので、もらったプログラムを自分に合うように書き直して使っており、そのほうが最初から作るよりは楽だった。

　プログラマは高給取りで、人材雇用や管理も難しかったことから、コンピュータを利用している会社は自前のプログラムを作成することを嫌がった。これによって、**ソフトウェア請負**を行う新しい産業の生まれる余地ができた。こうした会社はコンピュータユーザーのためにプログラムを書いた。1950年代半ば、こうした新しいソフトウェア請負の分野には、二つの主な領域があった。一つは政府

や大企業を顧客とするもので、自前では作れないほどの巨大なプログラムを作成するもの、もう一つは、中規模ながら自社に「ぴったり合った」プログラムが欲しいが、自社内では開発ができない顧客を相手にするものであった。

　前者の巨大システム用ソフトウェアを請け負った最初の大会社は、政府が運営する国防関係会社のランド（RAND）であろう。ランドは防空プロジェクトのSAGE 用のソフトウェアを手がけた会社である。SAGE が 1950 年代初頭に始まったとき、IBM は主なコンピュータ開発の契約を勝ち取ったが、システムのためのソフトウェアを書く仕事は IBM もどの会社も経験を持ち合わせず、手に余った。そこで 1955 年に SAGE のソフトウェア開発の契約がランドと結ばれたのである。それまでにソフトウェア開発の実績はなかったが、その力量は十分にあるとみなされた同社は、この開発のために 1956 年に別会社であるシステム・ディベロップメント・コーポレーション（System Development Corporation, SDC）を設立した。これが米国で最初のソフトウェア請負会社（ソフトウェア・コントラクター）である。

　SAGE のソフトウェア開発は、ソフトウェア史上の大きな出来事だった。そのころ、全米のプログラマが全部で 1,200 人程度だったのに対し、SDC は SAGE のために 700 人のプログラマを含む合計 2,100 人を雇った。中心となる操作プログラムは 25 万行ほどの規模で、周辺的なプログラムも全体で 100 万行規模を超えていた。この SAGE 用のソフトウェア開発は、プログラマの大学のようなものだったといわれる。そうなるように考えられていたわけではなかったが、このおかげで米国のソフトウェア産業の強力な礎が築かれた。

　1950 年代末と 1960 年代初頭には、ほかにもいくつかの国防関連企業や航空機産業、TRW や MITRE、ヒューズ・ダイナミクス（Hughes Dynamics）などが、巨大ソフトウェア請負の分野に参入しはじめていた。ほかにこのようなソフトウェア開発の力量があったのは、コンピュータ製造会社そのものである。顧客用の特別なプログラムを開発することで、IBM やその他のコンピュータ製造会社は、ソフトウェア製造における重要な位置を占めはじめた（そして占め続けた）。たとえば、IBM はアメリカン航空と組んで SABRE 航空予約システムを作成し、デルタ航空、パンアメリカン航空、イースタンなどの米国の航空会社のみならず、アリタリア、BOAC などのヨーロッパの航空会社とも同様の予約システム開発を進めた。1960 年代にはほかのコンピュータ製造会社もソフトウェア請負を行い、過去の事務機器会社としてのノウハウを生かし、NCR は小売業用アプリケーションソフトウェアを開発し、バロースは銀行をターゲットにした。

　こうした領域では、大手のコンピュータ製造会社が大企業のシステムを手がけたのに対し、中規模の会社にそこそこのサイズのソフトウェアを提供する市場も残っていた。大手の会社はこういった市場を効果的に開拓するための小規模な経済活動をしておらず、ソフトウェア系の起業家はこの市場機会を利用した。おそらく、最初の小規模なソフトウェア請負会社はコンピュータ・ユセージ・カンパニー（Computer Usage Company, CUC）であり、そのたどった軌跡は同種の会社にもみられる典型的なものだった。

　CUC は 1955 年 3 月に IBM の科学計算用プログラマ二人によって、ニューヨーク市で設立された。こうしたソフトウェア会社を設立する資金は小規模で、「コーディング用紙と鉛筆さえあればよかった」。高価なコンピュータを備える必要はなく、サービスビューローで時間貸しを受けるか、クライアントのコンピュータを使えばよかった。CUC の資本金は 4 万ドルで、一部が自己資金、あとは借入金だった。この資金は秘書一人と 4 人の女性プログラマを雇うのに使われ、彼女たちは売上が入るまで、創立者の一人のアパートで仕事をした。創立者二人は IBM の科学計算プログラミング部門の出身で、最初は石油関係、原子力関係などの企業を顧客とした。1959 年には CUC は、59 人の従業員を雇うまでになった。会社は上場し、186,000 ドルの時価総額となった。こうした資金で、CUC は初めて自社のコンピュータを購入した。

　1960 年初頭には、CUC と似たような企業がいくつもあった。IBM の FORTRAN チームの出身者が立ち上げたコンピュータ・サイエンシズ・コーポレーション（Computer Sciences Corporation）や、プラニング・リサーチ・コーポレーション（Planning Research Corporation）、インフォマティクス（Informatics）、アプライド・データ・リサーチ（Applied Data Research）などである。これらはすべて起業型で、CUC と似た成長パターンであったが、それぞれ得意とする分野が異なった。ほかの有名企業としては、ユニヴァーシティ・コンピューティング・カンパニー（University Computing Company）が 1965 年に設立された。

　1960 年代前半は、こうしたソフトウェア請負会社のブームだった。このころまでに、コンピュータの速度は速くなり、サイズは小さくなっていき、コンピュータの数も 1950 年代に比べて桁違いに大きくなっていった。すると、ソフトウェアの需要も増し、大型の外部委託契約が増えていったのである。公共セクターとしては国防関係機関が巨額のデータ処理プロジェクトの発注を行っていたし、民間セクターでは、銀行が ATM を使ったリアルタイム処理のシステムを導入して

いった時期である。

　1965 年までには、米国内では 40 から 50 のソフトウェア請負会社があり、その
うちのいくつかは 100 人以上のプログラマを雇い、年商 1,000 万ドルから 1 億ド
ルという規模にまで成長した。たとえば CUC もそのように成功した企業の一つ
となり、主たる業務であるソフトウェア請負のほかに、トレーニング、コン
ピュータサービス、設備マネジメント、パッケージソフトウェア、コンサルタン
トなどの領域まで手がけるようになっていた。1967 年には、12 の事業所をもち、
700 人の従業員を擁し、年商 1,300 万ドルにまでなっていた。

　しかしこのように大きなソフトウェア請負会社はごく一握りにすぎず、プログ
ラマも数名程度の小さな会社がひしめきあっていた。ある推計によれば、1967 年
には米国に 2,800 社ものソフトウェア請負企業が存在したとも言われている。

　1962 年にロス・ペローが設立した EDS や、1963 年に創設されたマネジメン
ト・サイエンス・アメリカ（Management Science America, MSA）などの特殊な
ソフトウェア請負会社も儲けの出しやすいこの市場に参入しはじめていた。

ソフトウェア危機

　ソフトウェア請負企業が生まれたおかげで、コンピュータをプログラムするに
あたっての差し迫った課題がなんとか楽になった。つまり、経験豊富なプログラ
マに仕事を頼めるようになったのである。また高級言語やプログラミングユー
ティリティの登場により、バグを見つけてそれをなくすという、金がかかり忍耐
を要する仕事が軽減された。しかし、1960 年代末にはソフトウェアとソフトウェ
ア開発に新たな問題がわきおこり、評論家たちがコンピュータ業界全体の将来に
暗雲がたちこめる「ソフトウェア危機」を公言するようになった。それから数十
年のあいだ、「ソフトウェア危機」のおかげで、電子コンピューティングの技術
的、経済的、経営的発展がなされてきたともいえる。

　ソフトウェア危機を口にする人が多かった理由の一つは、コンピュータ自体の
能力やサイズが、ソフトウェア設計者がそれを使いこなす能力よりも速く向上し
たからである。1960 年から IBM System/360 などの第三世代コンピュータの登
場までの 5 年間に、メモリサイズやスピードは桁が上がり、パフォーマンスは二
桁上がりにもなっていた。一方同じ時期のソフトウェア技術は、ほぼ停滞してい
たといえる。このころまでのソフトウェア技術では 1 万行程度のソフトウェアが

書けるようになってきていたが、これより 10 倍も大きなプログラムを書くには問題があった。そして 100 万行ほどが必要なプロジェクトは悲惨な終わり方をすることも多かった。1960 年代の末には、そのような大きなソフトウェア開発が必要なプロジェクトは「経営上の恐怖の、儲けの出ない泥沼。お金はかかり、終わらないもの」だとされていた。この時期のビジネス関係の史料には、ソフトウェア開発がうまくいかず、多額の投資をしたコンピュータ技術が利益を出さなかったという話が繰り返し出てくる。

　1960 年代がソフトウェアの負の時代だとすれば、なかでも最悪だったのは IBM の System/360 のオペレーティングシステムである。「オペレーティングシステム」とは、1950 年代末までにコンピュータ製造会社が提供しはじめた、一群の基礎を支えるソフトウェアのことである。それには、プログラマがアプリケーションソフトウェアを開発したり走らせたりするうえで必要な、プログラミング言語以外のすべての要素が含まれていた。たとえば、磁気テープやディスクドライブ上にあるファイルやデータを整理する、入出力装置を使うためのサブルーチンは、オペレーティングシステムに含まれていた。こうした周辺機器を物理的に扱うプログラムは、一人のプログラマが何年もかかるほど非常に複雑であるが、オペレーティングシステムがあれば、プログラマは磁気ディスクのどこに格納されているデータを使うのかといった物理的な場所を扱う必要がなく、論理的な対象物（たとえば、従業員データのファイル）を扱えばよくなった。オペレーティングシステムに含まれている要素としては、ほかにも「モニタ」「スーパーバイザ」と呼ばれるコンピュータのワークフローを制御する機能などがある。IBM の第二世代コンピュータのオペレーティングシステムは 3 万行程度のコードでできていた。1960 年代初頭までには、各社は競争力を上げるために、強力なオペレーティングシステムを準備していた。

　IBM が System/360 を 1962 年に準備しはじめたとき、ソフトウェアがハードウェアを補うのが非常に重要なことがわかっていた。しかも、そのソフトウェア開発は巨大になることも見通されており、当初予算 1 億 2,500 万ドルが準備されていた。4 種類のオペレーティングシステムが考案され、のちに BOS、TOS、DOS、そして OS/360 と呼ばれることになるシステムの開発が計画された。BOS はバッチ・オペレーティングシステム（Batch Operating System）で小規模のコンピュータのために書かれた。TOS は、中型の磁気テープを使用するコンピュータ用、そして DOS はディスク・オペレーティングシステム（Disk Operating System）の略で、中型から大型のコンピュータ用であった。この三つ

のオペレーティングシステムは当時のソフトウェア技術の最先端であり、計画通りに提供された。これに対し OS/360 にはさらに素晴らしい機能が計画されていたが、これが 1960 年代に最も有名になったソフトウェアの大惨事となったのである。

　OS/360 プロジェクトのリーダーはハワード・エイケンの最もよくできた学生で、30 歳代半ばのソフトウェア設計者のフレデリック・P・ブルックス・ジュニア（Frederik P. Brooks Jr.）であった。ブルックスはほどなく IBM を辞めて、ノースカロライナ大学でコンピュータ科学科の創設メンバーとなる。ブルックスは聡明でクリエイティブな人物であり、1970 年代にソフトウェア工学の提唱者となり、ソフトウェア構築のための工学者の心得などをまとめた人物であるが、その著書『人月の神話』でも有名になった。

　どうして OS/360 は開発が難しかったのか。根本的には、OS/360 がその時点で史上最も複雑なシステムの計画だったからである。プログラムのコンポーネントが数百にも及び、全体で 100 万行以上のコードになり、それらがぎくしゃくせずにすべて動く必要があった。ブルックスと仲間の設計者たちは、それほどの複雑なプログラムを組むのであれば、大勢のプログラマが必要であろうと考えた。これは、エジプトのファラオが大きなピラミッドを建てるために多くの奴隷と多くの石を準備しようとしたのに似ている。しかしながら、そういう人海戦術が効くのは比較的単純な構造物に限るのだった。ソフトウェアは残念ながらそうはいかず、それこそがソフトウェア危機の本質でもあった。

　また OS/360 は、コンピュータに複数のプロセスを走らせる「マルチプログラミング」という機能を搭載しようとしており、それが難しさの一因ともなっていた。こうしたまだ確立していない技術を含めようとするリスクは、当時でも十分に理解されており、大いに内部で議論もしていた。しかし「マルチプログラミング」はマーケティングの観点から必要で、1964 年 4 月 7 日の System/360 の発表においては、OS/360 は「プログラミング支援の中心」であり 1966 年半ばにはマルチプログラミングシステムがお届けできる、と謳われていたのである。

　オペレーティングシステムの要となる OS/360 制御プログラムは、ニューヨーク州ポキプシーにある IBM プログラム開発研究所で進められた。そこでは、IBM の最高のプログラマたちをめぐって、ほかの System/360 用プログラムのプロジェクトと競合関係になった。開発は 1964 年春には始まり、組織は 12 人の設計者が 60 人のプログラマを率いて、40 ほどの機能を実装することに決まっていた。しかし、ほかの大型プロジェクト同様に、何が特に原因というわけでもなく

ちょっとしたことの積み重なりで、すぐに予定は遅れがちになった。ブルックス
は、

> 昨日は重要人物が病気で会議が開かれず、今日は雷のために変圧器がおか
> しくなり、コンピュータが稼働しない。明日はディスク用ルーチンが、
> ディスクの出荷の遅れのためにテストできない。さらに、雪が降っただ
> の、陪審員に当たった人が出ただの、家庭の事情だの、緊急の顧客との会
> 議だの、お偉いさんのヒヤリングがあるだの、遅れの原因はいくらでも
> あった。それぞれは何かを半日か一日先送りにするだけのものだったが、
> スケジュール全体はそれぞれ一日ずつ遅れていった。

と説明している。

　そこで、さらに人材が投入されることになり、1965 年 10 月には制御プログラ
ム開発に従事しているプログラマは 150 人に及んだ。しかし「現実に」目を向け
れば、すでに半年の遅れが出ていた。また初期テストでは、OS/360 は「悲しいほ
ど遅く」、ソフトウェアをだいぶ書き直さないと使い物にならないとの結果が出
た。さらに 1965 年末には、重大な設計ミスが発覚し、修正するのが非常に困難で
あることもわかってきた。そこで初めて OS/360 は「技術的に達成可能かどうか
がそもそもあぶない」とわかったのである。

　1966 年 4 月には OS/360 のマルチプログラミング版の出荷は、当初の予定より
9 か月遅れの 1967 年第二四半期になる見込みだという、公式のアナウンスが出
された。こうして IBM の OS/360 のソフトウェアに問題があることは公知と
なった。心配する IBM ユーザーを集めた会議の席上、会長のトム・ワトソン・
ジュニアは、この問題について包み隠さず話すほうがよいと判断し、以下のよう
に語っていた。

> 数か月前、IBM の 1966 年分のソフトウェア開発予算は 4,000 万ドルとな
> ることが判明した。[System/360 の開発責任者の] ヴィン・ラーソンに、
> 昨日帰宅前にどう考えているのか尋ねたところ、「5,000 万」必要だと思う
> と言われた。そして本日午後にここのホールで、プログラミング開発の責
> 任者であるワッツ・ハンフリーに出くわしたので、「5,000 万で数字はいい
> のか？　これを話題にしても大丈夫か」と聞いたところ、「6,000 万ドルに
> はなるのではないか」と言われた。私が聞きつづけていたら、そのうち従

業員の給料が出せないほどになってしまうかもしれない。

　ワトソンが軽々に口にしたようにみえるこの言葉には、IBM 社内に「絶望感が
広がっていた」ことをよく物語っている。そしてさらに大勢のプログラマを投入
することで、局面を打開しようとした。しかしのちにブルックスは、こうした解
決方法は間違いであったと指摘した。彼は「まるで消火のためにガソリンを注ぐ
ようなもので、事態は悪くなる一方だった。大きくなった火には、より多くのガ
ソリンが必要となり、悪循環が始まって大惨事に至った」と述べている。大きな
プログラムを書くのは、非常に繊細で想像力が必要な仕事であり、人が増やされ
てもどうにもならないのである。「子どもを産むのには 9 か月かかるのであって、
女性が何名割り当てられても早くならないのと同じ」だった。

　1966 年を通じて、プロジェクトにどんどん人材が投入された。最も多いとき
で、ボキプシーで 1,000 人もの人が、プログラマのほか、テクニカルライター、ア
ナリスト、秘書、アシスタントなどとして働いていた。結局 1963 年から 1966 年
にかけて、のべ 5,000 人ほどが、OS/360 の設計や実装、ドキュメンテーションの
ために働いたのである。

　1967 年半ばに、OS/360 が 1 年遅れでなんとか世に出された。こうして
OS/360 とその他の System/360 用のプログラムが顧客の手に届くまでに、実に当
初予算の 4 倍にあたる 5 億ドルが費やされた。トム・ワトソンによれば、「これは
System/360 開発の中で最も予算がかかった部分であり、会社の歴史としても最
大の出費であった」という。しかし、金銭よりも人材のコストのほうが大きかっ
たかもしれない。

　　　IBM の System/360 のプログラミングでの犠牲者の多さは語りぐさになっ
　　　ている。経営陣と顧客に対応した管理職。何年にもわたって長時間労働が
　　　続き、数々の困難に直面しながら、これまでになかったほどの複雑なシス
　　　テムを作り上げたプログラマたち。双方ともに、技術的にも肉体的にも疲
　　　弊しきって、かなりの人が辞めていった。

　OS/360 が単に遅れただけなら、悲劇の物語として語り継がれることはなかっ
ただろう。ところが System/360 にはリリース後も多くのバグが残っており、そ
れらをなくしていくのに数年を要した。何かバグをなくすと、また別のバグが生
じることも多く、まるで漏れているラジエータの修理のようであった。こうした

OS/360 の物語からわかることは、ソフトウェアプロジェクトが高額の費用がかかるうえに不安定だということである。このため OS/360 は、ソフトウェア開発独特の難しさを語る、コンピュータ産業にとっての記念碑的な事例となったのであった。

産業としてのソフトウェア

　症状から病名を判断することと、何が原因でその症状が出ているのかを言い当てることはまったく別のことだ。さらに難しいのは、適切な治し方を見つけることである。ソフトウェア危機も、それが存在することは広く知られているが、どうしてそれが起こるのかについては千差万別の意見がある。会社に勤めている人はプログラマの雇用や管理体制のことを問題視しやすいが、コンピュータ科学者はソフトウェア開発にきちんとした理論が存在しないことを問題にするし、さらにプログラマ自身は、社会的地位の低さや自由を与えられていないことを問題にするといった具合だ。そして当然、問題に対する解釈が違うと、それぞれに提案する解決方法が異なる。

　ただ、「コンピュータ関係者」は今までとは異なった新種の技術系専門家だという認識は共通していた。特にコンピュータプログラミングは、当初より、科学や技術というより、「魔術」に近いと考えられていた。1960 年代半ばまでプログラミングにはアカデミックな専門教育が存在しなかった。そのため、最初期のプログラマたちはさまざまな専門から移ってきた人たちで、自学で独自の技術や解法を見つけており、仲間とつながることが少なく、ほぼ孤立して仕事してきていた。またどういうスキルや能力があると、よいプログラマになれるのかもはっきりしていなかった。数学の知識があるとまあまあ役に立つことや、チェスや音楽に秀でているとよいことなどが知られてはいたものの、素晴らしいプログラマは「あとから作られるのではなく、そのように生まれつく」ようにみえていた。そのためプログラマを大勢見つけたり、トレーニングしたりすることが難しかった。会社のリクルータたちは適性検査を作ったり個人プロファイルを作るなどして、類まれなプログラミング能力をもった人材を見つけて、増大する要求になんとか応えようと必死であった。ジョン・フォン・ノイマンらが当初、「コーディング」は単純作業で、比較的スキルのない人材でもできる（したがって給料は低く、女性が就きがちな）仕事だと考えていたのは、すぐに間違いだったことが判明した。そして 1950 年代末にもなると、コンピュータのプログラミングは、自信をもった

能力の高いやる気満々の若い男性の職業へと変わっていったのである。

　能力があり経験値も高いプログラマが比較的少なかったうえ、プログラミングができる人材の需要が高まっていたため、この時期のプログラマは高給取りで貴重品扱いであった。しかし一方で、こうした特別扱いに対して社内での不満も募り、自分たちが「天才児の」技術者たちに人質にされているような気分でいる人たちも多かった。また経営者の中には、コンピュータプログラマがしばしば軽はずみで御しがたい「プリマドンナ」であると感じる人も増えた。プログラマに対する認識は、プログラマとしての訓練を受けさせたい人材を見つけ出すための個人プロファイルによって強化されていった。そういったプロファイルには、プログラマは「周りの人間に無関心」だという「驚くべき特徴」をもっていることなどが書かれていたのである。こうして 1960 年代末までには、プログラマのステレオタイプができあがり、髪を伸ばし、ひげを蓄え、サンダル履きの「少し神経質」な、社交性がないコンピュータオタクのイメージが、産業界の資料やポピュラー文化に定着していった。

　コンピュータプログラマは非常に能力が高いが扱いにくい（とりわけ、年間の転職率が 25 パーセントもある）ことなどが知れ渡り、これがソフトウェア危機の原因であるとも、それを解く鍵だともいわれるようになった。ソフトウェア問題の一部が、高給取りの凄腕プログラマに頼りすぎであるために起こっているのだとすれば、その解決法として、プログラマに必要な専門性のレベルを下げればいいのではないかという取り組みも行われた。COBOL の設計には、経営陣でもコードを読んだり、理解したり、さらには書いたりもできるようにしたいという考え方が色濃く影響を与えている。IBM の PL/1 のように 1960 年代にできた新しい言語の中には、専門的プログラマに頼らないために作られたことがはっきりしているものもある。

　しかしながら、そうした「プログラミング問題」の技術的解決は、あまり成功しなかった。むしろはっきりしてきたのは、よいプログラムというのは、単に効率がよくバグがないコードではないということだった。ソフトウェアプロジェクトが大きく難しいものになればなるほど、プログラマは分析や設計や評価、広報などといった幅広い活動に従事せねばならなくなり、そういった作業のほとんどは自動化できそうになかった。OS/360 のオペレーティングシステム開発の失敗に関する回想でフレデリック・ブルックスが嘆いたように、プログラミング問題を解決しようとしてリソースを投入しても状況はむしろ悪化する。インダストリアルエンジニアリングの用語を使うと、ソフトウェアはスケールしないのであ

る。機械なら工場で大量生産できるが、コンピュータプログラムはできないということだ。

　プログラミングの工程を合理化するのによさそうなもう一つのアプローチは、ソフトウェア開発に対してもっと厳密に学問的に取り組むことであった。最初のコンピュータ専門家の学会は、1946 年にできた計算機学会（ACM）である。名前が示唆するように、初期の計算機学会の力点はハードウェア開発であった。しかし 1960 年代になると、焦点はソフトウェア開発に移っていた。ACM のおかげで、1960 年代半ばには大学で、数学科や電気・電子工学科からコンピュータ科学科が独立していった。1968 年には、ACM はカリキュラム 68 というガイドラインを出し、米国内のコンピュータ科学科の授業内容を標準化するのに貢献した。

　大学にコンピュータ科学科ができると、産業界でのソフトウェア問題の一部が解決しはじめた。コンピュータ科学者は、分野の基礎的な考え方を整理しはじめ、アルゴリズムの評価やチェックのツールや、ソフトウェア構築をしやすくするツールを開発した。そうすることにより、プログラミングの実践を洗練し、プログラミングも合理的であることを示した。しかし産業が必要とする数のプログラマをコンピュータ科学科が輩出したかというと、そういうわけでもない。大学の単位取得には時間がかかりすぎ、コストもかかりすぎたし、一部の人のためだけのものだった（当時は女性やマイノリティは含まれていなかった）。また、コンピュータ科学者が興味をもつ学術的な理論は、必ずしも現場で働くプログラマが直面している問題を解決できるわけでもなかった。ある IBM のリクルータは、1968 年の人材研究の学会で、

　　　大学に新しく立ち上がっているコンピュータ科学科は、理論を教えるのに一生懸命で、学問的に認められることにばかり気を取られているので、産業界の応用的な問題やプログラマやシステムアナリストの要請に時間と興味を割いてはくれない。

と述べた。

　そのような関心があることから、コンピュータプログラマを「プロ化」するという、別のアプローチが出てきた。たとえば 1960 年代初頭には、データ処理経営協会は、データ処理に関する認定を始めた。それをもらえば一定の能力があることが示せるわけである。また大学教育とは違う選択肢として、職業訓練学校も生まれてきた。

　しかしソフトウェア危機に対して、最も目立ち影響力も大きかったのは、「ソフトウェア工学」の台頭である。この新しい動きが始まったのは、1968 年にドイツのガーミッシュで開かれた NATO 主催の国際会議だった。1968 年の NATO 会議には、産業界、政府、軍からの参加があり、いずれの立場からもソフトウェア危機についての発言がみられた。MIT の代表は「ライト兄弟が飛行機を作っていたときのような仕組みがあればいいのにと思う。全体を作って、それを崖の上に持っていって落として壊す、そしてまた作り直すといったやり方だ」と述べた。また別の参加者はハードウェア設計者と比較して、ソフトウェア設計者のことを「あちらが実業家だとすると、こちらは小作人のようなものだ。今日のソフトウェア構築は産業全体の中でみると、遅れていると思われる建設業よりも格下だ」と表現した。会議の主催者は、こうした危機の解決法には、「エンジニアリングの世界では標準的な方法である、理論的な基礎の上に実務的な経験値を載せていくような」ソフトウェアの新しい生産方法の開発が必要だと述べた。

　ソフトウェア工学の提唱者たちは、プログラマたちの非公式で独自の技術慣習を、産業的に標準化していく必要があることを強調していた。大規模ソフトウェア開発はマネジメントしにくいという考えを改め、ソフトウェア開発者は伝統的な生産の方法論や技術を採り入れるべきだというのが彼らの主張であった。究極的には交換可能な部品（あるいは「ソフトウェアのコンポーネント」）、機械化した生産ライン、そしてルーチン化した非熟練労働力をそなえた一種の「ソフトウェア工場」が目標なのだった。そのためには、構造化設計、形式手法、開発モデルの構築などが必要であった。

　このうち最も広く採り入れられたのが「構造化設計手法」（structured design methodology）である。構造化設計手法を使えば、ソフトウェアを書く人が勝手な見方をするのを避け、作ろうとするソフトウェアの全体像を見えるようにできると考えた。そうすればプログラマは、全体像を得たうえで、いったんそれを脇に置いて、低次レベルの細部のことを考えればよく、やがてコードを書くときには設計プロセスの最も低次なレベルで行うことになる。構造化プログラミングは、工学畑にはなじみがあり、1970 年代には最も成功した方法となった。コンサルタントやプログラミングの達人たちは、構造化プログラミング特効薬を売り込み、FORTRAN や COBOL で構造化プログラミングを行うテクニックが開発された。この考え方は、新しいコンピュータ言語の設計にも反映され、1971 年に実装された Pascal などは、その後 20 年以上にわたって大学の学部でのプログラミング教育で最もよく使われる言語となった。また安全性が重要視されるソフトウェ

アの構築のために米国国防総省が開発を依頼したプログラミング言語の Ada に
もこの考え方が反映されている。

　複雑性の問題についての別の攻略法は、形式手法（formal method）である。
それはプログラムを書く過程を単純化し数学的にする方法であった。しかし形式
手法には、技術的にも文化的にも主流になれない理由があった。技術的には、比
較的小さめのプログラムにはうまく使えたが、大きく複雑なプログラムにはス
ケールしなかったのだ。また文化的には、大学卒業後何年か経っていたために数
学の能力がさびついてしまったソフトウェア技術者たちが、アカデミックな形式
手法に怖じ気づいたのである。

　さらにもっと使われた概念は、技術的なツールでもあるが経営的なツールでも
ある開発モデル（development model）であった。このモデルでは、ソフトウェ
ア構築のプロセスを、フーバーダムのような 1 回限りの大建築プロジェクトと考
えるのではなく、都市を作り上げていくようなもっと有機的なプロセスと捉えて
いた。つまり、ソフトウェアはいったん構想され、具体化され、構築され、実用
に供され、そこで折に触れて改良が進む。そして、ソフトウェアは一定期間使わ
れると、やがて使われなくなり死を迎え、それからもう一度再生のプロセスが始
まる。ソフトウェアにはライフサイクルがあるというこの考え方によって、プロ
ジェクトが扱いやすく制御しやすくなるうえに、ソフトウェアが有機的に進化で
きるという考え方にもつながった。

　しかし結局、ソフトウェア工学は、ソフトウェア開発の一部の問題を解決した
にすぎない。ソフトウェア構築は今でも産業化に抵抗し続けているが、それはプ
ログラマが「科学的な」アプローチをしたくないからでも、できないからでも、
まわりのプログラマと連携がとれないからでもない。スペックの定義を仕様とし
て数値で正確に表現できるハードウェアとは異なり、ソフトウェアはいまだに、
単純に定義したり表現したりしにくいからだ。たとえば、ある会社の給与計算用
のアプリケーションソフトウェアを開発するには、一般的なビジネス上の知識の
ほかに、その会社独特のルールや手続き、デザイン能力、高度なプログラミング
技術力も必要で、その会社に納入されているコンピュータの使い方にも精通して
いなければならない。だからいまだに難しく、組織として取り組んでも混乱した
りするのである。こうした理由から、この時期のソフトウェアは、既存のものを
購入するのではなく、経営コンサルタントを雇うのと似たプロセスでカスタムメ
イドされた。しかし、このころ、いわゆる「ソフトウェア製品」につながるアイ
ディアが芽生えはじめていた。

ソフトウェア製品

　1960年代末にかけて、ソフトウェア技術は向上したものの、ソフトウェアの展開を支えるハードウェアの性能向上と、ソフトウェア提供量の差は開くばかりであった。大企業以外では、コンピュータ利用企業が自らのためのコンピュータプログラムを開発することは、費用の回収ができないために事実上不可能となった。これは自社開発をするか、ソフトウェア請負企業に頼むかにかかわらず、当てはまる事態であった。

　こうした状況が、ソフトウェア請負企業がパッケージプログラムを作って10件から100件ほどの顧客に売って開発資金を回収する機会を生んだ。カスタムプログラムを作るより、パッケージプログラムを買うほうが、よほど費用対効果が高かったからである。もちろん、ある企業が自社の仕事の仕方に合わせてパッケージプログラムを開発することもあったが、むしろパッケージプログラムの提供する仕事のやり方に合わせようとする企業のほうが多かった。

　初めての業界標準プラットフォームとなったIBMのSystem/360の発売以降、ソフトウェア請負企業は、それまでに提供してきたソフトウェアを活用したパッケージを作りはじめた。1967年にはソフトウェア市場はまだ揺籃期であったが、50種類ほどのパッケージが販売されはじめていた。

　最初のパッケージソフトウェアの一つは、なんとほかのソフトウェア開発会社に使ってもらうような製品だった。1965年にソフトウェア請負企業の一つ、アプライド・データ社（Applied Data Research, ADR）はオートフロー（Autoflow）という製品を出した。これは既存のプログラムに対応するフローチャートを作成するものだった。これは、まさにそれまでのフローチャートとコンピュータコードの関係（フローチャートはこれから書かれるプログラムの設計上のスペックを表現して、開発の工程を導くものであって、あとから作るものではない）を逆さにしたものであった。これは、それまでのプログラマのいきあたりばったりのやり方に対する不満がある意味で正しかったことを示していた。実は多くのプログラマは、理解力のない経営陣の気まぐれを満足させるためにしかフローチャートは役に立たないと感じていたのだ。オートフローはそういった煩わしい仕事をなくすもので、これが最初の成功したソフトウェア製品となったのである。

　IBMがアンバンドリング（ハードウェアからソフトウェアを切り離して値段を表示する）決定をした1968年12月以降、ソフトウェア製品を作る産業の成長が加速した。それまではIBMはトータルシステムの考え方から、ハードウェアと

ソフトウェア、システムサポートをすべて統合的パッケージに含めて提供していた。ユーザーはコンピュータのハードウェアの値段を払えば、プログラムやメンテナンスが無料でついてくることになっていたのだ。このやり方は、コンピュータ産業の慣行で、IBM の競合他社も採り入れていた。しかし、こうしたバンドリングを含む商慣行による独占禁止法の疑いが出て、IBM は司法省からの調査を受けた。結局 IBM は自主的にソフトウェアのアンバンドリングを決定したのであるが、司法省の判断と 1969 年 1 月から始まった独占禁止法違反に関する裁判には影響を与えるに至らず、裁判は 1982 年の終了までのあいだ、10 年以上にわたって結論を先送りされたのであった。

　このアンバンドリングから 3 年ほどのあいだにソフトウェア製品の市場はすっかり成長した。いずれにしてもやがてパッケージソフトウェアの時代は訪れたにせよ、アンバンドリングの決定で、ソフトウェアが無料の品物から取引できる商品へとあっという間に様変わりしたせいで、その変化は加速した。たとえば 1960 年代には、生命保険会社の多くが IBM の無料プログラムを利用していた。しかし、アンバンドリング後、「生命保険会社のためのソフトウェアやソフトウェアパッケージを作る会社がたくさん現れた」のである。1972 年までには、生命保険関係だけでも 81 社が 275 種類ものパッケージソフトウェアを提供するようになった。またコンピュータ会社やコンピュータ利用企業の中にも、それまでのソフトウェア開発の費用を回収するべく、自社開発のソフトウェアをパッケージソフトウェア製品に仕立て上げる会社も出てきた。ボーイング（Boeing）、ロッキード（Lockheed）、マクドネル・ダグラス社（McDonnell Douglas）などは、工業デザインなどのソフトウェアに巨額を投資してきていたのである。

　こうした環境の変化から大きな利益を上げた会社の一つが、とてもよく売れたファイルマネジメントソフトのマークIVを開発したインフォマティクス（Informatics）社であろう。インフォマティクス社は普通のソフトウェア請負企業として、1962 年に創業した。インフォマティクス社はメインフレーム会社が提供するデータベースが貧弱なのに目をつけて、そこに市場があるとにらんだ。そして 3 年がかりで、50 万ドルをかけてマークIVを開発したのである。1967 年にこれを発売したとき、販売されているソフトウェアの先行例がほとんどなかったため、3 万ドルという値段は、それまでソフトウェアに追加料金はかからないと思ってきたユーザーの「度肝をぬいた」。1968 年末までは、製品はほとんど売れず、44 件しか販売実績がなかった。しかし、アンバンドリングのあと、売上が爆発的に伸び、1969 年春までに 170 台へのインストールが行われ、1970 年までには

300 台、1973 年までには 600 台と伸びていった。こうしてマーク IV は独自に成長を始め、IV（アイヴィー）リーグというユーザーグループまで作られた。この後 1983 年までの 15 年間にわたってマーク IV は世界で最も成功したソフトウェア製品となり、そのときまでの売上総額は 1 億ドルにもなった。

　1970 年代半ばには、すべてのコンピュータ製造会社がソフトウェア製品市場にも進出した。IBM ももちろんアンバンドル後には中心的企業の一つとなった。製品としては平凡であったが、二つの点で有利であった。まず、それまでのソフトウェアユーザーがそのまま顧客になりえたこと。そしてソフトウェアを月に数百ドルでリースできる体力があったことである。特に後者は、すぐに資金を回収しないとならないソフトウェア業界の他社に比べて、非常に有利であった。

　1970 年代から 1980 年代にかけて最も成功したソフトウェア会社は、コンピュータ・アソシエイツ（Computer Associates）であった。1976 年に設立されたこの会社は、IBM 社のコンピュータのためのソーティング用ソフトウェアという隙間を狙った事業を展開していた。また、他社を買い取ることで大きくなるという戦略を展開した、初めてのソフトウェア会社でもあった。しかし、コンピュータ・アソシエイツの買収は、「しっかり売れる堅実な製品」であるソフトウェアという財産を目当てにしたものだったので、会社そのものにはあまり興味がなく、買収ごとに半分ほどの従業員を解雇していた。15 年ほどのあいだに、コンピュータ・アソシエイツは、大手を含む 25 社ほどを買収した。そして 1989 年までには、年商は 13 億ドルとなり、世界で最も大きな独立系ソフトウェア会社となった。しかし、この地位は長続きしなかった。1990 年代に入ると、こうした古くからのソフトウェア会社は黄昏を迎え、マイクロソフト社などのパーソナルコンピュータ用のソフトウェア会社が台頭してきたのである。

SAGE からインターネットへ

1960 年代初期の防空システム SAGE は、全米に 30 の「指令センター」を置き、爆撃機による本土空襲に備えたコンピュータ制御のレーダー情報網であった。上はコンソールの様子で、空軍の担当者が扱えるよう設計されており、それまでのパンチカードや面倒くさいテレタイプなどの入力インターフェースに換わる、画面とライト・ペンを使ったヒューマン・コンピュータ・インタラクション技術の確立に貢献した。
（ミネソタ大学チャールズ・バベッジ研究所提供）

左は、100 万行以上もあった SAGE のオペレーティングシステム用のプログラムカードの山である。SAGE 用のソフトウェアはシステムズ・ディベロップメント社によって開発され、米国のソフトウェア産業の礎を築いた。
（MITRE 提供）

ワールウィンド計画のリーダーで
あったジェイ・W・フォレスター
が、磁気コアメモリのプロトタイ
プを持っているところ。ワール
ウィンドは、SAGE に使われた巨
大コンピュータ AN/FSQ–7 のプ
ロトタイプであった。
（MIT 博物館提供）

心理学者 J・C・R・リックライダーは、SAGE プロ
ジェクトのコンサルタントであり、マン・マシン・
インタラクションに関するアドバイスを行った。
1960 年代から 1970 年代にかけては、利用しやすい
パーソナルなコンピュータやインターネットの設計
に関わるさまざまな研究の方向性を打ち出した。
リックライダーは、コンピュータ科学者を鼓舞し、
政府予算を使ってヒューマン・コンピュータ・イン
タラクションの分野やネットワーキングの研究を進
めさせた、完璧な政治的キーパーソンであった。
（MIT 博物館提供）

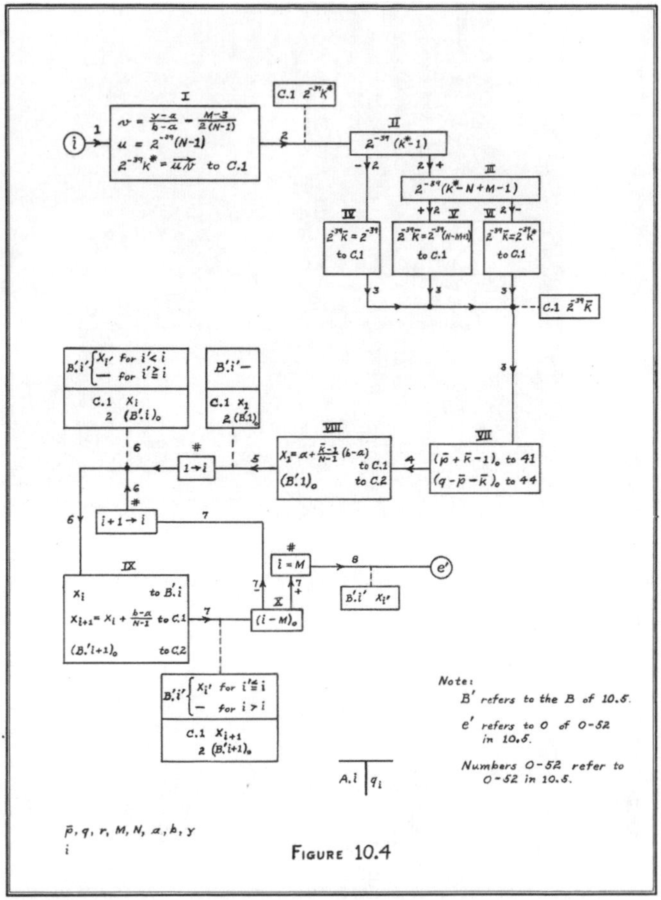

Figure 10.4 に関する全体の図版

プリンストン高等研究所のハーマン・ゴールドスタインとジョン・フォン・ノイマンは、複雑なプログラムを他人に理解しやすくするために「フロー・ダイアグラム」（上）を採り入れた。

（プリンストン高等研究所提供、Herman H. Goldstine and John von Neumann, *Planning and Coding of Problems for an Electronic Computing Instrument*, Part II, Volume 2（1948）. p.28）

FORTRAN や COBOL、BASIC といったプログラミング言語によってプログラマの生産性が向上し、非専門家でもコードが書けるようになった。IBM のジョン・バッカス（左）によって設計された FORTRAN は、1957 年に公開され、何十年にもわたって科学計算用プログラミング言語として最も広く使われた。
（IBM 提供）

1950年代半ばごろに、グレース・マレー・ホッパー（黒板の前）がUnivac社のプログラミングクラスを教えているところ。ホッパーは、最も人気があった商用プログラミング言語のCOBOL普及の立役者であった。
（ミネソタ大学チャールズ・バベッジ研究所提供）

1964年ごろに、コンピュータ言語BASICの生みの親、ジョン・ケメニー（左）とトーマス・カーツ（中）がコンピュータプログラムをする学生を指導しているところ。BASICはもともと学生用に作られたが、やがてパーソナルコンピュータ用の主流の言語となる。
（ダートマス大学図書館提供）

1960年代半ばには、タイムシェアリングによって強力なコンピュータに安価にアクセスできるように
なり、コンピュータの利用方法が大きく変わった。このダートマス大学で開発されたタイムシェアリ
ングシステムは BASIC を使って、大学生のほとんどにコンピュータ利用の機会を提供した。
（ダートマス大学図書館提供）

1960年代半ばのマイクロエレクトロニクスの発展により、従来のメインフレーム並の性能をもつ、小
さくて安価なコンピュータが作られるようになった。こうしたコンピュータの最初期の機種の一つで
ある PDP-8 は、数万台も売れた。
（コンピュータ歴史博物館提供）

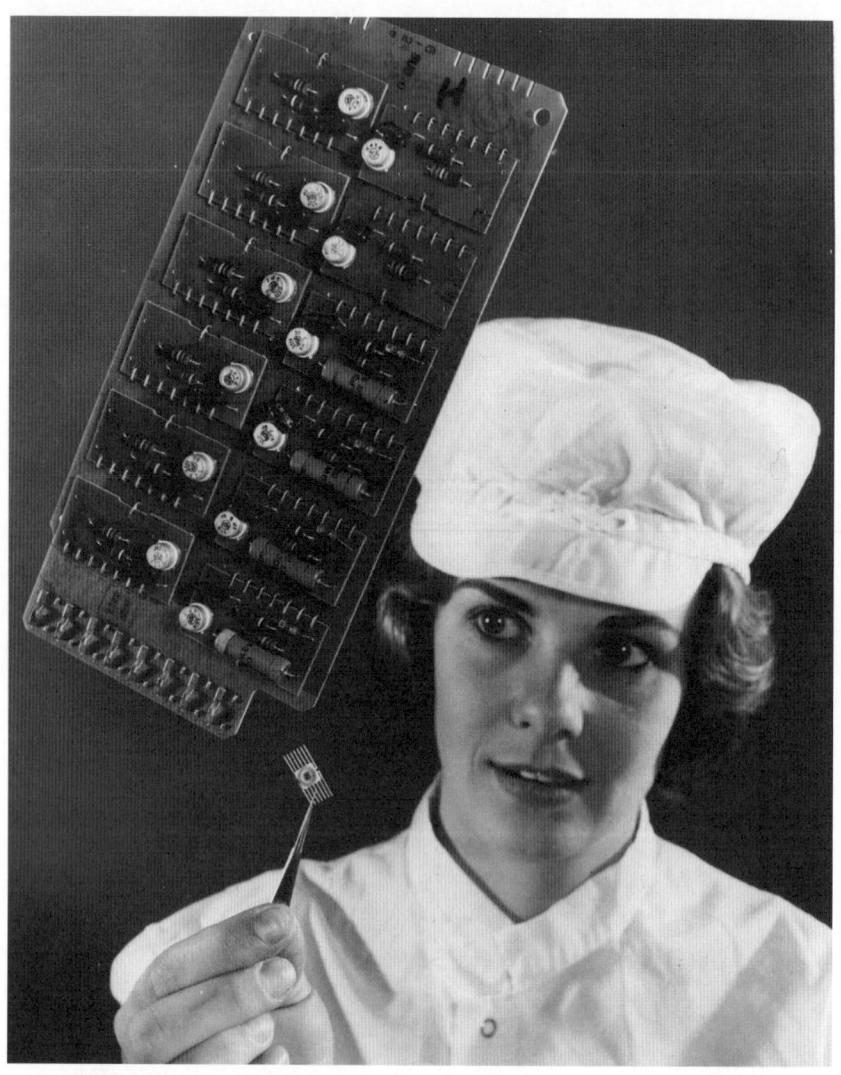

最初期のコンピュータは真空管を使って作られた。1950 年代には、それが小型で高速かつ安価で、発熱がずっと少ないトランジスタに置き換わった。やがて 1960 年代半ばになると、さらにそれがさらに IC に置き換わった。IC は、複数のトランジスタがほかの部品とともに一つのシリコン「チップ」の上に載ったもので、さらに小さく速く安価であった。1990 年までには、チップに 100 万ものトランジスタが載るようになっていた。1970 年代は電子産業がこうしたデジタル技術や IC を用いて、ビデオゲームや電卓、デジタル時計などの先進的な製品を生み出していくことになる。
（ミネソタ大学チャールズ・バベッジ研究所提供）

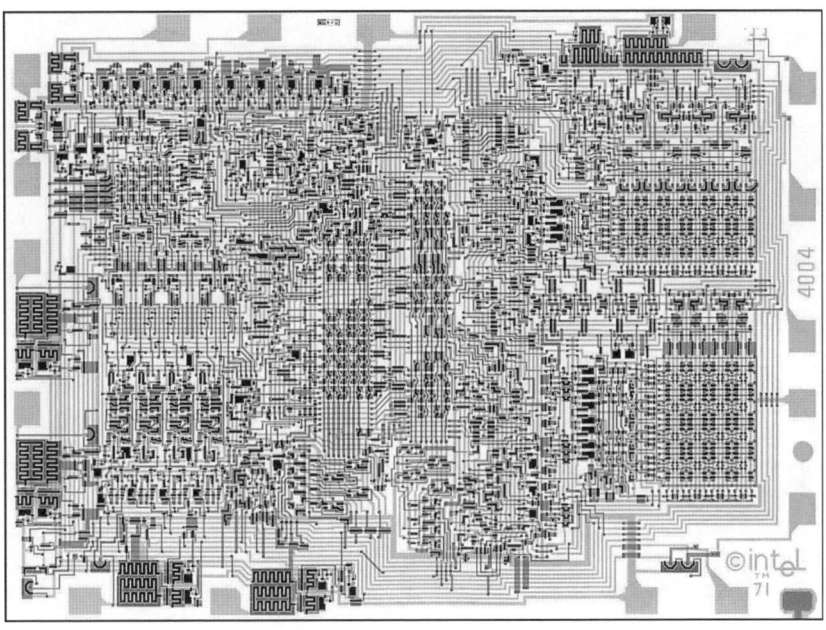

1971 年に発表されたマイクロプロセッサの Intel 4004（上）は、「コンピュータが一つのチップに載った」最初のものであった。こうしたマイクロプロセッサは、もともと自動車や事務機器、耐久消費財などを単純に制御するために作られた。しかしこのアイディアはコンピュータそのものにも使われるようになり、やがて 1977 年のパーソナルコンピュータ市場の成功へとつながっていく。
（インテル社提供）

1975 年 1 月に発表された Altair 8800（左）は、マイクロプロセッサを基盤とした最初のコンピュータであった。制作キットが電子工作ホビイスト用に397 ドルで売り出された。このとき Altair 8800 は「ミニコンピュータ」という名前で呼ばれており、「パーソナルコンピュータ」という言葉はまだ登場していなかった。
（Robert Voelker 氏提供）

ビデオゲームはマイクロチップの出現のおかげで可能になった。大成功を収めたスペース・インベーダーは、ゲームセンター用のゲームとして 1978 年に発表された。この家庭用バージョンがアタリ社から出てゲーム機市場が形成されはじめるのは 2 年後のことである。
（スタンフォード大学図書館提供）

1980 年代初頭にフランス政府は、国内の電話加入者に無料で何百万台ものミニテル端末を配布して、国家的ネットワークを構築した。電話番号案内のほか、ミニテルはチャットルームやエンターテインメントや通信販売などを提供した。やがて世界的に拡がったインターネットに道を譲り、2012 年にこのサービスは終了した。
（フランス電信電話公社アーカイブス提供）

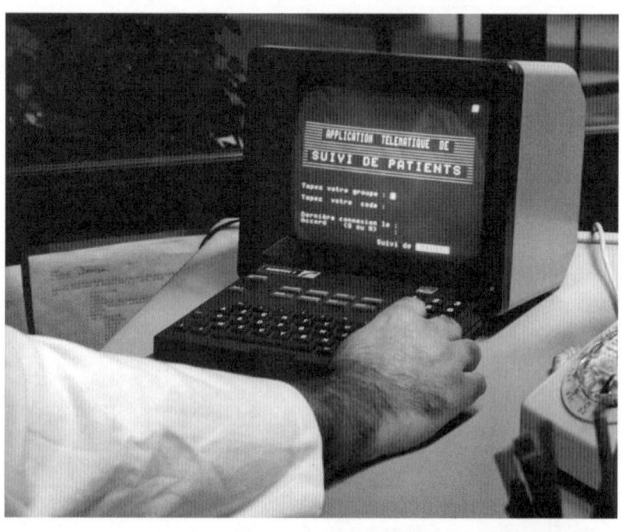

1977年に発表されたアップルⅡはパーソナルコンピュータのパラダイムを確立した。中央処理装置にキーボードとスクリーン、プログラムやデータ保存用のフロッピーディスクドライブがつながれている。これは個人用としてもビジネス用としても成功を収めた。
（ミネソタ大学チャールズ・バベッジ研究所提供）

1981年にビジネス用パーソナルコンピュータがIBM PCの発売によって普及しはじめ、すぐに業界標準になった。5年のうちにコンパック、ゲートウェイ、デル、オリヴェッティ、東芝などから発売されたIBM PC「互換機」がパーソナルコンピュータ市場の半数を占めた。
（ミネソタ大学チャールズ・バベッジ研究所提供）

アップル社は IBM PC 互換機ではなく、安価で使いやすいグラフィカル・インターフェースを備えたマッキントッシュの開発に進んだ。1984 年にマッキントッシュが発売されてから、こうした使いやすいコンピュータが主流になるまでに数年を要した。
（ミネソタ大学チャールズ・バベッジ研究所提供）

1981 年春に発表された最初のポータブルパーソナルコンピュータの一つであるオズボーン 1 。航空機の座席の下に収まるサイズにはなったものの、「ポータブル」というにはかなり重く、「旅行用鞄に入れて持ち運べる」コンピュータと評されることがあった。
（コンピュータ歴史博物館提供）

1963 年にスタンフォード研究所でヒューマン・ファクター研究センターを創始したダグラス・エンゲルバート。パーソナルコンピュータ時代の前に、コンピュータが事務用に使えるという将来像を形作るのに貢献した。この写真は 1968 年ごろに撮影されたもので、有名になった彼の発明によるポインティング機器のマウスが映っている。これはやがてデスクトップ・コンピュータの標準装備となっていく。(SRI インターナショナル提供)

ビル・ゲイツはコンピュータ史の中で、最も毀誉褒貶のある人物である。彼はマイクロソフト社の共同創業者であり、MS–DOS と、何億台ものパーソナルコンピュータに搭載されているオペレーティングシステムであるウィンドウズを開発した。ゲイツは、コンピュータオタクとしても描かれるし、ロックフェラーのような冷徹なビジネスマンとしても描かれ、ジェットコースターに乗ったような情報時代の起業家の典型とみなされている。(マイクロソフト社提供)

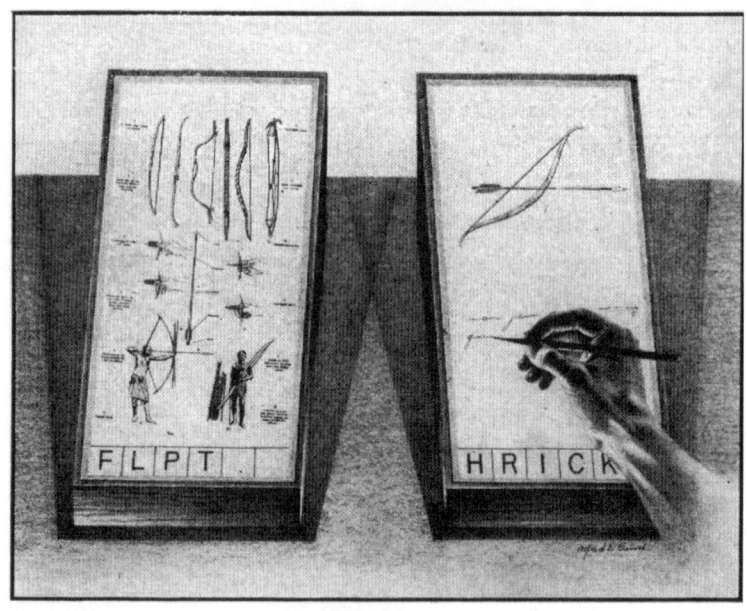

1945 年にヴァネヴァー・ブッシュが提案した、戦後の情報爆発に対処するための「メメックス」とい
う情報装置。この概念がハイパーテキストなどのイノベーションに大きな影響を与え、やがてワール
ド・ワイド・ウェブに結実した。上のイラストは、マイクロフィルムによって膨大な情報を蓄積して
いる機構の説明図。下はスクリーンの様子を詳しく示した図。
（TIME 社提供）

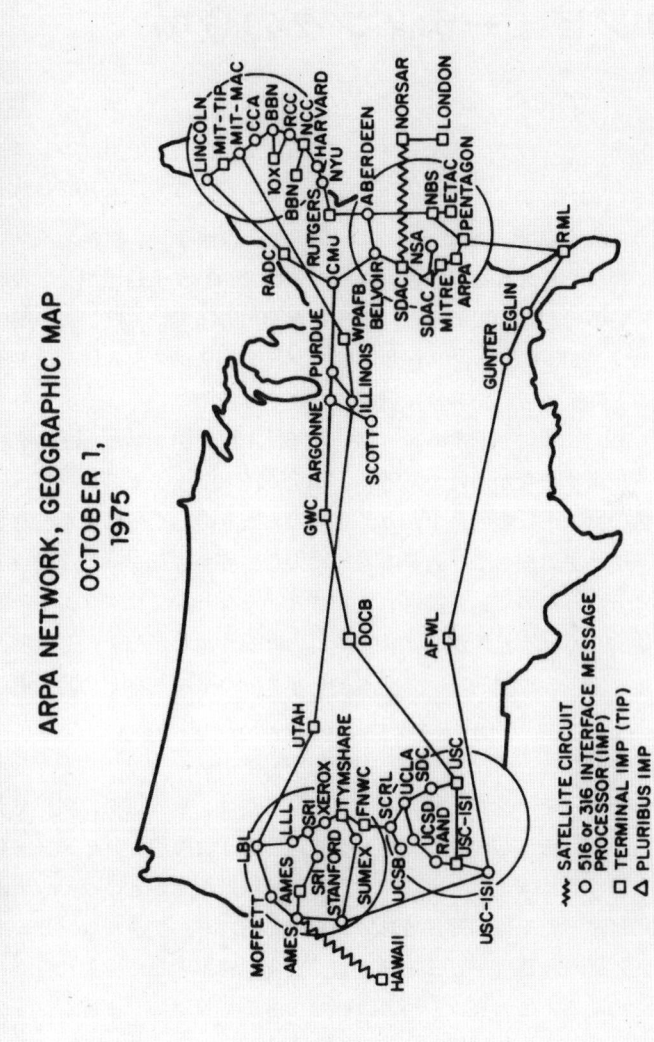

ARPA NETWORK, GEOGRAPHIC MAP
OCTOBER 1, 1975

~~ SATELLITE CIRCUIT
○ 516 or 316 INTERFACE MESSAGE PROCESSOR (IMP)
□ TERMINAL IMP (TIP)
△ PLURIBUS IMP

この図は、1975年のインターネットの様子を示している。当時はまだ数十程度の大型コンピュータが接続されているだけであった。安価なパーソナルコンピュータとワールド・ワイド・ウェブの発明によって、インターネットはホビイストと商用ユーザーを巻き込んで1990年代初頭に拡がりはじめた。1995年までには、インターネットは商用化され、1,600万人もの人々が使うようになっていた。2012年ごろには、ユーザーは推計で世界の人口の3分の1以上にあたる24億人に達したとみられている。
（ミネソタ大学チャールズ・バベッジ研究所提供）

9

新しいコンピューティングの登場

　1960 年代半ばまでには、ビジネス用のデータ処理コンピュータはかなり普及してきていた。こうした商業用コンピュータは IBM かその他 5、6 社のメインフレーム製造会社で作られた大きな集中型コンピュータで、バッチ処理かリアルタイム処理で動いているのが普通であった。こうした利用方法では、航空機の座席予約システムにせよ ATM にせよ、ユーザーはコンピュータシステムにデータを与え、システムごとに定められた非常に制限されたやり方でコンピュータとやりとりすることになった。特に ATM のユーザーなどは、自分がコンピュータを利用しているという意識すらなかったであろう。20 年ほどのあいだに、コンピュータのハードウェアのコストは劇的に下がり、1 ドルあたりのパワーはどんどん上がった。しかし、データ処理のやり方そのものは大して変わらなかった。機械とソフトウェアがよくなったので、洗練されたアプリケーションプログラムが可能になったし、原始的なバッチ処理がリアルタイムになった。しかしデータ処理とは依然として、エリートの専門的なシステムアナリストやソフトウェア開発者によって計算されて、何も知らないユーザーのもとに届けられるというものだった。

　今日では、コンピューティングといえば、パーソナルコンピュータの利用を思い浮かべるのが普通で、それがかつてのデータ処理のような商用コンピュータ利用と関係があると思う人はほとんどいないだろう。それはなぜかというと、実際に両者のあいだにはまったく何の関係も**ない**からである。パーソナルコンピューティングはまったく異なったコンピューティング文化を背景として生まれた。それが本章のテーマである。このもう一つのコンピューティングは、タイムシェアリング、コンピュータ言語の BASIC、Unix、ミニコンピュータ、新しいマイクロエレクトロニクス機器などに関わって生まれてきたものである。

タイムシェアリング

　タイムシェアリングのコンピュータは、大勢のユーザーが同時に利用できるように構成されており、それぞれのユーザーはまるで自分がシステムを占有しているかのように感じることができた。つまりそのコンピュータはユーザーのパーソナルなコンピュータであったといってもよい。

　最初のタイムシェアリングのコンピュータシステムは、1961 年に MIT で生まれた。当初は、教員や学生がプログラムを書いているときに直面していた困難を軽減する目的で作られたものである。初期のコンピューティングでは、MIT やその他の場所で研究用にコンピュータを使う場合、ユーザーは半時間か 1 時間ほどの利用時間を予約し、その中でプログラムを走らせてもらい、エラーが出れば直し、うまくいけば結果を受け取るという方式であった。そういう意味では、その時間内ではユーザーはコンピュータを占有していたといえる。

　しかし、これはコンピュータの利用法としてはかなり無駄が多かった。出てきた結果に気を取られて、割り当てられた時間のうち、有効にコンピュータが活用されているのはわずかという例もあった。時間あたり 100 ドルもかかるような機械を使うには不経済な利用方法であったことに加えて、一日に割り振られる時間が短くなるので、機械を利用したい多くの人々にとっては不満のもとだった。1960 年代初頭までは、この問題には一括処理方式で対処していた。一括処理システムでは、高額なコンピュータを最大限に稼働するために、コンピュータは「コンピュータセンター」に設置された。ユーザーはプログラムをパンチカードに書き出して、直接コンピュータに入れるのではなく事前にセンターの受付に預けた。こうしたコンピュータセンターでは、オペレーターのチームが、数個のプログラムをまとめて、それを一括して次々に処理していた。そしてユーザーはその日のうちか、あるいは翌日に結果を受け取っていたのである。

　MIT の電気工学科では 1957 年に、初めての商用コンピュータとして IBM 704 を導入し、一括処理で利用していた。しかし一括処理はコンピュータの時間の有効活用にはなったが、利用する教員や学生にはたいへんな時間の無駄だった。ユーザーはシステムから答えが出るまで待ちぼうけを食わされ、自分たちのプログラムをテストしたり走らせたりできるのは、1 日に 1 回か 2 回程度であった。複雑なプログラムの場合には、きちんとした結果を得るまでに、デバッグに数週間を要した。同じことが世界中の大学や研究施設で起こっていた。

　この問題の一つの解決法であるタイムシェアリングは、1959 年に英国のコン

ピュータ科学者であるクリストファー・ストラッチィ（Christopher Strachey）が、一台のメインフレームに対して、それぞれにカードリーダーとプリンタを備えた複数の操作卓を接続する方法を提案したときに、最初に記述された。やがて、ハードウェアとソフトウェアがよくできていれば、高価なメインフレームを複数名が同時に利用することが可能であり、それでも十分に処理速度が出て、ほかのユーザーがいることが感じられないくらいになり得ることがわかってきた。MIT では人工知能研究のパイオニアの一人であるジョン・マッカーシー（John McCarthy）が、似たようなアイディアを抱いていた。ただしこちらはストラッチィのような大げさな操作卓ではなく、タイプライター程度の端末を使って通信できるようなシステムのアイディアであった。

　MIT のコンピュータセンターは、ロバート・ファノ（Robert Fano）とフェルナンド・コルバト（Fernando Corbató）のもとでプロジェクトを起こし、そういったタイムシェアリングのシステムを最初に実装した。MIT のデモ用システムは、コンパチブル・タイムシェアリングシステム（Compatible Time-Sharing System, CTSS）というもので 1961 年 11 月に発表された。この初期の実験的システムでは、わずか三人のユーザーがコンピュータを共同利用できたにすぎず、それぞれがプログラムを編集したり手直ししたりなどの情報処理ができる程度であった。しかしそうしたユーザーにとっては、まさにコンピュータを占有できているかのようだったのである。タイムシェアリングは MIT などの大学で、その後の 10 年ほどにわたって研究課題となった。MIT のデモンストレーションの 1 年後には、ほかの大学や研究施設、コンピュータ製造会社などが、タイムシェアリングの研究開発に取り組みはじめたのである。

ダートマスの BASIC

　こうしたシステムの中でも、最も有名なものはダートマス・タイムシェアリングシステム（Dartmouth Time-Sharing System, DTSS）であった。MIT の設計者の意図はどうあれ、CTSS がコンピュータ科学者向けのシステムであったのに対し、DTSS のほうは、いろいろなタイプのユーザーを想定していた。のちに学長になった数学教授のジョン・ケメニー（John Kemeny）とコンピュータセンターのトーマス・E・カーツ（Thomas E. Kurtz）が予算を確保し、1962 年にシンプルなタイムシェアリングシステムを作るための設計が始まった。彼らは、まずコンピュータを比較し、GE がタイムシェアリングを開発すると発表していたの

で、GE の機械を選択した。そして、ケメニーとカーツは 1964 年初めにコンピュータを受け取ったが、確かにハードウェア的にはタイムシェアリングを構築しやすいように変更が加えられていたものの、ソフトウェアは何もついてこなかった。そこで、しかたなく自分たちでソフトウェアを開発する羽目になったのである。彼らはまず、学生プログラマたちでも開発できるように、システムを非常に単純なものにすることに決めた。やがてオペレーティングシステムと単純なプログラミング言語である BASIC を 1964 年春に作り上げた。

　BASIC は、ビギナーズ・オールパーパス・シンボリック・インストラクション・コード（Beginners All-purpose Symbolic Instruction Code）の略で、非常に単純なプログラミング言語であり、教養課程の大学生でも理科系の学生でも自分のプログラムが組めるように作られていた。BASIC ができるまでは、大学生たちでも FORTRAN でプログラムを作らされていた。ところが科学計算用の FORTRAN は科学者や技術者が専門的なアプリケーションソフトウェアを作るために設計されており、いくつかの醜く難しい特徴があった。たとえば、三つの数字を印刷しようとする場合、以下のように書く必要があった。

```
WRITE（6, 52）A, B, C
52 FORMAT（1H, 3F10.4）
```

　また FORTRAN の問題として非常に遅いことが挙げられた。短いプログラムであったとしても、IBM のメインフレームでプログラムを翻訳するのに数分かかったのである。産業用に利用していた人々は、生産用のプログラムをいったん翻訳して作ってしまえばそれを何度も使うという利用法だったので、これでもよかったかもしれない。しかしケメニーとカーツは、ダートマス大学の教養課程の学生用には FORTRAN は使えないと判断した。新しい言語が必要だった。ケメニーとカーツは、

　　　単純で、まったくのプログラムの素人でも数時間習えば、プログラムが書けるような単純な言語。そして基本的な数式や作図に対応でき、マニュアルを見なくても自分のコードのどこに間違いがあるのかがすぐわかるような警告を出してくれる言語が必要だった。さらに専門家がもっと洗練された問題のために使う場合には拡張ができる必要もあった。

と述べている。こうした観点からケメニーとカーツが編み出した言語は、FORTRAN に引けを取らないパワーがあり、ずっと簡単な記法で書けた。たとえば、三つの数字を印刷したいのであれば、

PRINT A, B, C

と書けばよかった。

　1964 年 4 月から、ケメニーとカーツと 10 名ほどの学部学生が、新しいタイムシェアリングシステムのために BASIC のトランスレータとオペレーティングソフトウェアを書きはじめた。このような学部学生の少人数のチームで BASIC のトランスレータを実装できたということ自体、この言語の設計が非常にすっきりとしていて、単純だったことの証左である。当時メインフレームのメーカーが開発していた言語といえば、プログラマが 50 人年以上必要だったのと好対照である。

　ダートマスの BASIC は 1964 年春にはできあがり、新学期からの新入生の基礎数学の授業で、プログラミングを教えるのに使う予定になっていた。BASIC はあまりにも単純だったので、2 時間の講義を 2 回受ければ、素人でもプログラミングを始めることができた。やがて 4 分の 1 しか理系が含まれていない新入生がシステムの使い方を覚え、宿題の計算をこなし、学習用パッケージや、シミュレーション、コンピュータゲームなどの多岐にわたるライブラリプログラムを利用した。1968 年にはこのシステムは、23 の地域の学校やニューイングランドの 10 の大学で活用されるようになった。

　BASIC は、ちょうどタイムシェアリングが使えるようになった 1960 年代末から 1970 年代初頭にかけて、使われるようになった。どのコンピュータ製造会社も、納入先が教育機関であれば、BASIC のトランスレータを提供しなければならなかった。そしてあっという間に、BASIC は専門ではない一般学生がプログラミングを学習する場合の入門的言語となった。1975 年には、新しく興ってきたパーソナルコンピュータで広く使われる言語となり、マイクロソフト社の基盤ともなった。

　コンピュータ科学者は、BASIC を遅れたソフトウェア技術だと批判する傾向にある。たしかに技術的にみればそのとおりであろう。しかしそのような批判をする人は、普通の人が専門家の助けを借りずにコンピュータを使える、ユーザー・フレンドリーなプログラミングシステムを提供できたという文化的な意味

合いを見逃しているのだ。BASIC 登場以前には、コンピュータユーザーは2種類だった。一方は、ほかの人のためにアプリケーションソフトウェアを構築するコンピュータ専門家、もう一方は航空機座席予約システムを動かす事務員のようなソフトウェアの指示通りに端末を操作する素人である。しかし BASIC は第三のグループを作った。自分のためにプログラムを書き、コンピュータを個人的な情報ツールとして使える人々である。

J・C・R・リックライダーと高等研究計画局

　1960 年代半ばまで、タイムシェアリングは一部の学術研究機関では注目されたものの、大多数のコンピュータユーザーは、従来通りの使い方をしていた。タイムシェアリングを主流にしたのは、高等研究計画局（ARPA）が 1962 年以降、潤沢な研究予算を与えたからである。ARPA は米国のコンピューティングのありようを形作った、重要な文化的背景の一つである。

　ARPA は 1957 年 10 月にソ連が最初の人工衛星打ち上げに成功した、いわゆるスプートニク・ショックに対応して作られた機関であった。この出来事は、政治や科学技術に関わる人々のあいだに衝撃を与え、科学技術における米国の優位性に疑問を投げかけた。アイゼンハワー大統領はこれに応えて、新たに教育と科学研究に新しい支援を始め、ここに軍事関係の研究を支援する ARPA も含まれていた。ARPA では短期的な研究成果を求めるのではなく、長期的にみて成果を上げることが求められた。

　1962 年に ARPA の手がけたプロジェクトの中に、700 万ドルの予算で国防へのコンピュータ利用を促進するためのプロジェクトが含まれていた。このプロジェクトを進める責任者に選ばれたのが、MIT の心理学者でコンピュータ科学者の J・C・R・リックライダー（J. C. R. Licklider）であった。もし今日の対話型コンピューティングの生みの親として誰か一人をあげるのであれば、このリックライダーであったといえるかもしれない。そうした彼の業績はまず心理学者としての成果と、のちのコンピュータ科学者としての成果の二つがある。

　J・C・R・リックライダーは、周りからは「リック」とよばれていたが、大学では心理学を専攻し、戦時中はハーバード大学の心理音響研究所（Acoustical Laboratory）に所属して、その後も講師を務めていた。1950 年に MIT にポストを得て、電気工学部の中に心理学科を設立し、工学者が人間を意識して設計をするための教育を行った。1950 年代半ばの一時期、彼は国防の SAGE プロジェク

トに関わり、レーダー装置のディスプレイに関するヒューマン・ファクター研究を行った。1957年にはケンブリッジに本部を置く研究開発会社であるボルト・ベラネク・アンド・ニューマン（Bolt, Beranek and Newman, BBN）の副社長となり、1960年に発表されたヒューマン・コンピュータ・インタラクションのマニフェストを書いた。この有名な論文は、「人間とコンピュータの共生」であり、その後20年間のコンピューティングの姿に影響を与えた。

このリックライダー論文に書かれた最も重要な点は、コンピュータは人間の知性を拡張するものという考え方を広めた功績にある。この論文が書かれた時点ではかなり新しく、ある意味では、コンピュータ専門家、特に人工知能研究者からすると奇妙な考え方であった。当時は、多くのコンピュータ科学者が人工知能の夢を信じ、近い将来に問題解決やパターン認識、チェスといった領域で人間の知性と競えると考えており、高度なタスクもコンピュータに任せられるのではと思いはじめていた。しかしリックライダーは、それは期待しすぎだと考えたのである。

特に、彼はコンピュータ科学者が人々の日常的な仕事を助けるプログラムを作ることができるはずだと信じていた。たとえば、研究者は日々の研究時間の15パーセントを「考える」時間に充てているにすぎず、残りの時間は文献を当たったり、グラフを書いたり、計算をしたりしている。そうした低レベルの仕事こそコンピュータで自動化すればいいのであり、なにも人工知能などを作らなくてもよいと考えたのである。彼は、コンピュータを問題解決に使えるようになるには、あと20年はかかるとした。「コンピュータと人間の共生システムを作るのに5年かかったとして、15年はそうしたシステムを活用できる時期が来る。この15年は10年かもしれないし、500年かもしれないが、いずれにしてもこの時期は人類史上、最も刺激的で実りの多い時期になるだろう」と書いた。

リックライダーは、BBN社での「未来の図書館」というプロジェクトでこうした夢を追求しようとしていた1962年に、ARPAでプログラムの責任者になることになった。そこで任された仕事の内容を広く解釈し、彼は人間とコンピュータの共生の実現に向けてリソースを使う道を見つけたのである。

政治的な手腕のあったリックライダーは、ARPA内に情報処理技術部（IPTO）を作ることに成功した。その予算はほかの米国内の公的なコンピュータ科学支援の資金の合計よりも多かった。リックライダーはIPTOプログラムの運営方法を確立し、少数の信頼できる優秀な機関を選んで予算を集中し、彼の考え方を理解してもらうことにした。この中には、MIT、スタンフォード大学、カーネギーメ

ロン大学、ユタ大学などが含まれる。そして、こうした機関に長期的な視野に立った研究を行わせ、できるだけ介入を避けた。対話型コンピューティングの実現には、最先端の成果が必要な領域がいくつもあり、コンピュータ・グラフィクス、ソフトウェア工学、ヒューマン・コンピュータ・インタラクションに関する心理学などがそれだった。こうした分野で広い応用が見込める技術を生み出すことで、リックライダーは資金源である政府機関を満足させつづけた。

　このプログラムの初期に、リックライダーは助成先に選定した各機関に、ヒューマン・コンピュータ・インタラクションを可能にするためのタイムシェアリングシステムを作らせることにした。この計画の中心は、MIT に 300 万ドルを投じて作らせた最先端のシステム、プロジェクト MAC である。この MAC は、「マルチプル・アクセス・コンピュータ（multiple-access computer）の略であるとも、マシン・エイディド・コグニション（machine-aided cognition）の略であるとも、またマン・アンド・コンピュータ（man and computer）の略であるとも諸説ある」。IBM のメインフレームを基盤としたシステムが動きはじめたのは1963 年のことで、やがて学内や教員の家に置かれた 160 台のタイプライター端末がつながれるようになった。同時には 30 人のアクセスが可能であった。プロジェクト MAC のシステムでは単純な計算やプログラミング、また他人の書いたプログラムを走らせることなどができた。また書類を書いたりすることもでき、ワープロの先駆けとなった。1963 年夏には、MIT はタイムシェアリングを広めるためのサマースクールを開き、特にメインフレームを作っている製造会社に声をかけた。フェルナンド・コルバトは、

　　　夏のセッションは、ブームを作ろうとしたものだった。どの製造会社もこ
　　　うしたシステムに需要があることを理解してくれなかったことに、我々は
　　　本当に失望した。彼らは学術向けの特殊用途のシステムだと考えていたの
　　　だ。

と回想する。このサマースクールはほかの研究機関が興味をもってくれたという点では成功したが、結局 IBM をはじめとするコンピュータ製造会社は動かなかったため、必ずしも成功とはいえなかった。タイムシェアリングに時代が傾きはじめるのは、さらに数年を要したのである。

　1965 年までには、プロジェクト MAC はフル稼働に入っていたが、かなりの需要であふれそうになっていた。そのため、MIT は ARPA の資金を使って、より大

きなタイムシェアリングシステムを作ろうと決め、さらにモジュラー方式で接続数を増やして数百人のユーザーが使えるようにしようと決めた。このシステムがMultics（Multiplexed Information and Computing Service）と呼ばれるシステムになる。MIT は IBM と長きにわたる関係があったため、再度 IBM のコンピュータを選ぼうとした。しかし草の根の声としては再度 IBM を選定することに反対する声があった。結局 IBM は独自の道を譲らず、そのメインフレームは技術的にタイムシェアリングに合わなかったため、MIT はもっと前向きな製造会社を選ぼうとした。

　IBM にとっては不運なことに、1962 年に System/360 のコンピュータを設計しているときには、タイムシェアリングはまだ夜明け前であった。したがって、新型のコンピュータの問題を解決するのに手一杯だった IBM は、設計を MIT の要求に合わせることに乗り気ではなかったのである。それに対し、GE は既にダートマス・システムを基礎にしたタイムシェアリングのコンピュータを作ることにしていたので、MIT に協力することはもちろん、最初からタイムシェアリング用に設計することになっていた新型のモデル 645 の仕様にそれを組み入れようとさえ考えた。GE にとっては、IBM が手薄の領域で利益の上がりそうな市場を手にする絶好のチャンスであった。

　Multics は、その時期において最も挑戦的なタイムシェアリングシステムとなるはずだった。コストは 700 万ドルにも上り、1,000 台もの端末をつなぎ、300 台が同時使用可能であることを目指していた。この新しいシステムのためのオペレーティングシステムを作るため、MIT と GE は、さらにベル研究所の協力を得た。ベル研究所は、コンピューティング関連の豊富な人材を擁していたが、政府による独占禁止の規制により、単独でコンピュータサービス会社を立ち上げることが認められず、ソフトウェア請負会社として活動していた。Multics に参加することで、ベル研究所はコンピューティングに関する専門性を生かす道を見つけ、ソフトウェア構築の力を伸ばそうと考えた。

　プロジェクト MAC には参加しそこねたものの、ほどなく IBM の上層部は、砂に頭をつっこんで知らん顔をしているわけにはいかないと悟りはじめ、タイムシェアリングの世界に乗り出さなくてはいけないと考えるようになった。そして1966 年 8 月には System/360 に新しくタイムシェアリング用のモデル 67 を投入した。このころまでには、たいていのコンピュータ会社が、それぞれ最初のタイムシェアリング用コンピュータを提供しはじめていた。

コンピュータ・ユーティリティ

　タイムシェアリングシステムができると、コンピュータを使ってきたコミュニティの中からも、それ以外からも注目が集まった。タイムシェアリングの思想は、より広く「コンピュータ・ユーティリティ」の概念へと拡がっていった。

　コンピュータ・ユーティリティの概念は、電力インフラへの喩えとして、1964年ごろに MIT で使われはじめた。電気を自分で発電するのではなくインフラを利用しているように、コンピュータユーザーも、各自でコンピュータをもつのではなく、中央の大型メインフレームを利用するのがいいのではないかという議論である。一部の保守的な勢力は、コンピュータ・ユーティリティを一時の流行だとみなしたが、コンピュータユーザーの多くはいい方法だと考えるようになった。タイムシェアリングとコンピュータ・ユーティリティの考え方は、1965 年においては、「産業動向を占う最も熱い話題」であった。この実現性に懐疑的な人もいたが少数派だった。たとえば『データメーション』誌の記者の一人は、コンピュータユーザーのコミュニティが、「感情的にもプロフェッショナルとしても、非常に熱心にタイムシェアリングに関わろうとする強い情熱をもっていることに驚いた」と書き、MIT とプロジェクト MAC が有名であることもあって、みんなが「熱狂的にそちらの側に一斉についた」ような感じであったと述べている。

　たとえ懐疑派が正しかったとしても（そして、実際にのちに彼らが正しかったこともわかるのではあるが）、コンピュータ・ユーティリティの考え方の魅力はとどまるところを知らなかった。コンピュータ誌やビジネス誌はそれを採り上げる記事を頻繁に載せていたし、『コンピュータ・ユーティリティの挑戦』や『コンピュータ・ユーティリティの将来』といった題名の書籍も出版された。フォーチュン誌はコンピュータ産業の未来を予測する人々が、次のようなことを確信していると書いた。すなわち、コンピュータ産業は、やがて「問題解決サービスへと進化していくのであり……数千もの端末が適切な中央プロセッサにつながれ、大なり小なりのコンピュータ・ユーティリティが誰にでも提供されるようになる」と。

　コンピュータ・ユーティリティ概念の推進を支えたのは、その経済性および旗振り役の存在だった。コンピュータ製造会社と購入者は、主に「グロッシュの法則」に裏打ちされた経済性に興味があった。ハーブ・グロッシュは、当時のコンピュータ界のうるさ型の権威で、自己宣伝がうまく、IBM を怒らせるのが得意だった。歴史的には忘れ去られてしまう人物かもしれないが、一つだけ彼の見通

したことは語り継がれるかもしれない。その「グロッシュの法則」とは、コンピュータの性能が値段の自乗に比例するというものだ。たとえば、20万ドルのコンピュータがあるとすると、10万ドルのコンピュータの4倍の性能があるということになる。つまり、100万ドルのコンピュータの性能は、20万ドルのコンピュータの25倍だということだ。この法則が正しいとすると、当然100万ドルのコンピュータを25人で共同利用するほうが、それぞれが20万ドルのコンピュータを買うより経済的だということになる。こうした経済的動機づけがなければ、タイムシェアリングに投資する理由もなければ、タイムシェアリングビジネスも成り立たなかったであろう。

　一方、コンピュータ・ユーティリティの旗振り役たちは、コンピューティングの民主化というもっと大きな目的に興味があった。MIT の経営学科教授のマーティン・グリーンバーガー（Martin Greenberger）は、ユーティリティ概念について最初に書き記した人物であったと思われるが、『アトランティック・マンスリー』誌の記事において、コンピュータ・ユーティリティの普及は止められないし、「予測しがたい障害を乗り越えていければ、情報ユーティリティが商業的に提供するオンラインの対話型コンピューティング・サービスは、2000年までに今日の電話サービスのように普及するだろう」と述べた。

　コンピュータ・ユーティリティ概念は、1960年代末にはコンピュータ界の権威のあいだに広まっていた。コンピュータ通信の専門家である、ランドのポール・バラン（Paul Baran）は、コンピュータ・ユーティリティを家庭で使うことについて以下のように雄弁に語っていた。

　　　コンピューティング・パワーを家庭で使うというのは、不思議に思われるかもしれないが、そこまでおかしいことではない。将来のコンピュータは言語も単純で使いやすくなっているはずだ。家庭用コンピュータ端末では、テレグラムのようなメッセージの送受信ができるようになるだろう。地域のデパートに、広告に載っていたスポーツシャツの気に入った色と大きさの在庫があるかを確かめることだってできるようになるはずだ。注文をした場合は、いつ配達されるか確かめることもできる。そうした情報はいつも最新で正確だ。端末から支払いや税金の計算もできるはずだ。「情報バンク」に質問をして答えを得ることもできるだろう。テレビやラジオの最新番組表も見ることができる。クリスマスリストを保存したり更新したりすることもできるし、名前や住所を封筒に印刷もできる。誕生日も保

存でき、コンピュータが自動的に記念日のリマインダーを送ってくれるので、忘れてしまってえらいことになるのを防いでもくれるだろう。

コンピュータを使って、誰かの誕生日や記念日を教えてもらうというのは、当時のホームコンピューティングによく出てくる、あまり意味のない例であった。これは、コンピュータの家庭での利用についての想像力の欠如を示しており、タイムシェアリングへの怒涛のような流れの中では、家庭用コンピューティングのありようがうまくはまっていなかったといえよう。

しかし1967年にもなると、タイムシェアリングコンピュータは全米に広まり、20社ほどが1,500万から2,000万ドルの市場で競合していた。IBMはクイックトラン（QUICKTRAN）という単純な計算サービスを5都市で展開しており、都市数を倍増する予定であった。GEは20都市でサービスを展開しており、リックライダーの古巣のBBN社はテルコンプ（Telcomp）と呼ばれる全米でのサービスを展開していた。そのほかの新しい会社としては、サンフランシスコのタイムシェア（Tymshare）、ボストンのキーデータ（Keydata）、ミシガン州アナーバーのコムシェア（Comshare）、そしてニューヨークやワシントンにも設備をもつ、ダラスを拠点とする大手の一つユニヴァーシティ・コンピューティング・カンパニー（UCC）などがあった。1968年までに、UCCはコンピュータセンターをいくつか開設し、30の州と十数か国で端末を展開した。この会社の株は急成長した。1967年から1968年には、株価は1ドル50セントから155ドルに跳ね上がった。1960年代末には主要なタイムシェアリングサービスは、北米からヨーロッパに広がっていた。

しかし一晩のうちに、コンピュータ・ユーティリティ市場の底が抜けてしまった。早くも1970年には、コンピュータ・ユーティリティは「幻想」や「1960年代の神話」だと、業界内で呼ばれるようになりはじめた。UCCの株もピーク時には186ドルだったのが、数か月のうちに17ドルになった。タイムシェアリング市場がなくなったことにより、コンピュータ・ユーティリティの夢は20年ほど後退してしまった。単純なタイムシェアリングサービスは生き残ったが、コンピュータ・ユーティリティの夢は、予想もしない、しかも互いに無関係な二つの理由により潰えた。一つはソフトウェア危機、もう一つはハードウェアの値段の下落である。

大きなコンピュータ・ユーティリティは、決定的にソフトウェアに依存して動いていた。コンピュータ・ユーティリティが強力になればなるほど、ソフトウェ

アを作るのが難しかった。IBM がこのことに最初に気づいた。すでにメインフレームの System/360 のための OS/360 ソフトウェア開発で大惨事となっていた IBM は、タイムシェアリングのモデル 67 を出すために、新たにタイムシェアリング用のソフトウェアを作らねばならなくなった。TSS/360 タイムシェアリング用オペレーティングシステムは、1966 年秋には提供できる予定であったが、予定はどんどんずれ込み、IBM では「数百人規模の人々が……二昼夜半交替制で、なんとか使えるシステムを作ろう」とするまでに至った。遅れたにもかかわらず安定しないソフトウェアができたのが 1967 年であり、その時には当初あった注文のほとんどがキャンセルされていた。こうして IBM はタイムシェアリングに参入しようとしたことで 5,000 万ドルの損失を被ったといわれている。

　GE は、さらにひどいソフトウェア危機を経験した。比較的単純なダートマス・システムを引き継ぎ、欧米で 30 ほどのタイムシェアリングセンターを商業的に運営していた GE は、次世代の Multics 開発もうまくいくと考えていた。しかし、Multics に関わっていた MIT もベル研究所も、そのような巨大規模のソフトウェア開発問題に対してはまったく備えができていなかった。結局 4 年にわたって巨額をかけても成果の出ないプロジェクトとなり、ベル研究所は 1969 年初頭に撤退し、その年末になってやっと MIT では縮小されたバージョンのシステムが動くようになった。1970 年に GE はこれ以上のソフトウェア問題に関わることが命取りになると考え、モデル 645 コンピュータを市場から引き上げることにした。そしてその数か月後にはコンピュータ製造そのものから撤退してしまったのである。

　タイムシェアリングビジネス市場に残った企業は、ソフトウェア問題があるために、当面は小さくて特殊用途のシステムしか扱えないと気づいた。そのようなシステムはたいてい 30 人から 50 人ほどのユーザーを相手にしたもので、科学、技術、ビジネス計算といったニッチな市場のものだった。コンピュータ・ユーティリティという意味では、うっすらとした影響を残しているのみであった。とはいえ、こうしたコンピュータ・ユーティリティの失敗にもかかわらず、共同コンピューティングへの潜在的な欲求は残り、それはやがて 1990 年代のインターネットの隆盛とともにまた浮上してくることになる。

UNIX

　しかしながら、Multics の混乱から非常に有益な副産物ができた。ベル研究所

で 1969 年から 1974 年にかけて開発された Unix オペレーティングシステムである。OS/360 と Multics に起こったソフトウェアの大惨事は、それらが大きすぎていびつだったからだ。この結果、多くの設計者がソフトウェアに関しては「小さいことはよいことだ」という考え方に傾き、はっきりした最小限のデザインを追求し、複雑さを避けるようになっていった。Unix オペレーティングシステムは、まさにその優れた例である。いわば、ソフトウェア界のバウハウスの椅子のように、シンプルで美しいものだった。

　Unix はベル研究所の二人のプログラマ、ケン・トンプソン（Ken Thompson）とデニス・M・リッチー（Dennis M. Ritchie）により開発された。二人は、まさに 1960 年代のコンピュータを牽引する人々のステレオタイプそのものの、ひげに長髪でかっぷくのよい人物であった。1969 年にベル研究所が Multics プロジェクトから撤退したとき、トンプソンとリッチーは、まだやり残したような気持ちだった。Multics の仕事では、魅力的なプログラミング環境が用意されていたからだ。

　　　我々は、やっと手にした居心地のよいニッチを失いたくないと考えていた。なぜなら似たようなものが世の中に存在していなかったからだ。GE がのちに提供するはずだったタイムシェアリングサービスもそのときには存在しなかった。私たちが残そうとしたのは、プログラミング環境だけではなく、そのまわりに仲間が集えるような環境全体だった。

　トンプソンとリッチーは、のちに「Multics をもじって」Unix と名付けられることになる、小さくてエレガントなオペレーティングシステムを自由に作ってよいことになった。しかし、ハードウェアは、この気まぐれな OS 研究ほどには自由にできなかったので、彼らは所内を「うろついて、型落ちのコンピュータが捨てられているのをみつけた」。それは DEC の PDP-7 だった（PDP とは「プログラムド・データ・プロセッサ」（programmed data processor）の頭文字である）。PDP-7 は、研究室用の小型コンピュータで、従来のメインフレームの一部の機能しか有していない機種だった。Unix の設計はいくつかの単純なコンセプトのもとに 1969 年の数か月で行われた（このうちの最もエレガントなコンセプトは「パイプ（管）」で、一つのプログラムのアウトプットを別のプログラムに入れることができるというアイディアだった。これは製造業で使われる配管のアナロジーで作られた概念であった。パイプのおかげで複雑なプログラムが単純なものの寄せ

集めでできるようになっていた)。

　1970 年初頭には、Unix は制作者が満足する出来に仕上がり、PDP-7 を一人で占有利用している分には満足な使用感が得られていた。しかしトンプソンとリッチーには、このシステムのメリットを同僚に説明するのが難しかった。やがて、テキスト・プロセッシング用のソフトウェアを開発し、ベル研究所の知的財産管理部門を説得して、特許文書の作成ができるシステムを使ってもらうことにした。リアルな見込みユーザーがあらわれたので、もっと大きなコンピュータを購入する予算がおり、DEC の最新機種 PDP-11/45 を使うことになった。システム全体は、このためにリッチーが開発した新しい言語である「C」で書き換えられた。これは「システム実装用の言語」であり、FORTRAN や COBOL に科学用、商業用という用途があったのと同様に、システムをプログラムするための言語だったのである。C を利用したことで Unix はどの機種にも「移植できる」ようになり、そのことで当時ほかにはないオペレーティングシステムとなった（ほどなく C 言語も Unix 同様、独自に使われていくようになる）。

　Unix は 1970 年代初頭の中央集権的なメインフレームコンピュータや巨大なコンピュータ・ユーティリティの失敗に怒った人々が、コンピュータの利用法を変えていくところにうまく適合した。そのころ流行ったジョークに以下のようなものがある。

　　なぞなぞ：象って何？
　　こたえ：IBM オペレーティングシステムを載せたネズミ[訳注1]

　独立心が強いユーザーは、中央集権的なメインフレームを拒絶しはじめ、それぞれの部局に小さなコンピュータをもつことを好むようになっていった。そうした流れに対応していたコンピュータ製造会社はほとんどなく、Unix はそこにうまくはまったのである。リッチーは、「ちょうど人々が新しいことに挑戦しはじめた時期で、コンピュータ製造会社から提供されるソフトウェアが退屈で、できが悪かったこともしばしばだったため、サポートがない新しいオペレーティング

[訳注1]　elephant には動きのおそい巨大企業のイメージがある。そこで、「象ってなあに？」という質問の答えが、IBM というのはありうる。しかしその答えが「象の本体は実はネズミで巨大な図体のほとんどはオペレーティングシステムだよ」というのは、オペレーティングシステムの開発が肥大化した IBM への皮肉になっている。

システムに取り組む猛者が現れたのだろう」と述べている。これはおそらく、Unix に優れたところがなくても起こったことだっただろう。なぜなら、ほかには選択肢がなかったし、ベル研究所が大学には寛容に少額で提供したからである。無駄をそぎ落とした Unix の設計は、大学や研究所にすぐになじんだ。1974年ごろには多くの大学で Unix が使われるようになり、ほどなく卒業生が産業界でも Unix 利用を浸透させていった。

　こうした Unix 界に変化が起こったのが 1977 年である。トンプソンとリッチーによる基礎的なシステムにいろいろなソフトウェアが加えられ、有機的に発展しはじめた。Unix のすっきりして機能的な設計のおかげで、システムの信頼性には影響を与えず拡張が行われた。特に非常に強力な拡張版はカリフォルニア州立大学バークレイ校、コンピュータ・ワークステーション製造会社のサン・マイクロシステムズ社（Sun Microsystems）などから発表された。こうして、FORTRAN が 1950 年代の標準的言語となったのと同じように、Unix は 1980 年代の標準的オペレーティングシステムとなる道を歩みはじめた。1983 年には、「UNIX システムの特徴は、そのフレームワークにあり、それによってプログラマはほかの人の成果を土台に仕事ができるようになった」ことにより、トンプソンとリッチーは権威ある A. M. チューリング賞を受賞した。実に Unix は 20 世紀の偉大な設計の一つである。

　1990 年代後半になると、Unix は Linux オペレーティングシステムという新しい展開を迎える。このオペレーティングシステムは、もともとはフィンランドの大学生リーナス・トーバルズ（Linus Torvalds）が 1992 年に開始したプロジェクトで、多くの独立したプログラマが給料の支払いも受けず、自分の時間を使って完成、拡張させた。Linux は、第 12 章で取り上げる「オープンソース運動」の象徴的プロジェクトとなった。

マイクロエレクトロニクス革命

　1973 年の映画『007/死ぬのは奴らだ』の中で、スタイリッシュなスパイ、ジェームズ・ボンドは、彼のおきまりの腕時計であるロレックス・サブマリーナを、ハミルトンの最新ハイテクガジェット、ハミルトン・パルサー・デジタルウォッチに交換している。このパルサーは、従来の時計のような短針・長針を使わず、代わりに最新の発光ダイオード（LED）を使って時間をデジタルで表示していた。1970 年代初期には、赤く輝く LED ディスプレイは最先端の IC 技術の

象徴だった。デジタル時計は豪華なもので、特に18金版は同等のロレックスよりも高く、2,100ドルもしたのである。オリジナルのパルサーは、実際には数年前にスタンリー・キューブリック監督作品の『2001年宇宙の旅』のために開発されたもので、一時はSFか国際スパイ活動でもなければ、お目にかかれない代物だった。

　ところが数年のうちに、デジタル時計の値段（そしてセクシーな魅力）は減退し、すっかりゼロになってしまった。1976年にはテキサス・インスツルメンツ社（Texas Instruments）がデジタル時計をわずか20ドルで売り出し、1年以内にさらに値段は半分になった。1979年までに、パルサーというブランドは600万ドルの損失を出し、2回売却され、アナログ時計製造に逆戻りしてしまった。1970年代末には、デジタル時計を作る部品のコストがあまりに低くなったので、製品にしても十分な利益が出るような値段にはできなくなった。少し前まで宇宙時代の技術にみえていたものが、安っぽいその辺にある陳腐な商品へと変貌してしまったのである。

　このデジタル時計の隆盛と凋落は、まさにマイクロエレクトロニクス技術の製造の様子を象徴している。プレーナプロセスと呼ばれるICの製造工程は半導体のフェアチャイルド社（Fairchild Semiconductor）によって開発され、インテル（Intel）、AMD（Advanced Micro Device）社などによって完成した技術で、専門性と装置に多大な初期投資を必要としたが、やがて限界費用が急速に下落した。つまり、最初のICを作るのには巨額の費用がかかったにもかかわらず、作り出される製品はどんどん安くなっていったということである。大量生産のメリットが半導体製造にも当てはまり、ICの精密さと集積度が上がり、業界内での競争がはげしくなり、新しいベンチャーキャピタルが登場するなどしたため、どんどんイノベーションを起こさなければ取り残される状況ができあがった。チップ設計や製造ラインへの投資から利益を出し続けるためには、半導体企業は自分たちの製品を必要とする市場を作らなければならなかった。パーソナルコンピュータ、ビデオゲーム端末、デジタルカメラ、携帯電話などは、1960年代末から1970年代初めにかけて興った小型化革命の産物である。しかしこうした小型化革命がコンピュータ産業を変貌させた一方で、コンピュータ産業はここから始まったわけではないということは重要である。この革命の背景には、主流のデジタルコンピュータ技術とは違う流れで発展した、鍵となる二つの独立した開発があった。それはミニコンピュータとマイクロプロセッサである。

MIT からミニコンピュータへ

　1965 年から 1975 年にかけて、集積回路が導入され、コンピュータ性能のコストが 100 分の 1 といったスケールで安くなったせいで、タイムシェアリングの最も大きな存在理由の一つであった、大きなコンピュータの高額なコストをユーザーで分担するという行為の根拠が失われた。1965 年のメインフレームは「ミニコンピュータ」の 10 倍以上の値段だったが、1970 年にはそれと同等の力をもつ「ミニコンピュータ」が 2 万ドルで買えるようになった。そうなると、一人につき 1 時間あたり 10 ドルほどかかるタイムシェアリングサービスを契約するより、10 人程度が使える小さなタイムシェアリングシステムを買うほうが経済的である可能性が出てきた。1970 年代には、小型の組織内タイムシェアリングシステムが、大学や研究所、企業などで一般化した。

　人々は、しばしば「ミニコンピュータ」はメインフレームをスケールダウンしたもので、それまでのコンピュータ産業から興ってきたと考えがちである。しかし実際は異なり、MIT と東海岸のマイクロエレクトロニクス産業の中で生まれたものである。ミニコンピュータを生んだ会社は DEC で、MIT リンカーン研究所の二人の研究者によって設立された。そのうちの一人、ケネス・オルセンは、MIT の電気工学科を 1950 年に卒業し、ワールウィンド計画に助手として参加し、プロトタイプであったコアメモリを実用の域にまでもっていくことに大いに貢献した人物である。もう一人のハーラン・アンダーソン（Harlan Anderson）は、イリノイ大学でプログラミングを学び、リンカーン研究所に就職して、オルセンのもとでトランジスタ・コンピュータの開発に携わっていた。彼らは 1957 年に研究所を辞し、会社を設立した。

　オルセンは MIT との深いつながりを保っていたものの、アカデミックな研究よりも技術を実用化することに興味をもっており、1957 年にベンチャーキャピタルのアメリカン・リサーチ・アンド・ディベロップメント（ARD）から 7 万ドルの融資を受けた。ARD は、1946 年にハーバード大学のビジネススクール教授であった「ベンチャーキャピタルの父」ジョージ・F・ドリオット将軍（General George F. Doriot）によって、戦時中に作られた技術の商用展開を助けるために設立された。ARD はベンチャーキャピタルの先駆的な会社で、こうした資金調達こそが、米国の新しいハイテク産業の隆盛を支えたのである。たいていの外国では、ベンチャーを支える資金を出す仕組みを整えないことには、米国に太刀打ちできないことを悟ることになった。

オルセンは、コンピュータ産業に参入し、メインフレームの製造会社と競うつもりだった。しかし 1950 年代末には、それは短期に実現しようとするには無鉄砲な夢だった。メインフレーム製造への参入障壁は大きくなる一方だったからだ。そこに参入するには、中央演算装置そのものだけではなく、磁気テープ、ディスクドライブといった周辺機器類、ソフトウェア（アプリケーションソフトウェアとプログラム開発のための環境の双方）、そして営業部隊の三つを揃える必要があり、当時それらすべてを可能にするためには数億ドルの費用が必要だった。コンピュータ産業に参入するためには絶望的な壁があったため、ドリオットは、まずもっと現実的な目標を掲げるよう、オルセンらを説得した。

DEC は、電子産業が立ち並ぶ 128 号線にほど近い、マサチューセッツ州メイナードにある南北戦争以前の羊毛紡績工場跡地の一角で創業した。最初の 3 年間は、興隆しはじめたデジタルエレクトロニクス産業のためのデジタル回路基板を製造した。これがニッチとして成功し、最初のコンピュータ開発への足がかりとなる資金を得た。DEC が最初のコンピュータである、PDP-1 を発表したのは、1960 年のことだった。オルセンは「プログラムされたデータプロセッサ」（Programmed Data Processor）という表現を製品名に使ったが、それは、この新しいコンピュータの基本モデルが 125,000 ドルであり、従来のコンピュータユーザーは「100 万ドル以下のコンピュータに十分な仕事ができるとは考えられなかった」からであった。

では、なぜ DEC は当時のメインフレーム製造会社が作っていた機種の 5 分の 1 から 10 分の 1 ほどの値段でコンピュータが作れたのか。それはメインフレームでは、中央演算装置にはコストの 20 パーセントほどしか使われておらず、ほかの周辺機器やソフトウェア、マーケティングにコストがかかっていたからだ。オルセンは PDP-1 をビジネス用のデータ処理ユーザー向けにではなく、理工系の研究者向けに開発した。こうしたユーザーであれば、高度な周辺機器もいらず、自分でプログラムを書くからである。さらにアプリケーションソフトウェアの分析を専門のセールスエンジニアが行う必要もなかった。PDP-1 と、その後 5 年間ほどのあいだに作られたその他の 5、6 機種はそこそこの成功を収めたが、この売上でコンピュータ産業が変わるほどの影響はなかった。しかし、ミニコンピュータの PDP-8 が 1965 年に出ると、大きく状況が変わった。PDP-8 は、集積回路を採り入れた最初のコンピュータの一つで、それまでの DEC のコンピュータに比べて格段に小さく安かった。PDP-8 は箱にすっきり収まり、18,000 ドルで販売された。

PDP-8 はすぐさま成功を収め、翌年には数百台が出荷された。PDP-8 の成功で DEC の株も 1966 年に公開された。そのころまでに DEC は 800 台のコンピュータを売り（その半数が PDP-8 だった）、従業員も 1,100 人になり、メイナードの羊毛紡績工場跡を占有するまでになっていた。株の公開で 480 万ドルの利益を得て、ARD の融資を十分に返すことができた。その後の 10 年間、PDP-8 は主力商品でありつづけ、3 万台から 4 万台も売れた。それらのコンピュータは、それぞれ独自の用途に利用された。たとえば、従来のコンピュータが高額すぎて使えなかった工場の自動化などである。また一部は、医療用スキャナーなどの高額周辺機器に組み込むため、技術系の会社に直接販売された。

PDP-8 の多くは大学や研究所に納められ、研究生や教員らは自らコンピュータを直接利用するという経験ができたが、こうした使い方は安価だったためにできたことで、1950 年代以来あり得ないことだった。またユーザーたちの中には、もとの専門が何であれ、コンピューティング専門家への道に入ることになった人も見られた。PDP-8 のユーザーは、それを「パーソナルな」コンピュータと認識し、愛着をもつ人が多かった。ゲームを作った人も現れ、その中でも有名になったものには、月面着陸の乗り物を操作するゲームがある。コンピュータの直接利用は趣味のコンピューティング文化を切り拓き、単に学生や若い技術者だけではなく、円熟した技術者もその輪に加わった。

そのようなシニア技術者の一人、『エレクトロニクス』誌編集長のステファン・グレイ（Stephen Gray）は、1966 年 5 月にコンピュータ作りを趣味にする人々との情報交換のためにアマチュア・コンピュータの会（ACS）を設立した。大学で働く愛好家、国防関係の会社に勤めるエンジニア、電子機器・コンピュータ会社に勤めるエンジニアといった、あちこちに分散した人々が助け合えるよう、グレイは 1966 年に ACS ニューズレターを 160 人の会員に配布しはじめたのである。そこには、回路の設計、部品の入手方法や互換性の情報のほか、手作りコンピュータの成功例も掲載して読者を励ましていた。しかし、一般的には手作りコンピュータをもつことは、普通の愛好家にはなかなか手が届かなかった。一番安い機械でも 1 万ドルはしたからである。しかし、1970 年代になるころには、自分のコンピュータをもちたいという愛好家の思いがパーソナルコンピュータの形成に寄与することになる。

ミニコンピュータという用語が一般に使われ出した 1969 年には、小型コンピュータはコンピュータ産業にしっかり根付いていた。（DEC から独立した人々が作った）データゼネラル（Data General）、プライムコンピュータ（Prime

Computer）など数社のミニコンピュータ製造会社が DEC のほかにもでき、やがて世界的企業へと発展した。また従来の電子機器・コンピュータ製造会社の中には、ミニコンピュータ部門を作ったところもあった。たとえば、ヒューレット・パッカード（Hewlett-Packard）、ハリス（Harris）、ハネウェルなどである。しかしこうした中にあっても、ミニコンピュータ分野のパイオニアであった DEC は、最も存在感があった。そして 1970 年までには、コンピュータ製造会社の中でIBM やスペリーランド社の UNIVAC 部門に次ぐ、3 位の会社になったのである。ドリオット将軍が 1972 年に年老いたため ARD を引退したときには、ARDが保有していた DEC の株は 3 億 5,000 万ドルになっていた。

半導体とシリコンバレー

　コンピュータ産業ができてからの最初の数十年は、その中心地は米国の東海岸であった。情報技術のトップ企業である IBM や、ベル研究所、そしてエリート大学（MIT、プリンストン大学、ペンシルヴァニア大学など）が集中していたからである。しかし 1950 年代半ばにもなると西海岸側へのシフトが始まり、1960 年代末までにはコンピュータ産業のイノベーションが興るのは、北カリフォルニアのシリコンバレー地区ということになっていた。そして科学者、起業家、ベンチャーキャピタリスト、国防関係企業、大学の経営層が技術的エコシステムを形成して繁栄し、その後、ほかの地域や各国が真似するようなモデルとなった。

　東海岸から西海岸へというシフトの大きなうねりを捉えるには、ある個人の履歴を例に考えてみるとよいだろう。1950 年代初頭、ロバート・ノイス（Robert Noyce）は、アイオワ州のグリンネル出身の中西部の男子であった（このグリンネルとは、ジャーナリストのホレース・グリンレーに「西にゆけ、若い人よ」とアドバイスしたことで有名になった奴隷制度廃止論者の牧師、ジョサイア・グリンネルから来ている）。ノイスは、地元のグリンネル大学を卒業後、まず東へ向かい、MIT へ進学し、職業的にもアカデミックにも成功することを夢見た。ノイスはグリンネル大学の教授の一人から、1946 年のベル研究所の科学者であるジョン・バーディーン（John Bardeen）、ウォルター・ブラッテイン（Walter Brattain）、ウィリアム・ショックレー（William Shockley）によるトランジスタの発見について習ったことがあった。トランジスタは真空管が行えるさまざまな機能を備えていたが、小さく耐久性もよく、エネルギー効率もよかった。これまでも触れてきたように、初期の電子式コンピュータにはトランジスタが使われて

いたが、そもそもベル研究所は、それを電話網のスイッチング回路に使おうと考えていた。ノイスは物理学の博士論文のテーマにトランジスタを選び、のちにフィラデルフィアを本拠地とするフィルコという電子機器会社に勤めることになる。新しい技術を知った者にありがちなことに、彼はトランジスタが発展していくのは、東海岸の電子機器会社だと考えたのである。

　西海岸への移動は、ベル研究所の発明者の中で最も野心的だった（のちには悪名高くなる）ウィリアム・ショックレーが始めた。1950 年代半ばに、ショックレーはベル研究所を去り、自分の会社であるショックレー半導体研究所（ショックレー・セミコンダクター・ラボラトリー、Shockley Semiconductor Laboratory）を建て、眠たい大学町だったカリフォルニアのパロアルトに本社を置いた。ショックレーがそこを選んだ理由はいくつかあった。まず近くにスタンフォード大学があり、起業家精神をもつ工学教授のフレデリック・ターマン（Frederik Terman）が電子機器会社を近くに集めようとしていたこと。親会社であるベックマン・インスツルメンツ（Beckman Instruments）にほどよく近かったこと。さらにショックレーはパロアルトで育ち、母がまだそこに住んでいたことなども大きな理由の一つだった。そのころには、ショックレーの従業員たち以外は誰も、こんなきまぐれな引っ越しにつきあわないだろうことは疑う理由がなかった。そして実際、優秀な半導体技術者 12 人のうち、西海岸への移動につきあったのは半導体の研究で「博士号をとらせてもらえる」ロバート・ノイス、ただ一人であり、やがて彼は 1956 年の創業後まもなく入社することになる。

　ショックレーは素晴らしい物理学者だった（1956 年に、彼とバーディーンとブラッテインは、トランジスタの発明でノーベル賞を受賞していた）が、気むずかしく要求の多い上司で、起業家としてはやり手ではなく、彼が生産しようとしたタイプのトランジスタは、限られた商業的成功しかおさめなかった。1957 年には、彼は従業員 8 人にそっぽを向かれた。ショックレーの 8 人、あるいはショックレーからは裏切りものの 8 人と呼ばれる彼らは、自分たちのスタートアップを設立しショックレー・セミコンダクターに対抗しはじめた。このグループのリーダーがロバート・ノイスで、そのころまでには頭が切れるうえにカリスマ性があることで知られていた。ノイスは、新しい会社の資金集めに奔走もしており、東海岸の大企業をターゲットに据えた。ノイスはフェアチャイルド・カメラ・アンド・インスツルメンツ社から 150 万ドルを得て、自分たちの会社の名前をフェアチャイルドとしたのみならず、北カリフォルニアの若き銀行家アーサー・ロック（Arthur Rock）の目にもとまった。ロックはのちに近代的なベンチャーキャピタ

ルの創始者の一人となった人物である。半導体製造業とベンチャーキャピタルと
軍事研究資金のおかげで、パロアルトのアプリコットやプルーンの果樹園は、世
界的に有名なハイテク開発の中心地に様変わりした。

　シリコンバレーと呼ばれる現象に最も貢献した企業は、ほかでもないフェア
チャイルド・セミコンダクターであった。ショックレー・セミコンダクターと異
なり、フェアチャイルドは儲かる製品に狙いを定め、大企業や国防総省を顧客と
して獲得した。1959年にフェアチャイルドの共同創始者、ジーン・ホアニ（Jean
Hoerni）はプレーナプロセスと呼ばれる新しい半導体製造方法を編み出し、写真
や化学の技術を応用して、同じウェハーの上に複数のトランジスタを載せること
を可能にした。当時フェアチャイルド・セミコンダクターの技術責任者だったノ
イスは、プレーナプロセスをさらに発展させて、トランジスタを結合させて完全
な回路を作成することに成功した。このシリコンのウェハーがシリコンバレーの
名前のもとになったのであり、このウェハーが「集積回路（IC）」や「チップ」に
なることで、ミニチュア革命の発信地としての地域の価値の向上にも寄与した
（またこの地域は、その後、パーソナルコンピューティングやインターネットの発
展にも中心となって寄与することになる）。プレーナプロセスを経て生産される
集積回路は、エレクトロニクスの基盤システムを一変させうるもので、それらを
単一で耐久性が高く安価なチップにまとめてしまうことができた。そのチップは
安価かつ大量生産可能で耐久性が高かった。

フェアチャイルドの子どもたち

　フェアチャイルドは、その技術革新の素晴らしさもさることながら、シリコン
バレーを形作った「技術コミュニティ」形成への貢献も素晴らしかった。フェア
チャイルドを作った革命的な起業家精神は、同社の気風に残った。フェアチャイ
ルドの若いエンジニアたちは、企業での経験も浅く、独身が多かったので、リス
クを取り個人主義であることを奨励する、移り変わりが激しい業界で長時間働い
た。そして会社は階層構造を作らず、官僚的な組織もなかった。そのため、フェ
アチャイルド自体がショックレー・セミコンダクターからのスピンオフだったよ
うに、同社からはたくさんのスタートアップがスピンオフし、さらにそこからま
たスピンオフが生まれた。やがてインテル、AMD、ナショナル・セミコンダク
ター（National Semiconductor）など、全米の主要な半導体製造会社85社のう
ち半数が、フェアチャイルドから分かれてできた会社ということになった。つま

りシリコンバレーの半導体会社のトップ経営者たちは、同じ会社の窯の飯を食ったことのある仲間だったのであり、たとえば 1969 年のカリフォルニア州サニーヴェイルの学会に集まった 400 人のエンジニアのうち、フェアチャイルドで働いたことのない人は 20 人強しかいなかったという。当時呼ばれたように「フェアチャイルド大学」は、業界の起業家を育てるトレーニングの場となり、起業した人々は（フェアチャイルド出身者をリクルートしやすいように）フェアチャイルドの近くに会社を構えた。1957 年から 1970 年にかけては、実に半導体製造会社の 9 割がシリコンバレーに存在していたのである。

　こうした「フェアチャイルドの子どもたち」の中で、最も有名なのはインテルであろう。インテルはノイスが作った 2 番目のスタートアップであった。フェアチャイルド・セミコンダクターが大きくなるにつれ官僚的な組織ができあがっていったのが気にくわなかったノイスは、利益の大半が東海岸にある親会社に環流してしまうのもいやだったので、もう一度転出したのである。今回は、彼はパートナーのゴードン・ムーア（Gordon Moore）と資金集めをするのに何の苦労もなかった。このとき、アーサー・ロックはサンフランシスコ近郊に自身のベンチャーキャピタル会社を所有しており、ノイスの口頭によるプレゼンテーションだけで、300 万ドルのスタートアップ資金を調達できた。ノイスとムーアは、プレーナプロセスの製造に長けた腕のよい技術者をフェアチャイルド社から引き抜いた。1968 年の夏に法人化してから 2 年のあいだに、インテル（**インテグレイテッド・エレクトロニクス**（integrated electronics）という言葉を組み合わせた名前）は、コンピュータ業界向けの集積回路メモリチップを生産し、利益をあげはじめた。そして 5 年のうちに 2,500 人の従業員を擁する 6,600 万ドル企業へと成長したのである。

　東海岸の電子機器・コンピュータ製造会社は動きが遅く、組織が堅苦しくなりすぎていたのと好対照に、インテルのように新しく生まれたシリコンバレーのスタートアップは、スピード感があり柔軟で能力主義であることを誇っていた。組織は「フラット」で、中間管理職を作らず、起業家精神を持てと社員に伝えていた。服装も自由で、階層構造や手続きの決まりごとなどを作らなかった。たとえばインテルでは、どの社員もノイスやムーアを含む誰とでも連絡をとることができた。だれも決まったオフィスや、仕切った空間すらもたず、浅いパーテションで分けられた共用スペースで仕事をした。自由でクリエイティブであることが求められ、そうあるために必要な環境が整えられていた。その代わり、夜であろうが週末であろうがお構いなしに、長時間働くことが期待され、仕事優先に生きる

ことが求められたのである。

　1960年代における、半導体のイノベーションの速度は凄まじかった。これには二つの理由があった。一つは技術的な理由で、プレーナプロセスはいったん完成すれば、トランジスタの集積に（ということはとりもなおさず、処理能力に）常に素晴らしい改善が約束された。1960年代初頭に作られた最初期の半導体は、50ドルでチップの上に5、6個のコンポーネントが載ったものだった。その後、チップに載るコンポーネント数は毎年倍になっていった。1970年までには、LSI（大規模集積回路）が可能になり、1,000個のコンポーネントが載るようになった。これがコンピュータのメモリとして広く使われるようになり、1970年代初頭にはコアメモリ産業を葬り去った。この半導体チップの急速な集積度の上昇について、1965年に最初に言及したのが、インテルの共同創始者の一人、ゴードン・ムーアであった。彼はチップに載るコンポーネントの数が「1年ほどで倍増している」のをみて、「この調子で少なくとも10年くらいは集積度が上がるのではないか」と予測したのである。この予測が「ムーアの法則」と呼ばれるもので、彼は「1975年までに、集積回路に載るコンポーネントの数は、65,000になる」と計算した。実際には、2倍になる周期は18か月に落ち着き、この現象は21世紀に入っても続いて、集積回路のコンポーネント数は1,000万にもなった。チップの製造にかけた投資は、そのまま最終製品の質の向上につながった。そして言うならば、集積回路を利用する多数の技術的システムの数につながったのだ。

　急速な発展の第二の理由は、初期マーケットのユニークな性質であった。新興の半導体産業にとって最も重要な顧客は政府であった。フェアチャイルド・セミコンダクターの最初期の契約の一つに、ミニットマン・ミサイルシステムに使われる集積回路の生産があった。また1963年には、同社はアポロ計画のために回路を提供しはじめた。実のところ、米国政府は1950年代には半導体市場の7割を買い上げていたのである。ほかのクライアントよりも特に多く納品を受けていたのがNASAと軍であり、信頼性が高く、妨害に強い、小さなサイズのトランジスタや集積回路のためなら割増金を喜んで支払った。おそらくはそれ以上に重要なこととして、国防が一つの納入業者に頼らないですむように、米国政府は「セカンド・ソーシング」という方針をもっており、軍への納入には競争相手とも設計を共有させるようにしていた。「フェアチャイルドの子どもたち」の中でもAMDは、何十年にもわたって、フェアチャイルドとインテルの「セカンド・ソース」として繁栄した。この方式のために、半導体市場は軍に買い支えられ、セカンド・ソーシングで知識や人材が移動しやすくなっており、飛び抜けた最先端の

チップを作る技術の開発に無駄な投資をするリスクもなかったのである。こうした二つの理由が、競争やイノベーション、たゆまぬ質の向上に結びついた。

一般家電に使われたチップ

　値段が落ちるのにパフォーマンスが向上するという、集積回路の「さかさまの経済」により、インテルのような会社は、既存の製品を向上させ新しい市場を作り出す努力をした。その例の一つが、電卓市場の開拓である。1960 年代半ばに作られた最初の電卓は、既製品とオリジナルの両方のチップが使われており、一つの機械に 100 個ほどのチップが使われていた。そのときはまだ電卓の値段も高く、旧来の電気機械式の計算機も 1960 年代末までは市場にまだ出回っていた。ところが集積回路の利用により、電卓の制作費用は劇的に下がった。

　電卓の価格競争のおかげで、一握りのビジネスユーザーがいただけの市場が、教育用や家庭用のユーザーまでも取り込み、かなり大きくなった。1971 年ごろに作られた持ち運びのできる計算機は 100 ドルもしたが、1975 年にはこれが 5 ドル以下にまで値下がりした。このあまりの下落に、多くの米国企業はこの市場から撤退したが、日本と極東の会社は残り、米国製チップを使った製品を作りつづけた。同じようにデジタル時計の市場も興り、やがて陳腐化して崩壊し、市場を握ったのは「昇り龍」の日本、台湾、韓国だった。しかしながら同じ時期に、シリコンバレーで作られる既製の電子機器が広く普及することで、新しい産業が立ち上がっていた。

　こうした集積度の高い集積回路を使った産業のうち、最も目立ったのはビデオゲーム産業だろう。（手持ち無沙汰の大学院生が楽しむための）アマチュアのビデオゲームは電子式コンピュータ用に開発されていたもの、商用ビデオゲーム市場は、コンピュータ産業とは別に育っていた。この市場に早くから参入したマグナヴォックス（Magnavox）などは、既存の電子機器市場から育ってきていたが、最も影響力をもったアタリ（Atari）などは娯楽産業に関係があった。アタリは 1971 年に 38 歳の起業家、ノーラン・ブッシュネル（Nolan Bushnell）が立ち上げた会社である。その最初の製品は、（ピンポンという名前では商標登録できなかったため）ポンと名付けられた卓球ゲームであった。当初ポンはゲームセンター用であり、当時の娯楽産業がピンボールやジュークボックスを納入していたのと同じだった。この成功が引き金になり、米国と日本で競合する会社が現れ、ビデオゲームは娯楽産業の一つの部門となったのである。

　ほかの会社がチップの値段の下落で潰れていったのに対し、ブッシュネルはアタリをゲームセンター用機器の小さな市場から、家庭用の大きな市場に乗り換えさせることを考えた。そこでアタリは、テレビ受像器の背面につなぐ家庭用ポンを開発した。この家庭用ポンは 350 ドルだったが、1974 年末のクリスマス商戦に大当たりした。そこで、アタリは矢継ぎ早に家庭用ビデオゲームを発売した。1976 年には、典型的なゲームの単価が 50 ドルほどになっていたにもかかわらず、年商 4,000 万ドルにまで成長した。そしてこのころまでに、ビデオゲーム産業には他社も参入し、大きな市場ができていた。ビデオゲームの価値は、ハードウェアよりも（ゲームの内容そのものである）ソフトウェアに依存しているため、ハードウェアが安くなったところで、電卓やデジタル時計の市場のようなことにはならなかった。ただし、ゲーム用のソフトウェアを開発する費用がかさむため、この産業は数社を中心に形成された。実際、1976 年にブッシュネルは、十分な資金力をもって産業を牽引してくれそうなタイム・ワーナー（Time-Warner）に、アタリを売却する必要を感じた。

　ビデオゲーム産業は 1980 年代初頭にいったん凋落したものの、ビデオゲームは世界的にみても最も大きな娯楽産業市場の一角を占めるはずであり、テレビ産業や映画産業にも匹敵する可能性があった。1970 年代末には、一般家電市場を形成するのにも一役買ったし、パーソナルコンピュータの開発にも影響をもった。二つの技術は非常に親和的だったので、マイクロコンピュータを買う人は（当時は当たり前だったのだが）ゲームをしたかったのであり、（アタリを含む）多くのゲームメーカーはマイクロコンピュータも製造していた。どちらの産業も半導体企業から発展したもので、ルーツをここ 10 年ほどのシリコンバレーにもっており、IBM や DEC のような電子コンピュータ製造会社とは関わりがなかったのである。そしてやがて 1980 年代初頭になると、この二つの産業（半導体と電子コンピュータ）は一つの製品で合流することになる。それがパーソナルコンピュータだ。

　次の章でみるように、パーソナルコンピュータの歴史は「オタクの勝利」のように描かれがちだ。つまり若いアマチュアの技術好きオタクが、専門家が不可能と思ったようなことを熱心にやり遂げたといった物語だ。ダビデとゴリアテの神話のようなそういった話にも一縷の真実はある。しかし、パーソナルコンピュータはそれだけではなく何本もの糸が織りなされてできたものである。1970 年代初頭までのいくつかの発展、たとえば、簡単に使える BASIC のようなコンピュータ言語の普及や、ミニコンピュータで拓かれたパーソナルでインタラク

ティブなコンピュータ利用への新たな期待、シリコンバレーで半導体産業から新
製品の数々が生み出されたこと、ベンチャーキャピタルがもたらす資金を調達す
る機会などが、すべて絡まり合って初めて、最初の大衆的な電子コンピュータが
生まれることになったのである。この技術が生まれた時期や場所、そしてそれが
あっという間に拡がったのは、単なる偶然の産物ではなかった。

第 4 部

コンピュータの民主化

パソコン時代の到来

　歴史家は、未だパーソナルコンピュータ（以下、パソコン）についての正史を描き切れずにいる。パーソナルコンピューティングは、20世紀後半に我々の生活を大きく変えた出来事であり、その形や用途を変えながら、常に驚きを与えてくれている。家庭用ラジオといった過去の発明を振り返ってみても、歴史家が満足のいく説明ができるまでに約半世紀もかかった。それより短い期間でパソコンを完全に理解することなど、どだい無理なことだろう。

　もちろん、パソコンを巡る出来事を描いた本は、ジャーナリストによって数多く出版されている。なかには読ませるものもあるけれども、こうしたルポルタージュは概してあまり出来のよいものではない。特に問題なのは、このジャンルではつとに有名なアップル・コンピュータのスティーブ・ジョブズ（Steve Jobs）やマイクロソフトのビル・ゲイツといった一握りの人物だけを取り上げ、彼らを、未来を予言し、実現させたビジョナリストとして描いた本の類いであろう。対照的に、IBMや既存のコンピュータ企業は、歩みが遅く単細胞で、消滅が運命づけられている恐竜のごとく描かれている。歴史家が記述するとなれば、ジャーナリストよりも込み入ったストーリーになるだろう。というのも、真の歴史は文化のうねりとビジネス上の利害が幾重にも交錯したところにあるからである。

ラジオ（無線［通信］）の時代

　パソコン自体が文化のうねりとビジネス上の利害が交錯しながら形作られたものであるという見方が漫然としたものであるとしても、その発展過程を、すでに確定している20世紀初頭の無線通信の歴史と対比させるとよく理解できるはずだ。これら二つの技術が社会の中で構築されていく過程は、ある面では似通っており、一方の理解が他方の理解を深めてくれる。

　現在、我々がラジオ（無線）と呼ぶ電波による通信は、1890年代に出てきたば

かりの新技術で、さまざまな可能性が模索されていた。現在誰もが知っているラジオ放送は、無線通信の第一世代には存在しなかった。この新技術が最初に商用化されたのは電信の分野だった。ある地点から別の地点へ、電線を使わずにモールス信号が送信されたのだ。1901 年 12 月に無線電信の公開実験が行われた。グリエルモ・マルコーニ（Guglielmo Marconi）が、英国はコールウォールのポルドゥーから大西洋を跨いでカナダはニューファンドランド島セントジョーンズまで、モールス信号の S の文字を繰り返し送信してみせたことで衆目の知るところとなった。また、新聞各紙は一面の大見出しでマルコーニの偉業を報じたので、彼の企業は、電信会社や個人投資家の注目を集めることになった。

　無線電信の技術は、数年のうちに実用に耐えうるものとなり、世界中の電信システムに組み込まれ、音声伝送や船舶無線の発達を促した。とりわけ、後者の船舶無線は、1910 年、大洋航路船の SS モントローズ号から発信された無線電信のメッセージが、英国からカナダに逃亡しようとしていた「酸性槽殺人の犯人」ホーリー・クリッペン博士の逮捕につながり、多くの新聞の見出しを飾った。その 2 年後に起きたタイタニック号の沈没事故でも、船舶無線が救助活動に多大な貢献を果たしたので、乗船者 50 名以上の船舶すべてに、有人の無線局を設置することが法律で義務づけられるようになった。こうして相次いでメディアに取り上げられたことで、2 地点間の無線電信技術が主要な通信方式として定着していったのである。

　無線電信が、電信会社や政府によって社会に浸透していくなかで、成人男性や少年のホビイスト（愛好家）の関心もひきはじめた。彼らは、無線電信の熱気に魅了され、「ラジオ放送を聴くこと」に心躍らせた。しかし、ホビイストの大半は、無線電信技術自体に魅せられ、無線「装置」を作ることに至極の喜びを感じ、同じ趣味をもった人に無線を使ってその想いを伝えたのだった。1917 年には、全米でアマチュア無線免許をもつホビイストは 13,581 名に上り、無免許の無線受信施設数は 15 万か所に及んだ。

　ラジオ放送のアイディアの発端は、（のちの RCA 社長）デイヴィッド・サーノフ（David Sarnoff）がニューヨークの米国マルコーニ電信会社で働いていたときに提案した「ラジオ・ミュージック・ボックス」であるといわれているが、実際には、第一次世界大戦後に各地で自然発生的に湧き上がってきたものである。ラジオ放送にはリスナーが必要であるが、アマチュア無線家こそ、最初のリスナーとなったのである。アマチュア無線家とリスナーが存在しなければ、ラジオ放送は決して普及しなかったであろう。

　いったんラジオ放送局が開設されると、放送局とリスナーは好循環のサイクルを生み出した。リスナーの数が増えるとラジオ番組の質が高まり、番組の質が高まるとリスナーの数が増えていった。1921年から1922年のたった2年間に、全米で564ものラジオ放送局が誕生した。多くのラジオ放送局が短期間に開設されたことで、家庭用ラジオ受信機の需要が喚起され、ラジオ受信機産業が誕生した。デビット・サーノフ率いるラジオ受信機の主要企業、RCAは1921年の設立からわずか4年でラジオ受信機を8,000万ドルも売り上げた。ウェスティングハウスやゼネラル・エレクトリックといった既存の電機メーカーもラジオ受信機を製造しはじめたため、アムラッド、デ・フォレスト、ストロンバーグ・カールソン、ゼニスなど無数のベンチャー企業との激しい競争が繰り広げられた。1920年代半ばまでには、全米ラジオ放送の業界構造はほぼ固まった。ラジオ放送は、その後も映画、テレビ放送、衛星放送、ケーブルテレビといった新しいメディアの挑戦を受け続けるなか、例外的に生き延びてきた。

　全米ラジオ放送産業の小史から、三つのポイントを指摘できる。第一に、無線通信は、当初その重要性が認識されていなかった新しいイネーブリング（周辺支援）技術から生じたことである。もともと、2地点間の通信技術として生まれた無線通信は、発展の過程で、まったく異なるもの、すなわち、大衆市場向けのエンターテイメント放送メディアへと作り変えられていったのだ。第二に、こうした変化の過程での重要なアクターは、アマチュア無線家であったということだ。彼らは、ラジオ受信機産業が存在しなかったころ、最初にラジオ受信機を制作し、ラジオ放送局を始めた人々だった。彼らは無線通信の歴史においては縁の下の力持ち的存在であった。最後に、いったんラジオ放送局が開設されると、瞬く間にラジオ受信機メーカーや放送局といった少数の大企業がこの業界を席巻するようになったことである。こうした企業の中には、既存の電気機械産業からの参入組だけでなく、企業家によって設立されたベンチャー企業もあったが、10年も経たないうちに、双方区別できないほど似通った大企業へと発展していった。

　これからみていくように、パソコンは、無線通信と似たような発展の道筋を辿っている。マイクロプロセッサというイネーブリング技術があったものの、それが大衆消費者の欲するパソコンという製品に組み入れられるまでには数年を要した。こうした技術変容の過程において、アマチュアのコンピュータ・ホビイストが果たした役割は大変大きかったが、とりわけ、彼らが黎明期のソフトウェア企業の顧客となった点は、正当に評価されていない面がある。アマチュアのホビイストが果たした役割は、ラジオ放送局にとってのリスナーと似ている。こうし

てパソコンは、ベンチャー企業や IBM のような既存の大企業が参入したことで、
一大産業になっていったのである。

マイクロプロセッサ

　パソコンにとってのイネーブリング技術であるマイクロプロセッサは、1969 年
から 1971 年のあいだに半導体メーカーのインテルで開発された。（その後のコン
ピュータ史の多くの出来事と同様、マイクロプロセッサは複数の組織で別々に発
明されたが、インテルは紛れもなくその中心に位置していた）。第 9 章で述べた
ように、インテルは、ショックレーのもとを去った 8 人のうちの二人であり、
フェアチャイルド・セミコンダクターの副社長を務めていたロバート・ノイスと
ゴードン・ムーアによって 1968 年に創業された。今日、インテルの年間収益は
500 億ドルを上回り、ノイスとムーアは米国エレクトロニクス産業の伝説の人物
となっている。しかしながら、マイクロプロセッサ自体は、二人の発明ではなく、
当時 30 代前半だったエンジニア、テッド・ホフ（Ted Hoff）によるものだった。
　1968 年、ビジネスをスタートさせたばかりのインテルは、半導体メモリと特注
カスタムチップの製造に特化していた。同社のカスタムチップは、主に電卓、テ
レビゲーム、電子試験装置、制御機器に使われていた。翌 1969 年、日本の電卓
メーカーのビジコンが、三角関数から高等関数まで扱える上位モデルの関数電卓
に使用するため、インテルにチップセット開発を打診してきた。そして、この設
計の仕事が、テッド・ホフと周囲の同僚に割り当てられたのだ。
　ホフは、ビジコンの電卓専用の論理チップを設計するよりも、特定の関数計算
をプログラムできる汎用チップを設計したほうがよいと考えた。ホフが設計した
チップは、まさにチップ単体で初歩的なコンピュータの役目を果たすものだっ
た。とはいえ、社内でこのチップの重要性が認識されるまでには、もうしばらく
時間が必要であった。
　1971 年、4004 と呼ばれる新型の電卓用チップがビジコンに納品された。それ
から間もなくして、不運にもビジコンは 1970 年代初頭の電卓戦争の犠牲となり、
破産管財人の管理下に入ってしまった。しかしながら、同社は倒産する前にイン
テルとのあいだで、4004 の購入価格の値下げを条件に、この新型チップを外販す
る権利を譲渡する交渉をしていた。1971 年 11 月、インテルは『エレクトロニク
ス・ニュース』誌に「集積エレクトロニクスの新時代が到来します……単一の

チップ上にマイクロプログラム可能なコンピュータが搭載されているのです」といった広告を出し、チップの外販を始めた。インテル初のマイクロプロセッサの価格は 1,000 ドルほどであった。

　「単一のチップ上に搭載されたコンピュータ」という表現は、コピーライターの誇張が過ぎた。実際に使用する際には、4004 とは別のメモリチップや制御チップを取り付ける必要があったのだ。とはいえ、この表現は、その後の 2 年間でマイクロエレクトロニクス産業を変貌させるほどの破壊力があった。この間にインテルは、一度に 4 ビットの処理しかできなかった非力な 4004 を、8 ビット版の 8008 に切り替えた。1974 年 4 月にリリースされた 8080 などは、複数のパソコン設計のベースになったほどだ。このころには、モトローラの MC6800、ザイログの Z80、MOS テクノロジーの 6502 といったように、インテル以外の半導体メーカーも独自のマイクロプロセッサを製造するようになっていた。そして、メーカー同士が競争したことで、マイクロプロセッサの価格は、あっという間に 100 ドル前後まで下がったのだ。

　しかし、本当のパソコンがアップル II の形で登場するのには、さらに 3 年の月日が必要だった。ほぼ一夜にしてパソコンが誕生したという通説に反して、パソコン誕生までには意外と長い時間がかかった。それは、1921 年の新聞が「どこからともなく突如として現れた一時的な流行」とみた、無線電信からラジオ放送への移行と酷似している。実際にパソコンが誕生するまでには、マイクロプロセッサの誕生から数年を要したが、その過程ではホビイストの役割が大変重要だったのである。

コンピュータ・ホビイストと「コンピュータの民主化」

　コンピュータ・ホビイストは、たいてい若い男性の技術オタクであった。ホビイストの大半は、何か専門的なスキルをもっており、コンピュータに直接関わる仕事についていない場合でも、エレクトロニクスメーカーの技術者やエンジニアとして雇われていた。典型的なホビイスト像は、10 代前半に、一般向けエレクトロニクス雑誌の通販広告欄で買い求めた電子回路の組立キットを通じて、この世界に初めて触れた人々だった。ホビイストの多くは熱心なアマチュア無線家だったが、そうでない人も、無線の黎明期から連綿と続いてきた「ハム（アマチュア無線）」文化の影響を大いに受けていた。第二次世界大戦後、アマチュア無線家やエレクトロニクスのホビイストは、『ポピュラーエレクトロニクス』や『ラジオエ

レクトロニクス』といった雑誌の広告欄にあるテレビやハイファイ・キットの組み立てに興味の対象を移した。1970年代に入ると、そうしたホビイストはエレクトロニクスの次なるトレンドをコンピュータに見出したのだった。

　彼らのコンピューティング熱は、職場や大学で実際にミニコンピュータに触れ、使用した経験から生じた。熱心なホビイストは、遊びに使えるコンピュータが自宅にあったらと夢想していた。そうすれば自分でコンピュータの内部を分解したり、コンピュータゲームに興じたり、別の電子機器につないだりできるからだ。しかし、ミニコンピュータは一式そろえようと思えば2万ドルもするため、平均的なホビイストが自分の小遣いで買える代物ではなかった。ホビイスト以外の人にとっては、自分のコンピュータを欲しがる人がいること自体、不可解極まりないことだった。それは技術への妄信そのもので、ラジオ放送局がなかった60年前に、なぜ、ホビイストがラジオ受信機の組み立てに夢中になるのか理解できないのと同じくらい、説明のつかないものだった。

　ホビイストは、コンピュータを自分が精通している技術の観点からしか見ないことを知っておくことは重要である。なぜなら、ホビイストが狂喜したコンピュータは、我々が現在知っているパソコンとは似て非なるものだったからである。1970年代初頭、ホビイストの頭の中にあったコンピューティングのイメージは、現在われわれが知っているパソコンではなく、ミニコンピュータを紙テープリーダーやキーパンチが装備されたテレタイプにつないで、コンピュータからプログラムやデータを出し入れするといったものだった。テレタイプは政府の払い下げ品ショップで簡単に入手できたが、中央演算装置（CPU）といったミニコンピュータで最も値の張るパーツは、ホビイストにとっていまだ手の届かない代物だった。ホビイストがマイクロプロセッサに惹かれたのは、それが通常のコンピュータに使用されていたチップ数を劇的に減らし、CPUの価格を押し下げたからであった。

　アマチュア・コンピュータ文化は広く受容されていった。コンピュータ・ホビイストは、シリコンバレーやルート128周辺でとりわけ顕著に見られたものの、全米どこにでも生息していた。彼らの関心は、まずもってコンピュータのハードウェアをいじることにあり、ソフトウェアやアプリケーションは二の次だった。

　幸運にも、技術にやや固執したコンピュータ・ホビイストのビジョンは「コンピュータの民主化」を主張する第二のアクターによって、徐々に変貌していった。コンピュータの民主化を一つの社会運動とみなすのは少々大げさかもしれないが、コンピューティングを一般の人々のあいだにもたらそうとする熱気は、紛れ

もなく広範囲に存在していた。コンピュータの民主化運動は、特にカルフォルニアで盛んだったが、このことが、なぜ、パソコンがルート128周辺ではなくカリフォルニアで生まれたのかを説明してくれる。

コンピュータの民主化運動は、1970年代初頭のポスト・ビートルズやポスト・ベトナム戦争といわれる30歳以下の世代に共通する閉塞感の中から湧き上がってきたものだった。当時はまだ反体制文化の名残が残っており、大学中退、学園紛争、共同生活、ヒッピー文化、ときにドラッグと結びついた新しいライフスタイルを通じて、社会に対して自己表現をしていた。こうした自由を求める運動が、体制側の大企業が占有していた報道・宣伝の手段を取り返したいという想いにつながっていった。反体制の第一世代の運動家たちは、多少無茶をしてでも印刷手段を手に入れたいと考えていた。ところが現実には、印刷機や印刷物の流通ルートが自由に利用できた。そのため、リベラルな考えをもつ若者たちからなるコミュニティは、数多の地下出版物だけでなく、『ローリングストーン』誌のような大衆誌を通じても、自分たちの考えを容易に発信できたのだ。逆に、コンピュータ技術は、自由に利用できる代物ではなく、コンピュータ自体が役所や民間企業の厳しい管理下に置かれていることが多かった。鳴り物入りのコンピュータの利用料金は、1時間10ドルから20ドルもし、一般の利用者には手の届かないものだった。

コンピュータ民主化運動の支持者は、IBMのパンチカードやコンピュータに象徴される管理社会に抗議する学生主導のニューレフト（新左翼）運動の中から出てきたわけではなかった。むしろ、コンピュータが民主化の手段となると考えていた人々の大半は、政治活動に無頓着で、新しい共同体を創ることに関心を寄せており、コンピュータという新技術を使って、個人の自由や人間の幸せを手に入れようとしていた。ある学者は、こうした人々を「ニューコミュナリスト（新共同体主義者）」と呼んだが、まさに、スタンフォード大学で生物学を修めつつも、出版社の起業に転じたスチュアート・ブランドが『ホールアースカタログ』の発刊を通じて、ニューコミュナリストのオピニオンリーダーとなった。ブランドは、サイバネティクスを提唱したノーバート・ウィーナー、電子メディア論のマーシャル・マクルーハン、建築家でデザイナーのバックミンスター・フラーの影響を大いに受け、1966年に地球の衛星写真を一般に公開するようNASAに圧力をかけた。そして2年後、NASAの衛星写真が『ホールアースカタログ』の初版の表紙を飾ることになったのだ。1968年から1971年にかけて定期刊行された、ブランドが手掛けたこのカタログは、共同体生活に必要な製品や道具が紹

介・宣伝されていたので「個人を才能豊かで創造的な人物に変える」手助けになった。『ホールアースカタログ』は、全米図書賞を受賞した唯一のカタログで、パソコン業界のパイオニアの多くを魅了してきた。その一人、アップル・コンピュータの共同設立者、スティーブ・ジョブズは、のちにこう回想している。「『ホールアースカタログ』は……我々の世代のバイブルだった。……それはペーパーバックの姿をした Google 検索エンジンのようなもので、Google が登場する 35 年前にすでに存在していた。つまり、理想主義的で、素晴らしい道具とすごいイメージに溢れていた」と。

　人々の創造性をかき立ててくれたのはブランドと『ホールアースカタログ』であったが、コンピュータ民主化運動の旗印をはっきりと掲げたのは、ハリウッド女優セレステ・ホルムの息子で経済的に自立していた、テッド・ネルソン（Ted Nelson）であった。ネルソンが掲げる先鋭的なコンピューティング構想の中にハイパーテキストと呼ばれるアイディアがあった。それは彼が 1960 年代半ばに主張しはじめたものだった。ハイパーテキストは、コンピュータの素人でも、複数のコンピュータ上にある情報領域を自由に行き来できるシステムだった。けれども、このアイディアを実現させるには、コンピュータの利用を「民主化」し、一般の人々が僅かなコストでコンピュータにアクセスできるようにする必要があった。1970 年代、ネルソンはコンピュータ・ホビイストの集まりでレギュラー・スピーカーを務め、コンピュータの民主化を喧伝した。彼は 1974 年に自費出版した『コンピュータリブ』や『ドリームマシーンズ』といった本の中で、ハイパーテキストのアイディアをさらに推し進めた。ネルソンの妥協のない思考と、自分の本を既存の出版社から出すのを嫌ったことが、彼の反体制的な姿勢を強く印象づけた。そのため、彼自身、アカデミズムやビジネスの世界とのあいだに壁を作ってしまった。図らずも、ネルソンが影響を与えたのは、主にほとんど青年男性からなるカルフォルニアのテック・コミュニティだったのである。

　1974 年時点のパーソナルコンピューティングのイメージは、コンピュータ民主化のビジョンに基づこうが、コンピュータ・ホビイストのビジョンに基づこうが、その 3 年後に登場したパソコンと似ても似つかぬものだった。キーボードとスクリーン、計算エンジンであるマイクロプロセッサ、そしてデータを長期間保存するためのフロッピーディスクが搭載され、機器単体で機能するタイプライターにも似たマシンなど夢想だにしなかったのである。1974 年時点のコンピュータ民主化のビジョンに基づくパーソナルコンピューティングのイメージは、たくさんの情報が蓄積されたメインフレームコンピュータに非常に安いコストで接続でき

る端末であったが、コンピュータ・ホビイストのそれは、既存のミニコンピュータであった。そして、アルテア 8800 というホビイスト向けのコンピュータの登場が、異なるビジョンをもつ二つのグループを引き合わせたのである。

アルテア 8800

　1975 年 1 月、初めてマイクロプロセッサが搭載されたコンピュータ、アルテア 8800 が『ポピュラーエレクトロニクス』誌の表紙を飾った。アルテア 8800 は、最初のパソコンといわれることが多い。それはアルテア 8800 が個人で買い求められるくらい安かったという意味では正しいが、それ以外の点では、すでにあるミニコンピュータと何ら変わらなかった。事実『ポピュラーエレクトロニクス』誌の表紙の広告文には、まさに「唯一無二！ かつてリリースされたなかで最強のミニコンピュータ、アルテア 8800 を 400 ドル以下で組み立てることができる」と記されていたからだ。

　アルテア 8800 は、エレクトロニクスのホビイストが喜びそうな電子工作キットとして販売された。まさに、手頃な値段（397 ドル）で、ホビイストたちが自分で組み立てられる工作キットの形で通信販売された。ホビイスト向けの電子工作キットと同様、アルテア 8800 とて無事組み立てられても動く保証はなく、たとえ動いたとしても、大した使い道があるわけではなかった。このコンピュータは、正面パネル部分にスイッチとランプがついただけの中央演算装置が入った箱にすぎなかった。最低限のメモリが搭載されているだけで、スクリーンもキーボードもついていなかった。さらに、コンピュータシステムとして利用するのに必要なテレタイプのような端末装置を取り付けられる仕様にもなっていなかった。

　アルテア 8800 をプログラムするには、正面パネルのトグル・スイッチを指で動かしてバイナリ（二進）コードで入力するしかなかった。プログラムのロード（読み込み）が完了すると稼働しはじめるが、動作を確かめる方法は、正面パネルのランプの点滅で確認する以外になかった。そのため、アルテア 8800 のプログラムに価値を見出したのは、物好きなコンピュータ・ホビイストだけだった。プログラムの入力は、とても退屈で、何分もかかる一方、メモリは 256 バイト足らずで、複雑なプログラムを試すことができなかったからである。

　アルテア 8800 は、ニューメキシコ州アルバカーキにある小さな電子工作キットメーカー、マイクロ・インスツルメンテーション・テレメトリー・システムズ（MITS）で作られた。同社はもともと、模型飛行機のラジコン（無線操縦装置）

を作るために、エレクトロニクスのホビイストのエド・ロバーツ（Ed Roberts）
が設立した会社だった。1970年代初頭にロバーツは、電卓の組み立てキットの販
売を始めたが、電卓戦争の煽りで、1974年にはビジネスが立ち行かなくなった。
彼は、かねてより、汎用コンピュータでも作ろうかと漫然と考えていたが、電卓
市場に未来がないと悟ると、賭けに出たのだった。

　アルテア8800はかつてない、どう見ても「まともな」製品ではなかった。それ
は本当に物好きなエレクトロニクスのホビイストにだけアピールする、いや、そ
れすら怪しい代物だった。多くの欠点はあったものの、アルテア8800は真珠の
核であった。その後2年のあいだに、周囲に燦然と輝くパソコン産業が形成され
たからだ。そして、アルテア8800の欠点自体が、駆け出しの企業家らに「アドオ
ン（拡張）」ボードを開発するチャンスをもたらした。お陰で、増設メモリ、従来
のテレタイプ端末、（データの長期保存用に）カセット・レコーダーなどを取り付
けられるようになった。こうしたベンチャー企業の大半は、コンピュータ・ホビ
イストが自分たちの趣味の延長上に作った従業員2、3名の小さな組織だった。
なかにはアルテア8800用のソフトウェアを開発する企業家も登場した。

　黎明期のソフトウェア開発において、最も卓越した企業家はマイクロソフトの
共同設立者、ビル・ゲイツ（Bill Gates）であろう。成功して巨万の富を築いたが、
彼の歩んだ道のりは1970年代によくあるソフトウェアオタク、そのものだった。
ソフトウェアオタクと聞くと、青白い顔をした青年で、社会性に欠け、昼間寝て
夜にプログラミングに勤しみ、外の世界には関心がなく、資格を取得しキャリア
を積んでいくことに無頓着なイメージを抱かせる。よく語られるこうしたイメー
ジは、誇張されるきらいはあるが、事の本質を捉えてはいる。ただし、それが新
しい現象でないのも確かで、夜な夜な仕事に打ち込むプログラマは1950年代か
ら存在していたのだ。実際、最初期のパソコンのプログラミングは、1950年代の
メインフレームコンピュータのそれと多くの点で似ていた。高級プログラミング
言語やOSもない時代なので、プログラミングといえば、わずかなメモリ空間を
フル活用できるように、マシン語と言われるバイナリコードで直接入力する必要
があったのだ。

　ゲイツは、1955年にシアトルのアッパーミドルクラスの家庭に生まれた。彼の
コンピュータとの最初の出会いは1969年に遡る。通っていた高校がタイムシェ
アリングサービスを通じてコンピュータを時間借りしていたが、彼はそれを使っ
てBASICでプログラミングすることを学んだ。彼は2級上の親友、ポール・ア
レン（Paul Allen）と一緒プログラミングにのめり込んだ。二人は若いうちから、

共に企業家的嗅覚を持ち合わせていた。パソコン革命が起こるはるか以前、ゲイツが 16 歳にすぎなかったころ、二人はコンピュータで交通データを解析する小さな会社を興し、トラフォデータ (Traf–O–Data) と名付けた。その後、アレンはコンピュータ科学の学びを続けるためにワシントン州立大学に進学したが、ゲイツは弁護士だった父の影響で、将来は法曹界で生きていこうと決め、1973 年秋にハーバード大学に入学した。しかし、すぐさま法律の学びは肌に合わないことを悟り、夜な夜なプログラミングに興じることになった。

　1975 年にアルテア 8800 が世に出たことが、ゲイツとアレンの人生を変えた。二人は、このマシンのことを聞きつけるや否や、ソフトウェアのビジネスチャンスがあることを悟った。そして MITS のエド・ロバーツに、この新しいマシンで動く BASIC プログラミングシステムを開発すると申し出た。BASIC は、開発が簡単なのに加え、タイムシェアリングサービスやミニコンピュータ上でよく使われていたプログラミング言語で、大抵のコンピュータ・ホビイストが精通していた。そのため、パソコン市場への絶好の橋渡しになると考えていた。とりわけ、BASIC を走らせるには通常のアルテア 8800 に備わっているよりもはるかに大容量のメモリが必要であることを知っていたロバーツは、内心ほくそ笑んでいた。というのも、彼は高いマージンを乗せて増設メモリを販売できるとふんでいたからであった。

　ゲイツとアレンは、マイクロ-ソフト（のちに社名からハイフンが取られる）と命名した共同出資会社を設立した。6 週間に及んだ不眠不休のプログラム開発を終え、1975 年 2 月、二人は BASIC プログラミングシステムを MITS に納品した。大学を卒業したばかりのアレンは、MITS のソフトウェア担当部長を拝命したが、その肩書きはショッピングセンターの一角にある零細企業のものとしては不釣り合いだった。ゲイツは、使命感というよりは惰性で、もう数か月ハーバードに残ることにした。もっとも、その学期が終わるころには、マイクロコンピュータ（マイコン）ビジネスのブーム到来が明白だったので、ゲイツは正規課程に見切りをつけることにした。その後 2 年のあいだに、何百社もの中小企業がマイコン用のソフトウェアビジネスに参入したが、その中でマイクロソフトは特段目立つ存在ではなかった。

　アルテア 8800 が登場すると、そのマシンで利用できる拡張ボードやソフトウェアがリリースされた。そのことが、ラジオ全盛の時代以来、久方ぶりにホビーエレクトロニクスの世界を大きく変貌させた。たとえば、1975 年春にはシリコンバレーの端にあるメンロパークで「ホームブリュー・コンピュータ・クラブ」

が産声を上げた。このクラブは、コンピュータの部品を売買したり、プログラミングに関わる情報を交換するショップとしてだけでなく、コンピュータ・ホビイストとコンピュータ民主化運動が交差する場となったのである。

　MITS は、1975 年の第一四半期にアルテア 8800 の注文だけで 100 万ドルも受け取ったので、初めて「国際」会議を主催することにした。会議のスピーカーには、エド・ロバーツ、ゲイツ、アレンといったアルテア BASIC の開発者に加え、コンピュータ民主化運動のリーダー、テッド・ネルソンも名を連ねていた。その会議では、ゲイツ本人が海賊版のソフトウェアを作ったホビイストたちを痛烈に批判した。この立場表明は衝撃的だった。ゲイツは、仲間内で安易にソフトウェアをコピーし、無料で配ることはやめて、ソフトウェア産業を離陸させる方向へ転換させようと主張したのだ。ゲイツは猛反対を食らった。彼のスピーチはコンピュータ民主化運動と正反対の主張であったから無理もなかった。とはいえ、結局のところ、彼の主張はソフトウェアの開発者や消費者に受け入れられた。そして、ゲイツの主張は、その後 2 年で、パソコンのイメージを夢想家の理想像から実用的な人工物へと転換させるうえで、大いに役立ったのだ。

　1975 年から 1977 年の 2 年間は、マイコンがホビイスト向けのオモチャから一般消費者向けの製品へと劇的かつ急速に変化した時代だった。次々と創刊されたコンピュータ雑誌が、当時の狂乱ぶりを物語っている。なかでも『バイト』誌や『ポピュラー・コンピューティング』誌は、ホビイスト向けのエレクトロニクス雑誌の伝統を踏襲していたが、『ドッブ博士のコンピュータ美容体操と歯科矯正ジャーナル』といった気まぐれなタイトルがつけられた雑誌は、コンピュータ民主化運動に直接応えたものだった。ホビーエレクトロニクスの世界同様、こうした雑誌は、通販でコンピュータを売ろうとする人々にとって重要な媒体だった。しかし、まもなくして、通販はバイトショップやコンピュータランドといったコンピュータ・ショップに駆逐された。こうしたショップは、当初、埃っぽく、政府が放出した機器や電子部品などのガジェットで埋め尽くされたエレクトロニクスのホビーショップのような雰囲気を持っていた。店内に収縮包装されたソフトウェアやカラフルな箱に入ったコンピュータが置かれていたコンピュータランドなどは、2 年も待たずに全米にチェーン店ができた。

　メインフレームが研究室で使用される特殊なマシンから広く企業で使用される一般的なマシンになるのには 10 年を要したが、パソコンの場合には、わずか 2 年しかかからなかった。パソコンが急速に広まった理由は、パソコンを作るのに必要なサブシステム、たとえば、キーボード、スクリーン、ディスクドライブ、プ

リンタなど、その大半がすでに存在していたからだった。あとは、それぞれの
パーツを組み合わせるだけだった。この2年のあいだに、西海岸だけでなく全米
で何百社もの企業が誕生した。こうした新興企業の多くは、数人のコンピュー
タ・ホビイストや若いコンピュータ専門技術者からなる小規模なベンチャー企業
で、コンピュータの完成品、拡張ボード、周辺機器、ソフトウェアなどを販売し
ていた。アルテア8800は、1975年の初頭にリリースされてから何か月も経たな
いうちに、アプライド・コンピュータ・テクノロジー、イムサイ、ノーススター、
クロメムコ、ベクターといった新興企業が発表する多くの新しいパソコンの登場
を受け、後景に追いやられてしまったのだ。

アップル・コンピュータの台頭

　新興のコンピュータ企業の大半は、現れてはすぐ消えていったので、1980年代
半ば以降まで生きのびた企業はわずかであった。アップル・コンピュータは、ま
さに例外的存在で、フォーチューントップ500社に名を連ね、長期にわたりグ
ローバルに成功を収めてきた。とはいえ、創業したばかりの同社は、ホビイスト
が起業した初期のベンチャー企業と何ら変わりがなかった。

　アップルは、スティーブン・ウォズニアックとスティーブ・ジョブズという二
人の若いコンピュータ・ホビイストによって創業された。ウォズニアックはカリ
フォルニア州クパチーノで育ったが、そこは西海岸のエレクトロニクス産業の
ブームの中心であった。そのエリアに住む多くの子供たちの例にもれず、彼もエ
レクトロニクスの虜になっていく。物心がついたころには、エレクトロニクスに
夢中だった。彼は、学問的に深く思考することには興味がなかったが、エンジニ
アの才能があり、実地で学んでいくタイプだった。たとえば、6年生のときには
アマチュア無線免許を取得したし、1960年代半ばに集積回路が市販されると、す
ぐさまデジタル・エレクトロニクスに目を向けるようになった。そして、簡単な
加算回路を設計して学校対抗のコンテストで科学賞を受賞し、地元でちょっとし
た有名人になったりもした。学問を究めることには興味がなく、さしたる資格を
取らずに平凡なカレッジライフを過ごしたが、ミニコンピュータの実用的な知識
は身につけていた。

　多くのエレクトロニクスのホビイストの例にもれず、ウォズニアックは自分用
のミニコンピュータが欲しいと夢見ていた。そのため、1971年に友人と、地元企
業が廃棄したパーツを使って初歩的なコンピュータを作り上げてしまった。5歳

年下のスティーブ・ジョブズとチームを組んだのもこのころで、彼と一緒に、疑似ダイアルトーンを発信して無料で電話を掛けられる「ブルーボックス（blue boxes）」と呼ぶ装置を作って商売を始めた。ブルーボックスを作って売るところまでは問題なかったが、それを使うことは、電話会社の収入を横取りすることになるので違法だった。とはいえ、当時のホビイストの多くは、こうした行為を被害者の出ない犯罪として許容していた。西海岸のコンピュータ・ホビイストの道徳観からすると、海賊版のソフトウェアを作ることと何ら変わりがなかったからだ。このこと自体、単なる趣味の道具にすぎなかったパソコンが、一大産業になるにつれ、人々の文化的態度（まなざし）がどのくらい変わってしまうかを如実に物語っている。

　公の資格などは取得しなかったものの、ウォズニアックはエンジニアとしての才能が認められ、1973年、ヒューレット・パッカード（HP）の計算機部門に職を得ることができた。20世紀末のカリフォルニア州のエレクトロニクス産業でよく見られた引きの習慣がなければ、ウォズニアックとて、低い職位の技術者か修理工にしかありつけなかっただろう。

　類まれな才能に恵まれていたとはいえ、ウォズニアックは典型的なホビイストであり、一方のスティーブ・ジョブズが、コンピュータ・ホビイストとコンピュータ民主化運動といった異なる文化を橋渡しした。アップル・コンピュータが最終的にコンピュータ業界の中でグローバル企業になりえたのは、ジョブズのパソコンを広めようという情熱に加え、エンジニアとしての類まれな才能をもっていたウォズニアックを使いこなす能力、そして、ビジネスを構築するのに必要な組織能力を追求しようとする意志に負うところが大きかった。

　1955年生まれのジョブズは、ブルーカラー出身の養父母に育てられた。育ての親が電子工学関係の職業についていたわけではなかったが、身近で経験したエレクトロニクスのホビイズムに心を奪われていった。エンジニアとして十分な能力をもっていたが、ジョブズはウォズニアックと同じ集団には属さなかった。ジョブズには、人々を仰天させるような、ときに威圧的で自信過剰気味な逸話が数多く残されている。若いうちは魅力的に映った個性も、有名企業のトップともなると独裁的で大人気ない所作とみなされるようになった。ジョブズの最も有名な逸話の一つは13歳のときのものだ。中学校の課題で、ある電子部品が必要になったが、彼はヒューレット・パッカードの共同創業者で大金持ちのウィリアム・ヒューレット（William Hewlett）に電話をかけて、ねだったのだ。ヒューレットはジョブズの厚かましくも大胆な行動に魅了され、ジョブズに部品を提供しただ

けでなく、会社のアルバイトをやらないかと申し出た。

　一匹狼の気があり、学問に魅了されなかったジョブズは、1970年代初頭にアタリのゲーム・デザイナーという高給の仕事を見つけるまで、カレッジでぶらぶらしていた。ジョブズはビートルズに心酔していたので、ビートルズがやったようにインドで1年間、超越瞑想の修行を経験し、菜食主義者となった。ジョブズとウォズニアックは正反対の性格の持ち主だった。ウォズニアックは、典型的なエレクトロニクスのホビイストで、社交性も持ち合わせていた。一方、ジョブズは、賢者のオーラを醸し出し、長髪、サンダル履きで、これ見よがしにホーチミン髭を生やしていた。

　ジョブズとウォズニアックの二人が大きなチャンスをつかんだのは、1975年初頭、ホームブリュー・コンピュータ・クラブに参加したときだった。ウォズニアックは電卓業界に通じていたので、マイクロプロセッサについては知っていたが、それを使って汎用コンピュータが作れることも、アルテア8800のことも知らなかった。とはいえ、彼はすでにコンピュータを作った経験があり、当時、そのクラブで同じような経験を語れるメンバーはいなかったので、まさに自分の話を聴きたい人々の集まりの中にいることを悟った。彼は早速、新しいマイクロプロセッサ技術を取り入れ、急ごしらえながら、数週間でモステクノロジーの6502チップを搭載したコンピュータを作り上げた。彼とジョブズは、そのコンピュータを「アップル」と名付けた。その理由は今となってはよくわからないが、おそらくビートルズのレコード・レーベル名からとられたものだろう。

　ジョブズは、そのクラブに集うホビイストによる「マニアックな技術論争」にはまったく関心がなかったが、その論争が示唆するコンピュータ市場の可能性については認識していた。そこで、彼はウォズニアックをうまく説得して、アップル・コンピュータを開発し、手始めにバイトショップで販売することにした。バイトショップで販売されたアップルは、板にむき出しの回路基板がついているだけで、筐体、キーボード、スクリーン、そして電源さえもない粗削りなマシンだった。最終的には、200台近く売れたが、ジョブズの両親の家のガレージで、二人が1台ずつ手作業で組み立てたものだった。

　1976年当時のアップルは、コンピュータ・ホビイストの財布の中身を巡って競争していた数十社のコンピュータ企業のうちの1社にすぎなかった。しかし、ジョブズは以前から、マイコンは、きちんとパッケージされれば、一般消費者向け製品としてかなり広くアピールできると考えていた。マイコンを製品として成功させるには、プラスチックの筐体に一体化されており、ほかの家電同様に一般

的な家庭用コンセントにつないで使用できること、そして、データを入力するキーボード、処理結果を表示するスクリーン、データやプログラムを保存するための何らかの記憶媒体が必要である。一番重要なのは、マニアに留まらず誰にでもアピールできるようなソフトウェアがそのマイコンに必ず入っていること。当初はBASICで代用できるだろうが、いずれはもっと広範な用途に使えるソフトウェアが必要になるだろう。早い話、これがウォズニアックに作ってほしいとジョブズが伝えたアップルⅡの仕様書だったのだ。

ジョブズは駆け出しの企業家だったが、アップルを成功に導くためには資金調達先、経営陣、広報担当、販路の確保が必要であるといった、同世代の仲間が及びもつかないことまで考えていた。ホビイストたちのサークルを一歩出るとパソコンなど誰も知らない時代に、こうした経営資源を見出すのは容易ではなかったが、それらを獲得するのに、ジョブズのエバンジェリスト（伝道者）的才能がいかんなく発揮された。1976年、ウォズニアックがアップルⅡを設計している最中に、ジョブズは、以前の雇用主であるアタリ社のノーラン・ブッシュネルにマイク・マークラという人物を紹介してもらい、事業資金を手に入れた。当時34歳だったマークラは、元インテルの役員で、ストックオプションでひと財産を築いていたのだ。続いてジョブズは、マークラを介して、若くして半導体業界で経験を積んでいたマイク・スコットを専門経営者として見出し、アップルの社長になってくれるよう同意を取り付けた。スコットに日常的な管理を引き受けてもらうことで、ジョブズはアップルの宣伝と戦略の方向性を決める仕事に専念できた。そして、有名なPR会社レジス・マッケンナ社にアップルの宣伝を引き受けてもらえたことで、ジョブズの事業構想の最後のピースがはまった。

1976年から1977年にかけてアップルⅡの開発は完了したものの、当時のアップル・コンピュータは、カルフォルニア州クパチーノのたった50坪強の土地にある、従業員12名にも満たない、まだまだ小さな会社であった。

ソフトウェア：パソコンの実用化

1977年になると、パソコンの世界に三つの異なるパラダイムが登場した。そうしたパラダイムを代表していたのが、アップル、コモドール・ビジネスマシーンズ（Commodore Business Machines）、タンディ（Tandy）といった主要メーカー3社であった。各社の組織文化やビジョンによって、パソコンの捉え方もさまざまだった。

　パソコンが一般の人々の関心を集めた瞬間をあえて一つ挙げるとすれば、1977年4月のウエストコースト・コンピュータフェアであろう。そのフェアでは、大衆消費者向けの二つのマシン、コモドールPETとアップルⅡがリリースされたのだ。両マシンともすぐにヒットし、しばらくのあいだ、パソコン市場の首位争いが繰り広げられた。一見したところ、コモドールPETとアップルⅡは、キーボード、スクリーン、プログラム記憶用のカセットテープがついた単体で稼働するマシンで、ユーザーがプログラムを書けるようにBASICが入っていた点で、非常によく似ていた。

　しかし、もともと電卓メーカーだったコモドール・ビジネスマシーンズがリリースしたコモドールPETは、控えめに見積もっても、コンピュータというよりも電卓に近かった。たとえば、PETのキーボードは一般的なコンピュータ端末についているものと違って、電卓のキーパッドにあるような小さなボタンがついたものだった。また、PETは電卓同様、クローズド・システムで、プリンタやフロッピーディスクを後付けできなかった。とはいえ、限られたスペックと安さが逆に教育市場に受けた。コンピュータの導入教育やBASICプログラミング学習支援などのニッチ市場を見出し、結局、数十万台も売れたのだ。

　対照的に、アップルⅡは、PETよりも高かった（スクリーンなしの本体だけで1,298ドルもした）が、拡張ボードや周辺機器が取り付けられる、これこそ正真正銘のコンピュータシステムだった。そのため、アップルⅡはコンピュータ・ホビイストに大いに受けた。というのも、彼らはマシンをカスタマイズすることで、メーカーが思いもつかない新しい用途に利用できることを発見したからであった。

　1977年8月、第三のコンピュータメーカー、タンディがTRS-80を399ドルという価格で発表し、参入してきた。タンディの子会社、ラジオシャックが製造したTRS-80は、主にエレクトロニクス・ホビイストやビデオゲームの購入者といった、小売店に出入りしている顧客にターゲットを絞っていた。低価格で提供できたのは、ターゲット顧客が持っているテレビをパソコンのスクリーンとして、オーディオカセットをプログラム記憶装置として利用してもらったからである。ユーザー自らがしなければならない配線作業は、会社の中では厄介な作業として敬遠されるかもしれないが、タンディの顧客のようなホビイストにとってはお安い御用だった。

　1977年秋までに、パソコンという人工物としての物理的なイメージは定まってきたものの、ターゲット顧客層はいまだバラバラだった。コモドールにとっての

パソコンの位置づけは、当然ながら既存の電卓の延長線上にあるものだった。タンディのそれは、エレクトロニクス・ホビイストやビデオゲーム業界のイメージを転用したものだった。アップルのそれは、当初はコンピュータ・ホビイストをターゲットにしたものだった。

　ジョブズの野心に満ちたまなざしはホビイスト市場の先を見据えていた。まさに、家庭用ビデオゲーム機のデザイナーとしての経験がそうさせたのだろう。彼はパソコンが家庭用電化製品のようになると思い描いていた。こうした漫然としたイメージは、アップルⅡの公式の仕様書である「ホーム/パーソナルコンピュータ」から窺える。レジス・マッケンナ社がアップルⅡを送り出す際に作った広告には、台所仕事をしている主婦の傍らで、見たところ、夫が食卓のテーブルにあるアップルⅡの方を向いて家計簿をつけている様子が描かれている。広告のコピーには、こう書かれている。

　　　　ホーム・コンピュータは、いつでも使えるし、遊べるし、共に成長できる
　　　　……家計簿、所得税、料理のレシピ、バイオリズムといったデータを記録
　　　　し、項目ごとに整理し、保存したり、口座残高の計算をしたり、家庭環境
　　　　の管理さえできる。

　こうした家庭におけるパソコンの未来予想図は、1960 年代に提起されたコンピュータ・ユーティリティのイメージを彷彿とさせるが、同様に見当はずれなものだった。しかも、この広告は、こうした利用方法が架空のものであることの説明すらなかった。当時「バイオリズム」を教えてくれたり、口座残高の計算をしてくれるソフトウェアなど存在しなかったのだから。

　パソコンのターゲット顧客層は、結局のところ、パソコン・ユーザー向けに作られたソフトウェアが登場するにつれ明確になっていった。当時、パソコン用のソフトウェア企業を立ち上げるのはとても簡単だった。必要なものといえば、ソフトウェアを開発するためのパソコンとプログラミング・ノウハウだけだった。そうしたノウハウは、コンピュータ科学を学んでいる優秀な大学 1 年生なら身につけているもので、大半のホビイストは 10 代で自分のものにしていた。パソコン用のソフトウェアビジネスへの参入障壁はとても低かったので、文字通り**何千社もの**企業が設立されたが、廃業率も桁違いに大きかった。

　1976 年までに、主に「システム」ソフトウェアを作る、一握りのソフトウェア企業だけが生き残った。一番人気のシステムソフトウェアは、マイクロソフトの

BASIC プログラミング言語とデジタルリサーチ社の CP/M オペレーティングシステムだった。各社のコンピュータには、どちらかのシステムソフトが使われていた。通常、こうしたシステムソフトはパソコンにバンドル（同梱）されていたので、ソフトウェア企業には、コンピュータの販売価格の中からロイヤルティが支払われた。1977 年の時点では、パソコン用のソフトウェアビジネスの規模は、まだ非常に小さかった。マイクロソフトの従業員はたったの 5 名で、年商は 50 万ドルにすぎなかった。

しかしながら、アップルⅡ、コモドール PET、タンディ TRS–80 といった消費者が喜びそうなパソコンの登場により、「アプリケーション」ソフトウェア市場が誕生した。アプリケーションソフトが出てきたことにより、パソコンをもっている人が直接プログラムしなくても、必要な作業をコンピュータで実行できるようになった。アプリケーションソフト市場には、主にゲーム、教育、ビジネスの三つがあった。

当初最も大きかったのはゲームソフトウェア市場で、ホビイストという顧客層の規模を反映していた。

> 1979 年、コンピュータ・ショップに足を踏み入れた瞬間、お客の目に飛び込んでくるのは、棚に並んでいたり、壁にディスプレイされていたり、ガラスケースに陳列されていたりするソフトウェアの数々だった。ソフトウェアの多くがゲームで、その大半がスペース、スペースⅡ、スタートレックといった宇宙もののゲームで占められていた。アップル・インベーダーというビデオゲームのプログラム・シミュレーションを含む多くのゲームは、アップル向けに作られていた。ミューズ、シリウス、ブローダーバンド、オンライン・システムズといった企業がゲームで大儲けしていた。

パソコン用ソフトウェア産業の議論の中では見過ごされがちだが、同産業の黎明期には、コンピュータゲームが重要な役割を果たした。コンピュータゲームのプログラミング作業の中から、ヒューマン＝コンピュータ・インタラクション（人間とコンピュータの対話）に通じた多くの若いプログラマが巣立っていったのだ。最も成功したゲームソフトウェアには、マニュアルがなく、反応スピードが速いという特徴があった。最も成功したビジネスソフトウェアも同様で、ユーザーフレンドリーな特徴をもっていた。ゲームソフトウェア企業自体は、その大

半が消えてしまった。一握りの企業が占有することになった娯楽用のゲームソフトウェア市場は、ビジネス用アプリケーションソフト市場ほど大きくなることはなかった。

第二のソフトウェア市場は教育プログラム用のものだった。パソコンを最初に大量購入した組織は学校や大学だった。数学を学ぶのにはソフトウェアが、科学を教えるのにはシミュレーション・プログラムが、ビジネスゲーム、語学学習、音楽の学びにも各々に合ったプログラムが必要だった。こうした初期のソフトウェアの大半は、教師や学生が暇な時間を使って制作したもので、決して褒められたものではなかった。一部のよく知られたプログラムは研究助成を受けて開発されたが、受領機関の創作者は公益に資する必要があるため、そうしたソフトウェアは無料あるいは実費で配布された。その結果、教育ソフトウェア市場は無計画に発展していくことになった。

1978年から1980年にかけて、ビジネス・アプリケーション用のパッケージソフトウェア市場が発展した。その時期にスプレッドシート（表計算）、ワードプロセッサ（ワープロ）、データベースといった三つのパッケージソフトが登場し、パソコンはオフィスで使える道具に成り代わっていった。

最初に広く受容されたアプリケーション用ソフトは、ビジカルク（VisiCalc）というスプレッドシートであった。ビジカルクの発案者は、26歳のハーバードビジネススクールの学生、ダニエル・ブリックリン（Daniel Bricklin）だった。彼は財務分析のツールとして、大型コンピュータやタイムシェアリング端末の代わりに、パソコンが使えないかと考えていた。ブルックリンは、ハーバードでの指導教員を含めた何人かにアドバイスを求めたが、積極的に背中を押してくれる人はいなかった。というのも、パソコンを使うという彼のアイディアには、これまでのコンピュータでできること以上のメリットがなかったからだ。しかし、ブルックリンは諦めず、1979年にプログラマ仲間のボブ・フランクストン（Bob Frankston）と会社を立ち上げた。二人は空き時間を使ってアップルII用のプログラムを開発した。そのプログラムを販売するために、ブルックリンは、当時、主にゲームソフトを販売するパーソナル・ソフトウェア社を経営していたビジネススクール時代の仲間にも声をかけた。彼らはそのプログラムをビジカルクと名付けた。ビジブル・カルキュレータを略した名称だった。

ブルックリンのプログラムは25キロバイトほどメモリを消費した。それは当時のパソコン1台分のメモリに相当したが、メインフレームコンピュータの基準からすれば、大した大きさではなかった。しかし、当初は明確でなかったパソコ

ンを使うことの大きなメリットがはっきりしてきた。従来のコンピュータでは数値を入力してから財務分析の結果が表示されるまで数秒かかっていたが、1台にすべての機能が集約され、単体で使用できるパソコンでは即座に表示されたのである。即応性が得られたことで、マネージャーは「What-If分析」として知られる、様々な仮説のもとで財務分析をすることが可能となった。それはまるで経営者向けのコンピュータゲームのようだった。

　1979年12月にビジカルクが発売されると、あっという間に口コミで広がっていった。そのプログラムが財務分析にとって画期的だっただけでなく、コンピュータセンターでの可もなく不可もないお仕着せのサービスではなく、ユーザーが自分のデスクに自分のマシンを置けるという自由な感覚を初めて体験できたからだった。しかも、ソフトウェア込みで3,000ドル足らずだったので、アップルⅡとビジカルクを部門の予算で購入することはもちろん、個人で買い求めることさえできた。

　ビジカルクの成功は、パソコン革命の英雄伝の一つとなり、しばしばそれだけでコンピュータ産業を変貌させてしまったかのように語られる。しかし、ビジカルクの果たした役割は誇張されすぎている。事実、アップルの見立てでは、1980年9月までに販売された130,000台のコンピュータのうち、ビジカルクのお陰で売れたのは25,000台にすぎないとされている。仮にビジカルクが存在しなかったとしても、それと同じくらい重要なワープロやデータベースといったアプリケーションによって、パソコンは1980年代初頭までに法人市場に浸透したであろう。

　パソコン上で利用できるワープロソフトは、1980年頃まで開発されなかった。その理由の一つに、第一世代のパソコンはディスプレイに大文字で40文字しか表示できず、高品質のプリンタは高価だったことが挙げられる。このことは表計算ソフトを使うときにはあまり問題とならなかったが、パソコンが電動タイプライターやワープロ専用機に比べて大きく見劣りする点だった。しかし、1980年までに、大文字小文字合わせて80文字表示できる新しいパソコンが市場に出始めた。新しいパソコンでは、ディスプレイに印刷ページのレイアウト通りに文字を表示できた。「what you see is what you get（見たままのものが、そのまま印刷される）」つまり、WYSIWYG（ウィジウィグ）として知られているものである。それまでこの機能は、数千ドルもするハイエンドのワープロ専用機にしかついていなかった。さらに、主に日本のメーカーがリリースした、手軽に高品質な印字ができる低価格プリンタのお陰で、ワープロ市場が大いに活気づいた。

　ワープロソフト・メーカーとして最初に成功を収めたのはマイクロプロ社
（MicroPro）で、1978年に企業家、シーモア・ルビンシュタイン（Seymour
Rubinstein）によって設立された企業であった。当時、40代前半のルビンシュタ
インは、前職はメインフレームのソフトウェア開発者だった。彼はアマチュア無
線やエレクトロニクス好きのホビイストだったが、マイコンキットが初めて市販
されたときに、それを買い求めた。彼はそのキットを手に入れた当初から、ワー
プロ機としてのパソコンの可能性に気づいており、1978年にワードマスターとい
うプログラムを書き上げた。このプログラムは、1979年の半ばにワードスター
（WordStar）というウィジウィグを実現したシステムに置き換えられたことで、
瞬く間にワープロ市場の3分の2を占有した。ワードスターの価格は一本450ド
ルで、月に数百本も売れた。その後5年間で、マイクロプロ社は100万本近くの
ワープロソフトを販売し、年商1億ドル企業の仲間入りをした。

　1980年の1年間で、表計算やワープロのパッケージソフトが新たに何十本もリ
リースされ、最初のデータベースソフトもお目見えした。これによって、オフィ
ス用のマシンとしてのパソコンの将来性は明白なものとなった。その時点になっ
て、IBMのような老舗の事務機械メーカーもようやく興味を示し始めた。

IBM パーソナルコンピュータの登場と
業界標準の PC プラットフォームの形成

　パソコン革命の最中、IBMはコンピュータ界の巨人として安穏としていたわけ
ではなかった。IBMは市場トレンド予測を行う優れた市場調査部門を擁してお
り、1980年にパソコンが事務機械として有用だとみなされると、驚くべきスピー
ドで対応した。IBMはパソコン事業に参入すべきだという提案は、フロリダ州の
ボカラトンの「エントリーレベル・システムズ」部門を率いるシニアマネジャー、
ウィリアム・C・ロウによるものだった。1980年7月、ロウはニューヨーク州
アーモンクでIBM本社の経営陣に向けて、過激な内容のプレゼンテーションを
行った。それは、IBMはパソコン市場に参入すべきであり、パソコン産業の急成
長の波に乗るには、これまでの開発プロセスを捨て去る必要があるというもの
だった。

　IBMは一世紀近くのあいだ、官僚的な手続きで製品開発を進めてきた。そのや
り方だと、新製品を市場に出すまでに3年はかかるのが普通だった。その理由の
一端は、IBMが一世紀ものあいだ、すべての事業を垂直統合的に丸抱えしてきた

ことにある。そのため、半導体、スイッチ、プラスチックの筐体など製品に使われる部品すべてを内製することで、利益の最大化を図ってきた。逆にロウは、他社がやっているように、まだ社内で生産を手がけていないソフトウェアなどはすべてアウトソーシングすべきだと主張した。ロウはさらにもう一つ、IBM は自前の販売部隊ではなく、一般の小売店を通じて販売すべきだとする、自社の伝統を破る提案も行った。

　しかし、IBM のお堅いイメージに反して、同社の経営陣は、ロウの提案をすべて受け入れた。そして、彼のプレゼンテーションから 2 週間も経たないうちに、ゴーサインが出され、試作品を作ることが認められた。また、12 か月以内に製品を市場に出すように言い渡された。このパソコン開発は、社内ではチェス計画 (Project Chess) と呼ばれた。IBM が他社より遅れてパソコン市場に参入したことは、いくつかの点で有利に働いた。特に、第二世代のマイクロプロセッサ（従来の 8 ビットではなく 16 ビットも一度に処理できた）を利用できた点は大きかった。そのため、IBM は、競合他社よりも格段に速い処理速度のパソコンをリリースできた。加えて、IBM がインテルの 8088 チップを採用したことで、その後のインテルの成功を保証することになった。

　IBM は世界最大のソフトウェア・メーカーでもあったが、不思議なことに、パソコン用のソフトウェア開発のスキルを持ち合わせていなかった。同社の官僚的なソフトウェア開発は、自社の原則に基づいて時間をかけて進められたが、これは大規模なソフトウェア開発に合わせて作り上げられた手続きだった。そのため IBM には、パソコンの世界で求められる「急場しのぎ」でソフトウェアを開発するスキルが決定的に欠けていた。

　そこで IBM は、自社の新しいコンピュータ用のオペレーティングシステム (OS) を手に入れるため、CP/M という OS の開発者である、デジタルリサーチ社のゲイリー・キルドールにアプローチした。ここにパソコン史における悲劇の物語の一つが待ち受けていた。理由はよくわかっていないが、キルドールは IBM と契約を結ぶチャンスを逃してしまったのだ。一説には、彼が IBM の守秘義務契約へのサインを拒んだからとか、趣味のフライトに出かけたまま、ダークスーツを着た IBM 社員を待たせたからという話もある。いずれにせよ、契約のチャンスはデジタルリサーチ社を通り過ぎ、マイクロソフトへと向かった。マイクロソフトは、その後 10 年間、IBM パソコン用の OS 開発から上がる収益によって、20 世紀末のサクセスストーリーの典型例となり、ゲイツは 31 歳で億万長者となった。こうしたゲイツの自信と卓越した事業センスからわかるのは、彼はほと

んどすべての点で、正しいときに正しい場所にいたということだ。

　IBM の一団がビル・ゲイツとポール・アレンのいるマイクロソフトの本社に到着したのは、1980 年 7 月のことだった。当時は、シアトルのダウンタウンの賃貸オフィスの中にあった（38 名の）小さな会社だった。ゲイツとアレンはどうしても IBM の契約を取りたいと思っていたので、スーツとネクタイを着用して応対した。25 歳のゲイツは、コンピュータオタク風で 15 歳にしか見えなかった。けれども、ゲイツは、申し分のない家柄で、至って真面目で、IBM の組織文化に合わせようとする前向きな姿勢がにじみ出ていたので、IBM にとって安心できる人物に映った。当時、パソコン用ソフトウェア企業の大半が、ビッグブルーを体制派の象徴として軽蔑していたからだ。IBM 会長のジョン・オペルがマイクロソフトとの契約の話を耳にしたとき「彼はメアリー・ゲイツの息子かい？」と尋ねたと言われている。オペルとゲイツの母親は、共にユナイテッド・ウェイ社の取締役会のメンバーだったからだ。

　マイクロソフトが IBM との OS 開発契約を結んだ時点では、ソフトウェアの現物もなく、IBM の納期に合わせて開発できるスタッフすら揃っていなかった。しかし、ゲイツは、シアトル・コンピュータ・プロダクツ社という地元のソフトウェア企業から今回の契約に使えそうなソフトウェアを現金 3 万ドルで購入し、改良を加えていた。結局のところ、MS–DOS として有名になる同社の OS は、IBM パーソナルコンピュータとほぼすべての IBM 互換機にバンドルされた。そのため、OS のコピーが売れるたびに、10 ドルから 50 ドルのロイヤルティがマイクロソフトに入ってきた。

　1980 年の秋、IBM 内ではエイコーン（Acorn）として知られる、パソコンの試作機が完成し、同社のトップマネジメントから生産へのゴーサインが出された。ロウは、12 か月以内に製品をリリースするというミッションをほぼ達成し、昇進を果たしたので、彼の右腕であり気取らない性格の 42 歳のドン・エストリッジ（Don Estridge）に、パソコン事業に関するすべての責任が委ねられることになった。エストリッジは、IBM のパソコン事業のスポークスマンとして、社長を除くと IBM 社員の中で最も有名な人物となったが、ゲイツやジョブズといった変わり者と違ってメディアの注目を浴びることはなかった。

　エストリッジ率いる開発チームは 100 名を超え、主に外注部品を用いたパソコン組立工場も準備された。外注部品といえば、インテルとは 8088 マイクロプロセッサ、タンドン（Tandon）とはフロッピーディスクドライブ、ゼニス（Zenith）とは電源装置、日本企業のエプソンとはプリンタの大量購入契約を結んだ。ソフ

トウェアの購入契約も結んだ。マイクロソフトとは、OS および BASIC のほか
に、表計算ソフト、ビジカルクの IBM パーソナルコンピュータ版、ワープロソフ
ト、ビジネス・アプリケーション一式の開発契約も結んだ。さらに、アドベン
チャーというゲームソフトも IBM パーソナルコンピュータに組み込まれたこと
からわかるように、この期に及んでも、パソコンが家庭用なのかビジネス用なの
か、はたまた両方に使えるものなのか、はっきりしなかったのだ。

　IBM パーソナルコンピュータのターゲットが家庭用かビジネス用かに関係な
く、自社の製造ラインに乗ったパソコンを見て、IBM 社員みなが喜んだわけでは
なかった。社内からはこんな声が上がっていた。

　　　いったい全体、なぜ、パソコンのことを気に掛けなければならないのか？
　　　パソコンなんてオフィスオートメーションには何の役にも立たない。「本
　　　物」のコンピュータを導入している大企業向けの製品ではない。大したも
　　　のは生み出せないだろうし、IBM を混乱させるのが関の山だ。というの
　　　も、我々は、そもそもパソコンメーカーではないからだ。

　こうした社内からの抵抗を乗り越えるために、IBM は本気でパソコンのマーケ
ティングを検討し始めた。パソコンビジネスは利ざやがとても小さいため、IBM
の販売部門が直接売ることは難しかった。そのため IBM は、シカゴに本社があ
るシアーズのビジネスセンターやコンピュータランドのチェーン店で IBM のパ
ソコンを販売してもらう契約を結んだ。従来の IBM の顧客に対しては、全国の
営業所を通じて、電動タイプライターやワープロ専用機といった事務機械と一緒
に販売してもらった。

　1981 年初頭、チェス計画がスタートしてからまだ半年ばかりのころ、IBM は西
海岸を拠点とする広告会社、シャイアットデイ（Chiat Day）に広告キャンペーン
の依頼をした。市場調査から、パソコンの顧客イメージは、相変わらず通常の事
務機械と家庭用製品のどちらともつかないモノであることがわかった。そこで、
広告キャンペーンは、事務用と家庭用の両にらみで進めることになった。また、
IBM マシンとパーソナルコンピュータが同じモノだと思われるように、わざと
IBM パーソナルコンピュータと命名された。法人ユーザーにとって、パソコンに
IBM のロゴがついているだけで、社内にそのパソコンを導入することが正当化さ
れたのだ。しかし、家庭のユーザーにとっては、市場調査で明らかになったよう
に、パソコンはよいものだと認識されている一方、近寄りがたいものだともみな

されていた。また、IBM 自体も「お高く留まっている」と思われていた。シャイアットデイのキャンペーンは、こうした恐怖感を和らげるために、広告にチャーリー・チャップリンのそっくりさんを使い、チャップリンの有名な映画『モダン・タイムス』を想起させる仕掛けを試みた。未来の自動化工場の中に『モダン・タイムス』の世界を取り込むことで、テクノロジーの世界に馴染めず、行き場を失っている「一介の工具」が、その技術に立ち向かい、やがてはそれを克服していく様子を示して見せた。チャップリンのようなキャラクターがパソコンの威圧的な要素を薄め、IBM に「人間くさい表情」を与えたのだった。

1981 年 8 月 12 日、ニューヨークでプレス発表された IBM パーソナルコンピュータは、メディアの関心をさらい、多くのコンピュータ雑誌や業界誌の表紙を飾った。続く数週間で、IBM パーソナルコンピュータは、社内外の大方の予想を裏切るほどの大成功を収めた。当時、アップルかコモドールかタンディかの選択で迷っていた大半の法人ユーザーは、IBM ロゴの存在感の前に、その技術は本物で、IBM がパーソナルコンピュータを正当な製品として認知したことを確信した。（フル装備で）2,880 ドルもするパソコンに対し、生産が追い付かないほど注文が殺到した。小売店では、順番待ちリストに名前を記入してもらうこと以外、顧客の怒りをなだめる方法がないほどであった。

1982 年から 1983 年にかけて、IBM パーソナルコンピュータが業界標準となっていった。人気のパッケージソフトの大半は、IBM パーソナルコンピュータで使用できるよう作り直されたが、こうした IBM パーソナルコンピュータ版のソフトが出てきたことで、IBM パーソナルコンピュータの人気がさらに高まっていった。こうした動きは、同じソフトウェアが使える「クローン」マシンを作るメーカーの登場を促し、主要な「PC プラットフォーム」をますます勢いづけることになった。クローンマシンを作るのは難しくなかった。というのも、IBM が採用したインテル 8088 マイクロプロセッサを筆頭に、ほかの必要な部品もすべて市場で簡単に入手できたからだ。初期のクローン・メーカーで最も成功した企業は、ヒューストンに本社があるコンパック（Compaq）で、1982 年に初めてパソコンをリリースしたが、1 年目から、1 億 1,000 万ドルも売り上げたのだ。ソフトウェア業界では、IBM 互換パソコン、あるいは、程なく IBM PC と言われるようになったマシン向けに、何千ものプログラムが発表された。こうした急激な変化に鑑みて、1983 年 1 月に『タイム』誌の編集者たちは、マン・オブ・ザ・イヤーに人物ではなくマシン、すなわち IBM のパーソナルコンピュータ（the PC）を選んだのだ。

　この裏では、もう一人の企業家、マイケル・デル（Michael Dell）が革新的な生産と販売のプロセスを取り入れ、IBM PC という業界標準をフル活用しようとしていた。

デルコンピュータとプロセスイノベーション

　「二人の男とガレージ」といった、虚実ないまぜになったヒューレット・パッカードやアップル・コンピュータの創業神話は、優れた果実を単独で生み出す孤独なヒーロー物語を待望するジャーナリストや大衆を魅了してきた。カリフォルニア州パロアルトにある、ウィリアム・ヒューレットのガレージだった場所は、現在、ヒューレット・パッカード（HP）の私設ミュージアムになっている。このガレージは、ヒューレットとパッカードが HP の最初の製品（音響機器をテストするためのオーディオ発信器）を組み立てたところで、シリコンバレー誕生の地としてよく引き合いに出される。HP の創業から 40 年ほどが経ったが、「二人の男とガレージ」という神話に加えられたのは、スティーブ・ジョブズとスティーブン・ウォズニアックが、カリフォルニア州クパチーノにあるジョブズの両親のガレージで、最初のアップル・コンピュータを組み立てたという事実だけだった。一部の経営学者は、成功した企業家は総じて、創業前にある企業に勤め、知識やスキルを身につけたことに注目してきた。コンピュータ業界では、こうした人物の例は枚挙にいとまがない。スペリーランドを退社してコントロールデータを立ち上げたウィリアム・ノリス。コントロールデータを飛び出し、クレイリサーチを創業したシーモア・クレイ。インテルの共同設立者であり、同社の成長を導いたロバート・ノイスとゴードン・ムーアなどは、二度も会社を辞めている。最初はショックレー・セミコンダクターを、二度目はフェアチャイルド・セミコンダクターを。こうした例に漏れず、「二人の男とガレージ」の物語は、いまだに人々を魅了してやまない。

　パソコン産業が発展するにつれ、IT 企業家の活動を象徴する場所は、ガレージから大学寮へと変わった。ビル・ゲイツはハーバード大学を中退し、マイクロソフトを立ち上げ、ショーン・ファニング（Shawn Fanning）はノースイースタン大学を中退し、ナップスターを立ち上げ、マーク・ザッカーバーグ（Mark Zuckerberg）はハーバード大学を中退し、フェイスブック（Facebook）を立ち上げた。（フェイスブックについては第 12 章で触れる。）

　こうした 10 代の企業家の中で突出していたのはマイケル・デルであった。テ

キサス大学寮の彼の部屋は、起業の計画を練り、試作品の設計を行う場所に留まらず、創業当初の製品の組立工場でもあった。デルが 1983 年の初頭に、パソコンの調達から販売、発送までの一連のプロセスを革新したことで、デルコンピュータは 1999 年までに世界最大のパソコンメーカーとなった。IBM PC といったパソコンの業界標準となる PC プラットフォームが出現し、部品やソフトウェアのサプライヤーのネットワークが整備されたことは、デルコンピュータの成功にとって必要条件だったが、十分条件ではなかったのだ。

　パソコンメーカー各社は、価格を最大の武器にしのぎを削ってきたが、そのうち、顧客のニーズに合わせてプロセッサ、メモリ、ソフトウェアをカスタマイズすることに競争の力点が移ってきた。マイケル・デルは、こうした競争の本質をいち早く見抜き、それに適応してきた。デルがまだテキサス州ヒューストンの高校生だったころ、IBM が 700 ドルで買える中核部品を使ってパソコンを組み立て、約 3,000 ドルで販売していることを知った。彼は、すぐさまコンピュータの部品を買ってきて、自分の IBM PC をグレードアップし、それらを友人に売った。1983 年、テキサス大学のオースティン校に入学した 18 歳のデルは、大学寮の自分の部屋で PC をグレードアップしたり拡張ボードを差し込んだりして、地元企業に販売するビジネスを始めた。クリスマス休暇のあと、自分の会社であるピーシーズ・リミテッド（PC's Limited）を法人登記するために、少し早めにオースティンに戻ってきた。まもなくして、デルは新聞の小さな広告欄や口コミを通じて、グレードアップした PC をひと月に 5 万ドルから 8 万ドルも販売するようになり、最初はツーベッドルームのコンドミニアムに、その後 1984 年 5 月にはノース・オースティンの 1,000 平方フィートの賃貸事務所へ引っ越した。デルは、在庫をもてあまし値段を下げてでも売り捌きたい小売店から余計な装備がついていないパソコンを買ってきて、必要に応じて部品を組み付けるよりも、自社で一からパソコンを組み立てるほうが飛躍的に利益が増えることを知っていた。1985 年初頭、デルはエンジニアのジェイ・ベルを採用し、286 と呼ばれる最新のプロセッサ、インテル 80286 を搭載した、初の自社ブランドのパソコンを作ろうとした。

　コンパックなどライバルメーカーは、コンピュータランドやほかの販売チャネルを通じてパソコンを販売したが、ピーシーズ・リミテッドは、通信販売でコンピュータを直販した。ピーシーズ・リミテッドは、中間業者を通さなかったので、格安でコストパフォーマンスに優れたマシンを提供できた。デルは、ビジネス開始当初から法人市場をターゲットにしてきた。彼の成功の鍵は、ディスクドライ

ブ、メモリ、その他の仕様に関して、顧客が希望するスペックを選択できるように
にしたことだった。注文を受けて、一からパソコンを組み立てるマスカスタマイ
ゼーションとして知られるプロセスは、他社との競争の中で、ピーシーズ・リミ
テッドを大いに差別化してくれるものだった。1988年、創業者の知名度を利用す
るため、社名をデルコンピュータ・コーポレーションに変えた。

　同社は1986年までに世界最速のパソコンを作り上げたことで、広くその名が
知られていたが、マスカスタマイゼーション戦略によって、徐々に法人、政府、
個人といった個々の市場に向けて、多様な価格設定で効果的にパソコンを販売で
きるようになった。市場セグメントごとに、顧客に合ったパソコンを提供できる
専門の販売スタッフを配置した。実際、直販が顧客との関係を強固なものにし、
リピート客の獲得につながった。まさに、ムーアの法則を想起させる、チップの
集積度の急速な進化が製品を陳腐化させ、3〜5年のサイクルで商品が入れ替わ
るようなパソコン業界にとってはうってつけの戦略であった。

　ムーアの法則によって、新しくリリースされたコンピュータの価格は、毎月下
がっていった。そのため、小売店で購入する顧客を平均4か月は待たせる競合他
社と違い、完成品を2、3週間で顧客のもとに届けられるデルコンピュータ・
コーポレーションには追い風が吹いた。デルコンピュータは直販とマスカスタマ
イゼーションの手法によって、必要な部品をジャスト・イン・タイムで注文でき、
ほとんど在庫を持たずに経営できた。こうした経営技法は、自動車メーカーのト
ヨタが手掛けてきたことであったが、トヨタのリーン生産方式を最初にコン
ピュータ業界に導入したのがデルだった。

　デルはプロセスイノベーションによって競合相手との差別化を図ったが、パソ
コンが標準化した商品になるにつれて、米国、ヨーロッパ、日本の主要な競合他
社はほぼすべて、大量販売することで執拗に価格を下げた。1980年代初頭、イタ
リアを本拠地とするオリベッティ、日本を本拠地とする東芝や日立は、業界標準
のPCプラットフォームに乗り換えた。1980年代の終わりにパソコンの業界標
準化が進むにつれて、同業界の再編・統合が生じた。デルの直販モデルを模倣す
る会社も現れた。その代表格はゲートウェイ・コンピュータ・コーポレーション
で、マーケティングにも工夫を凝らし、アイオワ州のルーツに訴えるように、パ
ソコンを牛の黒い斑点がついた白い箱に梱包して出荷した。1980年代後半のパ
ソコン業界で生じた業界標準化とマーケットリーダーの上位集中化の動きは、
1930年代のラジオ業界とよく似ている。かつて無数の企業が自由に参入できた
パソコン業界も、いつしか一握りの企業に牛耳られる巨大な産業へと変貌を遂げ

たのだった。パソコン業界の目覚ましい成長の恩恵を被ったのは、インテルとマイクロソフトだった。IBM、デル、コンパック、オリベッティ、日立、東芝、ゲートウェイなどの業界標準機メーカーが世に送り出したパソコンのほぼすべてに、マイクロソフトの OS が、その 80 パーセント以上にはインテルのマイクロプロセッサとマイクロソフトのアプリケーションソフトが搭載されていたのだ。

　IBM 標準へ乗り換えることに抗った企業の大半は倒産に追い込まれたか、遅ればせながら業界標準への乗り換えを余儀なくされた。唯一の例外はアップル・コンピュータで、創業者のスティーブ・ジョブズは、低価格のハードウェアではなく、優れたソフトウェアを提供することで、IBM 標準とは別の方法で競争する道を選んだのである。

魅力広がるコンピュータ

　最新の技術は不完全で、習得が難しいので、利用するのは熱狂的なアーリーアダプター（初期採用者）だけと相場が決まっている。1920年代初頭に登場したラジオは回路がむき出しで、ハウリングやドリフトが起こり、周波数を合わせるのに二本の手では足りなかったし、電源は蓄電池からで、充電のために地元の自動車修理工場に持っていかなければならなかった。その一方、受信できる番組といえば、地元のダンスホールの中継くらいだった。けれども、数年もすると、スーパーヘテロダイン受信回路が登場し、ラジオ受信機の周波数合わせは安定かつ容易になったし、どんなコンセントからも電源が取れるようになった。ドラマ、音楽、ニュース、スポーツといったラジオ番組のクオリティも、映画館にひけを取らないほどになった。「ラジオを聴くこと」は、すぐに日常の体験となった。

　大変似たようなことが、1980年代のパソコンの世界でも起こった。並のスキルをもった人々なら操作可能なので、みながパソコンを使いたいと思った。グラフィカル・ユーザー・インターフェースによってパソコンが使いやすくなる一方、ソフトウェアやさまざまなサービスの登場によって、パソコンを所有するメリットが増大した。ソフトウェア業界の中から数千ものアプリケーションソフトが新たに生み出され、デスクトップパソコンでCD–ROMディスクに本と同様の情報量を書き込めるようになった。そして、コンピュータネットワークが登場し、あるユーザーがチャットやEメールを使って別のユーザーに連絡できるようになったとき、パソコンは真の情報機器となったのである。

パソコン・ソフトウェア業界の成熟

　1995年8月24日、マイクロソフトは同社史上最も重要なソフトウェア、ウィンドウズ95（Windows 95）を発売した。事前広告も比類なきものだった。販売の数週間前には、世界の株式市場でテック株が高騰し、8月後半にはマイクロソ

フトの卓越した広報活動は頂点に達した。新聞報道によると、ウィンドウズ 95
の発売にかかったコストは 2 億ドルに及び、そのうち 800 万ドルは、テレビ CM
の BGM にローリング・ストーンズの「スタート・ミー・アップ」を使う権利を買
うためだけに投じられた。主要都市の劇場が借り上げられ、ビデオスクリーンま
で設置したのも、マイクロソフトのビル・ゲイツ会長が、発売を待ちわびている
世界中の人々に向けて、自分のメッセージを届けるためであった。

　前章で触れたように 1980 年のマイクロソフトは従業員 38 名、年商 800 万ドル
ほどの零細企業にすぎなかったが、10 年後の 1990 年には従業員 5,600 名、年商
18 億ドルの企業になっていた。マイクロソフトの興隆にみられるように、1980
年代のパーソナルコンピュータの物語の中心は、ハードウェアではなくソフト
ウェアにあったのだ。

　パソコン用ソフトウェア業界は二つの段階を経て発展した。第一段階はゴール
ドラッシュの時代と称され、1975 年から 1982 年まで続いた。この時期は、参入
障壁が極めて低く、新規参入企業が数千社に及び、その大半が従業員 2、3 名の
資本金の少ないベンチャー企業であった。第二段階は整理統合の時代と称され、
IBM 互換パソコンのメーカーを中心にパソコン市場が標準化していく 1983 年ご
ろに幕が開けた。既存企業の多くがふるい落とされ、新規参入企業もベンチャー
キャピタルからの潤沢な資金が必要で、少数の（米国）企業だけがグローバル企
業として生き延びた。

　いっときの華々しい成長を別とすれば、パソコン用ソフトウェア業界を際立た
せている特徴は、1975 年の主要なグローバル・サプライヤー数社と年商 10 億ド
ルのビジネスを繰り広げてきた従来のソフトウェア業界とのあいだには、まった
くといってよいほど連続性がないことであった。連続性が維持されなかった理由
には技術と文化の二つの側面がある。技術面では、既存のソフトウェア企業が
培ってきた、巨大かつ信頼性の高いプログラムを開発するための先進的なソフト
ウェア開発ツールと方法論が、初期のパソコンに搭載されていた非力なメモリに
対応したプログラム開発に合わず、むしろ逆効果であったことが挙げられる。こ
の新しい市場への参入に必要だったのは、先進的なソフトウェア工学の知識では
なく、1950 年代の最初期のソフトウェア受注業者が持っていたある種の実用的な
知識、すなわち、優秀な大学生なら誰でも持ち合わせている新しいものへの情熱
と技術上の知識であった。既存のソフトウェア企業は小回りが利かず、間接費が
足かせとなって、パソコン用ソフトウェア企業に対してコスト優位性を維持でき
なかったのである。

　しかし、文化面はそれに劣らず重要であった。老舗のパッケージソフトウェア企業では、IBM流の教育を受け、ダークスーツを身にまとったセールスマンがソフトウェアを販売したが、パソコン用のソフトウェア企業では、通信販売や小売店を通じて販売した。仮に彼らの集まりにネクタイをして参加でもしようものなら、誰かに「ネクタイを引きちぎられ、プールに放り込まれる」ことだろう。

　無数の企業がこの市場に参入したが、短期間でマーケットリーダーとなったのは一握りの製品だけであった。表計算のビジカルク、ワープロのワードスター、データベースのディーベース（dBase）などである。これら三つの製品は、1983年末までに、80万個、70万個、15万個が販売され、それぞれの市場セグメントでトップシェアを取った。

　パソコン用ソフトウェアは、従来にない新しいタイプの製品だったので、独自のマーケティング手法を構築する必要性があった。業界評論家は、パソコン用ソフトウェアビジネスをポップ・ミュージックや出版業界になぞらえることが多い。ビジネスの成否を決める要因がマーケティングにあるからだ。通常、広告費は小売価格の35パーセントに及んだ。プロモーションは、雑誌広告、無料のお試し版ディスク、POP素材、展示などを通じて行われた。マーケティングコストは、実にソフトウェア本体の開発費の2倍に及んだ。ある業界専門家は、ソフトウェアビジネスの参入障壁は「一にマーケティング、二にも三にもマーケティング」と語ったほどだ。対照的に、原価に占める割合では、ソフトをフロッピーディスクに複製し、マニュアルを作成するといった生産コストが最も少なかった。

　ポップ・ミュージックや出版業界への見立ては、正鵠を得たものだった。ソフトウェア開発者はみな「ヒット」という幻想を追いかけたが、それはできるだけ多く販売して、マーケティングコストと研究開発費を、製品一つ一つに薄くのせようとしたからだった。

　1983年、パソコン用ソフトウェア業界のゴールドラッシュは終わりを告げた。15社で同業界の3分の2を占めたことで、同業界への三つの高い参入障壁が築かれた。第一の参入障壁は技術で、パソコンの性能の劇的な進歩によるものだった。市場を占有し始めたIBM互換パソコンの第二世代は、小型のメインフレームに搭載されたソフトウェアを走らせることができるほどの処理能力をもっており、規模に見合った開発スタッフを雇い入れる必要があった。1979年であれば、2、3人で大半のソフトウェアを書き上げられたが、1983年には10名かそれ以上のチームが必要だった。（一例を挙げれば、初代のビジカルクは約1万個の命

令で作られていたが、ロータス 1-2-3 の後期バージョンでは約 40 万行のコード
で構成されていた。）第二の参入障壁はノウハウだった。魅力的なインター
フェースをもったパソコン用ソフトウェアをどのように作り出すかといった知識
の源泉は、既存企業が抱え込んでいた。こうしたノウハウは、専門書やコン
ピュータ科学の授業で学べる類いのものではなかったのである。第三の、そして
おそらく最大の参入障壁は、流通チャネルへのアクセスの可否であった。1983 年
には、35,000 本ものパソコン用ソフトが全国 200 店の有名コンピュータ・ショッ
プの売り場を巡って競争していた。当時、IBM 互換パソコン用のワープロソフト
だけでも 300 種類もあった。この参入障壁を克服するには、巨額の広告費と資本
が必要だった。

　この業界での参入障壁が、ビジコープ（VisiCorp）、マイクロプロ、アシュトン-
テイト（Ashton-Tate）といった先発企業に有利に働いたかというと、そうでは
なかった。1990 年までに、この 3 社を含む 1980 年代初頭に出てきた有名なソフ
トウェア企業は、みな業界順位を下げたり、買収されたり、撤退してしまった。

　業界が大きく変わったわけを一言で説明するのは難しいが、シングル「ヒット」
の有無がその一番の理由であろう。ヒットが出ると数年間は財務状態を好転させ
るが、ヒットが出ないと企業を衰退へと導くことになる。おそらく、こうした運
命に翻弄された企業の最たる例は、ビジカルクの販売元、ビジコープであった。
絶頂期の 1983 年にビジコープは年間 4,000 万ドルを売り上げていたが、1985 年
に単独の企業としては姿を消した。ビジコープは、ロータス 1-2-3 という競合製
品の登場で、事実上、一掃されたのである。

　ソフトウェアのヒット商品を作るには、ベンチャーキャピタルの潤沢なシード
マネーか、既存のヒット商品からの安定した収入を必要とする。1982 年に 32 歳
の起業家ミッチ・ケイパー（Mitch Kapor）が立ち上げたロータス・デベロップメ
ント社（Lotus Development Corporation）の物語は、パソコン用ソフトウェア
業界でベンチャー企業を成功させるうえで、乗り越えるべき資金調達の壁につい
て教えてくれる。ケイパーはフリーランスのソフトウェア開発者のカリスマで、
1979 年にビジコープ向けにいくつかヒット商品を開発した人物である。当初は
ビジコープから売上高に応じてロイヤルティを受け取っていたが、自分が開発し
たソフトウェアの権利を 170 万ドル一括ですべてビジコープに売却することにし
た。彼は、売却で得たキャッシュにベンチャーキャピタルからの融資を加えた総
額 300 万ドルで、ロータス 1-2-3 という新しい表計算ソフトを開発した。この新
しいソフトは、当時最も売れていた表計算ソフト、ビジカルクの直接の競争相手

となった。ビジカルクに勝つには、ロータス 1–2–3 を技術的により一層洗練されたソフトにする必要があり、開発費用に 100 万ドルはかけたと言われている。そして、この新しい表計算ソフトをリリースする段には、さらに 250 万ドルを投じたようである。実際には 495 ドルの小売価格のうち 40 パーセント程度が広告費に回された。広告宣伝に力を注いだことで、ロータス 1–2–3 は最初の 18 か月で 85 万本を売り、あっという間にマーケットリーダーの座に登り詰めた。

　マイクロソフトの物語は、ベンチャーキャピタルからの資金調達ではなく、既存のヒット商品からの資金流入の有無が、いかに大事であるかを教えてくれる。1990 年までにはマイクロソフトもパソコン用ソフトウェア業界の正真正銘のリーダー企業となり、創業者のウィリアム・ヘンリー・ゲイツ 3 世の伝記が相次いで出版された。1981 年、マイクロプロやビジコープが業界大手企業の仲間入りを果たそうとしているとき、マイクロソフトはまだマイコン用のプログラミング言語やユーティリティソフトを開発する零細企業にすぎなかった。同社のマーケットは、コンピュータメーカー、そして技術オタクのホビイストに限られていた。とはいえ、前章で触れたように、ゲイツは 1980 年 8 月に IBM と同社の新型パソコン用のオペレーティングシステム、DOS を開発する契約を結んでいた。

　IBM 互換パソコンのセールスが拡大するにつれて、マイクロソフトの OS、MS–DOS は、ほとんどすべてのパソコンに同梱されるようになった。そのため、数十万台、そして最終的には数百万台のパソコンが売れるとマイクロソフトに大金が流れ込んできた。1983 年末までに、50 万本の MS–DOS が売れ、1,000 万ドルの利益を上げた。ソフトウェア業界でのマイクロソフトのポジションはユニークだった。というのも、MS–DOS はパソコン本体とアプリケーションソフトをつなぐのに欠かせないもので、ユーザーの誰しもが購入する必要があったからである。

　マイクロソフトは、OS の売上からの資金流入によって、外部資本に頼らずにアプリケーションソフトの分野に多角化できた。MS–DOS の成功神話とは裏腹に、マイクロソフトの製品は成功よりも失敗したもののほうが多く、MS–DOS の売上からの資金流入がなければ、このような成長を遂げることはなかった。たとえば、マイクロソフトの最初のアプリケーションソフトはマルチプランと呼ばれる表計算ソフトであった。それはロータス 1–2–3 とほとんど同じやり方で、ビジカルクに競争を挑んだ。マルチプランは 1982 年 12 月にソフトウェア・オブ・ザ・イヤーまで受賞したのだが、ロータス 1–2–3 の前に敗れてしまった。これはマイクロソフトのように安定した資金流入がない企業ならゆゆしき問題であった

だろう。マイクロソフトは、1982 年の半ばに Word（ワード）と呼ばれるワープ
ロソフトの開発に着手した。Word は、ロータス 1-2-3 に匹敵する広告費をかけ
て、1983 年 11 月にリリースされた。35 万ドルをかけて、『PC ワールド』誌に 45
万枚の無料お試し版のディスクを添付して配付した。にもかかわらず、当初、
Word はヒット商品にはならず、トップシェアのワードスターに一撃も与えるこ
とができなかった。当時のマイクロソフトは、MS-DOS という金のなる木のお
陰で何とか生き延びられる中小企業に他ならなかったのである。

グラフィカル・ユーザー・インターフェース

　パソコンが広く受容され、マーケットの隅々まで浸透するには、もっと「ユー
ザーフレンドリー」になる必要があった。1980 年代を通じて、コンピュータユー
ザーの 10 パーセントはマッキントッシュ（Macintosh）のパソコンを使ってユー
ザーフレンドリーを手に入れ、残りの 90 パーセントはマイクロソフトのウィン
ドウズというソフトウェアを使ってそれを手に入れた。両社のシステムの根底に
あるのが、グラフィカル・ユーザー・インターフェースの考え方であった。
　マッキントッシュが世に出るまで、ユーザーはディスクオペレーティングシス
テム、いわゆる DOS（ドス）を通じてパソコンとやり取りしていた。IBM 互換パ
ソコン上で一番使われていた OS が、マイクロソフトの MS-DOS（エムエス-ド
ス）であったからだ。個人でコンピュータを利用し始めたころの環境に共通して
いるが、DOS はメインフレームやミニコンの技術から派生したもので、効率的だ
が威圧的で有名な UNIX OS から来ている。初期の DOS 型の OS は、その源流の
メインフレームやミニコンの OS よりも多少は扱いやすかったが、コンピュータ
の知識のない人々にとっては厄介な代物だった。一般の人々が MS-DOS 上で仕
事をするのは容易ではなく、イライラするものだった。
　パソコン・ユーザーは「コマンド・ライン・インターフェース」を使って OS と
やり取りしたが、命令をコンピュータに送る際、間違いなく正確にタイプする必
要があった。たとえば、パソコンに保存されているファイル名 SMITH というド
キュメントを、LETTERS というディレクトリから ARCHIVE というディレクト
リに移そうとした場合、

```
COPY A:¥LETTERS¥SMITH.DOC B:¥ARCHIVE¥SMITH.DOC
DEL A:¥LETTERS¥SMITH.DOC
```

のように、命令をタイプしなければならなかった。1字でも間違えると、ユーザーはその行をもう一度タイプし直す必要があった。こうした謎めいたプログラム表記法は、分厚いマニュアルの中ですべて説明されていた。もちろん、技術オタクの大半は MS-DOS の複雑な部分を好き好んで使っていたが、事務員、秘書、自宅で執筆する作家といった一般のユーザーにとっては奇妙で扱いにくかった。それは自動車を運転するのにキャブレター（燃料供給装置）の仕組みを知っておかなくてはならないようなものだった。

　グラフィカル・ユーザー・インターフェース（GUI、「グーイ」と発音する）は、見たままの直感的な操作を提供することで、数日もかけず数分で操作をマスターできるようにし、扱いにくさからユーザーを解放しようとした。お陰で、ユーザーマニュアルは不要になり、どのアプリケーションも同じ操作で使えるようになった。GUI は、その主要な構成要素であるウィンドウズ、アイコン、マウス、プルダウン・メニューの頭文字を取って、WIMP インターフェースと呼ばれることもある。この新しいインターフェースのアイディアの重要な部分は「机上（デスクトップ）のメタファー」を取り入れたことである。これによって、コンピュータの小難しい操作を忘れることができ、普通のユーザーでも扱えるようになった。画面には事務デスクが再現されており、フォルダやドキュメント、メモ用紙や電卓といった事務用品が置かれていた。事務デスク上に置かれたモノはすべて「アイコン」で表現されていた。たとえば、書類はタイプ用紙を小さな絵で、フォルダは書類の束を絵にして表していた。書類の中身を見たいときは、画面上でマウスを使ってポインターを動かし、見たい書類のアイコンを選択し、クリックすると画面上でウィンドウが開き、その書類が表示される。続けて書類を選択し、開いていくと、実際の机の上で書類をいくつも重ねていくような形で表示される。

　ユーザーフレンドリーの技術は、パソコンが登場するはるか前からあったが、十分に開発されてこなかった。現代のコンピュータ・インターフェースに利用されているアイディアの大半は、1960 年代に ARPA の情報処理技術部（IPTO）が資金提供した二つの研究所から生み出された。一つは、スタンフォード・リサーチ・インスティテュート（SRI）のヒューマン・ファクターに関する小規模な研究グループで、もう一つは、ユタ大学のデイヴィッド・エバンス（David Evans）とアイヴァン・サザランドによるかなり大規模なグラフィックに関する研究グループであった。

　1963 年、のちにヒューマン＝マシン・インターフェースの第一人者となるダ

グ・エンゲルバート（Douglas Engelbart）の指揮のもと、SRI にヒューマン・ファクター研究センターが設立された。エンゲルバートは、1950 年代半ばからコンピュータシステムを開発するための資金獲得に奔走していた。彼のシステムは個人で情報を記憶・検索できる代物で、紙の書類を電子書類に変換し、先進的なコンピュータ技術を使って書類をファイルしたり、探したり、通信回線で送ったりできた。ARPA は 1962 年に J・C・R・リックライダーの指揮のもとでコンピュータ研究プログラムをスタートしたが、エンゲルバートのプロジェクトは、リックライダーが掲げた「人間とコンピュータの共生」というビジョンにぴったり合っていた。ARPA の資金提供により、リックライダーは SRI で十数名の優秀な科学者と心理学者からなる研究グループを結成し、そこで「電子オフィス」と呼ぶシステムの開発をスタートさせた。それはテキストと画像を統合するシステムで、現在では普通にコンピュータ上で処理できるが、当時としては珍しいものだった。

　現在の GUI は、その詳細の多くをエンゲルバートの研究グループの成果に負っているが、最もよく知られた発明はマウスである。いくつかのポインティング・デバイスが試作されたが、エンゲルバートがのちに回顧しているように「我々の研究グループでは、画面の一部を素早く正確に選択するデバイスとして、一貫してマウスが人気だった。数か月間、ワークステーションにほかのデバイスも取り付けておき、ユーザーが自分の好きなデバイスを使えるようにしておいたが、みなが至極当然のようにマウスを選ぶので、ほかのデバイスの開発は取りやめた」のである。この一連の出来事はすべて 1965 年に起こったが、「我々の誰もが、デバイスの普及とともにマウスという名が世の中に広まるとは考えもしなかった。けれども同時に、このデバイスが社会に浸透するのに、こんなにも長い時間がかかるとは思ってもみなかった」のだ。

　1968 年 12 月、電子オフィスのプロトタイプのデモンストレーションが、エンゲルバートの研究グループによって、サンフランシスコの全米コンピュータ会議で行われた。ビデオプロジェクターを使うことでコンピュータのスクリーンが幅 6 メートルほどに拡大されたので、大講堂の中でも鮮明に映し出された。そのプレゼンテーションは素晴らしかった。電子オフィスのシステムは実際に導入するには高すぎたが、「多くの聴衆の心を揺さぶった」のである。のちに、そのプレゼンを見た人が、ゼロックス社で最初の商用グラフィカル・ユーザー・インターフェースを開発したのだった。

　初期の GUI 研究をリードしたもう一つのグループは、ユタ大学のコンピュー

タ・サイエンス研究所で、デイヴィッド・エヴァンスとアイヴァン・サザランドの指揮の下、コンピュータグラフィックに関する多くの重要なイノベーションをもたらした。ユタ大学の研究環境は、挑戦的な研究プロジェクトを進めていたアラン・ケイという名の大学院生をバックアップし、1969年には博士論文として結実した。この論文はのちにコンピュータ科学分野に大きな影響を与えることになる。ケイの研究は、個々人の情報ニーズに応えてくれる機器にフォーカスしたもので、当初はリアクティブ・エンジンと呼んでいたが、のちにダイナブック（Dynabook）と呼ばれるようになった。ダイナブックは、ノートサイズの個人用情報システムで、通常の印刷メディアに代わるものとして構想された。ダイナブックは、コンピュータ技術を駆使して、大量の情報を記憶したり、データベースにアクセスすることが可能で、高度な情報検索ツールまで組み込まれていた。もちろん、彼が博士課程のときに編み出したシステムは、この理想的なダイナブックにははるかに及ばなかったが、1960年代末のエンゲルバートの電子オフィスとケイのダイナブックのアイディアは、現代のグラフィカル・ユーザー・インターフェースをもたらした「二本の導きの糸」だった。

　1960年代にそうしたアイディアが実際の開発に移されなかったのは、小型化と低コスト化を実現できなかったためであった。1960年代半ば、フル装備のミニコンは、数平方ヤードもの場所を取り、10万ドルもしたので、個人のユーザーがそのような大がかりなマシンを一人で使うのはどだい無理な話であった。けれども、1970年代に入ると、価格は急速に下落し、そのアイディアを商業化することが可能となった。先導を切ったのは、米国の大手コピー機メーカー、ゼロックス社であった。

　1960年代後半、ゼロックス社の戦略立案者らは、日本のコピー機メーカーとの競争を恐れており、専らコピー機事業に依存するのをやめ、多角化を検討していた。ゼロックス社の未来を約束してくれる製品を生み出すため、1969年、シリコンバレーにパロアルト・リサーチセンター（PARC；パーク）を設立し、「未来のオフィス」のための技術開発に着手した。1970年代にPARCに投じられた1億ドルのうち約半分が、コンピュータ科学の研究に使われた。この研究を進めるため、ゼロックス社は、ARPAの情報処理技術部（IPTO）前部長のロバート・テイラー（Robert Taylor）をリクルートした。テイラーは、リックライダーが掲げた「人間とコンピュータの共生」というビジョンの紛れもない信奉者であり、彼のPARCでのミッションは、1980年代のオフィス製品の基礎となる「情報のアーキテクチャ」を構築することにあった。

　このミッションが具現化されたものが、「アルト（Alto）」というデスクトップコンピュータのネットワークだった。アルトの開発は 1973 年にスタートしたが、その時までにユタ大学からアラン・ケイ、カルフォルニア大学バークレー校からバトラー・ランプソン（Butler Lampson）とチャールズ・シモーニ（Charles Simonyi）、他にもラリー・テスラー（Larry Tesler）のように現在、業界の有名人になったメンバーが集まり、強力な研究チームが結成された。PARC に集まった研究者は、当初 ARPA の IPTO の資金提供を受けていた。しかし、ARPA が基幹軍事研究に集中するようになり、1970 年代には資金提供が受けられなくなったからであった。アルト開発の過程で、ゼロックス社の PARC はグラフィカル・ユーザー・インターフェースを進化させたので、それは「1970 年代に好かれたタイムシェアリングのように 1980 年代に人気のスタイル」となった。

　アルト・コンピュータは、特別仕様のモニター画面が付いたデスクトップコンピュータとして設計されたので、8.5×11 インチ大の「用紙」を表示できた。アルトは、通常のダム端末と違って、ケイがまさにダイナブックで構想したような文字とイメージ画像が混在した文書を映し出せた。アルトは、エンゲルバートが構想したマウス、そして、いまやおなじみのアイコン、フォルダ、ドキュメントからなるデスクトップ環境を備えていた。要するに、そのシステムは、現在、マックやウィンドウズ・ベースの IBM 互換パソコンに期待されるものと何ら変わらなかった。けれども、これらすべてのことが、「自分専用のコンピュータなど想像もできなかった」パソコン誕生以前の 1975 年に起きたのだった。

　ゼロックス社はアルトの市販機を作ることを決め、ゼロックス・スター、より平凡にはモデル 8010 ワークステーションと名付けられた。その新しいコンピュータは、1981 年 5 月にシカゴで開かれた全米コンピュータ会議で発表され、その年、最も注目を集めた製品となった。目を引くグラフィカル・ユーザー・インターフェースや高性能な事務用ソフトウェアは、間違いなく未来を垣間見せてくれるものだった。しかし、ゼロックス・スターは、1980 年代にビジネス的には不発に終わった製品の仲間入りを果たすことになる。ゼロックス社は、技術的には完璧にこなしたが、マーケティング的には失敗のオンパレードだった。何にもまして、ゼロックス・スターは高すぎた。普通のパソコンであれば、それほど格好よくはないが、5 分の 1 のコストでほとんど同じことができたので、高性能ワークステーションに 1 年分の給与をつぎ込むのは、まったく割に合わなかった。ビジネス的には失敗したけれども、ゼロックス・スターは、1980 年代にコンピュータを使った仕事のやり方を変えてしまうようなビジョンを提起したのだ。

スティーブ・ジョブズとマッキントッシュ

　1979 年 12 月、スティーブ・ジョブズはゼロックス社の PARC を訪ねる機会を
得た。PARC を訪問したとき、試作されたアルト・コンピュータ同士をつないだ
ネットワークを使用した、ゼロックスの未来のオフィスのデモがちょうど始まっ
たばかりであった。ジョブズはそこで見たマシンに衝撃を受けた。そのマシンの
デモを担当したラリー・テスラーは、ジョブズが「ゼロックスはなぜこれを売り
出さないのですか？……みなをギャフンと言わせることができるのに！」と訊い
てきたことを回想している。もちろん、ゼロックス社はゼロックス・スターを
使って、そうしようと考えていたし、すでに開発が始まっていた。

　クパチーノのアップル本社に戻ったジョブズは、我が社の次のコンピュータは
PARC で見たマシンのようでないといけないと同僚を説得した。そして 1980 年
5 月、ジョブズは、のちにリサ（Lisa）と命名される新しいコンピュータの開発
リーダーとして、テスラーをゼロックス社から引き抜いたのである。

　リサは完成までに 3 年を要した。1983 年 5 月にリサがリリースされたとき、2
年前にゼロックス・スターが発売されたときと同様に絶賛された。しかしなが
ら、リサは一式すべて揃えると 16,995 ドルもした。そのため、個人ユーザーの懐
具合ではまったく手が届かず、法人ユーザーの予算さえ上回っていた。その 2 年
前、法人市場への直販に自信をもっていたゼロックス社ですら、高価格ゆえにス
ターを成功に導けなかった。アップルは直販の経験がまったくなかったので、当
然ながら、リサのビジネスは大失敗に終わった。

　リサの失敗により、アップルは危機に直面していた。稼ぎ頭は発売されてから
だいぶ経つアップル II だったが、最新の IBM 互換パソコンに食い込まれていた。
アップルのリサは、パソコン市場では高すぎたのだ。この危機からアップル・コ
ンピュータ社を救ったのが、マッキントッシュであった。

　マッキントッシュの開発プロジェクトは、1979 年中旬に、当時、アップルの先
端システム部門のマネジャーをしていたジェフ・ラスキン（Jef Raskin）のアイ
ディアからスタートした。ラスキンは、1970 年代の初頭、ゼロックスの PARC に
いたこともあり、マッキントッシュを「情報家電」として考案した。それはまさ
に、ユーザーが電源を入れればすぐ使える、簡単で使いやすいコンピュータで
あった。マシンの外観は、スクリーン一体型で、電話機のように、ユーザーの机
上で「置き場所」を取らないスタンドアローン型のコンピュータをイメージして
いた。マッキントッシュの名前は、ラスキンの好きなカルフォルニア産のリンゴ

の品種名から取られたが、悲しいことに、それがジョブズによってこのプロジェクトが召し上げられる前に、ラスキンがそのマシンに仕込むことができた数少ない個人的な貢献の一つになってしまった。ラスキンは 1982 年の夏にアップルを去ったからである。

　マッキントッシュの開発をめぐっては、一つの有名な神話が生まれた。ジョブズは、8 人の若きエンジニアからなるマッキントッシュの設計グループを、別の建物に集め、冗談半分で、その建物の上に海賊の旗を掲げた。ジョブズは、マッキントッシュの設計チームをいかに鼓舞して導くかを直感的に理解していた。のちにアップルの CEO になるジョン・スカリー（John Sculley）は「スティーブ率いる『海賊』たちは、アップルの社内外から集められた選り抜きの変わり者集団だった。彼らのミッションは、ある人が大胆にも書いているように、人々を仰天させ、世の中の常識をひっくり返すことだった。禅の標語『旅する過程こそが報酬である』によって一体となった海賊たちは、アイディア、部品、設計プランを社内中くまなく探し回っていた」と語っている。

　マッキントッシュの重要なソフトウェア技術のすべてが、リサ・プロジェクトからもたらされた。リサの優れた性能は、高価格の特別なハードウェアを用いることで実現した。マッキントッシュの設計に費やされた時間の大半は、リサのような性能のマシンをいかに低コストで作れるかに集中していた。

　マッキントッシュというパソコンが、ユニークで人の心を魅了する、20 世紀後半を代表する産業アイコンの一つになるのは時間の問題であった。パソコンが完成するまでに、当初 8 名だった設計チームも総勢 47 名まで膨れ上がったが、ジョブズは、初代マッキントッシュの筐体にする金属プレートに、その 47 名の一人一人のサインを刻印したのだった。（そのため、使われなくなってだいぶ経つ初代マッキントッシュも、今ではコレクターが血眼になって探している。）

　1983 年初頭、マッキントッシュの発売まで 1 年を切ったとき、ジョブズはスカリーを説得し、アップルの CEO として招聘した。ジョブズがスカリーを選んだのは尋常ではないと報道された。というのも、当時 40 歳だったスカリーは、1970 年代後半にペプシコーラの販売をてこ入れしたことでコカコーラを抜いて名声を博していたからである。しかし、こうした背景には、コンピュータは家電製品なので消費者向けのマーケティングが必要になるというジョブズの考えがあったのだ。

　1980 年代の最もセンセーショナルな広告キャンペーンの一つに、1984 年 1 月 22 日のスーパー・ボウルの放送時に流れたアップルのスリリングなテレビ CM

がある。

　　アップル・コンピュータは、世界に向けて、マッキントッシュというコン
　ピュータを発売しようとしていて、その CM にはビッグイベントに向けて
　期待を高めるねらいがあった。強制収容所の囚人が着るようなパジャマを
　身につけた、スキンヘッドでガリガリのゾンビ風労働者が部屋一杯に座っ
　ており、ビッグブラザーがコンピュータ時代の偉業について演説する姿が
　映し出されている巨大なスクリーンを見つめている。荒涼としたそのシー
　ンは、くすんだグレー色で表現されている。突然、明るい赤色の陸上競技
　用ウェアを着た日焼けした美女が部屋に駆け込んできて、スクリーンめが
　けてハンマーを投げつけると、画面が爆発して暗転する。そこに以下のよ
　うなメッセージが現れる。「1 月 24 日、アップル・コンピュータはマッキ
　ントッシュを発売します。1984 年が小説『1984』のようではないことが分
　かるでしょう」。

アップルのこの CM はたった一度だけ流されたのだが、翌週もニュースやトーク
ショーで幾度となく取り上げられた。その CM のメッセージは、総額 1,500 万ド
ルをかけて矢継ぎ早に繰り出された広告宣伝により、増幅された。新聞には全面
広告が打れ、高所得者層向けの高級雑誌には 20 ページの宣伝冊子が挿入され
たのだ。
　マッキントッシュの価格は 2,500 ドルで、リサの値段のわずか 15 パーセントに
すぎなかった。しかし、発売当初こそ爆発的な売れ行きをみせたものの、その後
は振るわなかった。マッキントッシュに期待した、家電製品としてヒットさせる
という望みは叶わなかった。スカリーは、自分はジョブズに騙されたのであり、
マッキントッシュを家電製品として仕立てるアイディアが間違っていたことを
悟った。

　　誰かが言い出したように、ビデオゲームをしたり、小切手帳の管理をした
　り、料理のレシピをファイルするのに、2,000 ドルもするコンピュータを買
　う人などいない。平均的な消費者にはコンピュータなど使いこなせない。
　家庭用市場はコンピュータという製品の特色を理解することなどできな
　い。一般人にとってコンピュータは謎であるか謎めいており、手にするに
　は高価で、近寄りがたいものなのである。コンピュータ愛好家の市場が満

たされてしまえば、この業界にとって、めざましい成長を続けることは不可能なのだ。

　パソコンが消費者市場で流行ると踏んだが時期尚早だったメーカーは、アップル・コンピュータだけではなかった。1983年10月、IBMはクリスマス商戦の家庭市場向け商品の目玉として、新しい低価格パソコン、PC Jr. を発売した。そのパソコンの売れ行きは芳しくなく、翌年には販売が中止された。コンピュータが家庭市場で売れないとすると、アップル・コンピュータにとって残された代替案は、マッキントッシュを法人向けパソコンとして再び送り出すことしかなかった。

　不運にも、マッキントッシュは法人市場にフィットしたものではなかった。企業国家アメリカは、前の世代がIBMのメインフレームを好んだのとほぼ同じ理由で、IBM互換パソコンを選んだ。マッキントッシュは、伝統的なやり方に囚われない出版業やメディア産業では好意的に迎えられた。そうした業界では、パワフルな「デスクトップ・パブリッシング（DTP）」ができることが、マッキントッシュの選択につながった。マッキントッシュは、教育の分野でも人気があった。そこでは、マシンの使いやすさが、特に若年層の子供たちやパソコンを自由に扱いたい学生の心をつかんだ。

　マイクロソフトは、1981年にマッキントッシュ用のオペレーティングシステムの一部を開発する契約を結んだことで、マックのプロジェクトに内々に関わってきた。マイクロソフトは、IBM互換パソコン用のMS–DOSオペレーティングシステムでは成功したけれども、ロータスやマイクロプロといった強豪がひしめく表計算やワープロといったアプリケーション開発では苦戦を強いられていた。マックに関与することで、マイクロソフトは、IBM互換パソコン市場の激しい競争にさらされずに、技術的に洗練されたアプリケーションを開発することができたのだ。そして、後でマック用に作ったアプリケーションを移植すれば、IBM互換パソコンでも動かせるようになる。マイクロソフトは1987年の時点で、売上の半分をマッキントッシュ用のソフトウェアから上げていたのだった。

　より重要なのは、マックに関与したことで、マイクロソフトはグラフィカル・ユーザー・インターフェースの技術に直に触れることができ、それをベースに、IBM互換パソコン用の新しいウィンドウズ・オペレーティングシステムを打ち出せたことである。

マイクロソフト・ウィンドウズ

　1984年1月にマッキントッシュが発売されると、ほかのパソコンがすべて時代遅れのぱっとしないものに見え、来るパーソナルコンピューティングは、IBM互換パソコン用のグラフィカル・ユーザー・インターフェースであることが明確になった。

　実際、1981年のゼロックス・スターの発売後に、マイクロソフト、デジタルリサーチ、IBMといった複数の企業が、IBM互換パソコン用のGUI（グーイ）ベースのオペレーティングシステム（OS）開発を手がけはじめていた。マイクロソフトがすでにDOSで経験済みのように、新しいOSの業界基盤を確立することのメリットは計り知れない。新しいOSをものにした企業には継続的な収入が約束され、未来の成長の原動力となった。

　IBM互換パソコン用のGUIベースOSの開発は、二つの理由から技術的に大変きびしい状況に置かれていた。まず、IBM互換パソコンはGUIを想定して設計されていなかったので、絶望的にパワー不足であった。次に、既存のMS–DOSオペレーティングシステムをどう扱うかという戦略上の問題に直面した。つまり、MS–DOSを完全に新しいOSに置き換えるか、または、MS–DOSの上に新しいOSを被せ、ユーザーとハードウェアのあいだに、もう一階層ソフトウェアを挟むかの選択をしなければならなかった。前者の場合、ユーザーは何千もの既存のアプリケーションを使えなくなり、後者の場合でも、MS–DOSの処理能力に左右されるという問題が生じたのである。

　GUIベースのOS開発に最も情熱を注いでいた企業は、おそらく、8ビットのマイコンに搭載されたOS、CP/Mの開発者、ゲイリー・キルドール率いるデジタルリサーチであった。CP/Mは、最終的に2億本は売れたであろう。前章で触れたように、キルドールのデジタルリサーチは、IBM PC用のOS開発契約を取り損ね、その契約はビル・ゲイツのマイクロソフトの手に渡った。デジタルリサーチは、すでにCP/M 86と呼ばれるパソコン用OSの開発を終えていた。しかしながら、納期が遅れ、価格もかなり高く、キルドール曰く、そのOSは「基本的に実を結ばなかった」という。その新しいOSの開発は、デジタルリサーチにとってOS開発のリーダー企業として返り咲くラストチャンスだった。

　1984年春、デジタルリサーチのGEM（Graphics Environment Manager）オペレーティングシステムがリリースされた。不運にも、すぐにユーザーが見抜いてしまったのだが、実際そのOSには表面的な修正以上のものが施されていなかっ

た。見かけはマッキントッシュと似ていたが、OS としての機能をすべて満たしてくれるものではなかった。そのため、GEM の売上は、もはや時代遅れの 8 ビット・マイコン用 OS、CP/M の売上の落ち込みをカバーできなかった。1985 年半ばに同社の財務状態が悪化したことで、キルドールは、デジタルリサーチの CEO を辞任することになり、彼が設立した会社も表舞台から消え去った。IBM のトップビュー（TopView）もうまくいかなかった。トップビューは 1984 年にリリースされたが、処理速度が遅かったので、顧客には「『トップヘビー』と呼ばれ、IBM のパソコンビジネス史の汚点の一つとなった」。

　マイクロソフト・ウィンドウズは、パソコン用の GUI ベースの OS として最後に登場した。マイクロソフトは、1981 年 9 月にグラフィカル・ユーザー・インターフェース・プロジェクトに着手した。それは、ゲイツがアップルのスティーブ・ジョブズを訪ね、開発中のマッキントッシュのプロトタイプを見たすぐあとのことであった。マイクロソフトのプロジェクト名は、当初、インターフェース・マネジャーであったが、ウィンドウズと名称変更し、「自分たちの名称がシステムの一般名になる」ような狡猾なマーケティングを展開した。システム開発は、当初プログラマ 6 人/年で済むものと予想されていた。しかし、とんだ見込み違いであることが明らかになる。ウィンドウズ ver. 1.0 が、さまざまなトラウマを抱えながら、当初の発表から 2 年半後の 1985 年 10 月にリリースされたときには、そのプログラムは 11 万命令にもなり、プログラマ約 80 人/年に膨れ上がっていたのである。

　マイクロソフトのウィンドウズは、ほぼマッキントッシュのユーザー・インターフェースに基づいていた。その理由として、ウィンドウズの設計上、インターフェースを改良するのが大変難しいこともあったが、マッキントッシュとウィンドウズ双方が同じユーザー・インターフェースであるほうが便利であると考えられていたからだった。そのため、ウィンドウズを発売した翌月の 1985 年 11 月 22 日、マイクロソフトはアップルと、マッキントッシュのインターフェースの見た目の特徴を複製するためのライセンス契約を結んだ。

　ウィンドウズには、99 ドルという手ごろな価格がつけられたけれども、その OS が「耐えられないほど遅かった」ので、当初の売れ行きは芳しくなかった。インテル 286 という新型のマイクロプロセッサを搭載した当時としては最高性能のパソコンに乗せても遅かったのである。結局、100 万本を売ったが、ほとんどのユーザーは、そのシステムをお遊び程度のものとみなし、大多数のユーザーが旧式の MS–DOS オペレーティングシステムを使い続けたのである。1986 年の時点

では、パソコン用の GUI は、DOS 世代の IBM 互換パソコンでは技術的にサポートできないのは明らかだった。インテル 386、486 といった次世代マイクロプロセッサが世に出る 1980 年代末になって、ようやく正真正銘の GUI の実用環境が整ったのだ。GUI ベースの OS 開発を続けられる財務基盤をもっていたのは、マイクロソフトと IBM の 2 社にすぎなかった。1987 年 4 月、IBM とマイクロソフトは、次世代機向けの新 OS、OS/2 の共同開発計画を発表した。ゆくゆくは、この OS が MS–DOS に代わるとみなされていた。

　OS/2 の開発が進行しているあいだも、マイクロソフトは MS–DOS から収益を上げつづけ、表計算ソフトの Excel や Word によって、アプリケーションソフト市場でも成功しはじめた。ゲイツは、OS/2 とは別に、自社の進んだソフトウェア技術と高性能パソコンを利用して、ウィンドウズを再投入すれば、短期的な収益が確保できると踏んだ。そして 1987 年末、マイクロソフトは、ウィンドウズ ver. 2.0 を新たにリリースすると発表した。ver. 2.0 は以前のバージョンを大幅に書き直したものの、ユーザー・インターフェースはウィンドウズ ver. 1.0 のときと同じでマッキントッシュに似て、何から何までそっくりだった。明らかに両者は似通ってきており、マイクロソフトがマッキントッシュのルック・アンド・フィール（見た目と使い方）を模倣したことで、IBM 互換パソコンはマックと区別がつかなくなり、アップルの個性的なマーケティング上の優位性がなくなってしまったのだ。

　3 か月後の 1988 年 3 月 17 日にアップルは、マイクロソフト・ウィンドウズ ver. 2.0 が「当社登録のマッキントッシュのユーザー・インターフェースを保護する視聴覚の著作権」を侵害したかどで告訴した。（マイクロソフトが 1985 年にアップルと締結した契約は、ウィンドウズ ver. 1.0 のみに適用されたもので、ver. 2.0 のための契約更新はなされていなかった。）この裁判の行方は、パソコン産業の未来を占うものだった。仮にアップルの主張が支持されれば、マッキントッシュのパソコンを使っていない大多数のユーザーに深刻な影響をもたらし、開発者らは、似たようなユーザー・インターフェースは作れないと考えるだろう。アップルが勝訴するということは、自動車メーカーがインパネ（計器盤）のレイアウトを著作権で保護することができ、どのメーカーも自社の車に使われるインパネが斬新で他社と異なることを説明する必要があるようなものなのだ。これは明らかに公共の利益に反している。

　3 年の訴訟合戦ののち、その訴えは棄却された。訴訟の進行は緩慢で、この間、マイクロソフトは、20 世紀のビジネス界で最も劇的な成長を遂げた企業となり、

ゲイツは世界最年少の億万長者となったのである。1989年初頭までに約200万本のウィンドウズが売られ、1988年初頭に発売された（がもはやマイクロソフトは関心を失っていた）IBMのOS/2オペレーティングシステムの販売数を大きく凌駕したのである。どちらのシステムが技術的に優れているかの判断は難しいが、重要なのは、マイクロソフトのマーケティングのほうがはるかに優れていたことだった。

　マイクロソフトを含む1980年代のソフトウェア業界の急成長の要因は、その大半が製品を継続的にアップデートしてきたことにあった。アプリケーションのパッケージソフトは、ほぼ18か月ごとに決まってアップデートされるので、その都度、追加的な収益が発生する。というのも、ユーザーは急速に進化していくハードウェアを有効活用するため、より優れたパッケージソフトに乗り換えようとするからである。ウィンドウズも例外ではなかった。アップル＝マイクロソフト訴訟によって妨げられることなく、ウィンドウズは1990年の中ごろまでに、さらに新しいバージョンを用意した。それは40万行のコードからなり、1985年にリリースされた最初のバージョンの4倍近いサイズであった。全体では1億ドルかかったと推定されている。

　1990年5月22日、ウィンドウズ3.0が全世界で発売された。

> 約6,000人もの人々が集まり、ニューヨーク市のシティセンター・シアターは、まるでマルチメディアショーのセンターステージのようだった。北米の七つの都市で開催された発売イベントは、ニューヨークのステージと衛星放送でつながり、生中継された。また、ロンドン、アムステルダム、ストックホルム、パリ、マドリッド、ミラノ、シドニー、シンガポール、メキシコシティなど世界の12都市でも開催された。イベントの演出には、ビデオ、スライド、レーザー光、「サラウンド・サウンド」が使用され、ビル・ゲイツのスピーチでは、ウィンドウズ3.0はソフトウェアの歴史における「一大画期」であると宣言され、「何百万台ものMS-DOSベースのパソコンに『人間味』を取り戻した」と語った。

1,000万ドルもの資金がウィンドウズの華々しい宣伝に投じられた。ゲイツ自身が語ったところによると、それは「今まで行ったソフトウェアの発表で一番贅沢かつ最大規模で、最もお金をかけた」ものだった。

　1990年代半ばのウィンドウズ95の発売後になってようやく、マイクロソフト

がパーソナルコンピューティングの「プラットフォーム」を握っていることが明白になった。こうしてマイクロソフトは、全盛期の IBM に匹敵するほどに、この業界で傑出した存在となったのである。

CD-ROM と百科事典

パソコンのユーザーはソフトウェアだけでなく情報も必要としていた。それは百科事典や辞書といった参考図書からマルチメディア・エンターテインメントにまで及んでいた。1990 年代末までに、その種の情報はインターネットから日常的に入手できるようになった。1980 年代半ばには、商用ネットワークやビデオテックスのサービスが存在していたが（本章の後段で触れる）、こうしたネットワークの回線速度とデータ容量では、大量の情報を配信するには限界があった。一番のネックは、電話回線を使って自宅のパソコンをネットワークにつなぐデバイスである**モデム**にあった。たとえば、この本一章分の記事を配信するには 30 分かかり、2、3 枚の画像を追加すると倍の時間がかかった。安価な高速通信回線が利用できるようになるまで、CD-ROM ディスクは、大量の情報を自宅のパソコンに送る手段として、歴史的に重要な役割を果たしたのである。

CD-ROM (Compact Disc-Read Only Memory) は、1980 年代初頭のソニーとフィリップスの共同開発の成果で、1984 年に発売された。CD-ROM はオーディオ CD 技術を基盤にしており、フロッピーディスクの数百倍にあたる、500 メガバイトを超える記憶容量をもっていた。CD-ROM ドライブは発売当初、高価であり、数年間は 1,000 ドル以上で推移していた。しかし、その膨大な記憶容量は、未発達のコンピュータネットワークが 15 年ものあいだ満足させられなかった、コンピュータ対応コンテンツというまったく新しいマーケットを生み出すことを可能にしたのである。

CD-ROM ドライブの価格が 1,000 ドルあたりに留まっているあいだは、CD-ROM の利用は、主にビジネス情報や高価な出版物を取り扱う企業や図書館に限定されていた。一般の消費者市場では、ゲイリー・キルドールとビル・ゲイツという二人のパソコン用ソフトウェア業界のリーダーが、CD-ROM メディアのマーケットを確立するうえで重要な役割を果たした。キルドールとゲイツの二人は、家庭用の CD-ROM 市場を打ち立てる手段として、CD-ROM 百科事典のアイディアを出した。キルドールは「百科事典が 1,000 ドルすることはみな知っている。ただ、印刷された百科事典と同じ価格帯であれば、百科事典の入ったコン

ピュータを買うほうが合理的だと考える人もいるだろう」と語っている。

　デジタルリサーチを経営しながら、キルドールは独立した企業として新しい CD-ROM 出版事業をスタートさせた。彼は、第一次世界大戦直後にできあがった由緒あるジュニア用百科事典、『グロリエ百科事典』の権利を確保した。1985年に発売された CD-ROM 版の『グロリエ百科事典』は、同様の商品よりもはるかに優れていた。しかし、数百ドルの価格で手に入るグロリエ社の CD-ROM は、価値はあるが面白みはないと評判だった。そのため、学校にはよく売れたが、一般の消費者に CD-ROM 機器を購入させるところまではいかなかった。

　マイクロソフトが百科事典を市場に出すまでには、ずいぶん時間がかかった。ゲイツは、1985年には内容・知名度ともにリーダー格の『ブリタニカ百科事典』(Encyclopedia Britannica) の権利を獲得しようとしていた。しかし、エンサイクロペディア・ブリタニカ社は、儲け頭の印刷版の売上とのカニバリゼーションを警戒し、もともと知名度の高くない『コンプトン百科事典』の CD-ROM 版の企画を進めていたのだ。そこで、マイクロソフトは『ワールド・ブック・エンサイクロペディア』にアプローチしたが、こちらも CD-ROM 版の企画が進行していた。

　マイクロソフトは、幾多の名だたる米国の百科事典企業を回り、1989年、ついに『ファンク・アンド・ワグネル新百科事典』の権利を獲得した。一冊3ドルの『ファンク・アンド・ワグネル新百科事典』は、スーパーマーケットでの衝動買い商品として、派手さはないが収益性のあるニッチ・マーケットを握っていた。マイクロソフトの『ファンク・アンド・ワグネル新百科事典』の権利を獲得するという決定は、アカデミズム気取りのあら探しの気があり、十分な教育を受けていない労働者階級をカモにするものだと嘲笑されてきた。しかし、実際は影響力など取るに足らないジュニア百科事典にすぎなかったのだ。にもかかわらず、マイクロソフトは、この期待薄のマテリアルを『エンカルタ』へと彫琢していった。薄っぺらな内容に映像、サウンドクリップといったマルチメディアの要素を付け加えていった。『エンカルタ』は1993年初頭に395ドルで発売されたが、ヒットには至らなかった。

　実際、CD-ROM 版百科事典は、CD-ROM 革命をもたらすようなキラーアプリケーションにはならなかった。CD-ROM ドライブの価格は、プリンタやハードディスクと比べると、ゆっくり下がり続け、1992年には200ドルとなった。CD-ROM ドライブ価格の値下がりに伴い、とうとう CD-ROM メディアも人口に膾炙するようになった。1992年、教育ソフト会社のブローダーバンドは『ガン

マ・アンド・ミー』を 20 ドルで発売したが、世界的なベストセラーとなり、当時おそらく一番有名な CD-ROM タイトルとなった。あとを追うように、数百の出版社から数千タイトルの CD-ROM が発売された。ほぼ同じころ、マルチメディア効果も手伝って、ビデオゲームの会社が CD-ROM 版のリリースを始めた。少し前には数百ドルした CD-ROM 版百科事典の価格は一気に下落した。1993 年のクリスマスシーズンには『エンカルタ』の価格は 99 ドルまで下げられ、競争相手はそれに続いた。

　廉価な CD-ROM 版百科事典が入手できるようになったことで、伝統的な印刷版の百科事典のマーケットは壊滅的な打撃を受けた。『フォーブス』は以下のように記している。

　　　　新しいコンピュータ技術が、6 億 5,000 万ドルの年商を誇り、世界中にその名をとどろかせた 200 年の歴史を誇る出版社を窮地に追い込むのにどのくらいかかるのだろうか。それほど長くはないだろう。誉れ高いエンサイクロペディア・ブリタニカ社が CD-ROM 技術によって、どれほど貶められたかということ以上に明白で悲しい出来事はない。

1996 年、新しい所有者のもとで、ついに『ブリタニカ百科事典』の CD-ROM 版は、100 ドル未満の価格で売り出された。2012 年、『ニューヨークタイムス』は、「デジタル時代の現実を受け入れる」中で『ブリタニカ百科事典』の製本版は、現在出版されているもので最後になることを伝えた。

ビデオテックスの盛衰

　インターネットは 1990 年代初頭にどこからともなくやってきたようにみえるが、米国、ヨーロッパ、日本においては 1980 年代までに、数多くの情報ネットワークがビジネスや一般消費者向けに構築されていたのである。米国では、こうした情報ネットワークは主に民間部門によって開発されたが、ほかの国では政府の支援が大きな役割を果たした。政府が支援した情報ネットワークで、最も普及した技術は**ビデオテックス**（videotex）であった。

　ビデオテックスは、1960 年代半ばに RCA よって開発されたテレテキスト（teletext）という技術から派生したものだった。それは、特別仕様のテレビに対し、一方向に文字データを送信するものであった。テレテキストを最初に導入し

たのは、ブリティッシュ・ブロードキャスティング・コーポレーション（BBC）
であったが、1970年代初頭、国営企業のポスト・オフィスの通信部門、ポスト・
オフィス・テレコミュニケーション[訳注1] が、対話型のビデオテックス・システ
ム、すなわち、電話回線を使った双方向通信の研究開発でトップに躍り出た。当
初、ビューデータ（View Data）と呼ばれたこのシステムは、まもなくプレステル
（Prestel）と改められた。ポスト・オフィス・テレコミュニケーションは、1976年
にプレステルのパイロットテストを実施し、初期のビデオテックス・システムを
先導したのである。しかし、1985年時点のプレステルの加入者は、当初の目標の
200万人に遠く及ばず、62,000人にすぎなかった。過剰な期待が残念な結果に終
わったのは、ドイツのビルトシルムテキスト（Bildschirmtext）、日本のキャプテ
ン（CAPTAIN）、カナダのテリドン（Telidon）といった他国のビデオテックスで
も同様だった。ビデオテックスの国際標準の確立やグローバルネットワークの構
築が進まなかったのは、政治的な思惑や国家のプライドという理由だけでなく、
各国それぞれが独自の表示規格を作り上げてきたことにあった。

　しかし、フランスという例外中の例外もあった。フランス発のミニテル
（Minitel）というシステムが成功したのは、政治的・技術的・文化的な問題を抱え
るなか、政府が早い段階で重要な決定を行ったことにある。1973年のアラブ
OPECの石油禁輸措置、コンピュータ産業の米国の優位、フランスの通信インフ
ラ整備の遅れ（1970年に電話を所有している家庭は8パーセントにすぎなかっ
た）、そして先進国にとって将来、サービス経済が重要になるという認識の高まり
が、1970年代初頭から半ばにかけてフランスに危機意識をもたらした。1974年、
フランスの通信省（Direction Generale des Telecomminications）は、7年間で
1,400万回線を新設する計画を打ち出した。それはサービス経済化の流れが強ま
るなかで、フランスをうまく成長軌道に乗せるものだった。1981年までに、フラ
ンスの家庭の74パーセントに電話が設置された。設置台数はさらに増え、1989
年までに普及率95パーセントとなり、ヨーロッパの主要諸国や米国とほぼ同じ
かそれ以上の水準となった。

　ブリティッシュ・テレコムのプレステルや他国のビデオテックス・システムに
は、広範な公共需要を喚起するための効果的な手段が備わっていなかった。たし
かに、プレステルは天気予報や交通機関の時刻表などのサービスは提供したが、
オンラインでの買い物、銀行取引、ゲームなどのエンタメ、チャットルームなど

［訳注1］　1981年にブリティッシュ・テレコムに名称変更。

顧客に寄り添ったサービスはほとんど提供していなかった。一方、ミニテルの
サービスは 1980 年代初頭までは、ゆっくりと進展した。しかし、フランス政府が
電話サービスと通信インフラの拡充を決めたことで他国にはない、ユニークな機
会が生み出され、ミニテルの離陸に弾みをつけたのである。1983 年から 1991 年
にかけて、フランス政府は、500 万台以上のミニテルユニットを配付し、人々が無
料で使えるオンライン版の電話帳を作り出した。それは紙の電話帳を印刷・配布
する費用の急騰を部分的に相殺するものだった。ミニテルの端末は、9 インチの
モノクロ画面で小型のキーパッドがついており、約 500 フラン（100 ドル未満）の
製造コストがかかった。（電話帳の代わりに）標準的な端末を無料で大量に配付
したことで、経済学者が「ネットワークの外部性」と呼ぶ状況がもたらされた。
ミニテルのユーザーが増えるとサービスプロバイダへのニーズが高まり、サービ
スプロバイダが増えると多くのユーザーを惹きつけるというように。そして、新
しいサービスが提供されると、ミニテルの端末を、もっと大きくカラー画面がつ
いたものへとバージョンアップしてほしいというニーズも高まった。そうした端
末はフランス・テレコム（France Télécom）によって販売またはリースされた。

　ミニテルの成功をもたらした理由には、提供されるサービスの種類に関して、
フランス・テレコムやフランス政府が寛大であったことが挙げられる。ミニテル
の黎明期の一つの例として「メッセージリーズ・ローゼス（messageries roses）」
やアダルト・チャット・サービスがあった。1987 年、その種のサイトへの「通話
はひと月あたり合計で 200 万時間に及び、当時の［ミニテルの］加入者通話の半
分近くに達していた」。このことは『ペントハウス』や『プレイボーイ』が人気サ
イトの「トップ 10」に入った 1990 年代のインターネット現象と似ている。1990
年代後半には、こうしたサイトは「ポーンシティ（PornCity）」とともに、毎日何
百万人もの訪問者を受け入れているのである。インターネットと同様に、ニュー
スやスポーツから旅行、天気、ビジネスまで多くのサービスやコンテンツがミニ
テル上で利用できるようになると、アダルト系のコンテンツの提供数と利用率は
減少していった。1992 年の時点で、ミニテルは 20,112 件ものサービスを擁し、配
付された端末数も 630 万台近くに達した。ミニテルの端末は、家庭に加え、郵便
局やほかの公共施設にも置かれるようになった。ミニテルの利用が身近になる
と、このシステムには思いもよらない利用者が数多く出現した。たとえば、フラ
ンスの北西部のブルターニュ地方の約 2,500 もの酪農家はミニテルを使って、「乳
牛が発情したときに授精師に電話をしたり、当局に動物の死骸の運搬をお願いし
たり、」市場価格を追跡したり、乳製品の化学検査の結果を中継したりしていた。

　ミニテルは 2012 年半ばに、とうとう廃止された。それは 20 年以上ものあいだ、フランスのほぼすべての人々に、のちにインターネットにつながる設備を提供したという意味で偉業であった。ミニテルの存在は、フランス全土におけるインターネットの導入を 2000 年代初頭まで抑制したものの、その後フランスはすぐに巻き返した。

米国における商用ネットワーク

　米国においては、初期の商用ネットワークの発展に関して、政府もビデオテックスも重要な役割を果たさなかった。1980 年代の商用ネットワークの筆頭は、コンピュサーブ（CompuServe）であった。コンピュサーブはもともと、第 9 章で触れた旧式のタイムシェアリングサービスとして 1969 年に始まった。コンピュサーブが設立されたのは、不運にもコンピュータ・ユーティリティのブームが下火になったときであった。最初の 2 年間はかなりの損失を出したものの、その後、保険業界にタイムシェアリングサービスを販売して黒字に転換した。

　電気事業と同様に、ビジネス向けのタイムシェアリングサービスは、需要が大きく変動することに手を焼いていた。9 時から 5 時の営業時間には、提供できる上限の容量まで利用されるが、繁忙時を過ぎた夜間や週末では利用量が大きく下回るのだ。1978 年にパソコンが登場すると、コンピュサーブの創業者でリーダーのジェフ・ウィルキンス（Jeff Wilkins）は、余った容量をコンピュータ愛好家に販売するという事業機会を見出した。彼は、加入者に接続ソフトを販売していたミッドウェスト・アソシエーション・オブ・コンピュータ・クラブに勤めながら、マイクロネット（MicroNet）と呼ばれるサービスを創り出した。加入者は、オフピークであれば 1 時間 2、3 ドルで、そのシステムにアクセスできるというものだった。マイクロネットが人気を博したので、ウィルキンスはそのサービスを全国に広げることを決めた。しかし、まず接続ソフトを全国の消費者に行き渡らせなければならなかった。そのため、タンディ・コーポレーションと提携し、同社が擁するラジオシャック 8,000 店で、「スターターキット」を 39.95 ドルで販売した。そのキットには、ユーザーマニュアル、接続ソフトウェア、25 ドル分の利用券が含まれていた。

　主に財務分析のプログラムや保険サービスを求めていたコンピュサーブの顧客と違って、家庭用パソコンのユーザーは「コンテンツ」やほかの加入者と通信することに大きな関心を寄せていた。1980 年の『コロンバスディスパッチ』を皮切

りに、新聞が登録され、ついには『ニューヨークタイムズ』といった主要紙も読めるようになった。コンピュサーブには、コンピュータゲームや電子メール、そして、ユーザー同士がリアルタイムで会話ができるフォーラムといった、チャットルームの先駆けとなる機能も含まれていた。コンピュサーブの加入者は、1984年夏に300都市で13万人に達し、26台のメインフレームを所有し、コロンバス本社に600名の従業員を擁するまでになった。コンピュサーブの加入者は、月額の基本料金に加え、1時間あたり12ドル（夜間や週末は6ドル）を支払えば、航空チケットを予約したり、新聞を読んだり、データベースや百科事典を検索したり、株価をチェックしたり、メッセージを投稿できる掲示板に参加することができた。コンピュサーブの設立当初の目的である、大型コンピュータのタイムシェアリングサービスも利用できた。

　コンピュサーブは、黎明期の商用ネットワークの中では最も成功した企業で、加入者の数が、数年間でほかの商用ネットすべてを合わせた数を超えた。パソコンが職場に導入されるようになると、コンピュサーブは法人市場にも進出し、主にスタンダード＆プアーズの企業情報やロッキードのダイアログ情報サービスといったデータベースにアクセスできる「エグゼクティブ・サービス」を提供した。

　1980年代半ばにオンラインサービスを利用していたのは、パソコン所有者のおよそ20人に一人にすぎなかった。しかし、そうしたサービスは大きな可能性を秘めた機会として広く認知されるようになり、コンピュサーブの躍進が主要な競合他社の参入を促した。最も重要な2社はザ・ソース（The Source）とプロディジー（Prodigy）であった。ザ・ソースは、リーダーズ・ダイジェスト・アソシエーション（Reader's Digest Association）とコントロールデータ社が立ち上げた商用ネットだった。一方のプロディジーは、シアーズとIBMによるものだった。どちらの場合も、パートナーの片方が既存のビジネスの延長上にネットワークを捉えており、もう片方がコンピューティングのノウハウを提供していた。リーダーズ・ダイジェスト・アソシエーションは、商用ネットを出版の新しい形態とみていた（実際にそうなったが、それはアソシエーションが事業をやめてからのことだった）。シアーズは商用ネットを有名な通販カタログの延長としてみていた。両社とも卓越した販売チャネルをもっており、それを通じて、接続ソフトを加入者のもとに届けることができた。しかし、成功には至らず、コンピュサーブと競争するのは困難であることが明らかになった。1989年にザ・ソースはコンピュサーブに身売りされ、プロディジーは巨額の損失を被り、1996年にオーナーが事業を断念したのである。

　コンピュサーブが他社よりも成功できたのは、ネットワークの外部性を享受したからだった。ある商用ネットのユーザーが別の商用ネットのユーザーと通信できなかった時代には、最大の商用ネットに属するのが理に適っていたのだ。コンピュサーブは、1990年には60万人の加入者を抱えるまでになり、ホームバンキングからホテルの予約、そしてロジャー・エバートの映画評論から『ゴルフマガジン』まで、文字通り数千ものサービスを提供していた。1987年にはニフティサーブという名で日本に進出し、1990年代初頭には、ヨーロッパでもサービスを始めた。

　しかしながら、コンピュサーブは1980年代に新しく参入してきたアメリカ・オンライン（AOL）に対してはもろさを露呈した。AOLが顕著な成功をみせるのは、アップルのパソコン、マッキントッシュ向けのサービスを展開してからであった。マッキントッシュがグラフィカル・ユーザー・インターフェースでニッチ市場をうまく切り開いたのと違い、AOLのマッキントッシュ向けのサービスは、独自の使いやすいインターフェースを開発することで収益を上げた。そのサービスは1991年にIBM互換パソコンにまで広げられ、「どこのおばあさまでもポイント・アンド・クリックで簡単にインストールできるもの」が提供された。商用ネットの世界で誰もがぶつかる壁は、消費者のもとに接続ソフトを届け、そのサービスを試してもらうことであった。AOLは、無料のお試し期間付き接続ソフトの入ったフロッピーディスクをコンピュータ雑誌に同封するというアイディアを打ち出した。AOLは、最初はフロッピーディスク、のちにはCD-ROMで、全米を「じゅうたん爆撃」したことで、その名を知られるようになった。無料で試せるサービスを提供したことで、数十万人の消費者をやってみようという気にさせたのである。そのサービスはユーザーにとって使いやすく、試してみた人の多くは、そのまま有料顧客となった。とはいえ実際には、加入者の多くがサービスを継続せず、入会した途端に退会する「チャーン（解約・乗り換え）」と呼ばれる現象を引き起こした。それでもAOLは、1995年末の時点で加入者は450万人いると主張している（加入者の中にはヨーロッパの人々が多く含まれているが、驚くべきことに、AOLは社名から帝国主義色を薄める必要性を感じていなかったのである）。

　1990年代以降のコンピューティングの発展の中で圧倒的に重要なのは、インターネットであった。しかし、インターネットが登場した理由は、それまでの10年間でパーソナルコンピュータがとっつきにくい技術システムから情報家電に近いものに変容してきたことにあった。ソフトウェア企業が作り出したアプリケー

ションプログラムによって、パソコンが汎用機から専用機へと変化し、特定の
ユーザー、たとえば、表計算を使うビジネスアナリスト、ワープロの書類を扱う
人、ゲームをプレイする人などのニーズに合わせられるようになった。こうした
アプリケーションの大半は、たとえば、ワープロのプログラムを使い慣れたタイ
プライターのように見せることで、コンピュータをシンプルで使いやすいものに
変えたが、コンピュータを広く社会に解き放ったのはグラフィカル・ユーザー・
インターフェースであった。複雑なコマンドを入力する代わりに、ユーザーは最
も複雑なソフトウェアをポイント・アンド・クリックするだけで利用できるので、
コンピュータの内部がどのように機能しているのか何も知らなくてよかった。

　1980年代半ばのパソコンは使いやすくなったけれども、単体でしか機能しな
かった。それはタイプライターや電卓に代わる現代的なモノであり、娯楽室にあ
る人気のニューアイテムでもあった。しかし、図書館や電話の代わりにはならな
かった。パソコンが、本当に有用なものになるには、通常の図書館に匹敵するほ
ど大量の情報にアクセスでき、ほかのパソコンと通信できる必要があった。こう
した情報へのアクセスの補完的役割を果たしてきたのは、CD-ROM、商用ネット
ワーク、ビデオテックス・システムであった。CD-ROM という媒体は大量の情
報を記録できたが、静態的ですぐに時代遅れのものになった。商用ネットワーク
やビデオテックスはシステム側には大量の情報が保存されていたが、ユーザーは
モデムという狭い入口から流れてくる少量の情報しか利用できなかった。21世
紀の初頭、インターネットと高速ブロードバンド接続が実現したことで、ついに
ユーザーが必要な情報を許容できるスピードで得られるようになったのである。

インターネットの世界

1990 年代の初めに、世界中の数百万に及ぶコンピュータをつなぐシステムであるインターネットは、大きなニュースとなった。1990 年秋の時点でインターネットに接続されているコンピュータは、たった 313,000 台にすぎなかった。それが 5 年後には 1,000 万台近くになり、2000 年の終わりには 1 億台を超えた。コンピュータ技術はインターネットの心臓部だが、インターネットの重要性は経済的で社会的なものだ。インターネットはコンピュータユーザーに、コミュニケーションを行い、情報源にアクセスし、ビジネスを行う能力を与えているからだ。

1. 世界頭脳からワールド・ワイド・ウェブへ

インターネットは、三つの欲求が出会い合流したところから生まれた。そのうち二つは 1960 年代に現れたもので、残りの一つの起源はさらに時代をさかのぼる。一つ目は、軍事通信にふさわしく、決して故障しない効率的でフォールトトレラントなネットワーキング技術が欲しいという、やや実利的な欲求だった。二つ目は、世界のコンピュータネットワークを一つのシステムに統合したいという希望だった。もし電話が特定の電話事業者のネットワーク内でしか通話できないというものだったら、個人対個人の主要なコミュニケーション媒体にはならなかっただろう。それと同じように、世界中の孤立したコンピュータネットワークをつなげれば、もっと便利になるというのだ。しかし、最もロマンティックで理想的な欲求は、もしかすると古代のアレクサンドリア図書館にまでさかのぼるが、世界中の知識をすぐに利用できるようにしたいということだった。

百科事典からメメックスまで

　世界中の知識を普通の人間がすぐに利用できるようにするというアイディア
は、とても古い夢だ。たとえば、このアイディアはフランスの哲学者ドゥニ・
ディドロ（Denis Diderot）を駆り立てて、18世紀における初の大百科事典を編纂
せしめた。この何巻にも及ぶ『百科全書』は啓蒙時代の中心的プロジェクトの一
つで、人々に知識と、ひいては権力を与え、急進的で革命的な変革をもたらそう
というものだった。『百科全書』は部分的には政治的活動だったのである。それ
と同じように、インターネットにも政治的な側面がある。初の英語百科事典であ
る『ブリタニカ百科事典』は1768年に登場し、直接『百科全書』をモデルとして
いた。もちろん『百科全書』も『ブリタニカ百科事典』も世界の知識の**すべて**を
掲載できるわけではない。しかし、どちらもその重要な部分を掲載していたし、
少なくともそれと同じくらい重要なことに、知るべきことがあるという感覚を
人々に与えて、知識の世界に秩序をもたらしていた。

　19世紀には人間の知識生産が爆発的に増大した。19世紀初めの数十年間には、
学識者が人文科学と自然科学双方のあらゆる知識に通じている、ということはあ
りえた。たとえば、ピーター・マーク・ロジェ（Peter Mark Roget）は今やシソー
ラス類語辞典の編纂者としか知られていない人物だが、医師として生計を立てな
がらも、アマチュア科学者でロンドン王立協会のメンバーであり、教育者であり、
ロンドン大学の創立者の一人でもあった。そして、チャールズ・バベッジは、計
算機関で有名だっただけでなく、重要な経済学者でもあった。彼はそのほかに
も、数学や統計学、地質学や自然史、神学や政治学に関する著作すら残している。

　しかし、20世紀に至るまでに世界の知識ははかりしれないほど増加し、専門化
の時代が到来した。一人の人間が人文科学と自然科学に等しく通暁するのはきわ
めて稀なこととなり、ごく狭い領域を超えて深い知識をもつのは不可能も同然に
なった。たとえば、数学のあらゆる小分野に通じている数学者は1900年にはい
なくなるだろう、と言われていた。

　戦間期になると、何人もの思想家たちが考え始めた。世界の知識をシステマ
ティックに整理して、この専門化への流れを阻み、せめて自分が何を知るべきか
を人々が再び把握できるようにできないだろうか。この運動で最も著名な人物
が、英国の社会主義者で、小説家で、サイエンスライターでもあったH・G・ウェ
ルズ（H. G. Wells）である。ウェルズは米国では『宇宙戦争』、『タイム・マシン』
の著者として最もよく知られている。その生涯を通じて、ウェルズは世界の知識

の量が何倍にもなっていくのを目の当たりにした。教育を受けた人々ですら世界の知識のほんの小さな一部分にしか通じていないという狭い専門化のせいで、学識者が「ヒトラーのような人間によって追い出されている」という野蛮な状態に世界は陥っている、とウェルズは確信した。1930年代に、ウェルズは自分の世界百科事典計画についてパンフレットと記事を書き、スピーチを行った。それは、ディドロが18世紀に行ったことを20世紀に行おうというものだった。そういった計画には巨額の費用がかかるため、ウェルズは出版社の関心をひくことに失敗し、1937年の秋に資金を募るための米国講演ツアーに乗り出した。

　彼は五都市をめぐり、最後の開催地となったニューヨークではラジオ放送も行われた。「近代世界の頭脳の組織化」と題された講演の中で、世界百科事典は普通の意味での百科事典ではない、とウェルズは説明した。

　　　世界百科事典はもはや、印刷されて出版されればそれっきりの何巻にもなる書物ではなく、知性のための一種の手形交換所、知識とアイディアが受け取られ、分類され、要約され、消化され、解明され、比較される貯蔵所なのである。……この百科事典組織を一か所に集中させる必要はない。それはネットワークという形態をとり、実際の世界頭脳の重要な起源とみなされるだろう。

ウェルズは、すべてのデータはマイクロフィルムで物理的に保存できるだろうと想定したほかには、世界頭脳のための「ネットワーク」をどうやって作り上げるかを説明しなかった。しかし、世界の情報をすべて集めたところで、適切に整理しないと役にはたたない。それゆえ、彼は、「人類の知識の索引を作り上げ、それを更新する仕事に、多数の労働者たちが従事するだろう」と予想した。

　ツアーの途中で、ウェルズはルーズベルト大統領の貴賓として昼食に招かれた。ウェルズはさっそく世界頭脳プロジェクトについて大統領の関心をひこうとしたが、はたして当然のことながら、ルーズベルトにはもっと差し迫った問題があった。ウェルズはがっかりして昼食の席をあとにすることになった。世界頭脳のための時間は尽きようとしていた。世界は第二次世界大戦になだれこもうとしており、ウェルズは計画を放棄せざるをえず、鬱に陥り、ついにそこから回復することがなかった。彼は終戦を見届けたが、翌年に80歳で他界した。

　ウェルズの夢は彼と一緒に死んだわけではなかった。戦後に、そのアイディアは装いを一新し、ヴァネヴァー・ブッシュによって新たな活力を与えられること

となった。ブッシュは、アナログコンピュータを開発した科学者かつ発明家だが、大統領の首席科学顧問および科学研究開発局の長官となって、合衆国の戦時科学動員の指揮をとった人物であった。

　実際のところ、ブッシュは戦争の数年前に、情報を格納する機械の最初の提案を行っていた。これは、大学図書館の蔵書を「数立方フィートの中に」収めることのできる、机のような装置になるはずだった。開戦に伴って、ブッシュはこういったアイディアをひとまず脇に置いておかねばならなかったが、戦争最後の数か月には、科学者が戦後何を行うことになるだろうかということに考えを向けはじめた。ブッシュにとっては、ある問題がほかの何よりも際立ってみえた。それは、情報爆発に対処するという問題である。1945 年 7 月に、彼は自分のアイディアを「我々が考えるごとく」(As We May Think) という一般向け記事として書きとめ、『アトランティック・マンスリー』に掲載した。数週間後に、それが『ライフ』誌上で再版されると、より多くの読者の眼に触れた。この記事は、そののち数十年にわたって情報科学者が追い続けることになる夢をうちたてた。

　ウェルズが予言した通り、戦争中にマイクロフィルム技術は進化して、情報保存の問題は本質的に解決するに至った。ブッシュが述べるには、マイクロフィルム技術を利用することで『ブリタニカ百科事典』をマッチ箱の大きさの空間に収めることができ、「数百万冊を収蔵する図書館を机の片隅に圧縮することができる」。それゆえ、問題は爆発的に増えた情報をどうやって**格納する**かということよりむしろ、それをどうやって利用可能にするかにある。ブッシュはパーソナルな情報機器を構想し、それをメメックス（memex）と呼んだ。

　　　メメックスとは、個人が自分の蔵書、記録、通信物をすべて保存できる装
　　　置で、卓越した速さと柔軟性をもって参照ができるように機械化されてい
　　　る。これは、自分の記憶を拡張し詳細に補完するものだ。
　　　　これは 1 台の机でできていて、おそらくは離れたところから操作もでき
　　　るが、本来的にはそれに向かって仕事をする家具ということになる。机上
　　　には斜めになった半透明のスクリーンがいくつかあり、読みやすいように
　　　資料を投影することができる。キーボードが一つと、ボタンおよびレバー
　　　が一そろい備え付けられている。それ以外は、普通の机と見た目は変わら
　　　ない。

このメメックスで、ユーザーは情報を閲覧することができる。

ユーザーがある本を参照したいときには、キーボードでその本のコードを入力すると、本のタイトルページが即座に、鑑賞場所の一つに投影されて現れる。頻繁に使うコードは簡略化されているので、コード帳を参照する必要はほとんどない。しかし参照をする際には、キーを一回タップするだけで投影されるようになっている。さらに、補助レバーもある。レバーの一つを右に傾けると、目の前に開いている本のページが繰られ、ちょうど流し読みができる速度で各ページが投影されていく。レバーをさらに右に傾ければ、本を一度に 10 ページずつ飛ばしていくことができ、さらに倒せば 100 ページ飛ばすことができる。左にレバーを倒すと、同じことを逆向きに行える。

　特別なボタンを押すと、ただちに索引の最初のページに移る。このようにして、自分の図書館のどのような蔵書でも呼び出して参照することができ、これは本棚から取り出すよりもはるかに簡単だ。投影場所はいくつもあるので、一冊の本を投影したままにして、別の本を呼び出すこともできる。欄外のメモやコメントも付け加えられる……あたかも本のページが物理的に目の前にあるかのように。

これをどうやって実現するのか、ブッシュにはわからなかったが、コンピュータの新技術がメメックスの実現に重要な役割を果たすだろうとは確信していた。彼は、コンピュータがいつの日か素早い算数以上の何かのために用いられるだろうと 1945 年の時点で気づいていた数少ない人物の一人だった。

　ブッシュの記事から 20 年のあいだに、マイクロフィルムリーダーと簡単な電子制御を用いてメメックスを製作するという試みは数々行われた。しかし、技術は未熟かつ高価すぎて、大した前進はみられなかった。1967 年にブッシュが著書『科学は不十分だ』の中でメメックスのアイディアに立ち返ったときも、彼のパーソナルな情報機器の夢はいまだ「未来の話だが、そう遠くはない」というものだった。

　彼がこのような言葉を記していた時点で、コンピュータ技術を用いたメメックス型の情報システムを構築することにともなう知的問題は、原理的にはおおむね解決していた。一例として、ARPA の情報処理技術部を率いていた J・C・R・リックライダーは、早くも 1962 年に彼が未来の図書館と呼んだプロジェクトで研究を進めており、同タイトルで出版した著書を「価値がないかもしれませんが、ブッシュ博士へ」と捧げている。1960 年代の半ばには、テッド・ネルソンが**ハイ**

パーテキストという言葉を作り出し、ダグラス・エンゲルバートがスタンフォード研究所で同様のアイディアを実現させようと研究を進めていた。ネルソンもエンゲルバートもブッシュから直接影響を受けたと主張している。のちにエンゲルバートが回想したところによると、第二次世界大戦中にフィリピンで階級の低い電子技師として働いていたころ、「『ライフ』誌で［ブッシュの］メメックスに関する記事を見つけて、このようなことを考えている人々がいるんだ、と物凄くゾクゾクした……彼に会えればと思ったけれど、自分がこの研究をつかんだころには、彼はすでに老人ホームにいて会えなかった」という。

　メメックス型機械を設計するという知的問題は速やかに解決したが、物理的な技術であるコンピュータのネットワークを確立するには、長い時間がかかった。

ARPA ネット

　地理的に分散したコンピュータネットワークを構築する最初の具体的提案は、リックライダーによる 1960 年の論文「人間とコンピュータの共生」でなされた。

> 今後 10 年から 15 年のあいだに、情報保存と検索において期待される進歩を今の図書館の機能に組み込んだ「思考センター」(thinking center) が登場すると想像するのは理にかなったことに思われる……この想像図は、センター同士が広帯域通信線で接続され、センターと個々のユーザーが専用回線で接続されているようなネットワークへと、たやすく広がっていく。こういったシステムでは、コンピュータの速度は均衡するよう調整され、巨大なメモリと洗練されたプログラムにかかる費用は多数のユーザーで分割されることになるだろう。

1963 年に ARPA が助成した初めてのタイムシェアリングコンピュータシステムが稼働したとき、リックライダーは、彼が個人的に銀河間コンピュータネットワークと呼んだ計画を実行にうつした。これは公には ARPA ネットとして知られた。

　ARPA ネットの公式の目的は、経済的なものだった。ARPA のコンピュータシステムをネットワーク接続すれば、各コンピュータのユーザーたちがネットワーク上のほかのコンピュータの機能を使えるようになるというのである。そうすると、専門的な機能を全員が利用できるようになるし、コンピュータの負荷を地理

的に離れた多数の場所に分散させることもできる。たとえば、東海岸のコン
ピュータユーザーの勤務時間は西海岸よりも数時間早く始まるので、東海岸ユー
ザーは午前中、使われていない西海岸の設備を利用することができる。東海岸で
日が暮れると立場は逆転する。ARPA ネットはどちらかというと、多数の発電所
が調和した運転をして負荷のバランスをとっている送電網のような振る舞いをす
ることになる。

　1964 年 7 月に IPTO 部長としての 2 年間に及ぶ任期を終える際、リックライ
ダーは強力な発言権を行使し、自分のビジョンを共有して押し進めてくれる人物
を後継者に指名した。彼のすぐ次の後継者はアイヴァン・サザランドだった。彼
は MIT で訓練を受けたグラフィクスの専門家で、当時はユタ大学に所属してお
り、部長を 2 年間務めた。その次がロバート・テイラーで、彼もまた MIT の卒業
生だった。テイラーはのちにゼロックス PARC のコンピュータ科学プログラム
を率いることになる。

　1963 年から 1966 年にかけて、ARPA はコンピュータネットワーキングという
新しい技術を探求している数々の小規模研究プロジェクトに助成を行った。そう
いった活動に資金を投じていた組織は ARPA だけではなかった。米国やイング
ランド（特に国立物理学研究所）、そしてフランスで、コンピュータネットワーキ
ングに関心のある団体はほかにいくつもあった。1966 年には、コンピュータネッ
トワーキングというアイディアを実用的に開発する準備が整い、IPTO 部長で
あったロバート・テイラーは単純な実験ネットワークを開発すると決定した。彼
はネットワーキング業界の期待の星、ラリー・ロバーツ（Larry Roberts）を招き、
このプロジェクトを率いてもらうことにした。

　ラリー・ロバーツは 1963 年に MIT で博士号を取得した。彼がネットワーキン
グという主題に初めて心惹かれたのは、1964 年 11 月の会議でリックライダーと
議論を行ったためで、のちに回想していわく「彼の情熱が自分に感染した」とい
う。IPTO のネットワーキング計画を率いてほしいとテイラーから打診されたと
き、ロバーツは MIT のリンカーン研究所で、IPTO の助成を受けたネットワーキ
ングプロジェクトの仕事をしていた。当初、ロバーツはリンカーン研究所の科学
者という自分の役割と、重要だけれど官僚的な仕事とを交換したくないと考えて
いた。しかし、テイラーはロバーツの頭越しに上司に訴え、この研究所は資金の
半分以上を ARPA から得ているのだということを思い出させたのだった。1966
年に ARPA ネットプロジェクトを引き継いだとき、実用的なネットワークに着
手する前に、ロバーツは三つの重要な技術的問題を解決せねばならなかった。一

つ目の問題は、どうやってタイムシェアリングシステムをすべて物理的に接続するのか、というものだった。もしどのコンピュータシステムもほかのすべてのシステムに接続せねばならないとなると、通信線の数は幾何級数的に増加してしまうというのが難点だった。当時存在していた 17 台の ARPA コンピュータをネットワーキングするには、全部で 136 本（すなわち、17×16÷2）の通信線が必要になる。二つ目の問題は、コンピュータを接続する高価な高速通信線をどうやって経済的に使うか、という問題だった。商用タイムシェアリングコンピュータでの経験から、ユーザーの時間の多くが考えることに費やされ、そのあいだ通信線はアイドル状態になっているため、電話線の通信容量の 2 パーセント以下しか生産的には使われない、ということがすでに示されていた。この欠点は、地域の電話回線では大した問題にならなかったが、高速長距離回線では耐えがたい問題だった。ロバーツが直面した三つ目の問題は、それぞれメーカーが異なり、開発に何年もかかった種々のオペレーティングソフトウェアを使っているコンピュータシステムを、すべて相互接続するにはどうすればいいのかという問題だった。この時点でソフトウェア危機のことはよく知られていたため、OS を大幅に書き換えるということは避けたかった。

　ロバーツは知らなかったが、最初の二つの問題の解決法はすでに発明されていた。「ストアアンドフォワード・パケット交換」として知られるこのアイディアは、1961 年にランド社のポール・バランによって初めて提唱され、それとは独立にイングランドの国立物理学研究所で 1965 年にドナルド・デイヴィス（Donald Davies）によって再発明された。デイヴィスは**パケット交換**という言葉を作った人物である。デイヴィスはパケット交換概念を古い電信技術と同様のものだと捉えていた。

　電信ネットワークでは、全都市をそれぞれ相互接続させるという状況をいかにして避けるかという問題は技術者たちがすでに解決していた。主要都市に設置したいくつもの交換センターを利用すればよい。そうすると、たとえば電信をニューヨークからサンフランシスコに送るとすると、その通信文はシカゴとロサンゼルスにある中間交換センターを経由してサンフランシスコに到着することになる。電信が普及しはじめた 19 世紀末、各交換センターでは入電した電報をモールス音響機で受信し、それを電信員が書きとめていた。それから別の電信員が次の交換センターに向けてそれを再送信する。電信が全国各地をリレーされて最終目的地に到着するまで、このプロセスが各交換センターで繰り返された。電信を書きとめることに付随して生じた利点は、それが一種の保存システムとして

機能したということだった。そのおかげで、回線が混んでいたり、次の交換セン
ターが忙しすぎて通信文を受け取ってもらえなかったりした際には、回線が空く
まで送信を控えておくことができたのである。このことは、ストアアンドフォ
ワードの原理として知られていた。1930 年代には、こういった手動の交換セン
ターは「トーン・テープ・オフィス」へと機械化され、入電した通信文は紙のパ
ンチテープに自動的に記録され、それから機械的に再送信されるようになった。
1960 年代には同じ機能がコンピュータ化され、保存メディアとして紙テープの代
わりにディスク保存装置が用いられるようになった。

　ストアアンドフォワード・パケット交換は、こういった古くからの電信のアイ
ディアを精緻にしたものだった。各コンピュータをほかのコンピュータすべてに
それぞれ接続する代わりに、ストアアンドフォワード技術を用い、通信文がネッ
トワークを通じて伝送される。そのネットワークには、コンピュータをつなぐ役
割を果たす一本の「バックボーン」通信線と、必要に応じて追加されるほかの接
続線がある。パケット交換技術が処理したのは、高速通信線を経済的に使用する
という問題だった。一人のユーザーが通信線を独占してしまうことのないよう
に、データはパケットの形でネットワークの中を行ったり来たりする。パケット
とは短い電報のようなもので、各パケットには最終目的地のアドレスがついてい
る。長いメッセージはいくつものパケットに分割され、それぞれ個別にネット
ワークに送信される。パケットを矢継ぎ早に送信することで、一本の通信線が人
間とコンピュータのやりとりを同時にたくさん処理できるようになった。交換セ
ンターの役割を果たすコンピュータ―― ARPA ネットでは**ノード**と呼ばれた
――は、単にパケットを受け取り、最終目的地に向けたルート上の次のノードに
それを受け渡すだけの働きをする。最終目的地のコンピュータは、複数のパケッ
トからもとのメッセージを復元する。要するに、多数のユーザーが一本の通信線
を同時に共用できるようにすることによって、パケット交換はタイムシェアリン
グシステムがコンピューティングで行ったのと同じことを遠隔通信で実現したの
である。

　1967 年 10 月にテネシー州ガットリンバーグで行われたコンピュータネット
ワーク研究者の国際会議に参加するまで、ロバーツはこういったことを何も知ら
なかった。彼はドナルド・デイヴィスの英国人の同僚の一人から、パケット交換
概念についての話を聞いた。のちに彼は、この出来事を一種の啓示だったと評し
ている。「突然、私はパケットがどうやって送られていくのか理解した」。

　ロバーツに残された最後の問題は、別機種のコンピュータにネットワークトラ

フィックを処理させるという恐ろしいソフトウェアの問題を、どうやって回避するかということだった。幸運なことに、ロバーツがこの問題に直面していたのとちょうど同じころ、最初のミニコンが市場に出回りはじめた。解決策はタクシーに乗車している最中、突然ロバーツの頭に浮かんだ。インターフェース・メッセージ・プロセッサ（IMP）である。各コンピュータセンターで既存のソフトウェアを修正する代わりに、別の安価なミニコン、すなわち IMP を各ノードに設置し、データ通信トラフィックをすべて処理させる。ホストと呼ばれる各コンピュータシステムのソフトウェアには、IMP と情報をやりとりするための比較的単純な修正をほどこすだけでよい。こうして、気にかけねばならないソフトウェアは一つだけになった。ネットワーク上の IMP すべてに用いる単一のソフトウェアシステムである。

　ARPA ネットプロジェクトは、1966 年にロバーツが引き継いだときにはかすかに見える程度のものにすぎなかったが、ついに具体的な形をとりはじめた。1968 年の夏に、彼はテイラーのあとを引き継いで IPTO 部長となり、ARPA ネットプロジェクトは全速で前進した。カリフォルニア大学ロサンゼルス校、カリフォルニア大学サンタバーバラ校、ユタ大学、スタンフォード研究所という 4 か所のコンピュータセンターをネットワークでつなぐという、250 万ドルを投じた試験的計画が開始された。IMP のためのソフトウェアがボルト・ベラネク・アンド・ニューマン社へと外注された一方で、大学のキャンパスでは大学院生とコンピュータセンターのプログラマの寄せ集め集団がホストコンピュータと IMP の接続を担当した。ARPA ネットの開発に多数の大学院生が、たいていはコンピュータ科学の大学院研究科目を取り終わってからアルバイトで参画したことで、ネットワークのコミュニティに独特でややアナーキーな文化が生まれた。この文化は、1970 年代におけるパーソナルコンピュータ業界のコンピュータ・アマチュア文化と同じくらい強力だった。しかし、パーソナルコンピュータの世界とは違って、この文化にははるかに持続性があったし、初期のインターネットが組織化されずアナーキーな状態だったのはそのためだった。

　1970 年にはノードが四つのネットワークが完全に稼働し、信頼性も高い状態で動作した。ARPA が助成したほかのコンピュータセンターもこのネットワークにすぐに参加し、1971 年の春には 23 のホストがネットワークでつながった。技術的成果としては印象深いものだったが、ARPA ネットはそれ以外の世界中の何万台にも及ぶメインフレームコンピュータに対してはさしたる重要性をもたなかった。もしネットワーキングのアイディアが ARPA のコミュニティ外にも広

がるものなのだとすると、自分は単なるプロジェクトマネジャーではなくエバンジェリスト（伝道者）にならねばならない、とロバーツは自覚した。彼は学会で技術コミュニティに ARPA ネットの話をしたが、それは釈迦に説法だということがわかった。そこで彼は 1972 年の秋にワシントン DC で開かれる第 1 回コンピュータ通信国際会議（International Conference on Computer Communications, ICCC）の場で、誰も見過ごせないような ARPA ネットの公開デモンストレーションを企画しようと決意した。

　会議には 1,000 人を超える人々が参加した。ARPA ネットのデモンストレーションをするエリアには 40 台の端末が据え付けられ、人々は、MIT のプロジェクト MAC からカリフォルニア大学のコンピュータセンターに及ぶ十数台のコンピュータをどれでも直接使うことができた。パリにあるコンピュータにすら接続が行われていた。ユーザーは、データベースにアクセスしたり、気象学モデルを走らせたり、対話型グラフィクスを試したりといった本格的なコンピューティング課題を行うことができた。単に航空管制シミュレーターやチェスゲームで遊ぶこともできた。デモンストレーションは三日間行われ、参加者に忘れがたい印象を与えた。

　ICCC のデモンストレーションは、ARPA ネットとネットワーキング一般の両方にとって転機となった。この技術が突然に現実のものとなったことで、ますます多くの研究機関や大学が ARPA ネットに接続したいと声を上げた。会議の 1 年後には 45 台のホストがネットワークに接続し、それが 4 年後には 111 台になった。これは進歩だったが、成長はいまだ緩やかなものだった。

人気の E メール

　しかし、ネットワーキングへの関心が爆発したのは、資源を共有できて経済的だからでも、遠隔地のコンピュータが使えるからでも、コンピュータゲームができて楽しいからでもなかった。実際、多くのユーザーはそういった機能をまったく使わなかった。その代わりにユーザーを引き付けたのは、電子メールを通じてコミュニケーションできるということだった。

　電子メールが ARPA ネットに対する重要なモチベーションだったことは一度もない。それどころか、電子メールというアイディアが知られていなかったわけでは決してないにもかかわらず、電子メール機能は当初提供されていなかった。E メールシステムは、たとえば 1960 年代半ばに MIT のプロジェクト MAC で提

供されていた。しかし、MITの同僚にしかメールできないので、通常の学内便を超える選択肢にはならなかった。

1971年7月、BBNのプログラマ2名がARPAネット用の実験的なメールシステムを開発した。BBNネットワークチームのメンバーの一人はこう語る。

> メール［のプログラム］が開発されたとき、初めは誰もそれがこんなに大当たりすることになるとは思っていなかった。みんな気に入っていたし、いいものだとは思っていたけれども、興奮と関心がこれほど爆発することになろうとは誰も想像していなかった。

電子メールはすぐにARPAネットにおけるほかの全通信量を上回るようになり、1975年までにEメールの登録ユーザーは1,000人を超えた。Eメール機能の需要は、ARPAのものではない最初のネットワークを作りあげる原動力にもなった。そういったネットワークの中で重要なものの一つがユースネット（Usenet）である。これは、ARPAネット接続から除外された大学が1978年に作り上げたネットワークだった。このネットワークから生まれた予定外のスピンオフが、ユースネット・ニュースシステムである。巨大な電子掲示板のようにふるまうこのシステムでは、ネットワークユーザーはニュースグループに登録し、同じような考えをもつ人達と意見を交換することができた。これは当初、デューク大学のとある学生とノースカロライナ大学の学生がニュースをやりとりするために設計したものだったが、このアイディアはいち早く人気を博した。ニュースグループは、初めのころは主にコンピュータ関連の情報をやりとりしていたが、ついには数千に及ぶさまざまなトピックを含むようになった。1991年にはユースネットシステムは35,000のノードをもつようになり、ニュースネットワークの登録者数は数百万人にのぼった。

しかし、多くの人々がニュースグループにすぐ飽きてしまった一方で、ネットワーク化されたコンピューティングとEメールは現代的ビジネスの不可欠な一部分となり、既存のコンピュータサービス産業は対応を余儀なくされた。まず、タイムシェアリング会社が、ネットワークプロバイダへと変貌した。たとえば、BBNのテルコンプ・タイムシェアリングサービス社は、テルネット・ネットワーク（Telnet network）として1975年に再出発した（CEOとなったのはラリー・ロバーツだった）。テルネットは当初、7都市にノードを開設していたが、1978年には合衆国内176都市と海外14か国に広がった。テルコンプのライバルである

タイムシェアは、1979 年にネットワーク子会社タイムネット（Tymnet）を設立した。ウェスタン・ユニオンや MCI のような地位のある通信会社も E メールサービスを提供し、業界紙は「電子メール大戦争」について報じはじめた。公共セクターでは NSF や NASA のような政府機関がネットワークを開発し、教育セクターでは大学のコンソーシアムが、メリット（Merit）やエデュネット（Edunet）、ビットネット（Bitnet）といったネットワークを開発した。これらはすべて 1980 年代前半に稼働しはじめた。

　電子メールは、こういったネットワークすべての原動力だった。電子メールに人気が出たのは、従来の長距離通信に比べて数多くの利点をもっていたからである。そして、ネットワークがより多く開設されるにつれ、その利点はますます強固なものになった。つまり、ネットワーク上の人数が増えれば増えるほど、E メールはより便利になったのである。大陸をまたぐのに数分しかかからない E メールは、郵便よりもはるかに速く、郵便はまもなく「カタツムリ便」と嘲って呼ばれるようになった。長距離電話をかけるよりも安いということのほかに、E メールでは発信側と受信側が活動を同期させる必要がないため、机にはりついている必要もなくなった。E メールは時差にともなう問題もいくらか解消した。新しいビジネスのやり方を好んだのは E メールユーザーたちだけではなかった。管理職も、E メールの経済的な利点、特にグループ活動を調整するうえでの利点に熱狂した。会議の回数を減らせるというのである。

　電子メールは完全に新しいコミュニケーションメディアだったが、それゆえに広範な社会問題を引き起こした。組織心理学者や社会科学者たちはそれらに夢中になった。たとえば、コミュニケーションが急速になったことで、熟慮した返信というより思慮に欠けた反応が助長され、その結果としてやりとりの回数は、減るというよりむしろ増えることになった。ほかの問題として、メッセージを電話で伝えれば声のトーンとゆっくりした口調で和らげられるものを、E メールのやりとりに簡潔な「電文体」を使うことで、メール初心者をよく怒らせてしまう、ということがあった。E メールの利点をあまり損なわずに、より品のあるやり取りを可能にする不文律「ネチケット」が、次第に登場した。1970 年代の新しいコンピュータネットワークの中には ARPA ネット内で開発された技術をもとにしたものがあるが、すべてがそうだったわけではない。特にコンピュータメーカーは、IBM のシステムズ・ネットワーク・アーキテクチャ（Systems Network Architecture, SNA）やデジタル・エクイプメント・コーポレーションの DECNET のように、自社システムを開発した。古いマーケティング戦略を練り

直し、メーカーは自分たちの顧客を独自ネットワークの中に囲い込み、そこで
ハードウェアとソフトウェアをすべて自分たちで供給しようと考えたのである。
しかし、これは近視眼的で誤った戦略だった。ネットワーキングの本当の利点と
は、**相互**ネットワーキング、すなわち異なるネットワークが接続され、文字通り
コンピュータの全ユーザーが互いにやりとりできるインターネットワーキングに
あったからである。

　幸い、IPTO は早くも 1973 年にはこの問題に気づいていたため、特に電子メー
ルはネットワークの垣根をこえられるようになった。単なるアイディアであった
インターネットワーキングは、非常に速やかにインターネットとして具体化され
た。この段階での IPTO の仕事は、ネットワーク同士が通信できる「プロトコル」
を設定することだった。(ネットワークプロトコルとは単純に、あるネットワー
クと別のネットワークがやりとりできるようにするための儀式的な電子交換、す
なわち一種の電子エスペラント語のことである)。ARPA が考案したこのシステ
ムは、伝送制御プロトコル／インターネットプロトコル、あるいは TCP/IP とし
て知られた。この神秘的な略語はインターネットの経験豊富なユーザーにはなじ
みのものだ。国際通信委員会も当時インターネットワーキング標準を作ろうとし
ていたが、TCP/IP が速やかにデファクト・スタンダードとなった (今もそうであ
る)。

　しかし、ネットワークの多くがこれに接続するまでに、まる 10 年がかかった。
1980 年時点のインターネットのホストは 200 に満たず、1984 年になってもまだ
1,000 にすぎなかった。その多くは研究機関や大学の理学部、工学部など、主に技
術畑の人たちが利用するネットワークで、従来のタイムシェアリングコンピュー
タを利用していた。インターネットは、普通のパーソナルコンピュータユーザー
に到達してはじめて、重要な経済的・社会的現象となった。

ワールド・ワイド・ウェブ

　この広範なユーザーコミュニティが影響力をもちはじめたのは 1980 年代後半
のことだった。インターネットの発展と並行して、パーソナルコンピュータが教
育コミュニティとビジネスコミュニティに広がり、米国の家庭に進出しはじめて
いたのである。1980 年代後半には、コンピュータを業務で用いている米国のユー
ザー (家庭ユーザーではなかったが) の多くがインターネットにアクセスするよ
うになり、インターネット上のコンピュータ数が爆発的に増加しはじめた。

　このように大きく広がったユーザーコミュニティがインターネットにアクセスしはじめると、人々はEメールだけでなく、文書全体をやりとりしはじめた。事実上、新たな電子出版メディアが作り出されたのである。Eメールやニュースグループのように、これもおおむね予見も予定もされていなかった出来事だった。結果として、誰かが何かを書いてネット上に置くのを妨げる方法はなく、あっという間に、数百万もの文書は存在するもののカタログもなければ有用なものを見つける術もないという事態に陥った。膨大なゴミをふるいにかけて砂金を見つけ出すのはあまりにもいらいらする作業となり、最も熱心なコンピュータユーザーしかそれを試みる忍耐はないというありさまだった。この情報世界に秩序をもたらすということが、重要な研究課題となった。

　インターネット上の情報の詳しい目録を作るために、多数の開発が並行して行われた。この初期のシステムの一つである「アーチー」（archie）は、1990年にマギル大学で開発された。アーチーはインターネットを丹念に調べてダウンロードできる全ファイルの一覧を作るというもので、あるファイルを欲しいユーザーが、どのコンピュータにそれが実際に置かれているのかを突き止めずに済むようにするためのものだった。もっと印象的なシステムがワイド・エリア・インフォメーション・サービス（Wide Area Information Service, WAIS）というもので、マサチューセッツ州ウォルサムのシンキングマシンズ社（Thinking Machines Corporation）によってその翌年に開発された。WAISでは、ユーザーはキーワード（たとえば、**天然痘**や**ワクチン**）を用いて文書を指定し、そうするとその基準に合ったインターネット上の利用可能な文書すべてが表示される。初期に作られた目録で一番人気のあったのは「ゴーファー」（gopher）で、ミネソタ大学で開発された。（ゴーファーは非常にぴったりな名前で、使い走りをする人をさすスラングであるだけでなく、大学のマスコットの名前でもあった）。1991年に稼働したこのシステムは実際のところカタログのカタログのようなもので、数百にも及ぶさまざまな機関が維持しているゴーファーデータベースの内容を、ユーザーが絞り込んで吟味できるというものだった。

　こういったシステムすべてが、文書を図書館内の本のような個別のものとして取り扱っていた。たとえば、あるシステムに天然痘ワクチンに関する文書が置かれていて、そこからユーザーが発明者はエドワード・ジェンナーであると知ったとしよう。ジェンナーについてより詳しく知るには、ユーザーは再び検索をしなおさねばならなかった。ハイパーテキストの発明者たち——1940年代のヴァネヴァー・ブッシュと、1960年代のエンゲルバートおよびネルソン——は、文書か

ら文書へと手軽に飛んでいけるようなシステムを構想していた。ボタンを押せば、いわば、天然痘からジェンナーへ、そしてイングランドのグロスターシャーにあるザ・チャントリー（ジェンナーの住んでいた家で、現在は彼を記念した博物館になっている）へと飛んでいけるというものである。実のところ、ハイパーテキストは 1980 年代を通じてコンピュータ研究の活発なトピックだった。しかし、インターネットでハイパーテキストがこれほど強力になり、そしてついにワールド・ワイド・ウェブが生み出されたのは、ハイパーテキストのおかげで文書を一元化されたディレクトリの中に置く必要がなくなったためであった。その代わりに、文書そのものの中にリンクが保存され、そのリンクが読者を関連文書へと運んでいってくれるのである。これは、ヴァネヴァー・ブッシュがメメックスで心に描いたとおりのものだった。

　ワールド・ワイド・ウェブはティム・バーナーズ = リー（Tim Berners–Lee）によって発明された。その起源は、インターネットが広く知られるようになるずっと前、1980 年という早い時期にバーナーズ = リーが抱いていたハイパーテキストへの興味にさかのぼる。バーナーズ = リーは 1955 年に二人の数学者の息子としてロンドンに生まれた（両親は英国における初期のコンピュータプログラミングのパイオニアだった）。1976 年に物理学でオックスフォード大学を卒業したあと、ジュネーヴにある国際的な核物理学研究所である CERN で 6 か月間のコンサルティングの地位を得るまでのあいだ、彼は英国内でソフトウェアエンジニアとして働いた。CERN にいたころ、バーナーズ = リーは新型の粒子加速器に用いるソフトウェアを開発する仕事に割り当てられていたが、彼は余った時間で、自分がエンクワイア（Enquire）と呼ぶハイパーテキストシステムのための趣味のプログラムを開発した。（このプログラムは、有名なヴィクトリア期の家庭用生活百科『何でも聞いてください』(Enquire Within Upon Everything) から名付けられた。この本はずっと前に絶版となっていたが、彼の両親がたまたま持っていて、彼は子供のころこれを眺めるのが好きだったのである）。ブッシュの夢と似てはいたが、バーナーズ = リーはブッシュの論文から直接学んで知っていたというわけではなかった。というよりもむしろ、ブッシュのアイディアは単純に、1980 年代に流布していたハイパーテキストのアイディアの中に吸収されはじめていたのだった。エンクワイアに特別なことは何もなかった。これはほかの何十ものシステムと同様、実験的なハイパーテキストシステムの一つにすぎなかった。バーナーズ = リーが CERN を去ったとき、これは事実上みなしごになった。

　バーナーズ = リーがイングランドに戻ってきたころは、パーソナルコンピュー

タブームの真最中だった。彼は儲かる職業を見つけ、ドットマトリクスプリンタのためのソフトウェアを開発するという、必要ではあるがありふれた仕事についた。1984年9月に彼は常勤職を得てCERNに戻った。彼がいないあいだにコンピュータネットワーキングが花開いていた。CERNはコンピュータをすべて相互接続させようとしているところで、彼はこの作業を手伝うという仕事に割り振られた。しかし、彼がエンクワイアプログラムを引っ張り出して、ハイパーテキストへの関心を蘇らせるまで長くはかからなかった。バーナーズ゠リーはワールド・ワイド・ウェブを「ハイパーテキストとインターネットの結婚」と評している。しかし、それはつむじ風のような出会いではなかった。むしろ、ハイパーテキスト技術とインターネットが普及して絡み合っていくのを、5年がかりで霧の中を透かしながらじっと見ていたのである。バーナーズ゠リーと彼のベルギー人の協力者、ロベール・カイユー（Robert Cailliau）が、ワールド・ワイド・ウェブという壮大な名前をつけたものを作り出すのに必要な資源を得るため、CERNに対する正式なプロジェクト提案書を作成するに至ったのは、ようやく1989年のことだった。

　ワールド・ワイド・ウェブ概念には実のところ二つの側面がある。サーバーサイドとクライアントサイドだ。サーバーはハイパーテキスト文書（のちにウェブページとして知られるようになる）をクライアントのコンピュータ、一般的にはパーソナルコンピュータやワークステーションへと届ける。クライアント側ではその文書をユーザーのスクリーンに表示する。1980年代後半にはハイパーテキストは確立した技術で、学術界をはるかにこえてCD-ROM百科事典のような大衆向け製品の領域に至っていたが、インターネットにはまだ辿りついていなかった。1991年にはバーナーズ゠リーとカイユーは自分たちのビジョンに十分な自信をもち、テキサス州サンアントニオで12月に開かれた「ハイパーテキストに対するワールド・ワイド・ウェブ '91」（World Wide Web to the Hypertext '91）という会議に論文を提出した。インターネットに関係しているプロジェクトは彼らのものだけだった。のちにバーナーズ゠リーは、1993年に再び会議に出席したときには「発表されているプロジェクトがすべて何かウェブに関連するものだった」と回想している。

　この2年間で、ワールド・ワイド・ウェブは軌道にのった。古典的な、鶏か卵かという状況だった。個人は自分のパーソナルコンピュータやワークステーションでウェブページを読むウェブ「ブラウザ」を必要としており、一方で組織はそういったプロセスを価値あるものとするような、面白くて関連性のある情報で

いっぱいのウェブサーバーを立ち上げなければならなかったのである。革新的な
ウェブブラウザのいくつかは大学発で、それらはしばしば熱心な学生が開発した
ものだった。CERN で開発されたウェブブラウザは平凡なしろもので、文字のみ
のハイパーテキスト文書向けに調整されており、画像や音声やビデオクリップが
たくさん入ったハイパーメディア文書向けではなかった。新世代のブラウザ（た
とえばヘルシンキ大学のエアワイス（Erwise）やカリフォルニア大学バークレー
校のヴィオラ（Viola））には、人々が求めはじめていた使いやすいポイントアン
ドクリック・インターフェースだけでなく、成熟したハイパーメディア機能も
あった。ウェブサーバーには、ウェブブラウザよりもはるかに込み入ったソフト
ウェアが必要だったが、このソフトウェアは平均的ユーザーの目にはほとんど触
れないものだった。ここでもまた、主に大学発のボランティア活動が便利な解決
策を生み出した。たくさんの個人がインターネットを通じてコミュニケーション
を取りながら、バグ修正、プログラムの「パッチ」、その他の改善を行って、プロ
グラムが速やかに進化したのだ。このプロセスで開発が行われたサーバープログ
ラムで最もよく知られているものが、「パッチでつぎはぎだらけの」サーバーとい
う駄洒落の「アパッチ」（apache）として知られているものである。インター
ネットはソフトウェアの共同開発（オープンソース運動ともいわれる）をそれま
でにないほど繁栄させることに成功した。そして、オープンソース・ソフトウェ
アが無料であったことで、従来の営利目的のソフトウェア会社に対してまったく
新しいソフトウェア開発のモデルがもたらされたのである。

　これらすべてが起こっているあいだに、バーナーズ゠リーはウェブがどうよう
に軌道にのったかを示す便利な指標を作った。すなわち CERN にあるオリジナ
ルのウェブサーバー上の「ヒット」の数である。ヒットの数は 1991 年には一日に
100 だったが、1992 年には 1,000 に増え、1993 年には 10,000 になった。1994 年に
は公開されているウェブサーバーが数百にもなり、ワールド・ワイド・ウェブは
ゴーファー・システムの人気をあっという間に追い抜いていった。それは部分的
には、1993 年の春にミネソタ大学がゴーファー・ソフトウェアの知的財産権を主
張することに決め、いずれは間違いなくゴーファーを商用化するだろうと思われ
たためだった。おそらくは、これがインターネットソフトウェアの商用化が表に
出てきた初めての事例であり、それ以来ずっと、無料ソフトウェアを推進する
オープンソースコミュニティとビジネスのチャンスを伺う企業家とのあいだには
張り詰めた緊張が漂うことになる。

　いずれにしても、バーナーズ゠リーは商業利用のことになると正義の味方で

あった。彼は CERN を説得し、ウェブ技術をパブリックドメインにして、誰もが
いつでも無料で使えるようにした。1994 年の夏に彼は CERN から MIT のコン
ピュータ科学研究所に移り、そこでウェブ標準を合意によって作り出すことを奨
励する非営利団体、ワールド・ワイド・ウェブ・コンソーシアム（World Wide
Web Consortium, W3C）を率いた。

II. ウェブとウェブがもたらしたもの

　ワールド・ワイド・ウェブのうなぎ登りの成長は、モザイク（Mosaic）ブラウ
ザによるものだった。最初のウェブブラウザは主に大学発で、学生が慌てて書い
て発表したものだった。こういったプログラムはインストールが難しく、バグが
多く、未完成の雰囲気を漂わせていた。イリノイ大学アーバナ・シャンペーン校
の米国立スーパーコンピュータ応用研究所（National Center for Supercom-
puter Applications, NCSA）で作られたモザイクブラウザは、その例外だった。

　コンピュータ科学を学ぶ 22 歳の大学生だったマーク・アンドリーセン（Marc
Andreessen）が開発したモザイクは、まるで店で購入できるパッケージされたソ
フトウェアのようだった。PC 版とマッキントッシュ版、そしてコンピュータ科
学科で好まれていた Unix ワークステーション版があった。モザイクは 1993 年
11 月に利用できるようになり、あっという間に数千、そして数十万もダウンロー
ドされた。モザイクのおかげで、パーソナルコンピュータをもっている人はネッ
トサーフィンを簡単に始められるようになった。もちろん愛好家である必要は
あったけれども、深い知識は要らなかった。

ブラウザ戦争

　1994 年の春、アンドリーセンはカリフォルニアの起業家ジム・クラーク（Jim
Clark）から会って話そうという招待を受けた。1970 年代にクラークは、Unix
ワークステーションの製造で大きな成功を収めていたシリコングラフィクス
（Silicon Graphics）に共同出資していた。この会社の株を最近売却したクラーク
は、新しいスタートアップの機会がないか目を光らせていたのである。会議の結
果として、1994 年 4 月 4 日にモザイク・コミュニケーションズ社（Mosaic
Communications Corporation）が設立され、ワールド・ワイド・ウェブのための

ブラウザとサーバーソフトウェアを開発することになった。会社の名前は数か月
後にネットスケープ・コミュニケーションズ（Netscape Communications）に変
更された。イリノイ大学がモザイクという名前とソフトウェアのライセンスを、
別の会社であるスパイグラス社（Spygrass, Inc.）に与えていたためであった。

　アンドリーセンはすぐにイリノイ大学のプログラミング仲間を何人か雇って、
プログラムをどんどん書きはじめ、かつて行った仕事をもう一度やり直した。そ
の成果はたいへん洗練されたものだった。このブラウザの市場をはやく確立させ
るために、クラークとアンドリーセンは商用利用しないユーザーにはこのブラウ
ザを無料で配布すると決めた。マーケットの最大シェアを占めた暁には、もしか
すると有料化しはじめることもできるかもしれないというわけである。とはい
え、サーバーソフトウェアとサービスは、法人向けには初めから販売されていた。
こうして、インターネット用ソフトウェアを販売するときの共通パターンが確立
された。

　1994 年 12 月にネットスケープはバージョン 1.0 のブラウザと無料のサーバー
ソフトウェアを出荷した。この場合、「出荷」というのは単純に、インターネット
上でユーザーがブラウザを使えるようになったということを意味する。何百万人
ものユーザーがダウンロードした。そのときから、ウェブの興隆は押しとどめる
ことができないものとなった。1995 年の半ばには、インターネットの全通信量の
4 分の 1 をウェブが占めるようになり、それはほかのどんな活動よりも多かっ
た。

　そのあいだ、パーソナルコンピュータソフトウェアでは抜群の支配力を誇るマ
イクロソフトは、インターネットの興隆のことを見たところ失念していた。マイ
クロソフトのオンラインサービスである MSN は、1995 年 8 月のウィンドウズ
95 オペレーティングシステム発売と同時に開始される予定だった。インター
ネット以前の独自ネットワークである MSN はもはや引き返せないところまで来
ていたが、これは時期を誤ったというばつの悪い結果となった。マイクロソフト
は、スパイグラス社からモザイクソフトウェアのライセンスを取得すると同時
に、ウィンドウズ 95 にインターネット・エクスプローラー（Internet Explorer）
と呼ばれるブラウザを入れて、両賭けで損失を防ごうとしたが、精彩を欠いてい
た。

　インターネットという大型トラックのヘッドライトを浴びて立ちすくんでし
まったのは、マイクロソフトだけではなかった。パラダイムシフトが起こってい
た——ある優位な技術が別のものへ急速に転換した。閉じた独自ネットワークか

ら、インターネットというオープンな世界への過渡期だった。消費者もまた、難しい選択を迫られた。既存の消費者向けネットワーク[訳注1]である AOL、コンピュサーブ、プロディジー、MSN のうちの一つに申し込むこともできたし、インターネットサービスプロバイダ（ISP）と呼ばれる新しいタイプの業者にすることもできたのである。これは、成熟して使いやすく安全でコンテンツも豊富な大衆向けネットワークの世界を選ぶか、ワールド・ワイド・ウェブという未開のフロンティアを選ぶか、という選択だった。ISP はコンテンツの面での供給はあまり行わなかった。コンテンツはワールド・ワイド・ウェブの上にたくさん存在していたし、急速に成長していたからだ。ISP は電話サービスのようなものだった。つまり、接続はしてくれるが、そこから先は自分でなんとかしなければならないというわけだ。ISP の顧客は、比較的込み入ったソフトウェアを使いこなすためにいま少しコンピュータに精通しなければならなかったし、インターネットのあまり健全でない側面を避けるために慎重になる必要があった（あるいはそれを自由に楽しむこともできた）。

　既存の大衆向けネットワークにとって、ワールド・ワイド・ウェブに対応することは技術的にも文化的にもたいへんな難題だった。AOL は、アクセス用ソフトウェアとして用いるためにマイクロソフトのインターネット・エクスプローラーのライセンスを取得した。こうして、加入者は両方の良いところどりをすることができるようになった。既存のサービスの利点に加えて、ワールド・ワイド・ウェブに開かれた窓が手に入ったのである。コンピュサーブも同様のことを行ったが、結局は 1998 年に AOL に買収された。ほかの大衆向けネットワークはこのように見事に移行した AOL を見習うことができなかった。プロディジーのオーナーであったシアーズと IBM は、このネットワークを売却すると 1996 年に決定し、それ以降は消えてしまった。一方、マイクロソフトは MSN を損切りすると決めた。1995 年 12 月にビル・ゲイツは、マイクロソフトはインターネットを「受け入れて拡張する」と発表した。マイクロソフトは「より大切な子ども（インターネット・エクスプローラー）を売り込むために、別の子ども（MSN）を犠牲にしてもよい」というのである。それ以来、MSN は高級市場向けのインターネットサービスプロバイダにすぎない存在となった。もはや AOL の敵ではなかった。

　1980 年代にパーソナルコンピューティングで最も熱心に争われた領域はオペ

[訳注1]　日本ではパソコン通信と呼ばれたものがこれにあたる。

レーティングシステムだったが、1990 年代にはそれはウェブブラウザとなった。1995 年、ネットスケープは留まるところを知らないほどにみえた。その夏、会社設立からたった 8 か月だったが、新規株式公開で調達した資金は 22 億ドルにのぼり、マーク・アンドリーセンは億万長者になった。その年の終わりまでに、ネットスケープのブラウザは 1,500 万回もダウンロードされ、市場の 70 パーセント以上を占めるようになった。しかし、マイクロソフトはブラウザ市場をネットスケープに与えるつもりはなかった。

　それから 2 年のあいだに、マイクロソフトとネットスケープはブラウザの覇権をめぐって争い、どちらも数か月ごとにブラウザのアップデートを行った。1998 年 1 月には、報告された投資額が年間 1 億ドルにものぼるマイクロソフトのインターネット・エクスプローラー・バージョン 4.0 が、ネットスケープと技術的に同等となった。インターネット・エクスプローラーは新しいウィンドウズ 98 オペレーティングシステムに無料で同梱されていたために、インターネット・エクスプローラーは PC で最もよく使われるブラウザとなった。おそらくは、選ばれたというよりも、最も抵抗の少ない経路だったからだろう。インターネット・エクスプローラーのバージョンの一つは、マッキントッシュコンピュータでも無料で利用できるように提供された。

　インターネット・エクスプローラーが消費者向けに無償配布されたことで、ネットスケープの事業計画は完全に損なわれてしまった。マイクロソフトが無償配布しているなかで、どうやってブラウザを販売できるというのか？　マイクロソフトはブラウザの独占のために激しく、おそらくはあまりに激しく戦った。米国司法省はマイクロソフトが抱き合わせ、一括販売、および強制を行ったという疑いで、1998 年 5 月に独占禁止法訴訟を起こした。独占禁止法訴訟はどれもそうだが、この訴訟も進行は遅かった——特に、まるで犬愛好家が犬の 1 年（ドッグイヤー）について語るときのように「インターネット時代」を語る産業にとっては。マイクロソフトが法廷でとった利己的で傲慢な態度が消費者や報道陣によく思われることはまったくなかったが、こういった姿勢が裁判の進行をとどめるということはほとんどなかった。マイクロソフトがインターネットの興隆に初めて不意打ちを食わされた 1995 年から、トーマス・ペンフィールド・ジャクソン判事が判決を作成した 2000 年までの 5 年間に、マイクロソフトの収益は 60 億ドルから 230 億ドルへと約 4 倍になり、スタッフの数は 18,000 人から 39,000 人へと倍増した。ジャクソン判事はマイクロソフトに分割を命じた。これは不正行為の疑いのある独占者に対する、独占禁止の古典的な問題解消措置だが、上訴で棄却さ

れ、それほど抜本的でない問題解消措置が課された。

インターネットをめぐる争奪戦

　1990年代後半、インターネットは情報革命というより商業革命となった。社会が提供しているあらゆる商品やサービスを、ユーザーが購入できるようになったのである。しかし1990年の時点では、インターネットは主に米国政府機関が所有していて、私的利益のために公共の資産を利用することを政界は許さなかった。それゆえに、インターネットの民営化は電子商取引が栄える重要な前触れだった。

　民営化が問題になる以前でも、インターネットの民生機能と軍事機能は分離される必要があった。1969年に誕生してからずっと、ARPAネットはARPAの資金を受けていた。1983年に軍事ネットワークがミルネット（Milnet）として分離し、ARPAネットはARPAの研究コミュニティが独占することとなった。いったん軍事的制約がなくなると、ネットワークは繁栄した。1985年には、約2,000台のコンピュータがインターネットにアクセスしていた。この排他的なARPAの研究コミュニティを超えて、アクセスを米国の学術コミュニティ全体に拡大するために、米国科学財団（National Science Foundation, NSF）はNSFネット（NSFnet）という別のネットワークを作った。インターネット発展の特徴をよく示しているが、NSFネットはその規模と重要性であっという間にARPAネットを追い越し、全インターネットの「バックボーン」となった。1987年には、主に米国の学術研究コミュニティの13,000台におよぶコンピュータがインターネットにアクセスするようになった。同時に、ユースネット、フィドネット（FidoNet, アマチュアの「掲示板」運営者によって作られた）、IBMのビットネットといったほかの公営ネットワークや私営ネットワークが加入した。NSFには課金の仕組みが正式にはなかったため、こういったアクセスの費用を誰が支払うのかという問題は未解決のままだった。これは、見て見ぬふりがときには大切だという良い例だった。もし官僚の誰かが財政を精査していたら、世界中のコンピュータネットワークを統合するというこのプロジェクト全体がおそらく頓挫していただろう。商用ネットワークがますます参加するにつれて、インフラストラクチャーが追加され、費用を割り振るための迷路のように複雑なからくりが展開された。1995年には、インターネットの商用ネットワークの割合は政府の所有するネットワークの割合をはるかに上回るようになった。1995年4月30日に古い

NSF ネットのバックボーンが遮断され、米国政府の所有するインターネットインフラストラクチャーは完全に終わりを告げた。

　インターネットが爆発的に成長したのは、もっぱらインターネットが非公式で非集中的な構造をもっていたからだった。すなわち、誰でも自由に参加できたということである。しかし、まったく統制のない状態では、渾沌や無法状態が起きてしまい、インターネットは商業体として機能し得ない。インターネットの先駆者たちが発展させた、最小限の軽い規制は、インターネットの最も目をひく特徴の一つだった。その好例がドメインネームシステムである。ドメイン名、たとえば *amazon.com* や *whitehouse.gov* や *princeton.edu* といったものは、すぐに電話番号とほとんど同じくらい馴染みのものとなった。

　1980 年代の半ばに、インターネットコミュニティは南カリフォルニア大学情報科学研究所（Information Sciences Institute at the University of Southern California）のポール・モカペトリス（Paul Mockapetris）が考案したドメイン名システムを採用した。このシステムは、数千にも（そしてついには数百万にも）及ぶドメイン名の割り当てを分散化するものだった。このプロセスでは最初に六つのトップレベルドメインが作成され、それぞれが3文字の接尾辞（サフィックス）で表された。営利団体には *com*、教育機関には *edu*、通信事業者には *net*、軍には *mil*、政府には *gov*、その他の組織には *org* である。各トップレベルドメイン内で名前を割り当てるために、六つの登録局が作られた。いったん組織に一意のドメイン名が与えられると、その組織内では必要に応じて接頭辞（プリフィクス）を追加し（たとえば *cs.princeton.edu* では、コンピュータ科学（computer science）に対して *cs* をつけているように）、自由にドメイン名を細分化していくことができ、外部の当局の許可を得る必要はなかった。

　米国外では、各国に2文字の接尾辞が割り振られた——英国には *uk*、スイスには *ch* といったように。その後に各国は自由にセカンドレベルドメイン名を作ることができた。たとえば英国では、教育（すなわち学術）機関には *ac* が用いられ、営利団体には *co* が用いられるなどした。かくして、ケンブリッジのコンピュータ研究所（Computer Laboratory）は *cl.cam.ac.uk* というドメイン名をもつことになったし、*bbc.co.uk* に至っては説明するまでもない。米国は国をあらわす接尾辞を用いない唯一の国だ。この点で米国は、1841 年に切手を発明した英国のような特権を行使している。英国は切手に発行国名の刻印を印刷しない唯一の国だ。

　インターネットがどのように発展するかについて早い時期に行われた予想は、

H・G・ウェルズの世界頭脳やヴァネヴァー・ブッシュのメメックスの外挿であったようにみえる。1937年にウェルズは世界頭脳の中で次のように書いた。「世界のどこにいる学生でも、自分の都合のいいときに自分の研究室で投影機の前に座って、正確なレプリカを使って**どんな本、どんな**文書でも吟味できるようになるような時代が、間近に迫っている」。（本書の初版が出版された）1996年には、これはもっともな予測だったが、それを実現するには20年か30年かかるのではないかと思われた。この時間尺度を修正しなければならない理由は何もないが、とはいえ進歩は驚くべきものだ。さらには、ウェルズは予測しなかったことだが、インターネット上の情報資源は本や文書をはるかに超え、音声や動画、マルチメディアをも含むようになった。現在の世界の印刷物の大部分は、今やオンラインで利用できるようになっている。実際、大学の研究者や産業研究者が図書館を訪問する頻度はますます減少している。

　情報資源としてのインターネットの進歩は並外れたものだが、1990年半ばにはほとんど予測されていなかった現象である電子商取引の興隆は、さらに並外れたものになっている。

　インターネットの初期におけるビジネスの成功のいくつかは、ほとんど偶然によるものだった。たとえば、Yahoo! はモザイクブラウザの時代に、スタンフォード大学でコンピュータ科学を専攻するデイヴィッド・ファイロ（David Filo）とジェリー・ヤン（Jerry Yang）という二人の大学院生が作成した簡素なリスト化サービス（「ジェリーのワールド・ワイド・ウェブガイド」）として始まった。このサイトが1993年の後半までに一覧にしたウェブサイトは、当時の世界中のウェブサイトのかなりの割合だったとはいえ、200というささやかな数だった。しかし、1994年のあいだにウェブは爆発的な成長を遂げた。毎日新しいサイトがオンラインになるのにあわせて、ファイロとヤンはそれらをふるいにかけ、分類し、索引に載せた。1994年末にかけて、Yahoo! は初めての一日100万ヒットを経験した。これはおそらく10万人のユーザーということになる。翌年の春にファイロとヤンはベンチャーキャピタルを確保し、カリフォルニア州マウンテンビューにオフィスを移し、ウェブを閲覧して索引を維持・拡大するためのスタッフを雇い始めた。これは、ウェルズが「人類の知識の索引を作り上げ、それを更新する仕事に……多数の労働者たちが従事するだろう」と述べ、世界頭脳で思い描いたとおりのものだった。Yahoo! には競争相手がいないわけではなかった。ライコス（Lycos）やエキサイト（Excite）、そのほか十数のサービスが同じコンセプトを持ち出しており、リスト化および情報検索サービスはウェブで最初

に確立したカテゴリの一つとなった。疑問が一つ残った。サービスの支払い方法はどうするのか？　選択肢には、購読、後援、手数料、広告があった。初期の放送と同様、広告が当然の選択だった。ユーザーがウェブ上の情報を見つけるのを助けることに焦点を置いた別の会社である Google（グーグル）社が、ウェブ広告がどれほど収益性の高いものになりうるかということをまもなく示すこととなった。

ラリー・ペイジ（Larry Page）とセルゲイ・ブリン（Sergey Brin）というスタンフォード大学の博士課程学生二人がスタンフォードデジタルライブラリープロジェクト（部分的に全米科学財団の資金を受けていた）で研究を始めたとき、Yahoo! はすでに十分確立したものとなっていた。この二人の研究は、インターネット上でモノを見つける過程を永久に変えてしまうだけでなく、やがて未曾有の成功を収めるウェブ広告モデルにつながることになる。

ペイジは、ウェブの数学的属性についての博士論文研究に興味をもちはじめ、自然言語処理に関する人工知能研究のパイオニアである指導教員、テリー・ウィノグラード（Terry Winograd）の強力なサポートを得た。被リンクデータ（すなわち、ある特定のサイトにリンクしているウェブサイト）を集めるための「ウェブクローラー」を用いて、ペイジはブリンと組んで、重要度で順位付けした被リンクに基づく「ページランク」アルゴリズムを作成した。つまり、リンクしているサイトが目立つほど、リンクされたサイトのページランクに与える影響が大きくなるのである。これが既存のどんなツールよりも便利なウェブ検索の基礎となり、そのうえ索引作成スタッフ部隊を雇う必要もなくなるだろうと彼らは考えた。こうして「検索エンジン」であるバックラブ（Backrub）が誕生し、それがGoogle に改名された。1997 年 9 月に URL *google.stanford.edu* を立ち上げる直前のことだった。この名前は、ある友人が提案した *googol*（グーゴル）——1 のあとに 0 が 100 個並ぶ数をあらわす言葉——を改変したものだった。ブリンがこの言葉を *google* と綴り間違えたのだが、*googol* のインターネットアドレスはすでに取得されてしまったあとだったので、人を引き付けるこのスペルミスがそのままになったのである。もとの名前はほとんどのユーザーにとってはただのばかばかしい造語だったが、これはこの検索ツールがのちに達成することになる（ウェブの索引作成と検索という観点での）巨大な数はもちろんのこと、ペイジとブリンの創造物の背後にある複雑な数学を示すものだった。

1998 年に、ペイジとブリンは友人の所有するメンロパークのガレージでGoogle 社を立ち上げた。翌年の早い時期に二人はその小さな会社をパロアルト

のオフィスに移した。2000 年代の初頭には Google は忠実なファンを獲得し、それから急速に発展して主要なウェブ検索サービスとなった。技術の改良、スタッフの増員、インフラストラクチャー（増え続けるサーバー）の大幅拡張のために、シリコンバレーの大手ベンチャーキャピタル企業から 2,500 万ドルの融資を受けて、二人の創業者は 2001 年の初頭にプロの CEO であるエリック・シュミット（Eric Schmidt）を雇わねばならなくなった。今や「大人の監督」のもとで、Google はスポンサードサーチという規律あるビジネスモデルを完成させた。Google は、検索ページを簡素に保ち、検索ボックスと Google のロゴしか置かなかった。それは、ページが散らかっていて忙しく、さまざまな無料サービスや広告を提供する Yahoo! のようなウェブサイトとはまったく対照的だった。当初、Google の検索ページ設計は速度を向上させ、このページはすぐに「白い空間を禅のように用いている」として称讃を集めるようになった。Google の検索結果には、スポンサードリンクもそうでないものも両方あった。企業は特定のキーワード検索に関連するスポンサードリンクを購入することができる。ユーザーがそういったスポンサードリンクをクリックすれば、Google は少額の支払いを得る。スポンサードリンクは多くのユーザーのニーズに合致しており、このユーザーのクリックが Google を作り上げた。Google は世界中のさまざまな言語へと速やかに拡大し、ウェブ広告収入のグローバルリーダーとなった。

　もう一つ初期のウェブで成功したのは通信販売である。ジェフ・ベゾス（Jeff Bezos）のアマゾン・ドットコム（Amazon.com）は、初期のウェブコマース慣行の多くを確立させた（社名に com を取り込むことも含んでいる）。プリンストン大学で電気工学とコンピュータ科学を専攻し卒業したベゾスは、ウェブ上で小売事業を立ち上げると決める前には金融サービスでの短いキャリアを謳歌していた。思案の末に、彼は最も有望で見込みがあるものとして書籍販売に目をつけた。書籍販売では大きな事業者が比較的少なかったし、仮想書店はブリック・アンド・モルタルのどんな企業よりもはるかに大きな在庫を提供できるからである。1995 年 7 月に創業したアマゾン・ドットコムはあっという間に大手のオンライン書店となり、やがて世界一のオンライン小売業者となった。

　eBay オークションウェブサイトは、新しいメディアに習熟することで成功したもう一つの企業だった。オークションというコンセプトは 1995 年の後半、シリコンバレーの起業家ピエール・オミダイア（Pierre Omidyar）によって実験的な無料ウェブサイト、オークションウェブ（AuctionWeb）として開発された。このサイトは人気が出て、1996 年にオミダイアは手数料請求を開始することがで

きるようになり、その後「彼は仕事を辞め、サイトの名前を eBay に変えた」。1998 年の初めに、ハスブロ玩具 (Hasbro toys) の上級幹部であったメグ・ホイットマン (Meg Whitman) の方式で、専門家による経営が導入された。続く数年にわたって、買い手と売り手の世界規模の仮想コミュニティが発展していった。2003 年には、eBay は世界中に 3,000 万人のユーザーを擁し、売上は 200 億ドルにのぼり、15 万人もの事業主が eBay トレーダーとして生計を立てていると言われるようになった。グローバルな蚤の市はこれまでに想像できた概念ではなく、ワールド・ワイド・ウェブの変革を起こす力と予測不可能性を象徴している。

　こういった劇的な成長のわりに、Yahoo! やアマゾン・ドットコムや eBay といった商用ウェブベンチャーの利益は初めの数年間、株価高騰にもかかわらず捉えにくいものにとどまっていた。必然的に、インターネットの陶酔が収まったときに株価は急落した。2000 年の春、著名な e コマース企業の多くが価値の 80 パーセントをも失った。これは以前にも起こったことだった。1960 年代の終わりにソフトウェアとコンピュータサービスの株が同じように暴落し、回復には数年がかかった。しかし、回復するだろうことに疑いはなかったし、今日では 1969 年のソフトウェア急落は遠い記憶となって、それを生き延びた人たちだけのものになっている。2000 年のドット・コム急落にも同じことが当てはまっている。シリコンバレーの栄光への象徴的回帰は、Google の成功によってもたらされた。

　2004 年、Google の株式公開によって、同社は 260 億ドル以上の評価を得た。2007 年には、Google はほかの検索およびリスト化サービスをすべて合わせたよりも多くの検索を担った。この年に、Google は 166 億ドルの収入と 42 億ドルの純利益を達成した。Google は検索ボックスを支配し続け、検索は年間 1 兆 7 千億回に至った（これは 2011 年において約 3 分の 2 のシェアに相当する）。検索をベースとした広告収入が第一の収入源でありつづけた一方で、Google は E メールサービス（Gmail）、地図と衛星写真、インターネットビデオ（2006 年の YouTube 買収に伴う）、クラウドコンピューティング、本のデジタル化、そしてその他の試みに進出することに成功した。さらに最近では、Google はコンピューティングを変革しているオープンソースのモバイルプラットフォームへの重要な参加者ともなっている。

モバイルで動き回る

パーソナルコンピューティングの出現直後から、コンピュータはますますモバ

イルになっている。1968 年にアラン・ケイが初めてポータブルコンピュータという考えを概念化し、それは 1972 年にゼロックス PARC で「ダイナブック」という形になった。この年、ケイのダイナブックに搭載されたユーザーフレンドリーな要素の多くがゼロックスアルトワークステーションに組み込まれたが、移動のしやすさはその中に入っていなかった。10 年後の 1982 年にグリッドシステム社（GRiD System Corporation）が、おそらくは初のラップトップコンピュータであるグリッド・コンパス 1101（GRiD Compass 1101）を発売した。このコンピュータには既存のプラットフォームとの互換性がなく、しかもおよそ 8,000 ドルもの価格だったが、価格をあまり気にしない軍と航空宇宙市場では成功した。より広い商業の世界で初の「ポータブル」コンピュータが入手できるようになったのは 1980 年代初頭のことだったが、それは現代のラップトップとはかけはなれていた。1,800 ドルのオズボーン 1（Osborne 1，1981 年発売）にはバッテリーがなく、重量は 23 ポンド以上で、スクリーンは 5 インチと小さく、折りたたんで持ち運ぶときでも中型ハードケースのスーツケースくらいの大きさだった。それから 10 年のうちに商用ポータブルコンピュータのさまざまなモデルが登場し、その中には LCD スクリーンを搭載した初の人気ポータブルタンディ TRS-80 100（Tandy TRS-80 100）もあった。しかし、こういったポータブルはスクリーンの大きさ、処理能力、メモリ、互換性を犠牲にして、ある程度の移動性を達成していた。1990 年代初めには、LCD スクリーンの改良とあいまってマイクロプロセッサとメモリチップの容量が十分に進歩し、二つ折りデザインの現代的ラップトップが手頃な価格で登場した。IBM やコンパック、その他のメーカーのモデルは年々より薄く、より軽く、より高性能になっていった。ラップトップ（今は一般的にノートブックと呼ばれている）の価格性能比はデスクトップコンピュータに迫り、持ち運びができるという長所のおかげで、2008 年までにラップトップの生産台数はデスクトップを上回った。

　外出先に、特に仕事でラップトップを持ち運びするのがますます一般的になった一方で、ラップトップは大きくて重かったため、個人が身につけるものにはならなかった。コンピュータが毎日どこでも使う一般的な大衆向け装置となったのは、スマートフォンが登場し、その人気が高まってからのことだ。スマートフォンは、人々がコミュニケーションし、仕事し、社交する方法を変えることで、モバイルコンピューティングの変革的な新時代を切り開いた。

　スマートフォン、すなわち移動電話という機能を搭載した手に持てる大きさのコンピュータは、広い範囲のコンピューティングと遠距離通信技術が収斂した産

物である。スマートフォンは主にパーソナルデジタルアシスタンツ（PDA）とい
う従来の技術から発展してきたもので、これはスマートフォンと同じようにオペ
レーティングシステムやプラットフォームで定義されていた。2007 年以前、主要
なプラットフォームはシンビアン（Symbian）、ブラックベリー OS（Blackberry
OS）、パーム OS（Palm OS）、ウィンドウズ・モバイル（Windows Mobile）の 4
種類だった。それから新たに 2 種類のプラットフォームが現れ、スマートフォン
市場で支配的な地位についた。アップルの iOS と、Google の Android である。
この新しい二つのプラットフォームは、サードパーティのアプリケーションソフ
トウェアプロバイダから大きな恩恵を受けた。さまざまなプラットフォームの進
化について探求するのは、スマートフォン市場の急速な拡大を理解するうえで有
益である。

　1980 年に設立された英国のソフトウェア会社サイオン（Psion）は、すぐに
ハードウェアへと多角化し、1986 年にオペレーティングシステムベースの PDA
であるサイオン・オーガナイザー II（Psion Organizer II）を導入した。サイオン
のオペレーティングシステムである EPOC は国内市場で成功を収めたが、国外
では当時世界をリードしていた携帯電話メーカーであるノキア（Nokia）ととも
にコンソーシアムを設立して初めて最小限の牽引力を獲得し、EPOC はシンビア
ンへと進化した。ノキアはシンビアンの圧倒的な主要ユーザーで、初のスマート
フォンは 2002 年に市場に登場した。ピークを迎えた 2007 年、当時しばしばハン
ドセットと呼ばれたスマートフォンの 3 分の 2 はシンビアン・プラットフォーム
に基づいていた。

　しかし、競合他社のハンドセットに搭載された機能とソフトウェアアプリケー
ションによって、シンビアンが初期に獲得した市場のリードは急速に侵食されて
いった。シリコンバレーを拠点とするパーム（Palm）社は、1990 年代初頭に手書
き文字認識の PDA に苦戦しながら取り組んだ末、1996 年にパーム・パイロット
（Palm Pilot）で成功を収めた。パームの培ったサードパーティアプリケーション
開発者たちの控えめなエコシステムは、スマートフォン市場で重要となるだろう
ものの兆しをみせていたが、真に注目を集めずにおかないアプリケーションのた
めにはメモリが小さすぎた。パームは 3 パーセントを超える市場シェアをついに
獲得することなく、主要市場であるビジネスユーザー市場であっという間に目立
たなくなった——呼び出し、メッセージ送信、データ取り込み、モデム機器を専
門とするカナダのリサーチ・イン・モーション（RIM）社が、1999 年に「ブラッ
クベリー」という PDA を発売したためである。ブラックベリーは企業や政府向

けのハンドセット市場において、RIM のプライベートデータネットワーク、使いやすい電子メール、そして小型の QWERTY 配列キーボードで利益を得た。マイクロソフトはウィンドウズをベースにしたモバイルオペレーティングシステムのライセンスを取得して PDA/スマートフォンプラットフォーム事業に遅れて参入し、企業向け市場である程度の成功を収めたが、そののちスマートフォンは大衆志向となり、タッチスクリーンベースのアップル iOS と Android システムが優位に立った。

　アップルのマッキントッシュは 1984 年の発売で技術的成功を収めたが、マッキントッシュはアップルそのものよりもマイクロソフトをはるかに利することとなった（この支配的なオペレーティングシステム会社に、使いやすいグラフィックベースのオペレーティングシステムへの道筋を示したためだ）。アップルコンピュータ社は 1980 年代半ばに会社として苦境に陥り、共同創業者でマッキントッシュのチームリーダーだったスティーブ・ジョブズは役員会議での争いに敗れ、アップルの経営から隔離され、会社を辞める決断をした。1985 年にジョブズは、教育およびビジネス市場に焦点を当てたコンピュータプラットフォーム開発会社である NeXT を設立した。NeXT はルーカスフィルム社（Lucasfilms）の小さなコンピュータグラフィクス部門を買収し、それが後にスピンオフしてピクサー（Pixar）となった――この IPO によってジョブズは億万長者となった。ピクサーはウォルト・ディズニー社によって買収され、ジョブズは親会社の個人筆頭株主かつディズニーの役員となった。コンピューティングを超えたこの広範な露出の影響のおかげで、ジョブズは 1997 年にアップルコンピュータ社を率いるべく招かれた際に、新しいメディアと大衆向け電化製品という好機に気づくことができたのである。

　ジョブズが戻ったころ、アップルコンピュータ社にはすでにポータブルコンピューティングの長い歴史があった。1989 年のマック・ポータブル（Mac Portable）以来継続している新型ラップトップモデルの流れを超えて、この会社は 1993 年にニュートン（Newton）と呼ばれる PDA も発売していた。ニュートンは価格が高すぎるうえに大きすぎたし、最初のパーム社製品のように、消費者があまり気にしていない機能である手書き文字認識に焦点を当てすぎていて、商業的には成功しなかった。アップルコンピュータ社は 1998 年にニュートンの生産を打ち切った。アップルを率いる第二幕の早い時期から、ジョブズはこの会社を大衆向け電化製品へと拡大しようと思い描いていた。圧縮デジタル音楽標準である MP3 に基づいた小型デジタル音楽プレーヤーは、アップルが iPod を発売す

る数年前から存在していたが、アップルのプレーヤーは消費者をあっという間に魅了し、市場でのリーダーシップを獲得した。iPod のすべらかなデザイン、製品紹介でのジョブズのカリスマ性、そして大胆なアニメーションとポピュラー音楽の大人気グループ U2 の音楽を使った刺激的なテレビ広告に加えて、iPod の大成功のカギはアップルの iTunes ストアを同時に発表したことだった。オンラインでの著作権侵害やファイル共有によって打ちのめされていた録音音楽業界の幹部たちとの積極的交渉に好機を見出し、アップルは音楽を売って利益を得るための、そしてやがては iTunes ストアをほかのメディアへと拡張していくための、魅力的な条件を確保した。iPod の製品シリーズと iTunes ストアによって、アップルは大衆向け手持ちデバイスのマーケティングおよびコンテンツの供給における名声を得た。そのどちらも iPhone の成功のためには重要なものだった。

　iPhone は 2007 年に発売され、その使いやすいタッチスクリーン、そしてサードパーティのアプリケーション（アプリ）開発者育成の成功によって、スマートフォン市場での遅れをあっという間に取り戻した。iPhone 向けのアプリでは、すぐに種類豊富なゲームが登場したほか、数千もの娯楽用・業務用・教育用製品が登場した。iPhone の App ストアはおなじみの iTunes ストアに似ていて、競合他社の製品を見劣りさせ、アップルのスマートフォンに対する需要を加速した。アップルのスマートフォンは何年ものあいだ、ほかのスマートフォンに対してかなりの価格プレミアムで販売された。

　一方、2005 年に Google は、オープンソースで Linux ベースのモバイルオペレーティングシステムを作っていた Android 社を買収した。Android の商標は保持したまま、Google は標準の順守を保証し、オープンソースかつロイヤリティフリーの原則でこのプラットフォームのライセンスを供与した。すぐに広範なサードパーティによる Android アプリのエコシステムが登場した。iOS と Android が優位に立ったことで、RIM 社のブラックベリーはビジネス市場をつなぎとめ大衆向けモデルを追加するのに苦戦を強いられたが、一方でノキアのシンビアンプラットフォームは衰退し、パームはほとんど消えてしまった。そのあいだにアップルと Android は製品を拡大して、大衆向けタブレットコンピュータを盛り込んだ（アップルでは iPad がそれにあたる）。これは、スマートフォンの持ち運びのしやすさに加えて、ラップトップの機能を移行させたものだった。2010 年から 2012 年のあいだに、マイクロソフトは大衆向けスマートフォンとタブレットコンピュータで大きな前進を遂げた。この本を執筆している時点で、アップル、（Android を用いている）サムスン、マイクロソフト、そしてより小さ

なブランドが、スマートフォン市場における優位をめぐって激しい競争を繰り広げている。しかしこの商戦の行方は、モバイルコンピューティングがソーシャルネットワーキングという現象に与えてきた勢いに比べればそれほど重要ではない。

WEB 2.0

　1990年代の後半にワールド・ワイド・ウェブの使用は加速したが、コンテンツの制作者たち——主に企業やその他の組織——と、それよりずっと多数の消費者たちとの区別は比較的明確なままだった。確かに、eBay のような初期のウェブビジネスはユーザーがテキストや画像を追加する（そうすることによって商品を効率的にオークションにかけられる）ためのプラットフォームを提供していたし、コンピュータに精通した人のなかには（自分の政治的見解やスポーツ解説、その他の記事を表示するための）ウェブログあるいは「ブログ」を立ち上げる人もいた。しかし全体的にみれば、ウェブ上でコンテンツを作成している人たちは、毎日ウェブを閲覧している数百万もの人たちに比べれば、少数だった。2000年代の初めごろ、ユーザーによるコンテンツ作成と交流を促進し奨励するプラットフォームがますます一般的になるにつれて、限られた数の能動的製作者と多数の消費者によって特徴づけられる比較的静的なウェブは、急速に変化しはじめた。1999年に先見の明をもつある業界コンサルタントは、生まれたばかりのこのトレンドを表すために Web 2.0 という言葉を作り出し、この呼称は2004年の Web 2.0 業界会議で固まった。Web 2.0 の出現はとりわけ百科事典の生産と使用を変革し、商取引の性質を変化させ、人々が一般的にどのように社交するかに対する新しいモデルをうちたてた。

　前に論じたように、デジタル形式のより小規模な百科事典の生産コストが大幅に減少したことによって、『ブリタニカ百科事典』は痛手を受けた。『ブリタニカ』を新たに所有する人は、1996年の安価な CD-ROM 版でそれに追随することを余儀なくされた。2012年3月、『ブリタニカ』はオンライン版に完全に注力するため、百科事典の印刷を取りやめると発表した。また2008年に遡れば、『ブリタニカ』は依頼していないユーザーからのコンテンツの受け入れを開始すると発表していた。コンテンツは『ブリタニカ』編集者によって受理されると、『ブリタニカ』ウェブサイトの専用部分で公開されることになる。オンラインのみの存在に移行し、ユーザーからのコンテンツを受け入れたということは、世界で最も人気

のある百科事典となっていた『ウィキペディア』(Wikipedia) のモデルを暗黙の
うちに受け入れたということを表していた。

　『ウィキペディア』(「素早く」を意味するハワイ語の単語 *wiki* と、事典 (en-
cyclopedia) を組み合わせたもの) は、ジミー・ウェールズ (Jimmy Wales) と
ラリー・サンガー (Larry Sanger) によって 2011 年に開始された。『ウィキペ
ディア』はほとんどボランティア労働にのみ基づいている。これは本質的に、
ユーザーが執筆し、読み、編集するためのプラットフォームなのである。このモ
デルによって、非常に低コストで迅速に包括的な事典を作成することが容易にな
り、それは高価で何十年もかけて作業しなければならない紙の百科事典の作成と
は際立って対照的だった。2005 年に英国の科学雑誌『ネイチャー』(Nature) は、
『ウィキペディア』と『ブリタニカ』の科学記事を選んで査読を行い、「精度の違
いがとりわけ大きいというわけではない」ということを明らかにし、ユーザーが
作成したコンテンツの価値に対する信用度を高めた。本書を執筆している時点
で、『ウィキペディア』には 200 種類以上の言語の版と、何百万もの記事がある。
「約 5 億人が毎月ウィキペディアを読んで」おり、ウィキペディアはウェブ上で最
もよく訪問されたサイトの一つである。それでもウィキペディアは、時がたつに
つれて質の高いボランティア編集者の参加が減少するということがないようにす
るという、現在進行形の問題に直面している。

　インタラクティブなプラットフォームは電子商取引ではますます重要になって
きており、多くの場合、いまやユーザーがそれを期待している。アマゾン・ドッ
トコムは本・映画・大衆向け電化製品・その他販売している多数の商品品目のほ
とんどすべてについてユーザーレビューを活用した、初めての営利企業の一つ
だった。これまで収集してきたユーザーについての膨大なデータによって、アマ
ゾン・ドットコムはほかのユーザーの選好パターンはもちろん過去の購入履歴や
閲覧履歴に基づいてターゲットを絞った製品の提案ができるようになっている。
北米のインターネット小売業で収益がトップクラスなのは、ステープルズ社
(Staples, Inc.) やウォルマート・ドットコム (Walmart.com) といった老舗のブ
リック・アンド・モルタルの会社である。アマゾン・ドットコムと同じように、
こういった会社はユーザーによる製品評価を奨励し、ユーザーの入力内容から消
費者の好みを理解するという恩恵を被っている。

　こういった企業が自社のウェブサイトで収集し提示しているデータは通常、
サービスの中断をめったに起こさせないために冗長性をもって構成されたサー
バーファームに置かれる。ほとんどの人はアマゾン・ドットコムを単なるオンラ

イン小売業者だとみなしているが、この企業は膨大な数のサーバーを維持するという専門知識を活かして、企業やほかの組織クライアント向けにウェブインフラストラクチャーやアプリケーションサービスを多数販売している。会社や組織は過去には自分たちの所有するデータをローカルに維持しておく傾向にあったが、さまざまなデータやソフトウェアアプリケーションのニーズのためにリモートサーバーを使うクラウドコンピューティングという急成長分野のスペシャリストたち、たとえばアマゾン・ドットコムやセールスフォース・ドットコム (Salesforce.com)、EMC、IBM、Google、その他のリーダーたちと契約をますます結びつつある。こうして、クライアントである企業や組織のスタッフは、データにアクセスして同僚・顧客・サプライヤー・権限を与えられたその他のユーザーとそれを共有することが容易にできるようになり、サプライヤーの規模の経済と、データの保存や受け渡しについての専門知識を活用できるようになっているのである。

ソーシャルネットワーキング：フェイスブックと Twitter

クラウドコンピューティングはオンラインソーシャルネットワーキングの心臓部でもある。ウェブをベースとしたソーシャルネットワーキングは一般に、ユーザーがウェブ上に自分のプロフィールを作成し、ほかの人たちと交流できるようにするものである。多くの人々にとってソーシャルネットワーキングは、Web 2.0 が生活を変えた最も大きな側面であった。先進国で、そして発展途上国でも、ますます多くの人がソーシャルネットワーキングウェブサイトに毎週時間を費やしている。人によっては、特に十代と若年成人にとって、ウェブベースのソーシャルネットワーキングは日常的な活動かつ社会生活の基本的部分となっている。

2000 年代の初めごろに多くのソーシャルネットワーキング企業が登場した。初期に参画したなかで影響力があったのが、フレンドスター（Friendster、2002 年設立）とマイスペース（MySpace、2003 年設立）である。この 2 社はどちらもカリフォルニアで設立され、当初は米国に焦点を当てており、ユーザーが公開あるいは半公開で個人のプロフィールウェブページを作り、ほかの人とつながることができるようにした。フレンドスターとマイスペースは最初の 5 年で急速に成長し、何百万人ものユーザーを得たが、業界を率いるフェイスブックによって近年は非常に影が薄くなりつつある。

　ハーバード大学の1年生であるマーク・ザッカーバーグは、カークランドハウス寮の相部屋でフェイスブック——当時はザ・フェイスブック（Thefacebook）と呼ばれていた——を設立した。ザッカーバーグは最初の1学期のあいだにコンピュータアプリケーションの設計とプログラムに没頭し、二つの人気プログラムを作成した。一つ目はコース・マッチ（Course Match）で、学生が自分の授業をほかの学生と合わせることができるというものだった。二つ目がフェイスマッシュ（Facemash）で、ハーバード大学の1年生のポートレート写真2枚を（魅力に基づいて）比べて選ぶというものだった。2004年1月初頭に作られたこの二つのプログラムと（自分が所属していた）フレンドスターから着想を得て、ザッカーバーグは *thefacebook.com* というドメイン名を登録し、ハーバード大学の学生・教員・職員・卒業生がプロフィールを作って、自分たちの写真を投稿し、ほかのメンバーを招待して「友達」としてつながることができるようなプラットフォームを作成した。このサイトは2月4日に公開され、四日間のうちに数百人ものハーバード大学の学生が登録してプロフィールを作成し、3週間後にはザ・フェイスブックのメンバーは6,000人に達した。ザッカーバーグは最初からハーバード大学を超えてこれをほかの大学に拡大させたいと考えていた。

　ザッカーバーグは幾人かの友人たちと組んで（その中にはルームメイトのダスティン・モスコヴィッツ（Dustin Moskovitz）が含まれていた）、ザ・フェイスブックをアイビー・リーグの大学へ、それからほかの大学へと拡大させていった。2004年の春までに、このサイトには10万人のユーザーがいた。2004年の夏にザッカーバーグはシリコンバレーで会社を運営する利点を見て取り、その頃には企業になっていたザ・フェイスブックをカリフォルニア州パロアルトに彼と彼の小さなチームが借りた家へと移転させた。この移転の初期の利点の一つは、初期の Web 2.0 ベンチャーをいくつか立ち上げたことのあるショーン・パーカー（Sean Parker）がザッカーバーグに接触し、二人がすぐに友達になり、パーカーがザ・フェイスブックの初期の社長を務めたということにある。パーカーはまだ若かったが（20代半ばだった）、会社の初期において彼の経験は、資金調達とザッカーバーグが所有権支配を維持・最大化するのに関して特に役立った。巧妙で邪魔にならない広告が、運営資金を供給するために導入された。

　ある大学の学生・職員・卒業生に対してザ・フェイスブックを一度に展開することには、ほかの競合サービスを見劣りさせるのに役立つ数多くの利点があった（最初の頃は学生メンバーが主要ユーザーだった）。このようにして、ザッカーバーグは期待と繰延需要を生み出し、特に社会生活に焦点を当てているコン

ピュータリテラシーの高いグループに的を絞り、運転資本の初期ニーズを減らし、慎重にサイトを成長させて、信頼性により大きく注意を払うことができるようにしたのである。それとは対照的にフレンドスターの評判は、サービスの問題で深刻な打撃を受けていた。さらに、大学だけでサービスを開始し、大学が発行する"edu"というドメインのついたメールアドレスに基づいてアカウントを検証することで、フェイスブック（2005 年 8 月時点で、*www.facebook.com* というドメインとともに、新社名となっていた）は全ユーザーを確認していた。こうすることで、フレンドスター（ときには「フェイクスター」（fakester）と呼ばれて嘲られていた）やマイスペースを折々に悩ませていた偽のプロフィールという問題を防いだのである。高等教育機関のほとんどに開放したのち、フェイスブックは次に高校でも利用できるようになった。2006 年の春には 100 万人以上の高校生がユーザーとなった。その年の秋にフェイスブックは 13 歳以上のユーザーであれば誰でも利用できるようになり、すぐに国際展開に全力を注ぎはじめた——最終的に、35 の言語で利用できるようにする翻訳プロジェクトが 2008 年末までに完了した。その頃には「すでにフェイスブックのアクティブユーザー 1 億 4,500 万人の 70 パーセントが米国外」となっていた。フェイスブックが大学や"edu"のついたメールアドレスを超えて拡大したことで、詐欺アカウント（論争を呼んだドキュメンタリーフィルム「キャットフィッシュ」（Catfish）で興味深く描かれていた問題）が作れるようになったが、フェイスブック上で相当数の友達がいるかどうかを検証することが、ユーザーのアカウントの信憑性を後押しした。実際のところ、フェイスブックにおける詐欺アカウントの割合は、ほかの主要なソーシャルネットワーキングサイトに比べて常に少なかった。

　フェイスブックの成長とともに、その機能は徐々に順序良く追加されていったが、サイトをシンプルで使いやすい状態に保つことは当初からの目標だった。プロフィールに文章と写真を追加する、交際ステータスを変える（たとえば「彼氏彼女なし」から「友達以上恋人未満」へ）、ということ以外の数少ない初期機能の一つが、誰かを「ポーク (poke)」できるということだった。これは無邪気なものから性的に思わせぶりなものまで幅のある、ややあいまいなジェスチャーで、当然のことながら大学生に人気があった。フェイスブックの変遷の早い段階で、写真を共有する機能が追加された。専門サイトの中には写真の表示や共有を容易にするようなものもあったが（なかでも目立っていたのはフリッカー (Flickr) である）、フェイスブックでは、この機能はより広範な個人向けプラットフォームの一部であり、それゆえ多くの人々にとってより便利なものとなった。2006 年に

ニュースフィードを開始すると、この企業は最大の困難に行き当たった。この機能は友達のプロフィールの変更や更新に基づいてニュースを次々と自動的にアップデートしていくというものだった。この機能では利用可能になっていない情報は提供されないが、ユーザーの友達ネットワークを通じて自動的に情報をプッシュしてくるという振る舞いによって、多くの人が「ストーカー風」で気持ち悪いと感じることになった。その頃までに、フェイスブックは企業や組織、利益団体に対してプロフィール作成を許可し、ユーザーはそれに参加（あるいは「いいね」——組織にとっては「友達追加」に相当する）ができるようになっていた。このアプリケーション公開後、「フェイスブックのニュースフィードに反対する学生」のグループが速やかに結成され、数日のうちに 70 万人がオンラインでの抗議に参加した。これは当時の全フェイスブックユーザーの 7 パーセント以上にあたる。ザッカーバーグは、情報の共有と透明性をイデオロギー的に好んでいると長く表明してきているが、この反応には不意打ちをくらった。彼は数週間をかけたのちに謝罪し、ユーザーがニュースフィードを無効にできるという強化したプライバシー設定/選択肢をフェイスブックにインストールするという応答をした。多くの人はニュースフィードを無効にしなかったが、このエピソードはフェイスブックの最大の脆弱性の一つに光を当てた。ユーザーのプライバシーに関する懸念である。

　個人情報の自発的共有に依存したプラットフォームは、ユーザーを疎外しないということに大きく依存している。これは、あらゆるソーシャルネットワーキングサイトだけでなく、検索のようなほかの主要インターネットアプリケーションにもあてはまる。Google とフェイスブックは他とは比べものにならないほど、膨大なユーザーの個人情報を維持し利用している——これは広告主が顧客をターゲティングするにあたりきわめて貴重なデータである。意識し責任をもってこの情報を使用するということが、フェイスブックと Google 存続の基盤である。Google は、「邪悪になるな（Don't be evil）」という会社のモットーを長年宣伝しているが、ほかの検索エンジンへの切り替えが素早く無料で簡単にできるため、おそらくはより脆弱である。フェイスブックのようなソーシャルネットワーキングサイトでは、ユーザーにとっての価値の多くは、ユーザーがネットワークとプロフィールコンテンツを作るのにこれまで投資してきた多くの時間以上のものとなっている。物理空間と同様に、サイバー空間でも人々はしばしば友人とともにすごしたがっているのである。

　この章が書かれている時点（2014 年）で、数え切れないほどのソーシャルネッ

トワーキングサイトが存在しているが、約10億人のユーザーをもつフェイスブックが最大であり、他はすべて小人のようなものである。フェイスブックは2012年5月に、1,000億ドルを超える記録的な評価で上場した。しかし、数か月で価値の半分以上を失った。2013年の初めにフェイスブックは、堅調に収益を上げたこととモバイル機器ユーザーからかなりの収益を生み出すという課題を乗り切ったことで、失った資本の多くを回復した。

　Twitterはフェイスブックに最も近いライバルだが、ユーザー数は数分の一にすぎない。2006年にジャック・ドーシー（Jack Dorsey）が設立したサンフランシスコを拠点とする会社であるTwitterは、「マイクロブログ」、すなわちツイートとして知られる、（140文字以下の）短い文でできたメッセージのためのプラットフォームを提供している。Twitterユーザーのなかには、一般に若年ユーザーだが、一日中マイクロブログを書くのが習慣になっている人もいる——（食料品店に行ったというような）日常的なことから、（政治集会に参加したというような）もっと意味のあることまで。フェイスブックやTwitterを頻繁に利用する人にとっては、スマートフォンのおかげで幅広いアクセスが容易になり、ツイートを個人対個人コミュニケーションの代用物とすることができるようになった。ほかの人に、自分がどこにいるのか、何をしているのか、いつ戻るのかを知らせてくれるのだ。ほかのTwitterユーザーには、政治的な出来事や娯楽ニュース、自分が気に入ったり気に入らなかったりした商品について手短に見解を述べることにもっと焦点を当てている人もいる。

インターネットの政治

　ワールド・ワイド・ウェブの登場とともにインターネットの使用が大幅に拡大したので、ジャーナリストや政治家やその他の多くの人たちは、インターネットを自由と民主主義に変革を起こすテクノロジーだと表現している。1990年にロータス・デベロップメントの創業者ミッチ・ケイパーとグレイトフル・デッドの作詞家ジョン・ペリー・バーロウが設立した電子フロンティア財団（Electronic Frontier Foundation）のような組織が、個々人のもつインターネットの権利を守るために出現した。その支持者には政治的左派もいたが、多くはリバタリアン右派だった。ユーザー作成ウェブコンテンツ——Web 2.0を規定する特徴——への参加拡大とスマートフォンという新発見のモバイルコンピューティングは、そういったインターネットの枠組みを活性化するだけでなく、独裁政権

との闘いを助ける民主化ツールとしてのインターネットにも光を当てている。

　ジャーナリストたちは、イランにおける 2009 年の抗議行動——マフムード・アフマディーネジャード大統領の再選における不正疑惑に反対したもの——を「Twitter 革命」と速やかに名付けた。伝えられるところによれば、ユーザーのツイートは抗議行動に関する噂を広め、反対する地元民の意見を表明するのに貢献したという。より詳しい分析によれば、Twitter を使用しているイラン人はごく一部にすぎず（選挙不正疑惑についてのツイートの多くは欧米人からのものだった）、この出来事についての初期の報道はむしろ「情報技術が抑圧者ではなく解放者であるような世界に対する欧米人の強い憧れをはっきりと示していた」。ジャーナリストや政治家が早い時期に行った同様の特徴づけでは、2011 年のアラブの春（チュニジアやリビア、エジプトで独裁政権打倒を導いたアラブ世界全体での抗議行動）や、2011 年に起こった国際的な占拠運動（政治的・経済的不平等と企業権力の集中に反対する座り込み運動で、ロウアー・マンハッタンのズコッティ公園でのウォール街占拠運動で始まった）においてフェイスブックや Twitter が重要な役割を果たしたということが強調された。ソーシャルネットワーキングは、占拠運動では見たところ重要な役割を果たしているが、アラブ諸国におけるインターネットの浸透率はいまだかなり低く、こういった国々で Twitter やフェイスブックを使っているのは比較的少数である。少なくとも、こういったさまざまな抗議行動で重要だったのは携帯電話のテキストメッセージという古くからの技術で、これによって情報が人から人へ、そしてコミュニティ全体へと速やかに浸透していくことが可能になったのだった。反対運動の主催者や抗議活動家の中には、独裁政権からの報復を考えると、ソーシャルネットワーキングサイトへ行くのを当然のことながらためらう人もいる。このことは、インターネットが本来個人の自由のためのツールなのか、それとも政府や企業による統制のためのツールなのか、という問いを提起している。2011 年に政情不安に直面したエジプト政府がサービスプロバイダと連携してインターネットと携帯電話サービスを遮断したとき、欧米コミュニティは不安に駆られた。明らかに、エジプト政府はソーシャルネットワーキングの潜在的な力を理解し（企業サービスプロバイダの協力を得て）最大限の統制力を行使していた。

　こういった統制は、アラブの春のような政情不安という特定の時期に限ったことではない。2000 年から、中国の工業情報化部は「国家安全保障と社会の安定を脅かす可能性のある有害な文章やニュース」を禁止した。Yahoo! は 2002 年にそのような「自律協定」に同意し、言論を制限し「台湾独立」や「人権」といった

トピックに関する言葉やアイディアを含む「論争の的になる」ようなメッセージが中国のディスカッションフォーラムに表示されないように、フィルタリングメカニズムを使った。Google も（2010 年 3 月まで）中国でインターネット検閲を実施した。中国政府は政治的観点を自動識別するソフトウェアを配備しており、中国国内のブロガーは当局に登録せねばならない。中国におけるインターネットカフェは、一般には匿名性とプライバシーを提供するものと信じられているが、実際にはユーザーとコンピュータスクリーンにカメラが向けられている監視場所なのである。

　どの程度の、そしてどのようなタイプの規制がインターネットのために確立されるべきなのかということは、各国内そして各国間で激しく争われている問題である。輸送・通信技術の多くは長いあいだ国際協力を必要としてきたが、ほとんどボーダーレスであるインターネットとは、おそらくどちらも異なっている。ラジオの歴史はいくらか道しるべとなるかもしれない。初めはほとんど規制がなかったが、1920 年代と 1930 年代に、短波ラジオに関する国際規制とともに、米国と欧州で重要な国内規制が登場した。少数の大企業の優位性が進んだことも、ラジオの歴史とインターネットの歴史をつなぐもう一つの共通の流れである。しかし、真に新しいのは、Google やフェイスブック、アマゾン・ドットコム、Twitter、その他のインターネットや電子商取引企業が現在行っているような、商業的利益のための個人情報のシステマティックな収集と使用である。

　社会科学者のなかには Web 2.0、ソーシャルネットワーキングサイト、モバイルコンピューティングはプラスの力であり、我々の生活を向上させる価値あるツールだとみなす人がいる一方、こういった技術は結局のところ深く意味のある社会的つながりを提供できておらず、我々を「一緒にいるのにひとりぼっち」の状態にさせる傾向があるということを強調する人もいる。最新のテクノロジーが社会的、政治的、文化的、心理的変化において果たす特定の役割を描き出そうという試みには、歴史家が避けるべき落とし穴がたくさんある。現時点で明らかなのは、モバイルコンピューティングとインターネットがこれまでにないほど多くの人々の仕事・経済・社会生活の一部となっており、企業、その他の組織、立法者、裁判官、そして我々自身によって行われる、インターネットとその使用に関する決定は、これからの未来をますます形作っていくだろうということだ。

出典に関する注

　出典の明示を一切行わない一般書としての取り扱いと、完璧に注釈をつける学術書としての取り扱いという両極端の狭間で、私たちは衒学趣味と適切さのあいだに境界線を引くことを試みるという中庸を取ることにした——ケネス・ガルブレイスがみごとに述べたように[訳注1]。各章の注では、信頼できる二次文献について1ダースほど紹介し、短い文献レビューを与えた。可能なところでは専門的論文を用い、そういった論文が足りない部分のみ、アクセスしにくい定期刊行物にも頼った。特に明示していない限り、テキスト内の主張はすべて二次文献内で容易に見つけられると考えてよい。こうすることで、引用を2種類に限定することができた。直接引用した文章と、既に引用した専門的論文には出現しない情報である。

　書誌情報に詳細を記載した。書誌情報の目的が主に管理上のものであるということには注意してほしい——参照元を一か所に集めておくということである。これは読書リストを意図したものではない。もし、あるトピックについてより深く学びたい場合には、各章の注の文献レビューに紹介されている本の一冊から始めることを勧める。

第1章　人間がコンピュータだったころ

　作表に関する近代的な説明としては、*The History of Mathematical Tables* (2003), edited by Martin Campbell-Kelly et al. がある。この本には、ネイピア (Napier) の対数、ド・プロニーの地籍表、バベッジの階差機関のほか、数表の歴史についてのエピソードに関する章が含まれている。「作表危機」とバベッジの計算機関については、Doron Swade による読みやすい本、*The Difference Engine: Charles Babbage and the Quest to Build the First Computer* (2001) と、その前に出版された美しい図版つきの *Charles Babbage and His Calculating Engines* (1991) がある。Swade は、1991 年にバベッジの生誕 200 年を祝った際にバベッジの階差機関2号機を製作する責任を負った学芸員であり、権威と熱意

[訳注1]　ケネス・ガルブレイスはカナダ出身の経済学者。これは、ガルブレイスによる 1929 年の著書『大恐慌』(*The Great Crash*) の注の前書きに書いてある言葉。

をもって執筆している。ヴィクトリア期のデータ処理については、Martin Campbell-Kelly がプルデンシャル保険会社、鉄道清算所、郵便貯金局（the Post Office Savings Bank）、英国国勢調査について書いた論文（1992, 1994, 1996, and 1998）と、Jon Agar, *The Government Machine*（2003）がある。初期の米国の状況は、Patricia Cline Cohen, *A Calculating People*（1982）で描かれている。

　米国国勢調査の政治的、行政的、データ処理的背景については、Margo Anderson, *The American Census*（1988）がある。1890 年の米国国勢調査に関しては、Thomas C. Martin, "Counting a Nation by Electricity"（1891）に当時の言葉で生き生きと描かれている。より淡々と書かれているのが Leon Truesdell, *The Development of Punch Card Tabulation in the Bureau of the Census, 1890–1940*（1965）である。ホレリスの伝記として定評があるのは Geoffrey D. Austrian, *Herman Hollerith: Forgotten Giant of Information Processing*（1982）である。初期のオフィスシステム運動は、JoAnne Yates, *Control Through Communication*（1989）に述べられている。

ページ
4　「その後、約 20 年に及ぶ不運に遭い……」：Comrie 1933, p. 2.
6　「自分に課せられたこの途方もない仕事に同じ方法を適用して……」：Grattan-Guinness 1990, p. 179 における引用。
6　「アンシャン・レジームの最も憎むべきシンボル……」：同書。
7　サー・ハンフリー・デイヴィーへの公開書簡：Babbage 1822a.
7　「船員を、危険ではなくとも、困難に……」：Lardner 1834.
8　「対数表の中で見つからずに残っている誤りは……」：Swade 1991, p. 2 における引用。
8　「航海表は船舶が頻繁に難破するほど誤りだらけだ」：Hyman 1982, p. 49.
9　1834 年のウェリントン公爵への手紙：Babbage 1834.
10　銀行の手形交換所：英国と米国の手形交換所については Cannon 1910 を見よ。
10　バベッジがラボックに宛てた手紙：Alborn 1994, p. 10 における引用。
10　「ロンバート通りの大きな部屋の中では……」：Babbage 1835, p. 89.
13　「連合王国のあらゆる重要な町」：Anonymous 1920, p. 3.
14　「それは規律正しく勤労している気持ちのよい光景であり……」：Anonymous 1874, p. 506.
15　国勢調査局：この行政機構については Anderson 1988 で述べられている。事務員数とページ数については p. 242 に出ている。
15　「タリー・システム」：Truesdell 1965, chap. 1 で述べられている。
16　「ただ一つ不思議なのは……」：Martin 1891, p. 521.
16　「西部を旅行していたとき……」：Austrian 1982, p. 15.
17　ポーターは……ブリティッシュ・タービュレイティング・マシン社の会長となった。：Campbell-Kelly 1989, pp. 16–17.

17　「ワシントンのダウンタウンにある空き事務所や……」：Austrian 1982, p. 59.

18　「自国の力を感じる」：同書、p. 58.

18　「この偉大な共和国の人口が……」：Martin 1891, p. 522.

18　新聞はこの物語を好んだ。：ここで出てくる引用は Austrian 1982, pp. 76 and 86 による。

18　「大いに興味深い」「女性は責任に対する道徳心を平均以上にもっている」「誠実な結果が期待できる」：Martin 1891, p. 528.

19　「言い換えれば、部隊は……」：同書、p. 525.

19　「まるでそりの鈴のような」：同書、p. 522.

19　「その装置は神のひき臼のように……」：同書、p. 525.

20　「ハーマン・ホレリスは建物を頻繁に訪れたものだった。……」：Campbell-Kelly 1989, p. 13 における引用。

21　対照的に、ニューヨークの米国プルデンシャル社では……：May and Oursler 1950; Yates 1993 を見よ。

22　「今や、記録をつけていない経営は……」：Yates 1989, p. 12 における引用。

第2章　オフィスに事務機がやってくる

　オフィス機器産業に関する現代的説明として最良のものが、James W. Cortada, *Before the Computer*（1993）である。

　タイプライターに関する素晴らしい歴史研究として、Wilfred Beeching, *Century of the Typewriter* と、Bruce Bliven, *Wonderful Writing Machine*（1954）がある。George Engler, *The Typewriter Industry*（1969）では、タイプライター産業に関するほかにはみられない精密な分析がなされている。ファイリングシステムについて我々の知る唯一の分析的説明が、JoAnne Yates による素晴らしい論文、"From Press Book and Pigeon Hole to Vertical Filing"（1982）である。レミントンランド、フェルト＆タラント、バロースについての綿密で信頼できる歴史研究は見当たらないが、Cortada による *Before the Computer* がほぼ網羅している。

　ナショナル・キャッシュ・レジスターの歴史として役に立つのが、Isaac F. Marcosson, *Wherever Men Trade*（1945）と Stanley C. Allyn, *My Half Century with NCR*（1967）である。1984 年に NCR は 4 巻に及ぶ優れた社史（NCR 1984）を発行したが、見つけるのは困難である。ジョン・パターソンの伝記として最もよいものが Samuel Crowther, *John H. Patterson, Pioneer in Industrial Welfare*（1923）である。NCR の R&D については Stuart W. Leslie, *Boss Kettering*（1983）で述べられている。

IBM の歴史に関する文献は多い。初期の歴史については、Saul Engelbourg, *International Business Machines: A Business History* (1954 and 1976) や、Emerson W. Pugh, *Building IBM* (1995)、Robert Sobel, *Colossus in Transition* (1981) が優れている。トーマス・J・ワトソンの公式の伝記は Thomas Beldens and Marva Beldens, *The Lengthening Shadow* (1962) である。これが特にワトソンを理想化しているというわけではないが、William Rogers, *Think: A Biography of the Watsons and IBM* (1969) はバランスをとるのに役立つ。最も最近に出版されたワトソンの伝記に Kevin Maney, *The Maverick and His Machine* (2003) がある。JoAnne Yates, *Structuring the Information Age* (2005) は、IBM と生命保険会社という顧客たちの相互関係が IBM 製品を形作るのをどのように助けたかについて説明した重要な文献である。

ページ

25　「資金を用意してくれれば……」：Bliven 1954, p. 48 における引用。

25　我々がいまだに使っている QWERTY 配列：David 1986 を見よ。

25　「タイプライターは、19 世紀に米国の産業が……」：Hoke 1990, p. 133.

26　「新聞記者、弁護士、編集者、著述業、牧師」：Cortada 1993a, p. 16.

26　「拝啓　私の名前は決して出さないでください。……」：Bliven 1954, p. 62 における引用。

27　米国国勢調査によれば、1900 年には国内で 112,000 人のタイピストと速記者がいる：Davies 1982, pp. 178-179.

28　「女性の居場所はタイプライターにある」：同書。

29　ジェームズ・ランド・シニア：Hessen 1973.

31　1 から 9 までの番号がついたキー：0 がないのは、足し算ではゼロをわざわざ足す必要がないからである。

33　「仕事の数だけ種類がある」：Turck 1921, p. 142 に転載された広告による。

34　「商習慣とマーケティング手法は……」：Cortada 1993a, p. 66.

35　「彼は石炭のことしか何も知らなかった」：Crowther 1923, p. 72 における引用

35　「古びた刺激のない高速道路を降り……」：Allyn 1967, p. 54.

37　「自分には生命保険をかけている……」：Cortada 1993a, p. 69 における引用。

37　「米国初のセールス手法の缶詰」：Belden and Belden 1962, p. 18.

37　「学校では『入門』を教えた……」：Crowther 1923, p. 156.

38　「犬を殺すのに最適な方法は……」：Rogers 1969, p. 34 における引用。

38　「限りなき前進……」：Anonymous 1932, p. 37.

40　「このシステムは、製鉄工場……」：Campbell-Kelly 1989, p. 31 における引用。

42　「あらゆる場所で……」：同書。

42　「天性の才をもつ剽窃者……」：同書。

43　「「補充」ビジネスと呼ぶべきタイプ。……」：同書、p. 39.

44　「ワトソンは、彼のキャリアにおける最高の瞬間の一つを迎えていた。……」：Belden and Belden 1962, p. 114.

44　「数々の栄光ある IBM 機の中で一番もうかった」：Anonymous 1940, p. 126.
46　「世界最大の簿記業務」：Eames 1973, p. 109 における引用。
46　「多くの企業は、最高の黄金期を夢想するとき……」：Anonymous 1940, p. 36.

第3章　バベッジの夢が現実に

　Michael R. Williams, *A History of Computing Technology*（1997）と William Aspray, ed., *Computing Before Computers*（1990）は、両方とも本章で描かれている開発の概要を捉えている。Alan Bromley の論文 "Charles Babbage's Analytical Engine, 1838"（1982）は、バベッジの計算機に関する最も完全な（かつ最も技術的に難しい）解説だが、Bruce Collier and James MacLachlan, *Charles Babbage and the Engines of Perfection*（1998）は、若者向けの非常に読みやすい解説でありながら、より成熟した読者にとっても完璧なものとなっている。Aspray, *Computing Before Computers* 内で Bromley が執筆した章である "Analog Computing" は、アナログ計算に関する簡明な歴史の概要となっている。近刊としては、Charles Care, *Technology for Modelling*（2010）が綿密に論じている。Frederik Nebeker, *Calculating the Weather*（1995）は数値気象学の素晴らしい解説である。コムリーのサイエンティフィック・コンピューティング・サービスについては、Mary Croarken, *Early Scientific Computing in Britain*（1990）がある。David Griers, *When Computers Were Human*（2005）は、米国の計算係に関する解説としては決定版である。
　本章では、何人かの中心人物たちの貢献を通じて、自動計算の発展を追った。すなわち、チャールズ・バベッジ、L・J・コムリー、ルイス・フライ・リチャードソン、ケルヴィン卿、ヴァネヴァー・ブッシュ、ハワード・エイケン、そしてアラン・チューリングである。そのうち、コムリー以外については定評のある伝記がある。Anthony Hyman, *Charles Babbage: Pioneer of the Computer*（1984）、Oliver Ashford, *Prophet —— or Professor? The Life and Work of Lewis Fry Richardson*（1985）、Crosbie Smith and Norton Wise, *Energy and Empire: A Biographical Study of Lord Kelvin*（1989）、G. Pascal Zachary, *Endless Frontier: Vannevar Bush, Engineer of the American Century*（1997）、I. Bernard Cohen, *Howard Aiken: Portrait of a Computer Pioneer*（1999）、Andrew Hodges, *Alan Turing: The Enigma*（1988）である。コムリーに関する小品としては、Mary Croarken の論文 "L. J. Comrie: A Forgotten Figure in the

History of Numerical Computation"（2000）があるが、彼のいた環境については
彼女の *Early Scientific Computing in Britain*（1990）に詳しい。

ページ

47　「100年以上前に政府が……」：Comrie 1946, p. 567.

48　「自分の尾を食べる」：Bromley 1990a, p. 75における引用。

49　「もっと強力な、完全に新しい機関」「あなたがこの件についての事情をすべて公正に把握できる」：Babbage 1834, p. 6.

50　「解析機関の特色とは……」：Lovelace 1843, p. 121.

51　「親愛なる、そして称賛されるべき解説者」：Toole 1992, pp. 236–239.

51　「無価値」：Babbage 1994にたいするCampbell-Kellyにおける序文, p. 28における引用。

52　「イングランド人に、なにか原理や道具を……」：Babbage 1852, p. 41.

52　シュウツの階差機関：Lindgren 1990を見よ。

53　アナログ計算：オーラリとケルヴィンの潮候推算機についての情報を含むアナログ計算の優れた短い歴史については、Bromley 1990bを見よ。

55　同じようなテクニックがオランダの埋め立て計画でも……：Van den Ende 1992 and 1994.

56　「それは、小さな二つの自転車用車輪のあいだに……」：Bush 1970, pp. 55–56.

56　少しピンボケした写真：この写真はZachary 1997, p. 248の見開き、およびWildes and Lindgren 1986, p. 86に転載されている。

57　「そこで、私は若い連中と……」：Bush 1970, p. 161.

58　「寒い兵士用宿舎の干し草の山」および、その後の引用：Richardson 1922, pp. 219–220.

59　100万ポンド：Ashford 1985, p. 89.

62　「ガールズは世界で最も大変な計算をこなしている」：Illustrated headline（"Girls Do World's Hardest Sums"）, 10 January 1942.

62　「研究全体にとってきわめて重要だったが……」：Ceruzzi 1991, p. 239.

63　エッカートとコロンビア大学は、IBMがコンピューティングへと移行していくうえで重要な役割を果たす：Brennan 1971を見よ。

63　「背が高く……」「いつもきちんとした装いをしていて……」「露骨な反対はなかったとはいえ……」：Cohen 1998, pp. 22, 30, 66.

63　チェイスは計算機業界の中でも著名かつ尊敬されている人物：Chase 1980にたいするI. B. Cohenの序文を見よ。

63　「予想される費用は多額だが……」：Pugh 1995, p. 73.

64　「なぜあなたがこの物理学研究所で……」：Cohen 1988, p. 179.

64　「もし、私という実例に警戒してしまうことなく……」：Babbage 1994, p. 338およびBabbage 1864, p. 450.

65　「バベッジが過去から直接自分に話しかけてきたように感じた」：Bernstein 1981, p. 62.

65　この提案書はマークI関連文書としては残存している最古のもの：Aiken 1937.

65　「手順が確定したら完全自動で動作」「機械内部を数字が流れるルートを決める制御装置」：同書、p. 201.

66　「自動計算設備」：Bashe et al. 1986, p. 26.

66　「19 世紀ニューイングランドの繊維工場」：Aiken et al. 1946 の 1985 年のリプリントにたいする Ceruzzi の序文, p. xxv を見よ。

66　「部屋いっぱいの婦人たちが機械編みをしている」：Bernstein 1981, p. 64.

66　「数を作りながら」：Hopper 1981, p. 286.

67　「自分はコンピュータの指揮官をつとめた世界で唯一の人間だと思う」：Aiken et al. 1946 の 1985 年のリプリントにたいする Cohen による前文, p. xiii.

67　ノーマン・ベル・ゲディス：同書。

67　「ワトソンの人生で……」および、その後の引用：Belden and Belden 1962, pp. 260–261.

68　「ハーバードのロボット・スーパーブレイン」「ロボットの数学者は答えをなんでも知っている」：Eames and Eames 1973, p. 123 における引用、および Aiken et al. 1946 の 1985 年のリプリントにたいする Ceruzzi の序文, p. xxxi.

68　「しかし、本書のタイトルと……」：Comrie 1946, p. 517.

68　「私が遺したものの助けなしに……」：Babbage 1994, p. 338 および Babbage 1864, p. 450.

69　「あらゆる数学の問題を決定できるような明確な方法あるいは手続きは存在するか」：Hodges 2004.

70　「あるパズルを与えられて解こうとしているとき」：Turing 1957, p. 7.

70　「教授タイプ」「『教授』として有名」「着古した格好をして、爪をかみ……」：Hodges 2004.

第 4 章　コンピュータという発明

ムーアスクールでの開発に関する学術的解説で最良のものが Nancy Stern, *From ENIAC to UNIVAC: An Appraisal of the Eckert-Mauchly Computers* (1981) である。Herman G. Goldstine, *The Computer: From Pascal to von Neumann* (1972) は、ENIAC と EDVAC の開発に関わった著者が直接説明しているのが素晴らしい。「下からの視点」は、Herman Lukoff, *From Dits to Bits* (1979) にみられる。この著者は、ENIAC の次席技術者で、のちにスペリーランドの UNIVAC 事業部の主任技術者となった人物である。Scott McCartney, *ENIAC* (1999) はエッカートとモークリーに関するほかにはみられない伝記的資料を含む、魅力ある読み物である。

アタナソフのコンピューティングへの貢献について述べた長編書籍が二つある。Alice and Arthur Burks, *The First Electronic Computer: The Atanasoff Story* (1988) と、Clark R. Mollenhoff, *Atanasoff: Forgotten Father of the Computer* (1988) である。

プログラム内蔵コンセプトの発明をめぐる議論については、Stern と

Goldstine の本の両方で長々と論じられているが、エッカート・モークリー側と
フォン・ノイマン側にそれぞれバイアスがかかっている。より客観的な説明は、
William Aspray, *John von Neumann and the Origins of Modern Computing*
(1990) にある。

　ムーアスクール・レクチャーの背景は、Martin Campbell-Kelly and Michael
R. Williams, *The Moore School Lectures* (1985) で述べられている。マンチェス
ター大学とケンブリッジ大学におけるコンピューティングに関する説明は、それ
ぞれ Simon H. Lavington, *Manchester University Computers* (1976) と
Maurice V. Wilkes, *Memoirs of a Computer Pioneer* (1988) にみられる。

ページ

75　「航空機の問題に関する科学研究を除き……」：Baxter 1946, p. 14 における引用。
76　「NDRC の価値あるプログラムには……」「目標が明確に定まり、研究メンバーが
　　選ばれ……」：Bush 1970, p. 48.
78　「教授の妻であるジョン・W・モークリー夫人は……」：Lukoff 1979, p. 21.
78　「ごくまれに、アニーを見ることができる機会があった……」：同書、p. 18.
80　「コンピュータの忘れられた父」：Mollenhoff 1988.
80　「何のアイディアも得ていない」：Stern 1981, p. 8.
81　「まぎれもなくムーアスクールで最高の電子技術者」：Goldstine 1972, p. 149.
81　「以前より 10 倍速く、10 倍正確に」：Eckert 1976, p. 8.
81　MTI 装置の仕組みは次のようなものだった。：Ridenour 1947, chap. 16 を見よ。
82　「少なくとも数時間」：Mauchly 1942.
82　「計算部門にいる 176 人の計算係に加え……」：Goldstine 1972, pp. 164–166.
83　「よくいえば熱心でない、悪くいえばとげとげしい」：Stern 1981, p. 21.
84　「完璧に技術者」「空想家」：同書、p. 12.
84　「エッカートは最高の理想を掲げ……」：Goldstine 1972, p. 154.
85　「フォン・ノイマンが現れたとき……」：同書、p. 182.
86　「もちろん、それこそがフォン・ノイマンの最初の質問だった」：同書。
88　「素晴らしい技術的新発明」：同書、p. 190.
91　「完全に非公開、招待者のみ参加可能」：Stern 1981, pp. 219–220.
93　「英国郵政省研究所に関係する 2 名」：Goldstine 1972, p. 217.
95　「手取り足取り」：Williams 1975, p. 328.
96　「最初のころのテストは、有用な結果が何も出ない死の舞踏で……」：同書、p. 330.
96　「1946 年 5 月中旬、米国への旅から戻ったばかりの……」：Wilkes 1985, p. 108.
97　「諦めはじめていた」：同書、p. 116.
97　「到着が遅れたからといって失うものはそれほど多くないだろう」：同書、p. 119.
97　「プログラム内蔵コンピュータの原理は容易に把握できる」：同書、p. 120.
97　「EDVAC 計画の方向性にそった控えめな規模のコンピュータ」：同書、p. 127.
98　「ある日、軍需省の親切な後援者から……」：同書、pp. 130–131.

第 5 章　コンピュータがオフィスの主役に

エッカートとモークリーのコンピュータ事業に関する最も詳細な解説は、Nancy Stern, *From ENIAC to UNIVAC: An Appraisal of the Eckert-Mauchly Computers*（1981）にあるが、Herman Lukoff, *From Dits to Bits*（1979）では、UNIVAC 製造の雰囲気が詳細にたっぷりと述べられている。Arthur Norberg, *Computing and Commerce*（2005）は、エッカート・モークリー・コンピュータ会社と ERA を広い産業的文脈に位置づけた。UNIVAC と選挙にまつわる逸話は、Ira Chinoy の博士論文 "Battle of the Brains: Election-Night Forecasting at the Dawn of the Computer Age"（2010）で詳しく述べられている。

IBM によるコンピュータ開発に関する総合的な解説が Emerson Pugh, *Building IBM*（1995）である。技術的な発展については Charles Bashe et al., *IBM's Early Computers*（1986）がある。トーマス・J・ワトソンの自伝 *Father and Son & Co.*（1990）も有益だが、IBM のトップからの視点であり、やや修正主義的である。1950 年代のコンピュータ産業におけるさまざまなプレイヤーについては、 Paul Ceruzzi, *History of Modern Computing*（2003）、James W. Cortada, *The Computer in the United States: From Laboratory to Market,* 1930–1960（1993）、Katherine Fishman, *The Computer Establishment*（1981）、Franklin M. Fisher et al., *IBM and the U.S. Data Processing Industry*（1983）に詳しい。

ページ
113　「エッカートとモークリーは楽観的すぎたというか……」: Stern 1981, p. 106.
116　「やがて手狭になることはないように見えた」: Lukoff 1979, p. 81.
116　「安定していない」: Stern 1981, p. 124 における引用。
117　「革命ではなく進化」: Campbell-Kelly 1989, p. 106.
117　「最も優れた電子工学者を見つけて、IBM に雇うように」: Pugh 1995, p. 122 における引用。
118　「スピードと柔軟性で、同時期の計算機を凌駕した」: 同書、p. 131.
119　「この機械は 1948 年前半に……」: Bowden 1953, pp. 174–175.
120　「自分たちのように見学希望者が、この機械を一目見ようとやってくれば、歓迎してもらえる」「この機械の主要な頭脳は……」: Anonymous 1950.
121　「愛国的」「大型計算機を作る技術を向上させるいい機会」: Pugh 1995, p. 170.
122　「私はそれまで一度も会ったことのなかったモークリーに……」「モークリーは一言も話さず……」: Watson 1990, pp. 198–199.
123　「あまりに絶望していたので、最初にもたらされた交渉にとびつかんばかり」: Stern 1981, p. 148.

124 「まず 1 台組み上げ……」：Lukoff 1979, p. 96.
124 「エッカートは毎日誰よりも遅くまで……」：同書、p. 106.
125 「プレスは精神のエネルギーが強く……」：同書。
125 「ジョンはいつも人々を愉快にしてくれた……」：同書、p. 75.
125 「下着がユニフォーム」：同書、pp. 99–100.
125 「あるときデスクに 5 〜 6 本ほどの……」：同書。
126 「大変早期ではありますが……」：同書、p. 130 における転載。
126 「我々のチームの担当者は……」：同書、pp. 130–131.
127 「私は「ああ、こちらが国防用の計算機に……」：Watson 1990, p. 227.
128 「IBM の社員は、タイタニック号に……」：同書、p. 228.
129 「最も意識が高いコンピュータ理論家は……」：Anonymous 1952, p. 114.
131 「大型の百万ドルレベルの 700 シリーズは……」：Watson 1990, p. 244.
132 「勝利の勢いに乗れず、負けを引いてしまった」：Rogers 1969, p. 199.
133 「その後の NCR のコンピュータ製造への大きな投資を可能にする儲けを出した」：
　　　Allyn 1967, p. 161.
133 「1946 年から 1948 年にかけて収益が 1 億ドルに満たない企業において……」：
　　　Fisher et al. 1983, p. 81 における引用。

第 6 章　メインフレームの時代：IBM の季節

　1960 年から 1975 年にかけてのコンピュータ産業の競争的環境については、Gerald W. Brock, *The U.S. Computer Industry* (1975) で述べられている。ほかにも、Kenneth Flamm, *Targeting the Computer: Government Support and International Competition* (1987) や *Creating the Computer: Government, Industry and High Technology* (1988) が有益である。

　IBM 1401 の歴史は、Charles J. Bashe et al., *IBM's Early Computers* (1986) にみられる。IBM 360 および 370 シリーズの技術開発については Emerson W. Pugh et al., *IBM's 360 and Early 370 Systems* (1991) で記述されている。Tom Wise が『フォーチュン』誌に書いた記事、"I.B.M.'s $5,000,000,000 Gamble" と "The Rocky Road to the Market Place" (1966a and 1966b) は、System/360 プログラムについて外部から書かれた解説としてはいまだ最良のものである。内部からの解説としては、Thomas DeLamarter, *Big Blue* (1986) が挙げられる。Thomas Haigh, "Inventing Information Systems" (2001) は、コンピューティングにおけるシステム屋 (systems men) の興隆について描いている。James Cortada による 3 巻本、*Digital Hand* は、産業界におけるコンピュータの利用について徹底的に調査したものである。医科学におけるコンピュータ利用のケーススタディについては、Joseph November, *Biomedical Computing* (2012) を見

よ。

ページ
135　「プロセッサが大流行だった」：Bashe et al. 1986, p. 476.
135　「プログラミング、顧客の変化、現地サービス、訓練、予備部品、ロジスティクスなどを考慮に入れる」：同書。
138　「米国の経営史において、これほど収入を伸ばし……」：Sheehan 1956, p. 114.
139　「IBM の主なライバル 7 社の中で……」：Burck 1964, p. 198.
139　「いくらよいネズミ捕りを作ったところで……」：Sobel 1981, p. 163.
140　「事業の 10 パーセントであれば、我々にもっていかせないわけがないだろう」：Burck 1964, p. 202.
143　「渾沌に、今よりもずっとひどい渾沌に陥ってしまうことになる」：Pugh et al. 1991, p. 119 における引用。
143　「合意に達するまで戻ってくるなと命令」：Watson 1990, p. 348.
144　「問題は、これはあまりにも壮大すぎる……」「よし、わかった。やろう」：Wise 1966a, p. 228.
144　「第二次世界大戦で原子爆弾を製造したマンハッタン計画ですら、ここまでの費用は投じなかった」「冗談半分に、自分たちはこのプロジェクトのことを『会社で賭けをしている』と呼んでいる」：同書、pp. 118–119.
144　「このような記事が出たことは……」：Rogers 1969, p. 272.
145　「当時、通常の工場には……」：Watson 1990, p. 350.
145　「コンパスの全方位を示」：Pugh et al. 1991, p. 167.
147　「リスク評価会議の最後には……」：Wise 1966b, p. 205.
147　「6 種類の新型コンピュータと 44 機種の新しい周辺機器が眼前にずらりと並んでいた」：同書、p. 138.
147　「会社の歴史で最も重要な製品の発表」：同書、p. 138.
147　「新しい System/360 は……」「近年では、最も重要で驚くべき、おそらくは最もリスクの高い経営判断」：Wise 1966a, p. 119.
148　「この国の最高の産業イノベーションの一つ」：DeLamarter 1986, p. 60 における引用。
149　「米国の、そしておそらくは全世界の標準コードになるだろう」：Campbell-Kelly 1989, p. 232 における引用。
149　「機械を外側からコピーしはじめた」：Fishman 1981, p. 182.
152　安いからとか、速いからとか、何かほかのものより優れているからという理由だけでテクノロジーを取り入れる経営者や政府の管理官など、普通はいない。……：Cortada 2004.
154　「科学者たちがコンピュータに見出している可能性は無限であるように思われる」：Schnaars and Carvalho 2004, p. 10 における引用。
154　「コンピュータの専門家たちは、まだこんなものではないと言っている」：同書、p. 12.
157　「想像もできないことをシミュレートする」：Ghamari–Tabrizi 2000, p. 164.
158　「我々は製品を売っているのではない……」：Burck 1964, p. 196.

第7章　リアルタイム：つむじ風のように速く<ruby>　<rt>ワールウィンド</rt></ruby>

　冷戦の文脈におけるワールウィンド、SAGE、その他の軍事コンピュータ開発の素晴らしい概観が、Paul Edwards, *The Closed World: Computers and the Politics of Discourse in Cold War America*（1996）である。Stuart W. Leslie の *The Cold War and American Science*（1993）もこういった開発を広い政治的、業績的フレームワークのなかに位置づけている。ワールウィンドプロジェクトの詳細な歴史は、Kent C. Redmond and Thomas M. Smith, *Project Whirlwind: The History of a Pioneer Computer*（1980）の主題であり、彼らの続編 *From Whirlwind to MITRE: The R&D Story of the SAGE Air Defense Computer*（2000）で物語が完結する。SAGE に関する素晴らしい資料は、*The Annals of the History of Computing* の特別号（vol. 5, no. 4, 1981）に掲載されている。John F. Jacobs, *The SAGE Air Defense System*（1986）は興味深い個人的解説である（この本は、ロバート・E・エヴェレットが社長になった MITRE 社によって出版された）。

　アメリカン航空の SABRE については、よい解説がいくつかある。最も新しく、かつよいものが James L. McKenney, *Waves of Change*（1995）である。Visa の支払いシステムに関する議論は、David L. Stearn による素晴らしい研究、*Electronic Value Exchange*（2011）と、Dennis W. Richardson, *Electric Money*（1970）から引用した。現金預け払い機と ATM の歴史を探求するには、Bernardo Batiz-Lazo による論文 "The Development of Cash-Dispensing Technology in the UK"（2011）と James W. Cortada, *The Digital Hand*（vol. 2, 2006）が役立つ。バーコードの歴史についてまとまった文献はないが、我々は Alan Q. Morton の優れた論文、"Packaging History: The Emergence of the Uniform Product Code"（1994）を利用した。Steven Brown による、米国の食品産業におけるバーコードの実装に向けての交渉に関する個人的記述、*Revolution at the Checkout Counter*（1997）も有用な資料である。

ページ
166　「フォレスターにひらめきを与えた」：Redmond and Smith 1980, p. 33.
166　クロウフォードはデジタルコンピュータのリアルタイム応用に関する講義を行い：Campbell-Kelly and Williams 1985, pp. 375–392 にリプリントが掲載されている。
166　「金メッキの無駄な仕事」：Redmond and Smith 1980, p. 38 における引用。
166　「ええ、もちろん自分たちは生意気だった！……」：同書。

166 「航空機関係にとどまらず、いろいろな科学技術上の問題を解決することにつながる」：同書、p. 41.
167 「しっぽが犬を乗り越えて……」：同書、p. 46.
168 「エンジニアたちが手をこまねいている時間はない」：同書、p. 47.
168 「将来に楽観的すぎる」：同書、p. 96.
169 「ジェイはいろいろなものを抱えて……」：同書、p. 183 における引用。
169 「素晴らしい」「とんでもない」およびその他の引用：同書、pp. 145, 150 における引用。
170 「足が不自由で、目もあまり見えず、頭のよくない」：同書、p. 172 における引用。
170 「私は巨大なアナログコンピュータのプロジェクトが……」「程度の差こそあれ否定的な見方ばかり」：Valley 1985, pp. 207–208.
172 49,000 個の真空管を使った 250 トンのコンピュータ：Jacobs 1986, p. 74.
172 「巨大な金食い虫」：Flamm 1987, p. 176.
172 SAGE の大きな恩恵：Flamm 1987 and 1988 を見よ。
173 「1970 年代に大規模な情報処理の仕事……」：Bennington 1983, p. 351.
173 「冷戦が IBM をコンピュータ産業の覇者にしてくれた」：Watson and Petre 1990, p. 230.
175 リザバイザ：リザバイザの説明については Eklund 1994 を見よ。
175 「多くのビジネス旅客が……」：McKenney 1995, p. 98.
176 「同じように複雑な応用システム……」：Bashe et al. 1986, p. 5 における引用。
177 「このブラックボックスをしっかり動かしてくれよ……」：McKenney 1995, p. 111 における引用。
177 「一日につき、85,000 本の電話に応え……」：Plugge and Perry 1961, p. 593.
178 「子ども向け SAGE」：Burck 1965, p. 34.
178 「よくあるデータ処理の大惨事」：McKenney 1995, p. 119.
180 「将来の電子的クレジットや送金は……」：Diebold 1967, pp. 39–40.
181 「勘がいい」「素晴らしい」と同時に「威圧的」「怒りやすい」：Stearns 2011, p. 40.
186 「業界上位 10 社の優良企業代表と……」：Morton 1994, p. 105 における引用。

第 8 章　コンピュータを支配するソフトウェア

　ソフトウェアの歴史に関する文献はつぎはぎだらけである。この種としてよいものであっても、多くは「内在主義的」かつ専門的で、ソフトウェアの狭いジャンルに焦点を当てており、非専門家が足掛かりを得るのを困難にしている。出発点として優れているのが、Steve Lohr, *Go To: The Story of the Programmers Who Created the Software Revolution* (2001) で、生き生きとした伝記指向の書籍である。プログラミング言語普及におけるグレース・マレー・ホッパーの役割については、Kurt Beyer, *Grace Hopper and the Invention of the Information Age* (2009) に詳しい。ソフトウェア史にいくぶんの秩序をもたらすため、ドイツのパダボーンにあるハインツ・ニックスドルフ・ミュージアムフォーラム

(Heinz Nixdorf MuseumsForum) と、ミネソタ大学のチャールズ・バベッジ研究所で 2000 年に会議が開かれた。会議で発表された論文は、*History of Computing: Software Issues*（Hashagen et al., eds., 2002）として出版された。これまで出版された中で、この主題について最もよい概観を与えているのがこの本である。

　Saul Rosen, *Programming Systems and Languages*（1967）は初期の歴史をよくカバーしている。プログラミング言語の歴史に関する文献は多いが、なかでも優れているのが Jean Sammet, *Programming Languages: History and Fundamentals*（1969）と、1976 年と 1993 年に開催されたプログラミング言語史の会議に関する 2 巻にわたる編著、*History of Programming Languages*（Richard Wexelblat, ed., 1981）と、*History of Programming Languages*, vol. 2（Thomas Bergin et al., eds., 1996）である。プログラミング言語の歴史に関する広範囲にわたる文献が、ソフトウェアの歴史に対する見方をゆがめており、その結果としてほかの側面の多くが比較的無視されているという状態である。OS/360 の大失敗は、Fred Brooks による古典、*The Mythical Man-Month* と、Emerson W. Pugh et al., *IBM's 360 and Early 370 Systems*（1991）で論じられている。ソフトウェア危機に関する専門的歴史研究は存在しないが、Peter Naur と Brian Randell が編集した Garmisch conference のプロシーティングスである *Software Engineering*（1968）は、社会学的な詳細に富んでいる。コンピュータプログラマーの歴史については、Nathan Ensmenger, *The Computer Boys Take Over: Computers, Programmers, and the Politics of Technical Expertise* を見よ。

　ソフトウェア産業の歴史については、良書が二冊ある。米国での状況に焦点を当てた Martin Campbell-Kelly, *From Airline Reservations to Sonic the Hedgehog: A History of the Software Industry*（2003）と、David Mowery が編集した *The International Computer Software Industry*（1996）である。

ページ
189 「1949 年の 6 月には……」：Wilkes 1985, p. 145.
195 「プログラミングとデバッギングで……」：Backus 1979, p. 22.
195 「19 階でエレベータの機械室の横」：同書、p. 24.
195 「彼らはあまりにいい話ばかり聞かされては……」：同書、p. 27.
196 「我々はよく 56 番街のランドンホテルの部屋を借りて……」：同書、p. 29.
196 「1957 年 4 月の遠回しな言い方」：Rosen 1967, p. 7.
196 「ソースプログラム・エラー……」「計器飛行」：Bright 1979, p. 73.

197　最初の FORTRAN の教科書：McCracken 1961.

198　「英語を使ったコーディングをすべきだという熱心な主張」：Rosen 1967, p. 12.

199　数百もの言語：Sammet 1969 を見よ。

200　システム・ディベロップメント・コーポレーション：Baum 1981 を見よ。

201　「コーディング用紙と鉛筆さえあればよかった」：Campbell-Kelly 1995, p. 83 における引用。

203　「経営上の恐怖の、儲けの出ない泥沼。お金はかかり、終わらないもの」：Naur and Randell 1968, p. 41.

204　「プログラミング支援の中心」：Pugh et al. 1991, p. 326.

205　「昨日は重要人物が病気で……」：Brooks 1975, p. 154.

205　「現実に」「悲しいほど遅く」：Pugh et al. 1991, pp. 336 and 340.

205　「技術的に達成可能かどうかがそもそもあぶない」：同書、p. 342.

205　「数か月前、IBM の 1966 年分の……」：Watson 1990, p. 353 における引用。

206　「絶望感が広がっていた」：Pugh et al. 1991, p. 336.

206　「まるで消火のためにガソリンを注ぐようなもので……」「子どもを産むのには……」：Brooks 1975, pp. 14, 17.

206　「これは System/360 開発の中で……」：Watson 1990, p. 353.

206　「IBM の System/360 のプログラミングでの……」：Pugh et al. 1991, p. 344.

207　「あとから作られるのではなく、そのように生まれつく」：Ensmenger 2010, p 19.

208　「プリマドンナ」「周りの人間に無関心」「驚くべき特徴」「少し神経質」：Ensmenger 2010, pp. 146, 144, 144, 159.

209　「大学に新しく立ち上がっている……」：Ensmenger 2010, p. 133.

210　「ライト兄弟が飛行機を作っていたときのような……」：Naur and Randell 1968, p. 7.

210　「エンジニアリングの世界では標準的な方法である……」：同書。

213　「生命保険会社のためのソフトウェアやソフトウェアパッケージを作る会社がたくさん現れた」：Campbell-Kelly 1995, p. 89 における引用。

213　「度肝をぬいた」：同書、p. 92.

214　「しっかり売れる堅実な製品」：同書。

第 9 章　新しいコンピューティングの登場

　　Judy E. O' Neill の博士論文 "The Evolution of Interactive Computing Through Time-Sharing and Networking" (1992) は、タイムシェアリングの開発に関する概観を与えてくれる。MIT のタイムシェアリングについては、J. A. N. Lee が編集した *The Annals of the History of Computing* の特別号二冊 (1992a and 1992b) で特集されている。ダートマスのタイムシェアリングシステムの最もよい解説は、John Kemeny と Thomas Kurtz による論文、"Dartmouth Time-Sharing" で、*Science* (1968) に掲載された。ダートマス BASIC の歴史は、Richard Wexelblat, *History of Programming Languages* (1981) の中の、

Kemeny が執筆した章でまとめられている。Unix に関する歴史的解説が、Peter Salus, *A Quarter Century of Unix* (1994) である。Glyn Moody, *Rebel Code* (2001) は、Linux 現象について述べている。

　ミニコンピュータ産業については、Paul Ceruzzi, *History of Modern Computing* (2003) が概観している。最も信頼できる DEC の歴史が *DEC Is Dead, Long Live DEC* (Edgar Schein et al. 2003) である。Glenn Rifkin and George Harrar, *The Ultimate Entrepreneur: The Story of Ken Olsen and Digital Equipment Corporation* (1985) も有用である。

　マイクロエレクトロニクス産業の興隆に関する歴史は、Ernest Braun and Stuart MacDonald, *Revolution in Miniature* (1982)、P. R. Morris, *A History of the World Semiconductor Industry* (1990)、Andrew Goldstein と William Aspray が編集した *Facets: New Perspectives on the History of Semiconductors* (1997) にまとめられている。また、Michael Malone, *The Microprocessor: A Biography* (1995) も読む価値がある。Leslie Berlin, *The Man Behind the Microchip* (2005) は、ロバート・ノイスの優れた伝記である。シリコンバレー現象については、AnnaLee Saxenian, *Regional Advantage: Culture and Competition in Silicon Valley and Route 128* (1994)、Martin Kenney が編集した *Understanding Silicon Valley* (2000)、Christophe Lecuyer, *Making Silicon Valley* (2006) で研究されている。

　電卓産業に関する専門的研究はないが、An Wang, *Lessons* (1986) と Edwin Darby, *It All Adds Up* (1968) は米国産業の衰退に関する有用な洞察を与えてくれる。米国における初期のビデオゲーム産業に関する最も分析的な解説が、Ralph Watkins, *Department of Commerce report A Competitive Assessment of the U.S. Video Game Industry* (1984) である。ビデオゲーム産業に関する一般書の中では、Steven Poole, *Trigger Happy* (2000) と Scott Cohen, *Zap! The Rise and Fall of Atari* (1984) が、歴史的洞察を与えてくれる。Leonard Herman, *Phoenix: The Fall and Rise of Home Videogames* (1997) は、時系列に整理されたデータが豊富に含まれている。Nick Montfort and Ian Bogost, *Racing the Beam* (2009) は、ビデオゲームプラットフォーム研究におけるすばらしい学術研究が現れてきたことを示している。

ページ
231　「単純で、まったくのプログラムの素人でも……」: Kemeny and Kurtz 1968, p. 225.

234　「コンピュータと人間の共生システムを作るのに……」: Licklider 1960, p. 132.

235　「マルチプル・アクセス・コンピュータ……」: Fano and Corbato 1966, p. 77.

235　「夏のセッションは……」: Lee 1992a, p. 46.

237　「産業動向を占う最も熱い話題」: Main 1967, p. 187.

237　「感情的にもプロフェッショナルと……」「熱狂的にそちらの側に一斉についた」: O'Neill 1992, pp. 113–114 における引用。

237　「問題解決サービスへと進化していくのであり……」: Burck 1968, pp. 142–143.

237　「グロッシュの法則」: Ralston and Reilly 1993, p. 586; Grosch 1989, pp. 180–182 を見よ。

238　「予測しがたい障害を乗り越えていければ……」: Greenberger 1964, p. 67.

238　「コンピューティング・パワーを家庭で使うというのは……」: Baran 1970, p. 83.

239　「幻想」「1960 年代の神話」: Gruenberger 1971, p. 40.

240　「数百人規模の人々が……」: Main 1967, p. 187.

241　「我々は、やっと手にした居心地のよいニッチを……」: Ritchie 1984a, p. 1578.

241　「Multics をもじって」: 同書、p. 1580.

241　「うろついて、型落ちのコンピュータが捨てられているのをみつけた」: Slater 1987, p. 278.

242　「IBM オペレーティングシステムを載せたネズミ」: たとえば Barron 1971, p. 1 を見よ。

242　「ちょうど人々が新しいことに挑戦しはじめた時期で……」: Ritchie 1984b, p. 758.

243　「UNIX システムの特徴は……」: 同書.

245　「ベンチャーキャピタルの父」: Gompers 1994, p. 5.

246　「100 万ドル以下のコンピュータに……」: Fisher et al. 1983, p. 273 における引用。

249　「博士号をとらせてもらえる」: Wolfe 1983, p. 352.

252　「ムーアの法則」: Moore 1965 からの引用。

254　「オタクの勝利」: Cringely, p. 17.

第 10 章　パソコン時代の到来

　パーソナルコンピュータの開発初期を概観しているのが Paul Freiberger and Michael Swaine, *Fire in the Valley* (1984 and 1999) である。Stan Veit, *History of the Personal Computer* (1993) は、この産業の発展初期に関するアネクドートや洞察に満ちており、それはほかではみられないものだ。Veit は、最初は小売業者として、のちに *Computer Shopper* の編集者として、パーソナルコンピュータの興隆に参画してきた人物である。もっとあとの時代は、Robert X. Cringely, *Accidental Empires* (1992) が取り扱っている。この本はほかに比べてあまり学術的ではないが、一般に信頼できる内容で、記憶に残る品のある文体で書かれている。Fred Turner, *Counterculture to Cyberculture* (2006) は、「ニューコミュナリスト」のパーソナルコンピューティングおよびオンラインコミュニティとの

つながりと、それらに対する貢献を、学術的に吟味したものである。

　初期のパーソナルコンピュータ産業における起業活動を分析したものが、Robert Levering et al., *The Computer Entrepreneurs*（1984）および Robert Slater, *Portraits in Silicon*（1987）である。この産業における主要企業の多くについて、いくつも本が執筆されている。アップルコンピュータについては、Jim Carlton, *Apple: The Inside Story*（1997）と Michael Moritz, *The Little Kingdom: The Private Story of Apple Computer*（1984）が最も有用であった。マイクロソフトの歴史については、見たところ無尽蔵に供給されている。その初期については、Stephen Manes and Paul Andrews, *Gates: How Microsoft's Mogul Reinvented an Industry*（1994）、James Wallace and Jim Erickson, *Hard Drive: Bill Gates and the Making of the Microsoft Empire*（1992）、Daniel Ichbiah and Susan L. Knepper, *The Making of Microsoft*（1991）が有用であった。IBM PC の誕生については、James Chposky and Ted Leonsis, *Blue Magic*（1988）が最も詳しい。Dell のコンピュータについての議論は、Gary Field, *Territories of Profit*（2004）、Jeffrey R. Yost, *The Computer Industry*（2005）、Michael Dell with Catherine Fredman, *Direct from Dell: Strategies That Revolutionized an Industry*（1999）をひいた。

　ラジオ放送とパーソナルコンピュータのあいだの類比を追求するにあたり、Susan J. Douglas, *Inventing American Broadcasting*（1987）、Susan Smulyan, *Selling Radio*（1994）、Erik Barnouw, *A Tower in Babel*（1966）を参考にした。

ページ

262　「集積エレクトロニクスの新時代が到来します……」：この広告は Augarten 1984, p. 264 に転載されている。

263　「どこからともなく突如として現れた一時的な流行」：Douglas 1987, p. 303.

265　「ニューコミュナリスト（新共同体主義者）」：Turner 2006, p. 4.

266　「個人を才能豊かで創造的な人物に変える」：Turner 2006, p. 84.

266　「『ホールアースカタログ』は……我々の世代のバイブルだった。……」：Jobs 2005, p. 1.

267　「唯一無二！　かつてリリースされたなかで……」：Popular Electronics, January 1975, p. 33; Langlois 1992, p. 10 に転載されている。

273　「マニアックな技術論争」：Moritz 1984, p. 136.

274　主要メーカー 3 社：パーソナルコンピュータ産業に関する優れた経済的分析については Langlois 1992 を見よ。

276　「ホーム・コンピュータは、いつでも使えるし……」：Moritz 1984, p. 224 における引用。

277　アプリケーションソフト市場には、主にゲーム、教育、ビジネスの三つがあっ

た。：パーソナルコンピュータ用ソフトウェア産業に関する議論については、
Campbell-Kelly 2003, chap. 7 を見よ。

277　「1979 年、コンピュータ・ショップに足を踏み入れた瞬間……」：Freiberger and
　　　Swaine 1984, p. 135.
282　「彼はメアリー・ゲイツの息子かい？」：Ichbiah and Knepper 1991, p. 77.
283　「いったい全体、なぜ、パソコンのことを気に掛けなければならないのか？……」：
　　　Chposky and Leonsis 1988, p. 107.
284　「お高く留まっている」：同書、p. 80.
284　「人間くさい表情」：Time, 11 July 1983, Chposky and Leonsis 1988, p. 80 におけ
　　　る引用。

第 11 章　魅力広がるコンピュータ

　パーソナルコンピュータソフトウェア産業の歴史について、最も十分に解説し
ているのが Martin Campbell-Kelly, *From Airline Reservations to Sonic the
Hedgehog* (2003) である。マイクロソフトの歴史の多く（そのうちいくつかは第
10 章の注で取り上げた）は、ソフトウェアの宇宙についてマイクロソフト中心主
義的な見方をしているが、マイクロソフトの競争者についての考察も行ってい
る。グラフィカル・ユーザー・インターフェースの歴史は、Adele Goldberg が編
集した *A History of Personal Workstations* (1988) がきちんと取り扱っている。
ゼロックス PARC の内部史については、Michael Hiltzik, *Dealers of Lightning:
Xerox PARC and the Dawn of the Computer Age* (1999) と、より早い時期に出
版された Douglas Smith and Robert Alexander, *Fumbling the Future: How
Xerox Invented, Then Ignored, the First Personal Computer* (1988) がある。
Thierry Bardini, *Bootstrapping: Douglas Engelbart, Coevolution, and the
Origins of Personal Computing* (2000) は、かつては称讃されなかったパーソナ
ルコンピュータ革命のヒーローを正当に評価している。

　マッキントッシュの開発に焦点を当てた本には、John Sculley の内部視点によ
る記述 *Odyssey: Pepsi to Apple* (1987) と、Steven Levy の外部からの視点によ
る *Insanely Great* (1994) がある。マイクロソフトの経営史に関する著作は（す
べてウィンドウズ OS について論じたものだが）第 10 章の注で挙げた。
CD–ROM 出版と商用ネットワークに対するマイクロソフトの侵略について思慮
深く記述しているのが、Randall Stross, *The Microsoft Way* (1996) である。

　商用ネットワークの歴史は、インターネットの興隆によってほとんど脇に追い
やられてしまっている。ミニテルに関する主要書籍が、Valerie Schafer and

Benjamin G. Thierry, *Le Minitel: L'enfance numerique de la France* であり、特
に Amy L. Fletcher, "France Enters the Information Age: A Political History
of Minitel"（2002）は有用である。AOL に関する最良の解説が Kara Swisher,
Aol.com（1999）で、会社の初期の歴史と、1990 年代における流星のような成長
について吟味している。コンピュサーブ、The Source、プロディジー、Genie と
いった初期のプレイヤーに関するまとまった歴史は編まれていないが、Swisher,
Aol.com で少し取り上げられている。

ページ

291　「ネクタイを引きちぎられ、プールに放り込まれる」：Campbell-Kelly 1995, p. 103
　　　における引用。

291　「一にマーケティング、二にも三にもマーケティング」：Sigel 1984, p. 126 における
　　　引用。

292　ロータス・デベロップメント社の物語：Petre 1985 を見よ。

296　「我々の研究グループでは……」「我々の誰もが、デバイスの普及とともに……」：
　　　Goldberg 1988, pp. 195–196 における引用。

296　「多くの聴衆の心を揺さぶった」「二本の導きの糸」：Lampson 1988, pp. 294–295.

297　「情報のアーキテクチャ」：同書。

298　「1970 年代に好かれた……」「自分専用のコンピュータなど想像もできなかった」：
　　　Lampson 1988, pp. 294–295.

299　「ゼロックスはなぜこれを売り出さないのですか？……」：Smith and Alexander
　　　1988, p. 241.

299　ジェフ・ラスキンのアイディア：Lammers 1986, pp. 227–245 所収のラスキンへの
　　　インタビューを見よ。

300　「スティーブ率いる『海賊たち』は……」：Sculley 1987, p. 157.

301　「アップル・コンピュータは、世界に向けて……」：Wallace and Erickson 1992, p.
　　　267.

301　「誰かが言い出したように、ビデオゲームをしたり……」：Sculley 1987, p. 248.

303　マイクロソフト、デジタルリサーチ、IBM といった複数の企業が：Markoff 1984 を
　　　見よ。

303　「基本的に実を結ばなかった」：Slater 1987, p. 260.

304　「『トップヘビー』と呼ばれ、IBM のパソコンビジネス史の汚点の一つとなった」：
　　　Carroll 1994, p. 86.

304　「自分たちの名称がシステムの一般名になる」：Wallace and Erickson 1992, p. 252
　　　における引用。

304　「耐えられないほど遅かった」：Ichbiah and Knepper 1991, p. 189.

305　「当社登録のマッキントッシュのユーザー・インターフェースを……」：このフレー
　　　ズは、アップル・コンピュータ社のアニュアルレポートにみられる。

306　「約 6,000 人もの人々が集まり……」：Ichbiah and Knepper 1991, p. 239.

306　「今まで行ったソフトウェアの発表で……」：同書。

307　「百科事典が 1,000 ドルすることはみな知っている……」：Lammers 1986, p. 69.

309 「新しいコンピュータ技術が、6億5,000万ドルの年商を誇り……」：
Campbell–Kelly 2003, p. 294 における引用。

309 「デジタル時代の現実を受け入れる」：Bosman 2012.

311 「メッセージリーズ・ローゼス」「通話はひと月あたり合計で200万時間に及び
……」：OECD Directorate for Science, Technology and Industry 1998, p. 14.

311 「ポーンシティ」：Coopersmith 2000, p. 31.

311 「乳牛が発情したときに授精師に電話をしたり……」：Sayare 2012, p. A8.

314 「どこのおばあさまでもポイント・アンド・クリックで簡単にインストールできる
もの」：Swisher 1998, p. 66.

314 「じゅうたん爆撃」：Swisher 1998, p. 99.

第12章　インターネットの世界

本書の初版が出版されてから、インターネットの一般史が一気に出現したが、その中に優れたものがある。Janet Abbate, *Inventing the Internet*（1999）、John Naughton, *A Brief History of the Future*（2001）、Michael and Ronda Hauben, *Netizens: On the History and Impact of Usenet and the Internet*（1997）、Christos Moschovitis, *History of the Internet*（1999）を推薦したい。我々が用いたインターネット統計は、Internet Systems Consortium（www.isc.org）が公表したものである。

『世界頭脳』の歴史的文脈については、ウェールズによる1938年の古典の新版で、Alan Mayne が編集した *World Brain: H. G. Wells on the Future of World Education*（1995）に記述されている。ブッシュのメメックスに関する歴史的記述は、James M. Nyce と Paul Kahn が編集した *From Memex to Hypertext: Vannevar Bush and the Mind's Machine*（1991）と、Colin Burke, *Information and Secrecy: Vannevar Bush, Ultra, and the Other Memex*（1994）にある。

インターネットを事実上作り上げた DARPA の情報処理技術部（IPTO）の歴史は、Arthur L. Norberg and Judy E. O'Neill, *Transforming Computer Technology: Information Processing for the Pentagon,* 1962–1986（2000）と Alex Roland and Philip Shiman, *Strategic Computing: DARPA and the Quest for Machine Intelligence,* 1983–1993（2002）で詳しく述べられている。Mitchell Waldrop は、IPTO の創設者でパーソナルコンピューティングに影響を与えた人物である J・C・R・リックライダーについての優れた伝記を *The Dream Machine: J.C.R. Licklider and the Revolution That Made Computing Personal*（2001）として執筆した。

　ワールド・ワイド・ウェブの文脈と発展については、その発明者である Tim Berners-Lee が *Weaving the Web*（1999）で、また CERN での彼の同僚にあたる James Gillies と Robert Cailliau が *How the Web Was Born*（2000）で述べている。「ブラウザ戦争」については、Michael Cusumano and David Yoffie, *Competing on Internet Time*（1998）で詳しく記述されている。

　初期の歴史は Robert Reid, *Architects of the Web: 1,000 Days That Built the Future of Business*（1997）で時系列に述べられている一方、John Cassidy, *Dot.con*（2003）ではブームの崩壊について詳しく描かれている。個々の企業が目立ちはじめると、それらについての経営史研究がすぐに現れはじめた。Robert Spector, *Amazon.com: Get Big Fast*（2000）と Karen Angel, *Inside Yahoo!*（2001）は有用であった。Google に関する現在までで最も重要な研究は、Steven Levy, *Into the Plex: How Google Works and Shapes Our Lives*（2011）である。非常に称揚するような内容ではあるが、Andrew Lih, *The Wikipedia Revolution: How a Bunch of Nobodies Created the World's Greatest Encyclopedia*（2009）は有益であった。ソーシャルネットワーキングに関する議論は、部分的には David Kirkpatrick によるフェイスブック研究、*The Facebook Effect: The Inside Story of the Company That Is Connecting the World*（2010）をひいた。インターネットとソーシャルネットワーキングの政治的限界と社会的・心理的欠点に関する分析については、Evgeny Morozov, *The Net Delusion: The Dark Side of Internet Freedom*（2011）と Sherry Turkle, *Alone Together: Why We Expect More from Technology and Less from Each Other* が最良であった。

ページ
318　「ヒトラーのような人間によって追い出されている」：Wells 1938, p. 46.
318　「世界百科事典はもはや、印刷されて出版されれば……」：同書、pp. 48–49.
318　「人類の知識の索引を作り上げ……」：同書、p. 60.
318　ウェルズはルーズベルト大統領の貴賓として昼食に招かれた。：Smith 1986 を見よ。
319　「数立方フィートの中に」：Bush 1945.
319　「数百万冊を収蔵する図書館を机の片隅に圧縮することができる」およびその直後の引用：同書。
320　「未来の話だが、そう遠くはない」：Bush 1967, p. 99.
320　「価値がないかもしれませんが、ブッシュ博士へ」：Licklider 1965, p. xiii.
321　「『ライフ』誌で［ブッシュの］メメックスに関する記事を見つけて……」：Goldberg 1988, pp. 235–236 における引用。
321　「今後 10 年から 15 年のあいだに……」：Licklider 1960, p. 135.
322　「彼の情熱が自分に感染した」：Goldberg 1988, p. 144 における引用。

323　ポール・バランによって初めて提唱され：Campbell-Kelly 1988 を見よ。

324　「突然、私はパケットがどうやって送られていくのか理解した」：Abbate 1994, p. 41 における引用。

327　「メール［のプログラム］が開発されたとき……」：同書、p. 82 における引用。

328　「電子メール大戦争」：Fortune, 20 August 1984 内の見出し。

332　「ハイパーテキストとインターネットの結婚」：Berners-Lee 1999, p. 28.

332　「発表されているプロジェクトがすべて何かウェブに関連するものだった」：同書、p. 56.

336　「受け入れて拡張する」「より大切な子ども……」：Cusumano and Yoffie 1998, pp. 10 and 112.

340　「世界のどこにいる学生でも……」：Wells 1938, p. 54.

340　「人類の知識の索引を作り上げ、それを更新する仕事に……多数の労働者たちが従事するだろう」：同書、p. 60.

342　「白い空間を禅のように用いている」：Levy 2011, p. 31.

343　「彼は仕事を辞め、サイトの名前を eBay に変えた」：Cassidy 2003, p. 163.

343　この年に、Google は 166 億ドルの収入と 42 億ドルの純利益を達成した。：Google Inc. 2007.

349　「精度の違いがとりわけ大きいというわけではない」：Giles 2005, p. 900.

349　「約 5 億人が毎月ウィキペディアを読んで」：Ayers 2012.

352　「すでにフェイスブックのアクティブユーザー 1 億 4,500 万人の 70 パーセントが米国外」：Kirkpatrick 2010, p. 275.

355　「情報技術が抑圧者ではなく解放者であるような世界に対する……」：Morozov 2011, p. 5.

355　「国家安全保障と社会の安定を脅かす可能性のある有害な文章やニュース」：Goldsmith and Wu 2006, p. 96.

文献リスト

Abbate, Janet. 1994. "From Arpanet to Internet: A History of ARPA-Sponsored Computer Networks, 1966–1988." PhD diss., University of Pennsylvania.

———. 1999. *Inventing the Internet.* Cambridge, MA: MIT Press. (『インターネットをつくる——柔らかな技術の社会史』大森義行・吉田晴代訳, 2002, 北海道大学出版会)

Agar, Jon. 2003. *The Government Machine: A Revolutionary History of the Computer.* Cambridge, MA: MIT Press.

Aiken, Howard H. 1937. "Proposed Automatic Calculating Machine." In Randell 1982, pp. 195–201.

Aiken, Howard H., et al. 1946. *A Manual of Operation of the Automatic Sequence Controlled Calculator.* Cambridge, MA: Harvard University Press. Reprint, with a foreword by I. Bernard Cohen and an introduction by Paul Ceruzzi, volume 8, Charles Babbage Institute Reprint Series for the History of Computing, Cambridge, MA, and Los Angeles: MIT Press and Tomash Publishers, 1985.

Akera, Atsushi. 2007. *Calculating a Natural World: Scientists, Engineers, and Computers During the Rise of U.S. Cold War Research.* Cambridge, MA: MIT Press.

Alborn, Tim. 1994. "Public Science, Private Finance: The Uneasy Advancement of J. W. Lubbock." In *Proceedings of a Conference on Science and British Culture in the 1830s* (pp. 5–14), 6–8 July, Trinity College, Cambridge.

Allyn, Stanley C. 1967. *My Half Century with NCR.* New York: McGraw-Hill.

Anderson, Margo J. 1988. *The American Census: A Social History.* New Haven, CT: Yale University Press.

Angel, Karen. 2001. *Inside Yahoo! Reinvention and the Road Ahead.* New York: John Wiley. (『なぜ YAHOO! は最強のブランドなのか』長野弘子訳, 2003, 英治出版)

Anonymous. 1874. "The Central Telegraph Office." *Illustrated London News,* 28 November, p. 506, and 10 December, p. 530.

———. 1920. "The Central Telegraph Office, London." British Telecom Archives, London, POST 82/66.

———. 1932. "International Business Machines." *Fortune,* January, pp. 34–50.

———. 1940. "International Business Machines." *Fortune,* January, p. 36.

———. 1950. "Never Stumped: International Business Machines' Selective Sequence Electronic Calculator." *The New Yorker,* 4 March, pp. 20–21.

———. 1952. "Office Robots." *Fortune,* January, p. 82.

Ashford, Oliver M. 1985. *Prophet — or Professor? The Life and Work of Lewis Fry Richardson.* Boston: Adam Hilger.

Aspray, William. 1990. *John von Neumann and the Origins of Modern Computing.* Cambridge, MA: MIT Press. (『ノイマンとコンピュータの起源』杉山滋郎・吉田晴代訳, 1995, 産業図書)

Aspray, William, ed. 1990. *Computing Before Computers.* Ames: Iowa State University Press.

Augarten, Stan. 1984. *Bit by Bit: An Illustrated History of Computers.* New York: Ticknor & Fields.

Austrian, Geoffrey D. 1982. *Herman Hollerith: Forgotten Giant of Information Processing.* New

York: Columbia University Press.

Ayers, Phoebe. 2012. "If You Liked Britannica, You'll Love Wikipedia." *New York Times,* 14 March.

Babbage, Charles. 1989. *Works of Babbage.* Ed. M. Campbell-Kelly. 11 vols. New York: American University Press.

———. 1822a. "A Letter to Sir Humphrey Davy." In Babbage 1989, vol. 2, pp. 6–14.

———. 1822b. "The Science of Number Reduced to Mechanism." In Babbage 1989, vol. 2, pp. 15–32.

———. 1834. "Statement Addressed to the Duke of Wellington." In Babbage 1989, vol. 3, pp. 2–8.

———. 1835. *Economy of Machinery and Manufactures.* In Babbage 1989, vol. 5.

———. 1852. "Thoughts on the Principles of Taxation." In Babbage 1989, vol. 5, pp. 31–56.

———. 1994. *Passages from the Life of a Philosopher.* Edited with a new introduction by Martin Campbell-Kelly. 1864. New Brunswick, NJ: IEEE Press and Rutgers University Press. Also in Babbage 1989, vol. 11.

Backus, John. 1979. "The History of FORTRAN I, II, and III." *Annals of the History of Computing* 1, no. 1: 21–37.

Baran, Paul. 1970. "The Future Computer Utility." In Taviss 1970, pp. 81–92.

Bardini, Thierry. 2000. *Bootstrapping: Douglas Engelbart, Coevolution, and the Origins of Personal Computing.* Stanford: Stanford University Press. (『ブートストラップ——人間の知的進化を目指して　ダグラス・エンゲルバート、あるいは知られざるコンピュータ研究の先駆者たち』森田哲訳，2002，コンピュータエージ社)

Barnett, C. C., Jr., B. R. Anderson, W. N. Bancroft et al. 1967. *The Future of the Computer Utility.* New York: American Management Association.

Barnouw, Erik. 1967. *A Tower in Babel* (*History of Broadcasting in the United States*). New York: Oxford University Press.

Barron, David W. 1971. *Computer Operating Systems.* London: Chapman and Hall.

Bashe, Charles J., Lyle R. Johnson, John H. Palmer, and Emerson W. Pugh. 1986. *IBM's Early Computers.* Cambridge MA: MIT Press.

Batiz-Lazo, Bernardo and R.J.K. Reid. 2011. "The Development of Cash-Dispensing Technology in the UK." *IEEE Annals of the History of Computing* 33, no. 3: 32–45.

Baum, Claude. 1981. *The System Builders: The Story of SDC.* Santa Monica, CA: System Development Corporation.

Baxter, James Phinney. 1946. *Scientists Against Time.* Boston: Little, Brown.

Beeching, Wilfred A. 1974. *Century of the Typewriter.* London: Heinemann.

Belden, Thomas G., and Marva R. Belden. 1962. *The Lengthening Shadow: The Life of Thomas J. Watson.* Boston: Little, Brown. (『アメリカ経営者の巨像——IBM創立者ワトソンの伝記』荒川孝訳，1966，ぺりかん社)

Bennington, Herbert D. 1983, "Production of Large Computer Programs." *Annals of the History of Computing* 5, no. 4: 350–361. Reprint of 1956 article with a new introduction.

Bergin, Thomas J., Richard G. Gibson, and Richard G. Gibson Jr., eds. 1996. *History of Programming Languages,* vol. 2. Reading, MA: Addison-Wesley.

Berkeley, Edmund Callis. 1949. *Giant Brains or Machines That Think.* New York: John Wiley. (『人工頭脳』高橋秀俊訳，1957，みすず書房)

Berlin, Leslie. 2005. *The Man Behind the Microchip: Robert Noyce and the Invention of Silicon Valley.* New York: Oxford University Press.

Berners-Lee, Tim. 1999. *Weaving the Web: The Past, Present, and Future of the World Wide Web by Its Inventor.* London: Orion Business Books. (『Web の創成——World Wide Web はいかにして生まれどこに向かうのか』高橋徹訳, 2001, 毎日コミュニケーションズ)

Bernstein, Jeremy. 1981. *The Analytical Engine.* New York: Random House.

Beyer, Kurt W. 2009. *Grace Hopper and the Invention of the Information Age.* Cambridge MA: MIT Press.

Bliven, Bruce, Jr. 1954. *The Wonderful Writing Machine.* New York: Random House.

Bosman, Julie. 2012. "After 244 Years, Encyclopaedia Britannica Stops the Presses." *New York Times,* 13 March.

Bowden, B. V., ed. 1953. *Faster Than Thought.* London: Pitman.

Braun, Ernest, and Stuart Macdonald. 1978. *Revolution in Miniature: The History and Impact of Semiconductor Electronics.* Cambridge: Cambridge University Press.

Brennan, Jean F. 1971. *The IBM Watson Laboratory at Columbia University: A History.* New York: IBM Corp.

Bright, Herb. 1979. "FORTRAN Comes to Westinghouse-Bettis, 1957." *Annals of the History of Computing* 7, no. 1: 72–74.

Brock, Gerald W. 1975. *The U.S. Computer Industry: A Study of Market Power.* Cambridge, MA: Ballinger.

Bromley, Alan G. 1982. "Charles Babbage's Analytical Engine, 1838." *Annals of the History of Computing* 4, no. 3: 196–217.

———. 1990a. "Difference and Analytical Engines." In Aspray 1990, pp. 59–98.

———. 1990b. "Analog Computing Devices." In Aspray 1990, pp. 156–199.

Brooks, Frederick P., Jr. 1975. *The Mythical Man-Month: Essays in Software Engineering.* Reading, MA: Addison-Wesley. (『人月の神話』滝沢徹・牧野祐子訳, 1996, アジソン・ウェスレイ・パブリッシャーズ・ジャパン)

Brown, Steven A. 1997. *Revolution at the Checkout Counter: The Explosion of the Bar Code.* Cambridge, MA: Harvard University Press.

Bud-Frierman, Lisa, ed. 1994. *Information Acumen: The Understanding and Use of Knowledge in Modern Business.* London and New York: Routledge.

Burck, Gilbert. 1964. "The Assault on Fortress I.B.M." *Fortune,* June, p. 112.

———. 1965. *The Computer Age and Its Potential for Management.* New York: Harper Torchbooks.

———. 1968. "The Computer Industry's Great Expectations." *Fortune,* August, p. 92.

Burke, Colin B. 1994. *Information and Secrecy: Vannevar Bush, Ultra, and the Other Memex.* Metuchen, NJ: Scarecrow Press.

Burks, Alice R., and Arthur W. Burks. 1988. *The First Electronic Computer: The Atanasoff Story.* Ann Arbor: University of Michigan Press. (『誰がコンピュータを発明したか』大座畑重光訳, 1998, 工業調査会)

Bush, Vannevar. 1945. "As We May Think." *Atlantic Monthly,* July, pp. 101–108. Reprinted in Goldberg 1988, pp. 237–247. (西垣通『思想としてのパソコン』, 1997, NTT 出版・所収)

———. 1967. *Science Is Not Enough.* New York: Morrow.

———. 1970. *Pieces of the Action.* New York: Morrow.

Campbell-Kelly, Martin. 1982. "Foundations of Computer Programming in Britain 1945–1955." *Annals of the History of Computing* 4: 133–162.

———. 1988. "Data Communications at the National Physical Laboratory (1965–1975)." *Annals of the History of Computing* 9, no. 3–4: 221–247.

———. 1989. *ICL: A Business and Technical History.* Oxford: Oxford University Press.

———. 1992. "Large-Scale Data Processing in the Prudential, 1850–1930." *Accounting, Business and Financial History* 2, no. 2: 117–139.

———. 1994. "The Railway Clearing House and Victorian Data Processing." In Bud-Frierman 1994, pp. 51–74.

———. 1995. "The Development and Structure of the International Software Industry, 1950–1990." *Business and Economic History* 24, no. 2: 73–110.

———. 1996. "Information Technology and Organizational Change in the British Census, 1801–1911." *Information Systems Research* 7, no. 1: 22–36. Reprinted in Yates and Van Maanen 2001, pp. 35–58.

———. 1998. "Data Processing and Technological Change: The Post Office Savings Bank, 1861–1930." *Technology and Culture* 39: 1–32.

———. 2003. *From Airline Reservations to Sonic the Hedgehog: A History of the Software Industry.* Cambridge, MA: MIT Press.

Campbell-Kelly, Martin, Mary Croarken, Eleanor Robson, and Raymond Flood, eds. 2003. *The History of Mathematical Tables: Sumer to Spreadsheets.* Oxford: Oxford University Press.

Campbell-Kelly, Martin, and Michael R. Williams, eds. 1985. *The Moore School Lectures.* Cambridge, MA, and Los Angeles: MIT Press and Tomash Publishers.

Cannon, James G. 1910. *Clearing Houses.* Washington, DC: National Monetary Commission.

Care, Charles. 2010. *Technology for Modelling: Electrical Analogies, Engineering Practice, and the Development of Analogue Computing.* London: Springer.

Carlton, Jim. 1997. *Apple: The Inside Story of Intrigue, Egomania, and Business Blunders.* New York: Random House. (『アップル——世界を変えた天才たちの 20 年』(上，下)，山崎理仁訳，1998，早川書房)

Carroll, Paul. 1994. *Big Blues: The Unmaking of IBM.* London: Weidenfeld & Nicolson. (『ビッグブルース——コンピュータ派遣をめぐる IBM vs マイクロソフト』近藤純夫訳，1995，アスキー)

Cassidy, John. 2003. *Dot.con: The Real Story of Why the Internet Bubble Burst.* London: Penguin.

Ceruzzi, Paul E. 1983. *Reckoners: The Prehistory of the Digital Computer, from Relays to the Stored Program Concept, 1935–1945.* Westport, CT: Greenwood Press.

———. 1991. "When Computers Were Human." *Annals of the History of Computing* 13, no. 3: 237–244.

———. 2003. *A History of Modern Computing.* Cambridge, MA: MIT Press. (『モダン・コンピューティングの歴史』宇田理・高橋清美監訳，2008，未來社)

Chase, G. C. 1980. "History of Mechanical Computing Machinery." *Annals of the History of Computing* 2, no. 3: 198–226. Reprint of 1952 conference paper, with an introduction by I. B. Cohen.

Chinoy, Ira. 2010. "Battle of the Brains: Election-Night Forecasting at the Dawn of the Computer Age." PhD diss., Philip Merrill College of Journalism, University of Maryland.

Chposky, James, and Ted Leonsis. 1988. *Blue Magic: The People, Power and Politics Behind the IBM Personal Computer.* New York: Facts on File.（『ブルーマジック──IBM ニューマシン開発チームの奇跡』近藤純夫訳，1989，経済界）

Cohen, I. Bernard. 1988. "Babbage and Aiken." *Annals of the History of Computing* 10, no. 3: 171–193.

———. 1999. *Howard Aiken: Portrait of a Computer Pioneer.* Cambridge, MA: MIT Press.

Cohen, Patricia Cline. 1982. *A Calculating People: The Spread of Numeracy in Early America.* Chicago: University of Chicago Press.

Cohen, Scott. 1984. *Zap! The Rise and Fall of Atari.* New York: McGraw-Hill.（『「アタリ社の失敗」を読む──先端"遊び"ビジネスの旗手』熊沢孝訳，1985，ダイヤモンド社）

Collier, Bruce, and James MacLachlan. 1998. *Charles Babbage and the Engines of Perfection.* New York: Oxford University Press.

Comrie, L. J. 1933. "Computing the 'Nautical Almanac.'" *Nautical Magazine,* July, pp. 1–16.

———. 1946. "Babbage's Dream Comes True." *Nature* 158: 567–568.

Coopersmith, Jonathan. 2000. "Pornography, Videotape, and the Internet." *IEEE Technology and Society Magazine* 19, no. 1: 27–34.

Cortada, James W. 1993a. *Before the Computer: IBM, NCR, Burroughs, and Remington Rand and the Industry They Created, 1865–1956.* Princeton: Princeton University Press.

———. 1993b. *The Computer in the United States: From Laboratory to Market, 1930–1960.* Armonk, NY: M. E. Sharpe.

———. 2004. *The Digital Hand, Vol. 1: How Computers Changed the Work of American Manufacturing, Transportation, and Retail Industries.* New York: Oxford University Press.

———. 2006. *The Digital Hand, Vol. 2: How Computers Changed the Work of American Financial, Telecommunications, Media, and Entertainment Industries.* New York: Oxford University Press.

———. 2007. *The Digital Hand, Vol. 3. How Computers Changed the Work of American Public Sector Industries.* New York: Oxford University Press.

Cringley, Robert X. 1992. *Accidental Empires: How the Boys of Silicon Valley Make Their Millions, Battle Foreign Competition, and Still Can't Get a Date.* Reading, MA: Addison-Wesley.（『コンピュータ帝国の興亡──覇者たちの神話と内幕』（上，下）藪暁彦訳，1993，アスキー）

Croarken, Mary. 1989. *Early Scientific Computing in Britain.* Oxford: Oxford University Press.

———. 1991. "Case 5656: L. J. Comrie and the Origins of the Scientific Computing Service Ltd." *IEEE Annals of the History of Computing* 21, no. 4: 70–71.

———. 2000. "L. J. Comrie: A Forgotten Figure in the History of Numerical Computation." *Mathematics Today* 36, no. 4 (August): 114–118.

Crowther, Samuel. 1923. *John H. Patterson: Pioneer in Industrial Welfare.* New York: Doubleday, Page.

Cusumano, Michael A., and Richard W. Selby. 1995. *Microsoft Secrets: How the World's Most Powerful Software Company Creates Technology, Shapes Markets, and Manages People.* New York: Free Press.（『マイクロソフトシークレット──勝ち続ける驚異の経営』（上，下），山岡洋一訳，1996，日本経済新聞社）

Cusumano, Michael A., and David B. Yoffie. 1998. *Competing on Internet Time: Lessons from Netscape and Its Battle with Microsoft.* New York: Free Press.（『食うか食われるか ネットス

ケープ vs. マイクロソフト』松浦秀明訳, 1999, 毎日新聞社）

Darby, Edwin. 1968. *It All Adds Up: The Growth of Victor Comptometer Corporation.* Chicago: Victor Comptometer Corp.

David, Paul A. 1986. "Understanding the Economics of QWERTY: The Necessity of History." In Parker 1986, pp. 30–49.

Davies, Margery W. 1982. *Woman's Place Is at the Typewriter: Office Work and Office Workers, 1870–1930.* Philadelphia: Temple University Press.

DeLamarter, Richard Thomas. 1986. *Big Blue: IBM's Use and Abuse of Power.* New York: Dodd, Mead. （『ビッグブルー──IBM はいかに市場を制したか』青木栄一訳, 1987, 日本経済新聞社）

Dell, Michael, with Catherine Fredman. 1999. *Direct from Dell: Strategies That Revolutionized an Industry.* New York: HarperBusiness. （『デルの革命──「ダイレクト」戦略で産業を変える』古川明希訳, 國領二郎監訳, 2000, 日本経済新聞社）

Diebold, John. 1967. "When Money Grows in Computers." *Columbia Journal of World Business,* November-December: 39–46.

Douglas, Susan J. 1987. *Inventing American Broadcasting, 1899–1922.* Baltimore: Johns Hopkins University Press.

Eames, Charles, and Ray Eames, 1973. *A Computer Perspective.* Cambridge, MA: Harvard University Press. （『コンピュータ・パースペクティブ──計算機創造の軌跡』山本敦子訳, 和田英一監訳, 2011, ちくま学芸文庫）

Eckert, J. Presper. 1976. "Thoughts on the History of Computing." *Computer,* December, pp. 58–65. （「コンピュータの歴史を振り返る」エレクトロニクス・イノベーションズ, 日経エレクトロニクス・ブックス（1981 年 4 月）収録）

Edwards, Paul N. 1996. *The Closed World: Computers and the Politics of Discourse in Cold War America.* Cambridge, MA: MIT Press. （『クローズド・ワールド──コンピュータとアメリカの軍事戦略』深谷庄一訳, 2003, 日本評論社）

Eklund, Jon. 1994. "The Reservisor Automated Airline Reservation System: Combining Communications and Computing." *Annals of the History of Computing* 16, no. 1: 6–69.

Engelbart, Doug. 1988. "The Augmented Knowledge Workshop." In Goldberg 1988, pp. 187–232.

Engelbart, Douglas C., and William K. English. 1968. "A Research Center for Augmenting Human Intellect." *Proceedings of the AFIPS 1968 Fall Joint Computer Conference* (pp. 395–410). Washington, DC: Spartan Books.

Engelbourg, Saul. 1976. *International Business Machines: A Business History.* New York: Arno Press.

Engler, George Nichols. 1969. *The Typewriter Industry: The Impact of a Significant Technological Revolution.* Los Angeles: University of California, Los Angeles. Available from University Microfilms International, Ann Arbor, Mich.

Ensmenger, Nathan. 2010. *The Computer Boys Take Over: Computers, Programmers, and the Politics of Technical Expertise.* Cambridge, MA: MIT Press.

Fano, R. M., and P. J. Corbato. 1966. "Time-Sharing on Computers." *Scientific American,* pp. 76–95.

Fields, Gary. 2004. *Territories of Profit: Communications, Capitalist Development, and the Innovative Enterprises of G. E. Swift and Dell Computer.* Stanford: Stanford University Press.

Fisher, Franklin M., James N. V. McKie, and Richard B. Mancke. 1983. *IBM and the US. Data Processing Industry: An Economic History.* New York: Praeger.

Fishman, Katherine Davis. 1981. *The Computer Establishment.* New York: Harper & Row.

Flamm, Kenneth. 1987. *Targeting the Computer: Government Support and International Competition.* Washington, DC: Brookings Institution.

―――. 1988. *Creating the Computer: Government, Industry, and High Technology.* Washington, DC: Brookings Institution.

Fletcher, Amy L. 2002. "France Enters the Information Age: A Political History of Minitel." *History and Technology* 18, no. 2: 103–119.

Foreman, R. 1985. *Fulfilling the Computer's Promise: The History of Informatics, 1962– 1968.* Woodland Hills, CA: Informatics General Corp.

Forrester, Jay. 1971. *World Dynamics.* Cambridge, MA: Wright-Allen Press. (『ワールド・ダイナミックス――システム・ダイナミックス（SD）による人類危機の解明』小玉陽一訳，1972，日本経営出版会）

Frieberger, Paul, and Michael Swaine. 1999. *Fire in the Valley: The Making of the Personal Computer,* 2nd ed. New York: McGraw-Hill.

Ghamari-Tabrizi, Sharon. 2000. "Simulating the Unthinkable: Gaming Future War in the 1950s and 1960s." *Social Studies of Science* 30, no. 2: 163–223.

Giles, Jim. 2005. "Internet Encyclopaedias Go Head to Head." *Nature* 438: 900–901.

Gillies, James, and Robert Cailliau. 2000. *How the Web Was Born: The Story of the World Wide Web.* Oxford: Oxford University Press.

Goldberg, Adele, ed. 1988. *A History of Personal Workstations.* New York: ACM Press. (『ワークステーション原典』村井純監訳，1990，アスキー出版局）

Goldsmith, Jack L., and Tim Wu. 2006. *Who Controls the Internet? Illusions of a Borderless World.* New York: Oxford University Press.

Goldstein, Andrew, and William Aspray, eds. 1997. *Facets: New Perspectives on the History of Semiconductors.* New York: IEEE Press.

Goldstine, Herman H. 1972. *The Computer: From Pascal to von Neumann.* Princeton: Princeton University Press. (『計算機の歴史――パスカルからノイマンまで』末包良太他訳，1979，共立出版）

Gompers, Paul. 1994. "The Rise and Fall of Venture Capital." *Business and Economic History* 23, no. 2 (1994), pp. 1–26.

Google Inc. 2007. *Annual Report.*

Grattan-Guinness, Ivor. 1990. "Work for the Hairdressers: The Production of de Prony's Logarithmic and Trigonometric Tables." *Annals of the History of Computing* 12, no. 3: 177–185.

Greenberger, Martin. 1964. "The Computers of Tomorrow." *Atlantic Monthly,* July, pp. 63–67.

Grier, David A. 2005. *When Computers Were Human.* Cambridge, MA: MIT Press.

Grosch, Herbert R. J. 1989. *Computer: Bit Slices from a Life.* Lancaster, PA: Third Millennium Books.

Gruenberger, Fred, ed. 1971. *Expanding Use of Computers in the 70's: Markets-Needs-Technology.* Englewood Cliffs, NJ: Prentice-Hall.

Haigh, Thomas. 2001. "Inventing Information Systems: The Systems Men and the Computer, 1950–1968." *Business History Review* 75, no. 1: 15–61.

Hashagen, Ulf, Reinhard Keil-Slawik, and Arthur Norberg, eds. 2002. *History of Computing: Software Issues.* Berlin, Germany: Springer-Verlag.

Hauben, Michael, and Ronda Hauben. 1997. *Netizens: On the History and Impact of Usenet and the Internet.* New York: Wiley-IEEE Computer Society Press.（『ネティズン――インターネット、ユースネットの歴史と社会的インパクト』井上博樹・小林統訳, 1997, 中央公論社）

Herman, Leonard. 1997. *Phoenix: The Fall and Rise of Home Videogames*, 2nd ed. Union, NJ: Rolenta Press.

Hessen, Robert. 1973. "Rand, James Henry, 1859-1944." *Dictionary of American Biography,* supplement 3, pp. 618-619.

Hiltzik, Michael. 1999. *Dealers of Lightning: Xerox PARC and the Dawn of the Computer Age.* New York: HarperBusiness.（『未来をつくった人々――ゼロックス・パロアルト研究所とコンピュータエイジの黎明』鴨澤眞夫他訳, 2001, 毎日コミュニケーションズ）

Hock, Dee. 1999. *Birth of the Chaordic Age.* San Francisco: Berrett-Koehler.（『渾沌と秩序――世界有数のカード会社・VISA カードの組織改革』村上淳訳, 2001, たちばな出版）

Hodges, Andrew. 1988. *Alan Turing: The Enigma.* New York: Simon & Schuster.『エニグマ　アラン・チューリング伝』（上, 下）, 土屋俊・土屋希和子・村上祐子訳, 2015, 勁草書房）

―――. 2004. "Turing, Alan Mathison (1912-1954)." *Dictionary of National Biography.*

Hoke, Donald R. 1990. *Ingenious Yankees: The Rise of the American System of Manufactures in the Private Sector.* New York: Columbia University Press.

Hopper, Grace Murray. 1981. "The First Bug." *Annals of the History of Computing*, no. 3: 285-286.

Housel, T. J. and W. H. Davidson. 1991. "The Development of Information Services in France: The Case of Minitel." *International Journal of Information Management* 11, no. 1: 35-54.

Hyman, Anthony. 1982. *Charles Babbage: Pioneer of the Computer.* Princeton: Princeton University Press.

Ichbiah, Daniel, and Susan L. Knepper. 1991. *The Making of Microsoft.* Rocklin, CA: Prima Publishing.（『マイクロソフト――ソフトウェア帝国誕生の奇跡』椋田直子訳, 1992, アスキー）

Jacobs, John F. 1986. *The SAGE Air Defense System: A Personal History.* Bedford, MA: MITRE Corp.

Jobs, Steve. 2005. "You've Got to Find What You Love." *Stanford Report.* http://news.stanford. edu/news/2005/june15/jobs-061505.html.（「「ハングリーであれ. 愚か者であれ」ジョブズ氏スピーチ全訳 米スタンフォード大卒業式（2005 年 6 月）にて」日本経済新聞電子版, 2011 年 10 月 9 日, https://www.nikkei.com/news/print-article/?R_FLG=0&bf=0&mis=&ng=DGXZZO3 5455660Y1A001C1000000&uah=DF270420112631）

Kemeny, John G., and Thomas E. Kurtz. 1968. "Dartmouth Time-Sharing." *Science* 162, no. 3850 (11 October): 223-228.

Kenney, Martin, ed. 2000. *Understanding Silicon Valley: The Anatomy of an Entrepreneurial Region.* Palo Alto, CA: Stanford University Press.（『シリコンバレーは死んだか』小林一紀訳, 加藤敏春監訳, 2002, 日本経済評論社）

Kirkpatrick, David. 2010. *The Facebook Effect: The Inside Story of the Company That Is Connecting the World.* New York: Simon & Schuster.（『フェイスブック 若き天才の野望――5 億人をつなぐソーシャルネットワークはこう生まれた』滑川海彦・高橋信夫訳, 2011, 日経 BP 社）

Lammers, Susan. 1986. *Programmers at Work: Interviews with Nineteen Programmers Who*

Shaped the Computer Industry. Washington, DC: Tempus, Redmond.

Langlois, Richard N. 1992. "External Economies and Economic Progress: The Case of the Microcomputer Industry." *Business History Review* 66, no. 1: 1–50.

Lardner, Dionysius. 1834. "Babbage's Calculating Engine." In Babbage 1989, vol. 2, pp. 118–186.

Lavington, Simon H. 1975. *A History of Manchester Computers.* Manchester, England: NCC.

Lecuyer, Christophe. 2006. *Making Silicon Valley: Innovation and the Growth of High Tech, 1930–1970.* Cambridge, MA: MIT Press.

Lee, J. A. N., ed. 1992a and 1992b. "Special Issue: Time-Sharing and Interactive Computing at MIT." *Annals of the History of Computing* 14, nos. 1 and 2.

Leslie, Stuart W. 1983. *Boss Kettering.* New York: Columbia University Press.

———. 1993. *The Cold War and American Science: The Military-Industrial-Academic Complex at MIT and Stanford.* New York: Columbia University Press.

Levering, Robert, Michael Katz, and Milton Moskowitz. 1984. *The Computer Entrepreneurs.* New York: New American Library.

Levy, Steven. 1994. *Insanely Great: The Life and Times of Macintosh, the Computer That Changed Everything.* New York: Viking. (『マッキントッシュ物語――僕らを変えたコンピュータ』武舎広幸訳，1994，翔泳社)

———. 2011. *Into the Plex: How Google Thinks, Works, and Shapes Our Lives.* New York: Simon & Schuster. (『グーグル ネット覇者の真実――追われる立場から追う立場へ』仲達志・池村千秋訳，2011，CCC メディアハウス)

Licklider, J.C.R. 1960. "Man-Computer Symbiosis." *IRE Transactions on Human Factors in Electronics* (March): 4–11. Also in Goldberg 1988, pp. 131–140. (西垣通『思想としてのパソコン』，1997，NTT 出版・所収)

———. 1965. *Libraries of the Future.* Cambridge, MA: MIT Press.

Lih, Andrew. 2009. *The Wikipedia Revolution: How a Bunch of Nobodies Created the World's Greatest Encyclopedia.* New York: Hyperion. (『ウィキペディア・レボリューション――世界最大の百科事典はいかにして生まれたか』千葉敏生訳，2009，早川書房)

Lindgren, Michael. 1990. *Glory and Failure: The Difference Engines of Johann Muller, Charles Babbage, and Georg and Edvard Scheutz.* Cambridge, MA: MIT Press.

Lohr, Steve. 2001. *Go To: The Story of the Programmers Who Created the Software Revolution.* New York: Basic Books.

Lovelace, Ada A. 1843. "Sketch of the Analytical Engine." In Babbage 1989, vol. 3, pp. 89–170.

Lukoff, Herman. 1979. *From Dits to Bits.* Portland, OR: Robotics Press.

Main, Jeremy. 1967. "Computer Time-Sharing — Everyman at the Console." *Fortune,* August, p. 88.

Malone, Michael S. 1995. *The Microprocessor: A Biography.* New York: Springer-Verlag.

Manes, Stephen, and Paul Andrews. 1994. *Gates: How Microsoft's Mogul Reinvented an Industry — and Made Himself the Richest Man in America.* New York: Simon & Schuster. (『帝王の誕生――マイクロソフト最高経営責任者の軌跡』鈴木主税訳，1995，三田出版会)

Maney, Kevin. 2003. *The Maverick and His Machine: Thomas Watson, Sr. and the Making of IBM.* Hoboken, NJ: Wiley. (『貫徹の志 トーマス・ワトソン・シニア――IBM を発明した男』有賀裕子訳，2006，ダイヤモンド社)

Marcosson, Isaac F. 1945. *Wherever Men Trade: The Romance of the Cash Register.* New York:

Dodd, Mead.

Markoff, John. 1984. "Five Window Managers for the IBM PC." *ByteGuide to the IBM PC,* Fall: 65–87.

Martin, Thomas C. 1891. "Counting a Nation by Electricity." *Electrical Engineer* 12: 521–530.

Mauchly, John. 1942. "The Use of High Speed Vacuum Tube Devices for Calculating." In Randell 1982, pp. 355–358.

May, Earl C., and Will Oursler. 1950. *The Prudential: A Story of Human Security.* New York: Doubleday.

McCartney, Scott. 1999. *ENIAC: The Triumphs and Tragedies of the World's First Computer.* New York: Walker. (『エニアック――世界最初のコンピュータ開発秘話』日暮雅通訳，2001，パーソナルメディア)

McCracken, Daniel D. 1961. A *Guide to FORTRAN Programming.* New York: John Wiley.

McKenney, James L., with Duncan G. Copeland and Richard Mason. 1995. *Waves of Change: Business Evolution Through Information Technology.* Boston: Harvard Business School Press. (『情報革命と経営革新』藤田忠・前田雅弘訳，1997，産能大学出版部)

Mollenhoff, Clark R. 1988. *Atanasoff: Forgotten Father of the Computer.* Ames: Iowa State University Press. (『ENIAC 神話の崩れた日』最相力・松本泰男訳，1994，工業調査会)

Montfort, Nick, and Ian Bogost. 2009. *Racing the Beam: The Atari Video Computer System.* Cambridge, MA: MIT Press.

Moody, Glyn. 2001. *Rebel Code: Linux and the Open Source Revolution.* New York: Perseus. (『ソースコードの反逆――Linux 開発の軌跡とオープンソース革命』小山裕司監訳，2002，アスキー)

Moore, Gordon E. 1965. "Cramming More Components onto Integrated Circuits." *Electronics* 38 (19 April): 114–117.

Moritz, Michael. 1984. *The Little Kingdom: The Private Story of Apple Computer.* New York: Morrow. (『アメリカン・ドリーム――アップル・コンピュータを創った男たち！』青木榮一訳，1985，二見書房)

Morozov, Evgeny. 2011. *The Net Delusion: The Dark Side of Internet Freedom.* New York: PublicAffairs.

Morris, P. R. 1990. *A History of the World Semiconductor Industry.* London: Peter Perigrinus/IEE.

Morton, Alan Q. 1994. "Packaging History: The Emergence of the Uniform Product Code (UPC) in the United States, 1970–75." *History and Technology* 11: 101–111.

Moschovitis, Christos J. P., et al. 1999. *History of the Internet: A Chronology 1843 to Present.* Santa Barbara, CA: ABC-CLIO.

Mowery, David C., ed. 1996. *The International Computer Software Industry.* New York: Oxford University Press.

Naughton, John. 2001. *A Brief History of the Future: From Radio Days to Internet Years in a Lifetime.* Woodstock and New York: Overlook.

Naur, Peter, and Brian Randell, eds. 1969. "Software Engineering." Report on a conference sponsored by the NATO Science Committee, Garmisch-Partenkirchen, Germany, 7–11 October 1968. Brussels: NATO Scientific Affairs Division.

NCR. 1984a. *NCR: 1884–1922: The Cash Register Era.* Dayton, OH: NCR.

———. 1984b. *NCR: 1923–1951: The Accounting Machine Era.* Dayton, OH: NCR.

————. 1984c. *NCR: 1952–1984: The Computer Age.* Dayton, OH: NCR.

————. 1984d. *NCR: 1985 and Beyond: The Information Society.* Dayton, OH: NCR.

Nebeker, Frederik. 1995. *Calculating the Weather: Meteorology in the Twentieth Century.* New York: Academic Press.

Nelson, Theodor H. 1974. *Computer Lib: You Can and Must Understand Computers Now.* Chicago: Theodor H. Nelson.

————. 1974. *Dream Machines: New Freedoms Through Computer Screens — A Minority Report.* Chicago: Theodor H. Nelson.

Norberg, Arthur L. 1990. "High-Technology Calculation in the Early 20th Century: Punched Card Machinery in Business and Government." *Technology and Culture* 31, no. 4: 753–779.

————. 2005. *Computers and Commerce: A Study of Technology and Management at Eckert-Mauchly Computer Company, Engineering Research Associates, and Remington Rand, 1946–1957.* Cambridge, MA: MIT Press.

Norberg, Arthur L., and Judy E. O' Neill. 2000. *Transforming Computer Technology: Information Processing for the Pentagon, 1962–1986.* Baltimore: Johns Hopkins University Press.

November, Joseph. 2012. *Biomedical Computing: Digitizing Life in the United States.* Baltimore: Johns Hopkins University Press.

Nyce, James M., and Paul Kahn, eds. 1991. *From Memex to Hypertext: Vannevar Bush and the Mind's Machine.* Boston: Academic Press.

OECD Directorate for Science, Technology and Industry, Committee for Information, Computer and Communications Policy. 1998. *France's Experience with the Minitel: Lessons for Electronic Commerce over the Internet.* Paris: OECD.

O' Neill, Judy. 1992. "The Evolution of Interactive Computing Through Time Sharing and Networking." PhD diss., University of Minnesota. Available from University Microfilms International, Ann Arbor, Mich.

Owens, Larry. 1986. "Vannevar Bush and the Differential Analyzer: The Text and Context of an Early Computer." *Technology and Culture* 27, no. 1: 63–95.

Parker, William N., ed. 1986. *Economic History and the Modern Economist.* Oxford: Basil Blackwell.

Parkhill, D. F. 1966. *The Challenge of the Computer Utility.* Reading, MA: Addison-Wesley.

Petre, Peter. 1985. "The Man Who Keeps the Bloom on Lotus" (profile of Mitch Kapor). *Fortune,* 10 June, pp. 92–100.

Plugge, W. R., and M. N. Perry. 1961. "American Airlines' 'SABRE' Electronic Reservations System." *Proceedings of the AFIPS 1961 Western Joint Computer Conference* (pp. 592–601). Washington, DC: Spartan Books.

Poole, Steven. 2000. *Trigger Happy: The Inner Life of Videogames.* London: Fourth Estate.

Pugh, Emerson W. 1984. *Memories That Shaped an Industry: Decisions Leading to IBM System/360.* Cambridge, MA: MIT Press.

————. 1995. *Building IBM: Shaping an Industry and Its Technology.* Cambridge, MA: MIT Press.

Pugh, Emerson W., Lyle R. Johnson, and John H. Palmer. 1991. *IBM's 360 and Early 370 Systems.* Cambridge, MA: MIT Press.

Ralston, Anthony, Edwin D. Reilly, and David Hemmendinger, eds. 2000. *Encyclopedia of*

Computer Science, 4th ed. London: Nature Publishing.

Randell, Brian. 1982. *Origins of Digital Computers: Selected Papers.* New York: Springer-Verlag.

Redmond, Kent C., and Thomas M. Smith. 1980. *Project Whirlwind: The History of a Pioneer Computer.* Bedford, MA: Digital.

———. 2000. *From Whirlwind to MITRE: The R&D Story of the SAGE Air Defense Computer.* Cambridge, MA: MIT Press.

Reid, Robert H. 1997. *Architects of the Web: 1,000 Days That Built the Future of Business.* New York: John Wiley.

Richardson, Dennis W. 1970. *Electric Money: Evolution of an Electronic Funds-Transfer System.* Cambridge, Mass: MIT Press.

Richardson, L. F. 1922. *Weather Prediction by Numerical Process.* Cambridge: Cambridge University Press.

Ridenour, Louis N. 1947. *Radar System Engineering.* New York: McGraw-Hill.

Rifkin, Glenn, and George Harrar. 1985. *The Ultimate Entrepreneur: The Story of Ken Olsen and Digital Equipment Corporation.* Chicago: Contemporary Books. (『究極の企業家——DEC を生み出した男の手腕と情熱』岩淵明男監訳, 1990, ダイヤモンド社)

Ritchie, Dennis M. 1984a. "The Evolution of the UNIX Time-Sharing System." *AT&T Bell Laboratories Technical Journal* 63, no. 8: 1577–1593.

———. 1984b. "Turing Award Lecture: Reflections on Software Research." *Communications of the ACM* 27, no. 8: 758. (『ACM チューリング賞講演集』赤攝也他訳, 1989, 共立出版・所収)

Rodgers, William. 1969. *Think: A Biography of the Watsons and IBM.* New York: Stein & Day.

Rojas, Raul, and Ulf Hashagen, eds. 2000. *The First Computers: History and Architectures.* Cambridge, MA: MIT Press.

Roland, Alex, and Philip Shiman. 2002. *Strategic Computing: DARPA and the Quest for Machine Intelligence, 1983–1993.* Cambridge, MA: MIT Press.

Rosen, Saul, ed. 1967. *Programming Systems and Languages.* New York: McGraw-Hill.

Sackman. Hal. 1968. "Conference on Personnel Research." *Datamation* 14, no. 7: 74–76, 81.

Salus, Peter H. 1994. *A Quarter Century of Unix.* Reading, MA: Addison-Wesley. (『UNIX の 1/4 世紀』QUIPU LLC 訳, 2000, アスキー)

Sammet, Jean E. 1969. *Programming Languages: History and Fundamentals.* Englewood Cliffs, NJ: Prentice-Hall.

Saxenian, AnnaLee. 1994. *Regional Advantage: Culture and Competition in Silicon Valley and Route 128.* Cambridge, MA: Harvard University Press. (『現代の二都物語——なぜシリコンバレーは復活し、ボストン・ルート 128 は沈んだか』大前研一訳, 1995, 講談社)

Sayare, Scott. 2012. "On the Farms of France, the Death of a Pixelated Workhorse." *New York Times* 28 June: A8.

Schafer, Valerie, and Benjamin G. Thierry. 2012. *Le Minitel: L'enfance numerique de la Franc.* Paris: Nuvis, Cigref.

Schein, Edgar H., Peter S. DeLisi, Paul J. Kampas, and Michael M. Sonduck. 2003. *DEC Is Dead, Long Live DEC: The Lasting Legacy of Digital Equipment Corporation.* San Francisco: Berrett-Koehler. (『DEC の興亡——IT 先端企業の栄光と挫折』稲葉元吉・尾川丈一監訳, 2007, 亀田ブックサービス)

Schnaars, Steven, and Carvalho, Sergio. 2004. "Predicting the Market Evolution of Computers:

Was the Revolution Really Unforeseen?" *Technology in Society* 26, no. 1: 1–16.

Scientific American. 1966. *Information.* San Francisco: W. H. Freeman.

———. 1984. *Computer Software.* Special issue. September.

———. 1991. *Communications, Computers and Networks.* Special issue. September.

Sculley, John, and J. A. Byrne. 1987. *Odyssey: Pepsi to Apple . . . A Journey of Adventure, Ideas, and the Future.* New York: Harper & Row.（『スカリー——世界を動かす経営哲学（上・下）』会津泉訳，1988，早川書房）

Sheehan, R. 1956. "Tom Jr.'s I.B.M." *Fortune,* September, p. 112.

Sigel, Efrem. 1984. "The Selling of Software." *Datamation,* 15 April, pp. 125–128.

Slater, Robert. 1987, *Portraits in Silicon.* Cambridge, MA: MIT Press.（『コンピュータの英雄たち』馬上康成・木元俊宏訳，1992，朝日新聞社）

Smith, Crosbie, and M. Norton Wise. 1989. *Energy and Empire: A Biographical Study of Lord Kelvin.* Cambridge: Cambridge University Press.

Smith, David C. 1986. *H. G. Wells: Desperately Mortal: A Biography.* New Haven, CT: Yale University Press.

Smith, Douglas K., and Robert C. Alexander. 1988. *Fumbling the Future: How Xerox Invented, Then Ignored, the First Personal Computer.* New York: Morrow.（『取り逃がした未来——世界初のパソコン発明をふいにしたゼロックスの物語』山崎賢治訳，2005，日本評論社）

Smulyan, Susan. 1994. *Selling Radio: The Commercialization of American Broadcasting, 1920–1934.* Washington, DC: Smithsonian Institution Press.

Sobel, Robert. 1981. *IBM: Colossus in Transition.* New York: Times Books.（『IBM——情報巨人の素顔』青木栄一訳，1982，ダイヤモンド社）

Spector, Robert. 2000. *Amazon.com: Get Big Fast.* New York: Random House.（『アマゾン・ドット・コム』長谷川真実訳，2000，日経 BP 社）

Stearns, David L. 2011. *Electronic Value Exchange: Origins of the Visa Electronic Payment System.* London: Springer-Verlag.

Stern, Nancy. 1981. *From ENIAC to UNIVAC: An Appraisal of the Eckert-Mauchly Computers.* Bedford, MA: Digital Press.

Stross, Randall E. 1996. *The Microsoft Way: The Real Story of How the Company Outsmarts Its Competition.* Reading, MA: Addison-Wesley.（『マイクロソフト・ウェイ——5 ％の超秀才たちが描く勝利への方程式』小舘光正訳，1997，ソフトバンククリエイティブ）

Swade, Doron. 1991. *Charles Babbage and His Calculating Engines.* London: Science Museum.

———. 2001. *The Difference Engine: Charles Babbage and the Quest to Build the First Computer.* New York: Viking.

Swisher, Kara. 1998. *AOL.COM: How Steve Case Beat Bill Gates, Nailed the Netheads, and Made Millions in the War for the Web.* New York: Times Books.（『AOL——超巨大ネット・ビジネスの全貌』山崎理仁訳，2000，早川書房）

Taviss, Irene. 1970. *The Computer Impact.* Englewood Cliffs, NJ: Prentice-Hall.

Toole, B. A. 1992. *Ada, the Enchantress of Numbers.* Mill Valley, CA: Strawberry Press.

Truesdell, Leon E. 1965. *The Development of Punch Card Tabulation in the Bureau of the Census, 1890–1940.* Washington, DC: US Department of Commerce.

Turck, J. A. V. 1921. *Origin of Modern Calculating Machines.* Chicago: Western Society of Engineers.

Turing, A. M. 1954. "Solvable and Unsolvable Problems." *Science News,* no. 31, pp. 7–23.（田

中一之『チューリングと超パズル――解ける問題と解けない問題』2013，東京大学出版会・所収）

Turkle, Sherry. 2011. *Alone Together: Why We Expect More from Technology and Less from Each Other.* New York: Basic Books.（『つながっているのに孤独――人生を豊かにするはずのインターネットの正体』渡会圭子訳，2018，ダイヤモンド社）

Turner, Fred. 2006. *From Counterculture to Cyberculture: Stewart Brand, the Whole Earth Network, and the Rise of Digital Utopianism.* Chicago: University of Chicago Press.

Valley, George E., Jr. 1985. "How the SAGE Development Began." *Annals of the History of Computing* 7, no. 3: 196–226.

van den Ende, Jan. 1992. "Tidal Calculations in the Netherlands." *Annals of the History of Computing* 14, no. 3: 23–33.

———. 1994. *The Turn of the Tide: Computerization in Dutch Society, 1900–1965.* Delft: Delft University Press.

Veit, Stan. 1993. *Stan Veit's History of the Personal Computer.* Asheville, NC: World-Comm.

Waldrop, M. Mitchell. 2001. *The Dream Machine: J.C.R. Licklider and the Revolution That Made Computing Personal.* New York: Viking.

Wallace, James, and Jim Erickson. 1992. *Hard Drive: Bill Gates and the Making of the Microsoft Empire.* New York: John Wiley.（『ビルゲイツ――巨大ソフトウェア帝国を築いた男』奥野卓司監訳，1992，翔泳社）

Wang, An, with Eugene Linden. 1986. *Lessons: An Autobiography.* Reading, MA: Addison-Wesley.（『戦略はシンプルなほど成功する――IBMを標的にしたわが半生』邱永漢監訳，1987，ダイヤモンド社）

Watkins, Ralph. 1984. *A Competitive Assessment of the U.S. Video Game Industry.* Washington, DC: US Department of Commerce.

Watson, Thomas, Jr., and Peter Petre. 1990. *Father and Son & Co: My Life at IBM and Beyond.* London: Bantam Press.（『IBMの息子――トーマス・J・ワトソン・ジュニア自伝』（上，下），高見浩訳，1991，新潮社／『先駆の才　トーマス・ワトソン・ジュニア――IBMを再設計した男』，高見浩訳，2006，ダイヤモンド社）

Webster, Bruce. 1996. "The Real Software Crisis." *Byte* 21, no. 1: 218.

Wells, H. G. 1938. *World Brain.* London: Methuen.（『世界の頭脳』浜野輝訳，1987，新思索社）

———. 1995. *World Brain: H. G. Wells on the Future of World Education.* Ed. A. J. Mayne. 1928. London: Adamantine Press.

Wexelblat, Richard L., ed. 1981. *History of Programming Languages.* New York: Academic Press.

Wildes, K. L., and N. A. Lindgren. 1986. *A Century of Electrical Engineering and Computer Science at MIT, 1882–1982.* Cambridge, MA: MIT Press.

Wilkes, Maurice V. 1985. *Memoirs of a Computer Pioneer.* Cambridge, MA: MIT Press.（『ウィルクス自伝』中村信江・中村明共訳，1992，丸善）

Wilkes, Maurice V., David J. Wheeler, and Stanley Gill. 1951. *The Preparation of Programs for an Electronic Digital Computer.* Reading, MA: Addison-Wesley. Reprint, with an introduction by Martin Campbell-Kelly, Los Angeles: Tomash Publishers, 1982. See also volume 1, Charles Babbage Institute Reprint Series for the History of Computing, introduction by Martin Campbell-Kelly.

Williams, Frederik C. 1975. "Early Computers at Manchester University." *The Radio and Electronic Engineer* 45, no. 7: 327–331.

Williams, Michael R. 1997. *A History of Computing Technology.* Englewood Cliffs, NJ: Prentice-Hall.

Wise, Thomas A. 1966a. "I.B.M.'s $5,000,000,000 Gamble." *Fortune,* September, p. 118.

———. 1966b. "The Rocky Road to the Market Place." *Fortune,* October, p. 138.

Wolfe, Tom. 1983. "The Tinkerings of Robert Noyce: How the Sun Rose on Silicon Valley." *Esquire,* December, pp. 346–374.

Yates, JoAnne. 1982. "From Press Book and Pigeonhole to Vertical Filing: Revolution in Storage and Access Systems for Correspondence." *Journal of Business Communication* 19 (Summer): 5–26.

———. 1989. *Control Through Communication: The Rise of System in American Management.* Baltimore: Johns Hopkins University Press.

———. 1993. "Co-evolution of Information-Processing Technology and Use: Interaction Between the Life Insurance and Tabulating Industries." *Business History Review* 67, no. 1: 1–51.

———. 2005. *Structuring the Information Age: Life Insurance and Information Technology in the 20th Century.* Baltimore: Johns Hopkins University Press.

Yates, JoAnne, and John Van Maanen. 2001. *Information Technology and Organizational Transformation: History, Rhetoric, and Preface.* Thousand Oaks, CA: Sage.

Yost, Jeffrey R. 2005. *The Computer Industry.* Westport, CT: Greenwood Press.

Zachary, G. Pascal. 1997. *Endless Frontier: Vannevar Bush, Engineer of the American Century.* New York: Free Press.

解題と読書リスト

杉本 舞

　本書は 19 世紀から現代に至るコンピューティング史の通史を取り扱ったものである。

　コンピューティング史（history of computing）という言葉は日本語では耳慣れないものだが、コンピュータ、そしてコンピュータに関連したさまざまな活動にまつわる歴史一般を指す。よくコンピュータ史と呼ぶ、単にコンピュータのハードウェアに関する歴史ではないことを強調しておきたい。コンピューティング史は、ソフトウェアやアプリケーションなどの歴史はもちろんのこと、精密機械を用いないものも含めた情報処理やデータ処理一般の歴史を含むものだからである。

　本書のまえがきにあるように、コンピューティング史は研究分野としての歴史が浅い。研究者がこの分野に足を踏み入れたのが 1970 年代半ば、研究者コミュニティが形をなし始めたのが 1980 年代であった。当初は戦中戦後にコンピュータ開発に関わった当事者たちが存命であり、そうした人々によるアネクドート（逸話）やインタビューが数多く発表された。加えて、当時はコンピュータ技術の詳細な発展史や理論史に焦点を当てた研究が多かった。しかし、その後の 30 年余りでこの分野は大きく発展を遂げ、研究者の数も増え、研究のアプローチも制度史・経営史・社会史・文化史と広がりをみせてきた。

　1996 年に出版された本書の初版はコンピューティング史初の一般向け通史として登場したもので、さまざまな視点をカバーしようとしているのが大きな特徴である（初版の邦訳は『コンピューター 200 年史——情報マシーン開発物語』山本菊男訳，1999，海文堂出版）。初版の出版以来、本書は米国のみならず世界各国でコンピューティング史、情報処理の歴史の定番のテキストとして使われてきた。第 2 版（2004 年）、第 3 版（2014 年）と版を重ねるなかで、ここ 20 年間の歴史研究の進展、技術の発達、とりわけインターネットをめぐる発展が加筆されてきた。

　第 3 版の 4 人の著者たちは、いずれもコンピューティング史をリードする研究者たちで、専門誌 *IEEE Annals of the History of Computing* の編集委員会のメンバーとして活躍している（なお、訳者の一人、喜多千草も同メンバーである）。マーティン・キャンベル＝ケリーは英国を拠点に活躍する研究者で、比較的古い時代に関する業績が多く、現在はウォーリック大学名誉教授である。ウィリア

ム・アスプレイはコロラド大学ボルダー校教授で、オーラルヒストリーを含む、20世紀半ばから現代に至る広範囲の研究を多数発表してきた。第3版より加わった2名のうちの一人、ネイサン・エンスメンガーは、インディアナ大学ブルーミントン校准教授で、米国のコンピュータ専門職の歴史に関する著作がある。ジェフリー・R・ヨーストはミネソタ大学チャールズ・バベッジ研究所所長で、経営史研究を専門とし、近著にコンピュータサービス産業の歴史研究がある。

　このようにコンピューティング史の第一線に立つ研究者が執筆した本書は、物語風の柔らかい語り口ながら、最新の研究動向を十分ふまえた内容となっている。「一般書」を標榜しつつも、歴史研究としてのメソッド（ヒストリオグラフィ）をきちんと踏襲しているのが、大きな特色である。歴史上の主要人物をおさえながらも、単なる「ヒーロー伝」の羅列にならないような目配りも忘れていない。技術指向・理論指向の記述だけでなく、経営史、文化史、社会史的視点も強化し、さまざまなテーマと時代を広くカバーしている。資料の取り扱いもレトロスペクティブな解釈を排し丁寧であり、それをボリュームのある注と読書ガイドが支えている。

　もちろん、本書には物足りない部分もある。たとえば、第12章で取り上げられているSNSの発展などについては第3版出版当時の状況であり、いま見れば多少古く感じられる部分がある。ほかにも、最近研究が進んでいる分野はあまり取り上げられていない。コンピューティングにおけるジェンダーの研究はその一例で、2010年代に入った頃から研究の層が厚くなりはじめた。2010年に出版された論文集 *Gender Codes: Why Women Are Leaving Computing*, Edited by Thomas J. Misa, IEEE Computer Society Press ― Wiley には本書の著者であるエンスメンガーとヨーストも寄稿している。本書の文献一覧に名前の挙がっているジャネット・アバテ（Janet Abbate）やマリー・ヒックス（Marie Hicks）といった研究者たちはジェンダー研究に関して次々と論文を発表している。本書の改訂版が出されるときには、こうした成果が盛り込まれるかもしれない。

　また、本書はおおむね米国と英国を中心とした記述となっており、コンピューティングに関するグローバルな広がりについての取り扱いは比較的小さい。これには（紙幅の問題もあるだろうが）、戦中戦後の経済状況などを背景として、大規模なコンピューティングが米国（および英語圏）中心で興ったことが影響している。とはいえ、コンピューティング史の分野では、米国・英国を中心とした研究を脱却し、フランス、ドイツ、北欧、ロシアといった欧州はもちろん、インド、中国、韓国、台湾、そして日本といったアジアにおけるコンピューティング史に

も注目しようという流れが存在する。

　本書に日本に関する記述が少ないことについては、読者にとっては不満かもしれない。実際のところ、日本のコンピューティング史研究は決して盛んであるとはいえず、内容は技術指向のものが多く、英語で書かれた研究はかなり限定されている。しかし、米国や英国から戦後日本への技術移転、日本の電卓産業や半導体産業、ワードプロセッサにみられるような言語対応、グローバル企業が日本を含む各国に置いている支社の位置づけなど、注目されるべき研究テーマは多い。他にも、世界を席巻している日本のデジタルゲーム産業の歴史は、米国の技術史学会で注目を集めている。こういった研究は、今後の展開が期待されているといえる。

　本書には、ボリュームのある読書ガイドつきの注、そして書誌情報が付属している。日本語訳があるものについては、可能なかぎり訳書の書誌情報を追加した。ただし翻訳があるとしても、既に絶版や入手困難なものも多いことは注記しておきたい。

　ここでは、本書の理解を深めるために、日本語で読める文献の読書ガイドを記しておく。特に、出版時期が比較的新しいもの、また本書の文献リストに掲載されていないものを中心に挙げていくこととする。

　コンピューティング史の通史として他に日本語で読めるものには、スミソニアン航空宇宙博物館の名誉キュレーターである米国の技術史家ポール・セルージによる『モダン・コンピューティングの歴史』（宇田理・高橋清美監訳, 2008, 未來社）がある。セルージも本書の著者たち同様、コンピューティング史をリードする研究者の一人である。セルージの近刊には『コンピュータって──機械式計算機からスマホまで』（山形浩生訳, 2013, 東洋経済新報社）もあるが、こちらは原題に"A Concise History"とある通り、本書よりも内容を絞った初学者向けの1冊となっている。米国の著述家ハワード・ラインゴールドによる『新・思考のための道具』（日暮雅通訳, 2006, パーソナルメディア）も、比較的広範囲の時代を取り扱っており、読みやすい。主要なコンピュータ・パイオニアに焦点が当てられ、アラン・チューリング、ジョン・フォン・ノイマンに始まり、本書の後半に登場するJ・C・R・リックライダー、ダグラス・エンゲルバート、ロバート・テイラー、アラン・ケイ、テッド・ネルソンらまでをカバーする。

　コンピュータの実物写真は、時に歴史を理解する大きな助けとなる。スミソニアン協会傘下の博物館で展示・保存されている実物の写真を使ったペギー・キドウェルとポール・セルージによる『目で見るデジタル計算の道具史──そろばん

からパソコンまで』（渡辺了介訳、1995, ジャストシステム）は、原題に "Pictorial History" とあるように、写真を通じて手軽にコンピューティングの歴史を一望できるガイドブックである。チャールズ・イームズとレイ・イームズによる『コンピュータ・パースペクティブ——計算機創造の軌跡』（山本敦子訳, 2011, ちくま学芸文庫）は、映像作家およびデザイナーとして著名なイームズ夫妻が1968年にIBMのために行った展示をもとにした本で、原著は1973年に出版された。古い時代から1950年代までの米国を中心とした計算機の写真が丁寧な解説とともに収められている。これよりも新しい時代を扱っているのがクリスチャン・ワースター『コンピュータ——写真で見る歴史』（Shiho Suda訳, 2002, タッシェン・ジャパン）である。カラー写真が多く、本書で紹介されている科学用・軍事用コンピュータ、メインフレーム、ミニコンピュータ、マイクロコンピュータ、デスクトップコンピュータなどを幅広く取り上げている。なお、古いコンピュータの画像をインターネット上で検索する際には、誤った画像が検索結果にあがったり、探し出した写真に誤ったキャプションがついていたりすることも少なくないので注意してほしい。

　19世紀の計算係の働きぶりについては、文献リストでメアリ・クラーケン（Mary Croarken）の著作が複数挙げられているが、関連する論文の翻訳を日本語で読むことができる。「18世紀および19世紀の英国における計算者」（杉本舞訳,『Oxford数学史』、斎藤憲・三浦伸夫・三宅克哉監訳, 2014, 共立出版）では、当時の計算の分業がどのように変化したかが論じられている。

　第1章と第3章で取り上げられたチャールズ・バベッジについては、読みやすい伝記がある。ブルース・コリアー『チャールズ・バベッジ——コンピュータ時代の開拓者』（須田康子訳, 2009, 大月書店）は彼の生涯を詳しくたどっているほか、階差機関や解析機関、彼が参考にしたジャガート織機の動作原理についても解説が添えられている。

　第3版でセクションが追加された数学者アラン・チューリングに関連する邦語書籍は、2012年の生誕100周年を機に多数出版された。本書の文献リストに取り上げられているアンドリュー・ホッジス（Andrew Hodges）による伝記のほか、ニュージーランドの哲学者ジャック・コープランド（Jack Copeland）による研究も有名である（『チューリング——情報時代のパイオニア』服部桂訳, 2013, NTT出版）。日本語では星野力による解説（『甦るチューリング——コンピュータ科学に残された夢』, 2002, NTT出版）が読みやすい。チューリングの論文の翻訳・解説も出版されている（『チューリング——コンピュータ理論の起源』伊藤

和行編，2014，近代科学社）。

ENIAC とプログラム内蔵コンピュータというコンセプトに関しては、最近になって決定版ともいえる研究書が出版された。Thomas Haigh, Mark Priestley, Crispin Rope『ENIAC——現代計算技術のフロンティア』（土井範久監修，羽田昭裕・川辺治之訳，2016，共立出版）は、関連する当時の史料を可能なかぎり渉猟して分析した成果で、初学者向けとは言えないものの、ENIAC や EDVAC に関心をもつ読者はぜひ手に取るべき一冊である。

チューリングやフォン・ノイマンらの活躍した 1930 年代から 1950 年代における人工知能研究の前史と計算機科学分野の成立、またそのなかでコンピュータと脳がどのように類比されて論じられてきたかについては、杉本舞『「人工知能」前夜——コンピュータと脳は似ているか』（2018，青土社）にまとめられている。

J・C・R・リックライダーやウェスリー・クラークといった、ARPA ネットを通じて現在のインターネットの基礎を構築した研究者たちの開発思想については喜多千草『インターネットの思想史』（2003，青土社）、ゼロックス PARC で開発された Alto やイーサネットの開発については同著者による『起源のインターネット』（2005，青土社）が詳しい。こちらも関係者への直接取材と当時の史料をもとに研究した成果である。

米国の半導体産業の中心的存在であるインテルについては、本書の文献リストにも挙がっているマイケル・マローン（Michael Malone）による研究書の邦訳が出版されている（『インテル——世界で最も重要な会社の産業史』土方奈美訳，2015，文藝春秋）。またインテルの歴史に関する経営史視点の分析は、ロバート・A・バーゲルマン『インテルの戦略——企業変貌を実現した戦略形成プロセス』（石橋善一郎・宇田理監訳，2006，ダイヤモンド社）が詳しい。

日本のコンピューティングの歴史については、情報処理学会歴史特別委員会が編んだ『日本のコンピュータの歴史』（1985，オーム社）、『日本のコンピュータ発達史』（1998，オーム社）、『日本のコンピュータ史』（2010，オーム社）がよくまとまっている。この 3 冊では情報処理学会が 1980 年代に歴史特別委員会を設置してから調査してきた、1950 年代から 2000 年代に至る国内のコンピュータの歴史が概説されており、それぞれ『日本のコンピュータの歴史』が 1960 年頃まで、『日本のコンピュータ発達史』が 1980 年頃まで、『日本のコンピュータ史』が 2000 年頃までを取り扱った内容となっている。『日本のコンピュータの歴史』はすでに絶版だが、最新の『日本のコンピュータ史』の付録 CD-ROM に既刊 2 冊の内容が収められているため、『日本のコンピュータ史』を入手すれば 3 冊分すべてを

読むことが可能である。内容は、技術指向のハードウェア史が主だが、ソフトウェアや文字コード、ネットワーク技術、研究機関での開発プロジェクトについてもふれられている。

　同委員会が運営しているのが、ウェブサイト「コンピュータ博物館」(IPSJ Computer Museum, http://museum.ipsj.or.jp/) である。このウェブサイトでも 1950 年代以降の日本のコンピュータ開発の歴史が取り扱われている。こちらには実物（ハードウェア）を見学できる機関がリストされているほか、雑誌『情報処理』に掲載されたオーラルヒストリーを含め、学会誌等に掲載された日本のコンピューティング史に関する記事・論文を「ライブラリ」で閲覧することができる (http://museum.ipsj.or.jp/library/ronbun.html)。

　日本国内のコンピューティングのパイオニアについては、以下の 2 冊の本に目を通されたい。臼井健治『日本のコンピューター開発群像』(1986, 日刊工業新聞社）は、黎明期の日本のコンピュータ開発者へのインタビューを元に構成された臨場感が伝わってくる読み物である。遠藤諭『新装版 計算機屋かく戦えり』(2005, アスキー) は、トランジスタ、機械式計算機、電卓、液晶、マイクロプロセッサなど、日本国内で各種の技術を開発したエンジニア 25 名への丁寧なインタビューで構成されている。2010 年にはより一般読者向けに『日本人がコンピュータを作った！』(2010, アスキー新書) として再編集版が出版された。さらに 2016 年に出された Kindle 版には、電子版特別収録として、微分解析機の再生プロジェクトのインタビューも収録されている。

　また、日本ネットワークインフォメーションセンター (JPNIC) のウェブサイトにまとめられている「インターネット歴史年表」(https://www.nic.ad.jp/timeline/) では、インターネットの歴史に関連する主な出来事が、海外と日本国内に分類して整理されており、基本的な事項を年代順に確認できる。

　主に産業史・経営史の観点からコンピューティング史をまとめている本として、高橋茂『コンピュータ クロニクル』(1996, オーム社) がある。同書は日立のコンピュータ開発にも従事した著者ならではの視点で、世界のコンピュータ産業の発展の中に日本の同産業を位置づけ、その特徴を描いている。同じような観点で、20 世紀の日本の情報通信産業の歴史について概括しているのが、武田晴人編『日本の情報通信産業史——2 つの世界から 1 つの世界へ』(2011, 有斐閣) である。通信とコンピュータの融合という視点から情報通信産業の通史を描いたのち、国鉄の座席予約システムや鉄鋼業の生産情報システム、運輸業の情報化といった個別企業の歴史を取り上げている。本書第 6 章などで論じられた IBM の

製品や戦略、そしてインターネットの発達が、日本の情報通信産業にどのような
インパクトを与えたかが論じられる。情報システム開発の生々しい記録が収めら
れている、テレビ番組 NHK スペシャルの書籍版『新・電子立国 5　驚異の巨大
システム』と合わせて読むと、その実態が理解しやすくなる。

　1980 年代以降の日本のパソコンの歴史に関しては、雑誌記事を中心に幾多の史
料が存在するが、まとまったものとして、富田倫生『パソコン創世記』(1994,
TBS ブリタニカ)、関口和一『パソコン革命の旗手たち』(2000, 日本経済新聞
社)、古川享『僕が伝えたかったこと、古川享のパソコン秘史』(2015, インプレ
ス) がある。いずれも当事者への広範なインタビューや業界当事者しか知り得な
いストーリーを元に、パソコン業界の歴史を生き生きと描いている。1980 年代以
降のパソコン通信や、1990 年代から 2000 年代における日本のインターネット上
の出来事について、文化史、特にサブカルチャー史の観点からまとめているのが、
ばるぼら『教科書には載らないニッポンのインターネットの歴史教科書』(2005,
翔泳社)、ばるぼら、さやわか『僕たちのインターネット史』(2017, 亜紀書房)
である。著者らは自身のウェブサイトを運営していたライターであり、現在のイ
ンターネットでは見ることのできない、かつての日本のネット空間の様子を垣間
見ることができる。

　近年相次いで出版された小山友介『日本デジタルゲーム産業史 増補改訂版』
(2020, 人文書院) や佐々木裕一『ソーシャルメディア四半世紀』(2018, 日本経
済新聞社) は、現在の日本のコンピューティング史研究の広がりを示すもので、
デジタルゲーム産業やソーシャルメディアの歴史を考察するうえでの参照点とな
るだろう。

訳者あとがき

　本書の翻訳にあたっては、原著者たちからちょくせつ力を貸していただいた。たとえば、原著の内容で疑問のあった点については、マーティン・キャンベル゠ケリーに問い合わせ、本人の指示で訂正を入れた。また、ジェフリー・ヨーストに会った際に、読み方のわからない固有名詞の発音をしてもらい、それを参考にカタカナでの表記を決めた部分もあった。10年ごとに原著の改訂が行われるとすると、次の改訂は2024年となる。さらなる充実に期待したい。

　この翻訳プロジェクトは2017年に3人の訳者で始めたものだが、仕上げるのに長い時間がかかってしまった。その間、辛抱強く訳稿を待っていただいた共立出版の大谷早紀さんには深く感謝したい。

　なお、本書は関西大学学術研究員制度（2018年度、喜多千草）の成果の一部である。

杉本　舞

喜多千草

宇田　理

索　引

Memorandum

Memorandum

Memorandum

Memorandum

〈原著者紹介〉

Martin Campbell-Kelly（マーティン・キャンベル゠ケリー）
ウォーリック大学名誉教授

William Aspray（ウィリアム・アスプレイ）
コロラド大学ボルダー校教授

Nathan Ensmenger（ネイサン・エンスメンガー）
インディアナ大学ブルーミントン校准教授

Jeffrey R. Yost（ジェフリー・R・ヨースト）
ミネソタ大学チャールズ・バベッジ研究所所長

〈監訳者紹介〉

杉本 舞（すぎもと まい）　前付、第1〜4章、第6章、第12章、後付 担当

関西大学社会学部准教授。京都大学文学部卒業。京都大学大学院文学研究科博士後
期課程指導認定退学。京都大学博士（文学）。専門は科学史・技術史。著書・訳書に
『「人工知能」前夜―コンピュータと脳は似ているか』（青土社、2018年）、『チューリ
ング コンピュータ理論の起源 第1巻』（近代科学社、2014年、共訳共著）など。

〈訳者紹介〉

喜多千草（きた ちぐさ）　第5章、第7〜9章 担当

京都大学大学院文学研究科教授。京都大学文学部卒業。京都大学大学院文学研究科
博士後期課程修了。京都大学博士（文学）。専門は現代技術文化史。著書に『イン
ターネットの思想史』（青土社、2003年）、『起源のインターネット』（青土社、2005
年）など。

宇田 理（うだ おさむ）　第10〜11章 担当

青山学院大学経営学部教授。早稲田大学商学部卒業。早稲田大学商学研究科博士後
期課程単位取得退学。専門は経営史・企業者史。著書・訳書に大森信編著『戦略は実
践に従う』（同文舘出版、2015年、共著）、武田晴人編『日本の情報通信産業史』（有
斐閣、2011年、分担執筆）、ポール・セルージ著『モダン・コンピューティングの歴
史』（未來社、2008年、共監訳）など。

コンピューティング史
人間は情報をいかに取り扱ってきたか

原題 *Computer:*
A History of the Information Machine,
3rd Edition

2021 年 4 月 15 日　初版 1 刷発行
2022 年 2 月 20 日　初版 2 刷発行

検印廃止
NDC 007.2, 402, 694.2

ISBN 978-4-320-12469-1

原著者　Martin Campbell-Kelly
（マーティン・キャンベル゠ケリー）
William Aspray
（ウィリアム・アスプレイ）
Nathan Ensmenger
（ネイサン・エンスメンガー）
Jeffrey R. Yost
（ジェフリー・R・ヨースト）

監訳者　杉本 舞　ⓒ 2021

訳 者　喜多千草
宇田 理

発行者　南條光章

発行所　**共立出版株式会社**
〒112-0006
東京都文京区小日向 4 丁目 6 番 19 号
電話 (03)3947-2511（代表）
振替口座 00110-2-57035 番
www.kyoritsu-pub.co.jp

印　刷　加藤文明社

製　本　加藤製本

一般社団法人
自然科学書協会
会員

Printed in Japan